嵌入式网络通信开发应用

怯肇乾 编著
(Kai Zhaoqian)

北京航空航天大学出版社

内 容 简 介

本书首先简要介绍了嵌入式网络通信体系开发的硬件、软件及其通信网络的基础知识,汇总了常见的有线和无线通信形式及其实现,说明了嵌入式网络通信体系软/硬件设计的核心思想。接着分章逐一阐述了常见有线网络通信中的 UART-485、CAN、EMAC、LonWorks 等现场总线和无线网络通信中的 ZigBee、IrDA、卫星信号、GSM/CDMA/3G 移动通信、BlueTooth、WiFi、简易无线通信等形式;每章都说明了该网络通信的基本特点、拓扑架构和协议规约构成,叙述了软/硬件设计实现的方法步骤,重点阐述了通信接口器件或模块的选择与使用、基本配置/数据收(读)发(写)/异常处理等底层驱动软件的开发、通信协议的简化与实现、应用程序的驱动调用或嵌入式操作系统下的通信套接操作,特别是网络通信接口电路的设计、驱动/应用程序的设计与跟踪调试/测试等重要环节;每章 2/3 左右的篇幅都用于列举大量的工程项目开发设计实例。

本书特别适合于从事嵌入式应用系统设计的广大技术人员,也是高校/职校嵌入式系统软/硬件设计与机电一体化专业教育培训的参考书。

图书在版编目(CIP)数据

嵌入式网络通信开发应用 / 怯肇乾编著. —北京:
北京航空航天大学出版社,2010.9
 ISBN 978-7-5124-0179-2

Ⅰ.①嵌… Ⅱ.①怯… Ⅲ.①计算机通信网 Ⅳ.
①TP393

中国版本图书馆 CIP 数据核字(2010)第 152375 号

版权所有,侵权必究。

嵌入式网络通信开发应用
怯肇乾 编著
(Kai Zhaoqian)
责任编辑 董立娟

*

北京航空航天大学出版社出版发行

北京市海淀区学院路 37 号(邮编 100191) http://www.buaapress.com.cn
发行部电话:(010)82317024 传真:(010)82328026
读者信箱:emsbook@gmail.com 邮购电话:(010)82316936
北京市媛明印刷厂印装 各地书店经销

*

开本:787×960 1/16 印张:27.5 字数:616 千字
2010 年 9 月第 1 版 2010 年 9 月第 1 次印刷 印数:4 000 册
ISBN 978-7-5124-0179-2 定价:49.50 元

前　言

现代世界是一个网络覆盖的信息流世界。无处不在的网络系统不仅形式多样,有/无线的,远程的/短距离的,而且层层相扣、纷繁交织却又自成体系、井然有序。通过这些网络,广泛应用的各个嵌入式应用体系实现着不同目的的数据传输,或者融合成不同网络中的节点,或者相互组合又构筑起了新的网络——嵌入式网络系统。嵌入式网络通信应时而生、迅速发展,成了嵌入式应用系统设计的关键性技术。

随着科学技术现代化的迅猛发展和生产生活需求的日益强烈,嵌入式网络通信的需求更加广大,应用更加广泛,可靠高效性要求越来越高,信息流量也越来越大。如何在保持嵌入式系统高度稳定可靠和快速实时响应的基础上选择或者构建合适高性价比的通信网络,以最小的系统资源占有量迅速开发出稳定高效的通信体系,实现简易方便、高性价比的网络互联,展开及时可靠的数据信息交互,使嵌入式应用系统更好地融入有线、无线网络环境,本书对这些进行了全面的探索和综合性的阐述。

本书共有12章。第1章简要介绍了一些嵌入式网络通信体系开发的硬件、软件及其通信网络的基础知识,汇总了现在常见的有/无线通信形式及其实现,说明了嵌入式网络通信体系软/硬件设计的核心思想。接下来的11章逐一阐述了常用有线网络通信中的UART-485、CAN、EMAC、LonWorks等现场总线和无线网络通信中的ZigBee、IrDA、卫星信号、GSM/CDMA/3G 移动通信、BlueTooth、WiFi、简易无线通信等形式。从工程项目开发实践的角度将描述每种网络类型的"章"划分为3个部分:网络通信基础、软/硬件体系设计和开发应用实践。在"网络通信基础"中简要归纳概括该网络通信的基本特点、拓扑架构和协议规约。在"软/硬件体系设计"中,叙述软/硬件设计实现的方法步骤,重点阐述了接口通信器件或模块的选择与使用、基本配置/数据收(读)发(写)/异常处理等底层驱动软件的开发、通信协议的简化与实现、应用程序的驱动调用或嵌入式操作系统(如RTX、μC/OS-II、Windows CE/Mobile、ARM-Linux/μC-Linux、VxWorks等)下的通信"套接"操作,特别是印刷电路板PCB的布局/布线、软/硬件的模拟仿真、驱动/应用程序的设计与跟踪调试/测试等重要环节。在"开发应用实践"中列举大量的工程项目开发设计实例,其中大部分是本人亲身实践,以使理论密切联系实践应用,做到浅显易懂,突出应用价值。内容的安排上,精简对"网络通信基础"和"软硬件体系设计"的阐述,突出"开发应用实践"的关键细节,使"开发应用实践"的描述占用的整"章"篇幅比例达到了2/3。更为实用的CAN、EMAC、LonWorks现场总线有线通信和2.4 GHz-ISM免费载波的ZigBee、BlueTooth、WiFi、简易无线通信及其卫星信号通信、GSM/CDMA/3G移动无线通信,是本书的重中之重。

本书具有以下4大特点:

➤ 立足工程项目开发实践,重在实际应用,设计举例丰富。
➤ 面向现代嵌入式网络通信技术的综合应用,知识涉及面广。
➤ 软/硬件结合紧密,叙述循序渐进,章节配置合理适宜。
➤ 网络通信体系结构清晰,软件实现目标突出可靠、高效、优质。

由于笔者知识水平和认识能力的局限,对于书中存在的不详、不当或错误之处,敬请广大读者批评指正。有兴趣的读者,可以发送电子邮件到:Kaizq@hotmail.com与作者进一步交流;也可以发送电子邮件到:xdhydcd5@sina.com,与本书策划编辑进行交流。

怯肇乾 KaiZhaoQian

2010年4月于上海

目 录

第1章 嵌入式网络通信综述 ………………………………………………… 1

1.1 嵌入式网络通信基础 …………………………………………………… 1
1.1.1 网络通信的简要介绍 ……………………………………………… 1
1.1.2 网络通信的硬件基础 ……………………………………………… 2
1.1.3 网络通信的软件基础 ……………………………………………… 5
1.1.4 网络通信的网络基础 ……………………………………………… 10
1.2 常见嵌入式网络通信 …………………………………………………… 12
1.2.1 常见有/无线网络通信形式 ………………………………………… 12
1.2.2 常用嵌入式网络通信实现 ………………………………………… 14

第2章 嵌入式 UART-485 网络通信 ……………………………………… 18

2.1 UART-485 网络通信基础 ……………………………………………… 18
2.1.1 RS485 总线及其网络通信 ………………………………………… 18
2.1.2 UART 与 RS232-C 通信 …………………………………………… 20
2.2 基本的软/硬件体系设计 ………………………………………………… 22
2.2.1 接口器件及选择使用 ……………………………………………… 22
2.2.2 硬件接口电路的设计 ……………………………………………… 23
2.2.3 特定通信协约的制定 ……………………………………………… 26
2.2.4 网络通信软件的编制 ……………………………………………… 28
2.3 UART-485 网络通信开发实例 ………………………………………… 33
2.3.1 生产线产品的动态统计分析 ……………………………………… 33
2.3.2 公共事务排队控制系统构建 ……………………………………… 47

第3章 嵌入式 CAN 总线网络通信 ………………………………………… 53

3.1 CAN 总线网络通信基础 ………………………………………………… 53
3.1.1 CAN 总线网络及其特征 …………………………………………… 53
3.1.2 CAN 总线网络通信协议 …………………………………………… 54

3.2 基本的软/硬件体系设计 ······ 56
3.3.1 CAN 总线接口器件及其选择 ······ 56
3.2.2 CAN 总线通信的软硬件设计 ······ 57
3.2.3 CAN 总线网络通信运行分析 ······ 58
3.3 CAN 接口驱动及网络通信开发实例 ······ 60
3.3.1 CAN 总线接口硬件电路设计 ······ 60
3.3.2 EPP 主/备 CAN 监视节点设计 ······ 62
3.3.3 道岔运行状况监控终端设计 ······ 69
3.3.4 地下电缆沟道监测系统设计 ······ 82

第 4 章 嵌入式工业以太网络通信 ······ 87

4.1 工业以太网络通信基础 ······ 87
4.1.1 以太网及其网络特征 ······ 87
4.1.2 EMAC 网络传输协议 ······ 88
4.1.3 双绞线介质及其连接 ······ 90
4.1.4 工业以太网及其特点 ······ 90
4.2 基本的软/硬件体系设计 ······ 93
4.2.1 以太网接口器件及其特征 ······ 93
4.2.2 嵌入式以太网通信的硬件实现 ······ 96
4.2.3 嵌入式以太网通信的软件编制 ······ 96
4.2.4 嵌入式 TCP/IP 协议栈概述 ······ 98
4.3 网口驱动及其应用实例 ······ 101
4.3.1 网口驱动及其直接通信应用 ······ 101
4.3.2 嵌入式 TCP/IP 协调栈移植 ······ 104
4.3.3 μC/Linux 下的网口驱动设计 ······ 108
4.3.4 BSD Socket 套接字通信实现 ······ 117

第 5 章 嵌入式 LonWorks 网络通信 ······ 120

5.1 LonWorks 网络通信基础 ······ 120
5.1.1 LonWorks 总线及其技术概述 ······ 120
5.1.2 LonWorks 网络通信体系框架 ······ 121
5.2 基本的软/硬件体系设计 ······ 124
5.2.1 节点器件及其系统连接 ······ 124
5.2.2 LonWorks 总线网络构造 ······ 127

5.2.3　LonWorks 通信软件设计 ·················· 127
5.3　LonWorks 网络节点/适配器设计实例 ·················· 130
　　5.3.1　基于神经元的节点设计 ·················· 130
　　5.3.2　基于微处理器的节点设计 ·················· 138
　　5.3.3　PCI/ISA 网络适配卡设计 ·················· 144
　　5.3.4　LonWorks 电能检测系统设计 ·················· 149

第 6 章　嵌入式 ZigBee 无线网络通信 ·················· 154

6.1　ZigBee 无线网络通信基础 ·················· 154
　　6.1.1　ZigBee 无线网络通信概述 ·················· 154
　　6.1.2　通信协议框架及其实现 ·················· 157
　　6.1.3　网络组织与数据帧 ·················· 159
6.2　基本的软/硬件体系设计 ·················· 163
　　6.2.1　ZigBee 技术的通信部件 ·················· 163
　　6.2.2　ZigBee 无线通信实现分析 ·················· 165
　　6.2.3　ZigBee 通信的软/硬件设计 ·················· 166
6.3　生产生活的简易监控实例 ·················· 169
　　6.3.1　无线收发电路设计实例 ·················· 169
　　6.3.2　简易语音通信设计实例 ·················· 173
　　6.3.3　火灾报警系统设计实例 ·················· 177
　　6.3.4　无线片上系统设计实例 ·················· 181

第 7 章　嵌入式 IrDA 无线遥控通信 ·················· 191

7.1　IrDA 无线遥控通信基础 ·················· 191
7.2　基本的软/硬件体系设计 ·················· 192
　　7.2.1　IrDA 器件及其使用 ·················· 192
　　7.2.2　常见 IrDA 电路设计 ·················· 195
　　7.2.3　IrDA 通信的软件设计 ·················· 198
7.3　IrDA 无线遥控应用实例 ·················· 199
　　7.3.1　逻辑电路实现红外遥控解码实例 ·················· 199
　　7.3.2　LED 显示屏的简易 IrDA 遥控实例 ·················· 202
　　7.3.3　空调生产线的红外多机检测实例 ·················· 215
　　7.3.4　ARM-Linux-IrDA 软件实现实例 ·················· 217

第8章 嵌入式信号卫星通信 ··· 221

8.1 信号卫星通信基础 ··· 221
8.1.1 卫星定位-授时-同步概述 ··· 221
8.1.2 卫星定位-授时-同步原理 ··· 222

8.2 基本软/硬件体系设计 ··· 224
8.2.1 全球卫星导航的接收端设计 ··· 224
8.2.2 卫星定位-授时-同步应用设计 ··· 227
8.2.3 通信协议与测试软件工具应用 ··· 230

8.3 卫星定位授时应用实例 ··· 233
8.3.1 铁路路况 GPS 巡检实例 ··· 233
8.3.2 北头卫星授时应用实例 ··· 250

第9章 嵌入式 GPRS/CDMA/3G 移动通信 ··· 255

9.1 无线移动通信应用基础 ··· 255
9.1.1 常见移动网络通信概述 ··· 255
9.1.2 移动通信技术的总体特征 ··· 257
9.1.3 嵌入式移动通信体系框架 ··· 258
9.1.4 AT 监控指令及其应用简述 ··· 260

9.2 基本的软/硬件体系设计 ··· 263
9.2.1 移动通信部件 ··· 263
9.2.2 硬件体系设计 ··· 265
9.2.3 软件体系实现 ··· 266
9.2.4 设计注意事项 ··· 266

9.3 移动通信开发应用实例 ··· 268
9.3.1 无线公共电话的开发设计实例 ··· 268
9.3.2 短信息形式的无线传输实例 ··· 292
9.3.3 内置 TCP/IP 的无线传输实例 ··· 298
9.3.4 移植 TCP/IP 的无线传输实例 ··· 306

第10章 嵌入式 BlueTooth 无线网络通信 ··· 310

10.1 BlueTooth 网络通信基础 ··· 310
10.1.1 BlueTooth 通信网络及其特征 ··· 310
10.1.2 BlueTooth 网络系统及拓扑构成 ··· 311

  10.1.3 BlueTooth 功能单元与协议体系 ········· 312
  10.1.4 BlueTooth 的节点匹配及其应用 ········ 317
 10.2 基本的软/硬件体系设计 ············· 317
  10.2.1 BlueTooth 协议栈的结构体系分析 ······ 317
  10.2.2 BlueTooth 技术的软/硬件实现分析 ····· 319
  10.2.3 BlueTooth 无线通信部件及其构造 ······ 321
  10.2.4 BlueTooth 技术的软/硬件实现形式 ····· 325
 10.3 BlueTooth 无线通信应用 ············ 328
  10.3.1 芯片组 BlueTooth 无线通信设计 ······· 328
  10.3.2 单芯片 BlueTooth 无线通信设计 ······· 333
  10.3.3 E-Linux BlueTooth 无线通信实现 ······ 335
  10.3.4 Windows CE BlueTooth 驱动与通信实现 ··· 342

第 11 章 嵌入式 WiFi 无线网络通信 ············ 350

 11.1 WiFi 无线网络通信基础 ············ 350
  11.1.1 WiFi 通信网络及其特征 ············ 350
  11.1.2 WiFi 网络系统及其拓扑 ············ 352
  11.1.3 WiFi 网络通信及其实现 ············ 354
 11.2 基本的软/硬件体系设计 ············· 358
  11.2.1 WiFi 部件及其选择 ··············· 358
  11.2.2 WiFi 硬件体系设计 ··············· 360
  11.2.3 WiFi 软件体系设计 ··············· 361
 11.3 WiFi 网络通信开发应用实则 ········· 362
  11.3.1 ARMLinux-ARM9-88W8686 体系实则 ···· 362
  11.3.2 μCLinux-ARM7-BWG200 体系实例 ····· 365
  11.3.3 μC/OS-ARM7-NC5004 体系实例 ······· 368
  11.3.4 NEOS-ARM7-CG-1000 体系实例 ······· 372
  11.3.5 WinCE-ARM9-VNUWCL5 体系实例 ····· 382

第 12 章 嵌入式简易无线网络通信 ············· 388

 12.1 简易无线网络通信基础 ············· 388
  12.1.1 简易无线网络通信综述 ············ 388
  12.1.2 基本通信功能及其实现 ············ 389
 12.2 基本的软硬/件体系设计 ············ 390

12.2.1 简易无线通信部件及其选择 ……………………………………………… 390
12.2.2 简易无线通信硬件体系设计 ……………………………………………… 396
12.2.3 简易无线通信软件体系设计 ……………………………………………… 399
12.3 简易无线网络通信开发实例 …………………………………………………… 400
12.3.1 MICRF005 射频接收电路设计实例 ……………………………………… 400
12.3.2 IA4220/4320 防丢-寻找器设计实例 ……………………………………… 402
12.3.3 RF24L01 模块的驱动程序设计实例 ……………………………………… 404
12.3.4 Zi2121-USB 无线鼠标对实现实例 ………………………………………… 410

参考文献 ……………………………………………………………………………… 429

第1章 嵌入式网络通信综述

随着嵌入式系统在生产生活诸多领域的广泛应用,各种各样的嵌入式网络通信需求日益强烈和广大,在保持嵌入式系统高度稳定可靠和快速实时响应的基础上,选择或者构建高性价比通信网络,即以最小的系统资源占有量,迅速开发出稳定高效的通信体系,实现简易方便、高性价比的网络互联,展开及时可靠的数据信息交互,使嵌入式应用系统更好地融入有/无线网络环境之中,变得十分迫切和重要。

通信体系,尤其是有/无线网络通信,已经成了现代嵌入式应用系统设计的关键技术。嵌入式网络通信有怎样的体系构造和网络特征?具备怎样的硬件、软件、网络基础才能开展嵌入式网络通信的应用开发?有哪些常见的有/无线网络通信形式?嵌入式应用系统可以加入或组建的常用有/无线通信网络的性能特征如何?怎样选择适当的通信网络并实现基于该网络的嵌入式网络通信设计?本章将对这些展开综合性的阐述。

1.1 嵌入式网络通信基础

1.1.1 网络通信的简要介绍

嵌入式网络通信用于嵌入式应用体系与外围的选定网络进行数据信息交互。嵌入式应用体系实现这样的网络通信,需要在硬件上增加特定的网络接口电路、在软件上添加特定网络接口的驱动程序、在网络上遵守共同网络的传输协议。

嵌入式网络通信应用系统的典型结构模型,如图1.1所示。

图 1.1 常见嵌入式网络终端通信系统的典型结构框图

嵌入式通信网络,可以是有线的,也可以是无线的,可以是远程的,也可以是短距离的。通信对象可以是信号卫星,可以是监控中心计算机,也可以是其他嵌入式应用系统。众多的嵌入式通信应用系统,通过网络连接,还可以形成嵌入式网络系统,如航天电子、航海电子、汽车电子、列车电子、家庭/办公电子、交通设施等领域的应用。图1.2综合地概括了嵌入式通信网络应用的广泛普遍性。

1.1.2 网络通信的硬件基础

硬件电路是嵌入式网络通信体系得以实现的根基。详细的硬件电路设计,可以参阅本书作者编著的《嵌入式系统硬件体系设计》一书。这里仅对嵌入式硬件体系设计做简要阐述。

1. 嵌入式硬件体系的构成

嵌入式硬件体系的基本构成可以用图1.3的模型来表达。其中,嵌入式硬件体系的核心部分是微控制/处理器(Micro Controller/Processor),基础构成部分是时钟电路和电源供给

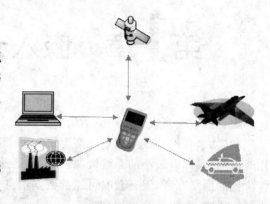

图1.2 嵌入式通信网络的典型应用示意图

部分。数据存储器和程序存储器是嵌入式系统进行智能控制和实现具体测量控制、监视的重要组成部分。键盘输入和显示/打印/记录部分是重要的人机界面接口。数据采集通道和执行控制通道是嵌入式系统进行测量和控制的主要途径。通道接口可以是并行或串行的,可以是有线或无线的,是嵌入式系统和外界进行数据交流联系的信息通道。微控制/处理器、时钟电路和电源电路,三位一体,可以构成一个最简单的嵌入式系统,这3部分是构成嵌入式系统必不可少的。数据和程序存储器使嵌入式系统具有了较为高级的人工智能。其他部分可以根据构成嵌入式系统的简繁灵活选择使用。

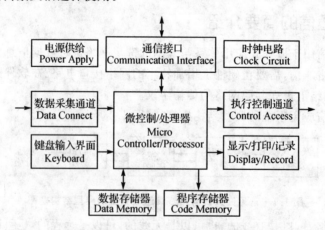

图1.3 嵌入式硬件体系的基本构成框图

嵌入式硬件体系的各个构成部分大致可以划分为3类:

- ➤ 核心部件：主要是微控制器或微处理器、时钟电路；
- ➤ 主要部件：主要是存储器件、测控通道器件、人机接口/通信接口器件；
- ➤ 基础部件：主要是电源供电电路，还有电路监控电路、复位电路、电磁兼容与干扰抑制 EMC(Electro-Magnetic Compatibility)/EMI(Electro-Magnetic Interference)电路等。

2. 嵌入式硬件体系设计

嵌入式硬件体系设计工作可以划分为两部分：直接相关部分设计和间接相关部分设计。直接相关部分设计是根据实际应用需求直接选择合适的组成器件设计相应的模块电路。间接相关部分设计就是把各个直接相关部分设计构成一个整体并进行模拟仿真分析和硬件体系调试。

(1) 直接相关部分设计

主要包括：

① 微控制器及其选择：嵌入式系统中的微控制/处理器主要是单片机 SCM(Single Chip Microcomputer)、数字信号处理器 DSP(Digital Signal Processors)和大规模可编程逻辑器件。单片机主要是 8 位、16 位或 32 位的通用单片机，如 MCS-51 单片机、PIC 系列单片机、可编程片上系统 PSoC(Programmable System on Chip)单片机、MCS-x96 单片机、80C166 系列单片机、ARM 系列单片机等。数字信号处理器，主要是能够进行复杂数学运算和数据处理分析的通用可编程 DSP，如 TI 的 TMS320C2000 系列、TMS320C5000 系列、TMS320C6000 系列等。大规模可编程逻辑主要是复杂可编程逻辑器件 CPLD(Complex Programmable Logical Device)和现场可编程逻辑器件 FPGA(Field Programmable Gate Array)。现在使用的各类单片机或数字信号处理器内常集成有各种常用的外部设备，如通用异步收发 UART(Universal Asynchronous Receive/Transmit)模块、ADC(Analog Digit Converter)等，统称片内外设，选用具有片内外设的微控制器，可以有效地减少系统器件的外部扩展。

选择微控制/处理器需要考虑因素是：CPU(Central Processing Unit)速度及其匹配、数据总线宽度、片内外设、输入/输出 I/O(Input/Output)口的特点与数量、开发工具及其简繁程度、成本等。

② 存储器及其选择：存储器用于存储数据或程序代码，现在使用的很多微控制/处理器内常含有一定数量的数据存储(Data Memory)和程序存储器(Program Memory)，在微控制/处理器所含存储器容量不能满足需要或没有存储器的微控制器需要外扩存储器件或存储介质。嵌入式系统中使用的存储器有存储程序代码的，有存储数据信息的；有同步工作的，有异步工作的；有串行接口的，有并行接口的。对于数据存储，还有很多各类非易失存储器件。对程序存储，有电擦除存储器、闪存(Flash Memory)等。嵌入式系统中使用的存储介质有 IC 卡、CF 卡、电子盘等。这些存储介质多是由含有特定接口和数字逻辑的各类存储器件构成的。选择存储器需要考虑因素是存储器的类型、读/写访问的速度、存储器的容量、访问的简繁程度、电

源供应、成本等。

③ 人机接口/通信接口的设计：嵌入式系统中的人机接口 MMI(Man-Machine Interface) 主要是各种类型的键盘输入接口、LED(Light-Emitting Diode)数码显示/LCD(Liquid Crystal Display)显示及其接口，个别情况下还有微型打印、记录仪驱动、语音报警等。嵌入式系统中的通信接口主要是一些总线接口、串行传输接口、远距离数据传输接口、无线通信接口等。这些接口中，有串行数据传输的，有并行数据传输的，也有差分数据传输的。接口常见形式有 UART 接口、USB(Universal Serial Bus)接口、1394 接口、PCI(Peripheral Component Interconnect)/cPCI(complex PCI)总线接口、485 总线接口、IrDA(Infrared Data Association)红外传输接口、以太网接口等。应根据实际需求，选择并设计相应的人机界面和通信接口。

④ 信号采集与控制通道的设计：信号采集通道用于收集外部需要测量的信号，这些信号通常可以分为两类：开关量信号和模拟量信号。开关量信号即外界目标的通断等可以用二值表示的状态，模拟量信号即通过传感变换得到的微变电信号。现在很多传感器内部含有微控制器，自成体系，构成一体化模块，可以直接对外送出数字信号。这类传感器使用方便，直接连接设计系统的主控/处理器相应接口即可。开关量信号通道相对简单，设计相应的电平变换和隔离形式即可。模拟量信号通道设计环节较多，一般含有隔离、放大、滤波、模型数变换、多路切换等诸多环节。

⑤ 基础电路的设计：嵌入式系统的基础电路包括供电电路、系统监控电路、复位电路、时钟电路、EMC(ElectroMagnetic Compatibility)/EMI(ElectroMagnetic Inhibition)电路等。现代嵌入式系统对低功耗要求严格，供电电路常常是多电源制，有 5 V、3.3 V、2.5 V、1.8 V 等电源设计，涉及升压、降压和稳压等。一些手持设备还常常要求电路监控、电量计量等，需要设计特定的电路监控电路。复位电路和时钟电路直接影响着系统的工作性能，需要设计特定合体的相应规格电路。对电磁兼容要求严格场合使用的嵌入式系统产品，还要在系统中进行 EMC/EMI 电路设计。

(2) 间接相关部分设计

主要包括：

① 系统原理设计与 PCB 制板：可以选择 Protel、Power Logic/PCB 或 OrCAD 等电子设计自动化 EDA(Electronic Design Automatic)工具绘制电路原理图，进行 PCB(Print Circuit Board)制板；还可以在原理图设计和 PCB 制板设计完成后使用相关模拟仿真工具进行所设计硬件体系的信号分析和实用模拟试运行分析，查找问题，找出解决办法，在设计阶段去进一步完善电路。

系统原理设计与 PCB 制板，是嵌入式系统设计方案得以实施的重要环节。

② 硬件体系的调试：嵌入式硬件体系调试包括测试、调试和恶劣环境实验 3 个时期。测试主要包括初期的板级测试、基础电路测试、各个组成模块电路测试和系统整体测试等。调试主要是软/硬件结合的模拟与仿真及其测量分析。恶劣环境实验用以验证产品在极端情形下

的承受能力,包括极限温度实验、抗干扰实验、振动实验等。

嵌入式硬件体系调试是嵌入式系统产品开发生产、走出实验室进入应用的必不可少的环节。

1.1.3 网络通信的软件基础

底层硬件操作软件和嵌入式应用软件设计是嵌入式网络通信系统设计的软件基础,这里仅做以简要阐述。详细可以参阅作者编著的《基于底层硬件的软件设计》一书。

1. 底层硬体操作软件及其组成

底层硬体操作软件,泛指能够控制相关硬件的功能行为、对其进行读/写访问或数据接收/发送传输操作的程序代码集,也称为硬体操作软件或者基于硬体的软件。硬体操作软件设计主要是基于 CPU 结构的基本软件体系架构、设备驱动程序设计、可编程逻辑程序设计,也可以是3者的有机整合与扩展——可编程片上系统设计 SoPC(System On Programmable Chip)。其中,基于 CPU 结构的基本软件体系架构就是建立起能够进行系统应用软件设计所需的最小可靠软件运行环境,一般包括时钟管理、工作模式设置、外设配置、接口初始化、多任务分配、中断设置等。底层硬体的软件结构组成如图1.4所示。各类软硬件应用体系产品中,硬件体系是整个系统赖以存在的基础,应用软件或程序是整个系统具有特定的功能和特征,基于硬体的软件是联系底层硬件体系和顶层应用软件的有力纽带和不可缺少的桥梁。有了底层硬体操作软件,整个软/硬件体系才形成了一个有机整体。

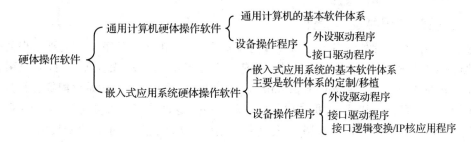

图 1.4　基于底层硬件的软件组成示意图

2. 嵌入式实时操作系统及应用

嵌入式实时操作系统 E-RTOS(Embedded Real Time Operation System)一般可以提供多任务调度、时间管理、任务间通信和同步以及内存管理 MMU(Memory Manager Unit)等重要服务,使得嵌入式应用程序易于设计和扩展。E-RTOS 在系统实时高效性、硬件的相关依赖性、软件固化以及应用的专业性等方面具有较为突出的优势,不同于一般意义的计算机操作系统,具有占用空间小、执行效率高、方便个性化定制和软件要求固化存储等特点。采用 RTOS 可以使嵌入式产品更可靠、开发周期更短。

嵌入式操作系统还有一个特点是，针对不同的平台，系统不是直接可用的，一般需要经过针对专门平台的移植操作系统才能正常工作。进程调度、文件系统支持和系统移植是在嵌入式操作系统实际应用中最常见的问题。任务调度主要是协调任务对计算机系统资源（如内存、I/O 设备、CPU）的争夺使用。进程调度又称为 CPU 调度，其根本任务是按照某种原理为处于就绪状态的进程占用 CPU。嵌入式系统中内存和 I/O 设备一般都和 CPU 同时归属于某进程，所以任务调度和进程调度概念相近，很多场合不加区分。进程调度可分为"剥夺型调度"和"非剥夺型调度"两种基本方式。"非剥夺型调度"是指：一旦某个进程被调度执行，则该进程一直执行下去直至该进程结束，或由于某种原理自行放弃 CPU 进入等待状态，才将 CPU 重新分配给其他进程。"剥夺型调度"是指：一旦就绪状态中出现优先权更高的进程，或者运行的进程已用满了规定的时间片时，便立即剥夺当前进程的运行（将其放回就绪状态），把 CPU 分配给其他进程。文件系统是反映负责存取和管理文件信息的机构，也可以说是负责文件的建立、撤销、组织、读/写、修改、复制及对文件管理所需要的资源（如目录表、存储介质等）实施管理的软件部分。嵌入式操作系统移植的目的是指使操作系统能在某个微处理器或微控制器上最简单最快地运行。

常用的 E-RTOS 有 RTX、μC/OS-II、DSP/BIOS、μCLinux/ARM-linux、Windows CE/Mobile、VxWorks 等。衡量一个嵌入式实时操作系统的基本指标是它是否支持多任务调度、是否支持文件管理操作，还有它所需额外占用系统资源的多少。如果决定采用 E-RTOS，则需要根据存储器容量、中断资源、硬件资源、CPU 运算能力、开发周期、投入成本等因素综合选择适合自己硬件平台的操作系统。

3. 设备驱动程序及其设计

底层设备区分为片外设备或接口和片内设备或接口，其驱动程序设计主要是相关外设或接口器件的初始化配置、行为控制、基本的"读/写"访问或"收/发"操作等，并面向应用程序提供界面友好的 API(Application Programming Interface)调用接口。初始化配置和行为控制主要用于设置硬体的工作模式、数据传输格式、通信速率、返回状态信息规定等，初始化配置只在系统启动时由系统基本软件体系调用，行为控制通常在执行过程中用以改变硬体的行为规则。

"读/写"访问或"收/发"操作的方式一般有两种：查询方式和中断方式。查询方式需要软件不断地进行状态字或状态位的查询，直到有效事件发生为止；中断方式无需软件干预，只要存在有效事件发生，才通过硬件通知软件；"写"访问或发送操作通常是主动的，只要硬体空闲，就可以使其执行，通常采用查询方式；"读"访问或接收操作是被动的，硬体何时得到或产生有效数据是不确定的，通常采用中断方式。为进一步加快"读/写"访问或"收/发"操作，一些系统也采用直接存储器访问 DMA(Direct Memory Access)方式，这通常是含有 DMA 控制器的硬件体系。

不同的操作系统具有不同的驱动程序模型。Windows 系统的驱动程序模型主要是层次结构的 WMD(WIN32 Driver Model)和新兴的 WDF(Windows Driver Foundation)。WMD

的层结构次从底到上依次是：总线驱动程序、功能驱动程序和过滤器驱动程序。Linux/μCLinux/ARM-Linux 系统的驱动程序区分为 3 种：字符型设备驱动程序、块型设备驱动程序和网络型设备驱动程序。μCLinux/ARM-Linux 下的很多外设和接口如 SPI(Serial Peripheral Interface)、I^2C(Inter-Integrated Circuit)、ADC、DAC(Digital Anolog Convertor)等都可作为字符型设备对待。VxWorks 系统的驱动程序分为 I/O 驱动型和非 I/O 驱动型，I/O 驱动型设备主要是字符型和块型设备，非 I/O 型设备包括串行设备、网络设备、PCI 设备、PCMCIA 设备、定时器、硬盘、Flash 存储设备等。Windows CE 下的驱动程序是单体或双层的本地或流式驱动程序。Linux、Windows 等操作系统常把设备视作文件进行操作，称为设备文件。对于闪存(Flash)等存储器类型的块型设备，在驱动架构中引入了方便的文件系统，如 dosFS、TrueFFS、JFFSx 等。Linux、Windows 等通用计算机操作系统，为安全起见，划分为用户态和核心态，设备驱动程序通常位于核心态；μCLinux/ARM-Linux、Windows CE/Mobile 等嵌入式操作系统，为结构紧凑起见，不再划分用户态和核心态。

通用计算机 Windows、Linux 等常见操作系统下，和软件直接打交道的常见硬体接口或设备是异步串行口、并行打印口、以太网接口、便携式 USB 接口设备、ISA/PC104 工业板卡和 PCI/CPCI 工业板卡。Windows、Linux 等操作系统对串行通信、并行通信和以太网通信提供有很好的支持。这 3 种类型的通信可以直接使用操作系统提供的 API 函数来实现。对于 USB 设备、ISA 和 PCI/CPCI 板卡，则需要编写专门的设备驱动程序。嵌入式应用体系的常见外设和接口有 UART、I^2C、SPI、EMAC(Earthnet Media Access Control)、USB、CF(Compact Flash)卡等，其驱动程序多是单体的，虽然有些操作系统(如 Windows CE)的驱动是分层的，若通用层驱动已由操作系统提供，需设计的仍然是针对具体设备的驱动。

不同操作系统的不同类型驱动程序都有相应的设计规律和开发方法，可以按照这些设计规律和方法技巧开发所需外设或接口的驱动程序。对于 Linux、Windows 等通用计算机操作系统，特别是 Windows 下的设备驱动，还可以借助于软件工具快速设计所需设备的驱动程序。Windows 下设备驱动程序的常用开发软件工具有 WinDDK/WDK、Driver Studio 和 WinDriver。值得一提的是 WinDriver，在 Windows 下，它除了快速开发 Windows 下设备驱动程序外，还可以快速开发用于 Linux、VxWorks 下的设备驱动程序。

操作系统通常都提供有信号量、消息队列、管道等通信同步机制，把这些机制或原理引入驱动程序设计，非常有利于设备驱动程序的灵活设计和高效执行，有利于嵌入式应用系统有限的内存 RAM、中断、CPU 操作周期等资源的合理使用。

4. 可编程逻辑软件及实现

选用可编程器件通过软件设计或配置可以实现不同接口类型的外设或接口的连接，也可以实现常规的外设或接口，甚至实现整个微控制器及其所需外设或接口。硬体外设、接口及其片上系统通过文本描述或图形交互的可编程软件设计不仅可以做到灵活的数字逻辑实现，也可以做到灵活的模拟逻辑实现。可编程逻辑设计调试/测试手段多样，工具周全易用，开发周期短,而且所构成的体系能够更加稳定可靠。尤其值得一提的是,还可以通过可编程逻辑设计实现专门而复杂的 DSP 算法,把系统核心微控制器彻底从繁琐的数学运算中解放出来。可编程逻辑软件设计主要包括3个方面:可编程数字逻辑设计、可编程配置逻辑设计和可编程模拟逻辑设计。硬体外设、接口及其片上系统的可编程软件设计,涉及的主要常见通用可编程/配置器件及其逻辑编程软件设计技术有:可编程配置器件及逻辑设计技术,可编程数字器件及其逻辑设计技术,可编程模拟逻辑器件及其逻辑设计技术,片上系统及其嵌入式体系逻辑设计技术等。使用可编程逻辑软件设计实现嵌入式应用体系中的外设/接口及其整个片上系统能够使嵌入式应用体系设计集成度更高,遭受外界的不良影响更小,系统的稳定可靠性更强,也正是这种开发应用推动着嵌入式系统设计的持续发展与增长。

5. 嵌入式系统的应用程序设计

嵌入式系统的应用程序包括两方面:运行于底层嵌入式应用体系中的应用程序和运行于通用计算机上的监控或测试软件。通常,把前者称为下位机的应用程序,把后者称为上位机的监控软件。

(1) 下位机的应用程序开发

1) 开发环境及其应用

下位机应用程序的开发通常在通用计算机 Windows 或 Linux 操作系统下的集成开发环境 IDE(Integrated Development Environment)下进行,IDE 集合程序的编辑、编译和调试于一体。IDE 所在的计算机称为"宿主机",运行程序的嵌入式应用体系称为"目标机","宿主机"和"目标机"之间通过 JTAG(Joint Test Action Group)接口相连。常用的 IDE 有 8/16/32 位单片机 SCM 的 KeilC51/Keil(X)C166/RV-MDK/RVDS/IAR,16/32 位定点/浮点 DSPs 的 CCS,FPGA-SOPC 的 EDK-XPS(Embedded Development Kit-Xilinx Platform Studio)等。

2) 功能实现的整体规划

嵌入式应用系统各项功能的实现,在应用程序设计中通过一系列的任务划分及其调度来完成。任务的配置与多任务调度是嵌入式应用程序设计的关键,应该根据实际功能需求及其逻辑关系合理安排和搭配。任务可以安排在各种优先执行级的异常或软/硬件中断中实现,也可以安排在低优先执行级的空闲循环中运行,每一优先等级的各个任务又形成优先执行序列。任务通过系统的中断、同步与通信机制完成其等待、执行、挂起、休闲等各个状态的切换。要明确任务的轻重缓急、响应效率,清楚软件系统的中断异常与进程或线程调度机理,知晓任务、进程或线程间的同步与通信机理,并统筹兼顾系统的稳定可靠性和实时响应性要求,只有这样才能做好应用程序的整体规划。任务的配置与多任务调度还需要在调试分析中不断改进和完善。

3) 编程技巧及其应用

应用程序设计中一些编程技巧和注意事项如下:

① 栈堆的合理配置：大多数嵌入式微控制/处理器系统不严格区分"栈"和"堆"，而是笼统地称为"栈堆"；这一点与在通用计算机下的应用不同。应用栈堆时，要明确栈堆的增长方向，确定好各种栈堆的位置（即片内或片外存储器的起始地址）和合适的大小（即堆栈长度）。

② 常量/变量的使用：嵌入式软件设计时，把经常调整的量作为常量定义在头文件中，如通信速率、倍/分频系数等，以利于程序的调整变动；还经常把外部系统传入的参数定义为全局变量，以利于从外部调整嵌入式系统的性能或运行参数，哪怕变量仅使用一次。有时，为了便于观察分析，也有意把部分或全部的局部变量定义为全局变量，如栈堆的占用情况分析。

③ 硬件操作的定义：应用程序访问底层硬件通常采用其驱动程序提供的API函数或宏来实现。独特而又简单的硬件操作，常常由应用程序通过自定义带变量的宏或指向指针的指针操作来实现，如I/O的操作、寄存器和存储器的操作就是这样。

④ 中断嵌套的应用：采用中断嵌套时，应注意进出栈堆的保护操作。很多微控制/处理器体系可以自动实现中断嵌套，但嵌套的层数是有限的，通常是8层，这已经能够满足大多数应用了；对于中断中安排任务多、实时要求高、响应十分频繁的应用，很可能突破8层的极限，引起系统混乱，此时强制性地加入进出栈保护往往会收到理想的效果。

⑤ 同步机制的运用：常见嵌入式操作系统都提供信号量、消息队列、管道等通信和同步机制，在驱动程序和应用程序之间、应用程序与应用程序之间恰当地使用这些通信和同步机制，既安全高效又节省系统资源。没有引入嵌入式操作系统的直接软件体系设计，通过构造循环队列巧妙地实现可靠高效的串行数据通信，就是这个道理。

⑥ 程序文件的层次安排：通常按实现的功能把应用程序分为若干"对"文件。每对文件包括常量/变量/结构/函数等的定义或声明的头文件和实现具体功能的程序代码文件，这样的安排，条理清晰，便于程序的修改和完善。程序代码一般采用C语言或汇编语言，尽可能少用或不用C++语言，以降低编译要求并减少代码量，这是嵌入式系统设计的通常做法。

4) 程序的编译与调试

程序编译时，应提前设置好编译/链接选项，包括include/lib库的指定、环境变量的确定、调试信息的加入、优化设置的选择等，其中尤为重要的是优化设置的选择。嵌入式系统软/硬件结合紧密，不要选择过高的优化选项，以损失系统设计性能。通常应首先选定不使用程序优化的选项，等待程序调试运行正常后，再逐步提高优化选项并调试分析，直到找到合适的最高优化选项。一般地说，程序越优化，所使用的资源越少，代码量也越少。

嵌入式应用执行程序有多种运行方式，如模拟运行方式、宿主机-目标机联调方式、独立运行方式、性能测试方式等。调试程序时，应先使其在通用计算机下顺利实现模拟运行，然后再连接目标机，进行宿主机和目标机的联调，等待程序完全正常后再去掉调试信息，让程序独立地在目标上试运行。

断点和观察点的运用是程序调试的常用手段。断点是静态的，可以无条件地控制程序的启动和停止，使应用程序运行到所要调试的程序行上。观察点是动态的，能够控制程序满足设定条件的循环运行而终止在预设结果出现的程序行上。IDE 提供了多种方便程序调试的观察窗口，如 CPU 寄存器窗口、存储器窗口、变量窗口、栈堆窗口、代码分析窗口等。调试程序执行到断点或满足观察点条件而停止时，可以通过这些窗口观察在断点处应用程序的变量、寄存器和存储器的值等检测所调试的应用程序运行是否正确。通过各种类型的观察窗口运用断点和观察点，可以发现绝大多数的程序逻辑设计错误。还可以借助于示波器、逻辑分析仪、在线调试器等硬件手段，通过触发和跟踪，发现更多的软件设计问题，并加以纠正和完善。

（2）上位机的监控软件开发

上位监控软件运行在工业控制计算机、个人计算机、笔记本电脑等通用计算机上，可以完成对底层嵌入式应用体系的参数配置、运行状况监测、采集数据的收集与分析、执行行为的控制等，是嵌入式系统不可缺少的部分。上/下位软件之间的连接方式通常有 RS232-C、USB、EMAC 等。

上位监控软件，常常设计成 GUI(Graphic User Interface)丰富、便于简易操作的可视化窗口形式，其开发软件工具很多。Windows 下常用的 IDE 开发工具有 BCB(Bland C++ Builder)、Dephi、Visual C++/Studio、Visual Basic、Bland JBuilder/C♯ Builder、NI LabView 等。Linux 下常用的 IDE 开发工具有 KDevelop、Anjuta、Bland C++ BuilderX 等。其中 JBuilder 是用 Java 语言通过解释性操作实现的，开发的软件可以跨平台应用；Dephi 使用 Pasic 语言，其他软件工具都使用 C/C++语言。上位监控软件需要很好地实现对底层通信接口的操作，选用 IDE 开发工具时，要考虑其中能有简易便捷的通信接口实现手段。

进行监控软件设计时，应注意合理安排中断、进程、线程和任务，合理规划进程/线程/任务间的通信和同步，并统筹兼顾系统的数据传输、可视化界面显示和实时响应性，做好多任务调度。

数据采集用的监控软件设计可能用到数据库。采用数据库软件，可以方便地实现数据存储、决策分析、统计报表、曲线图示等可视化功能。一般的数据采集系统设计，在 Windows 下选用 Paradox、MS Accesss 等中小型桌面数据库即可；对于数据量大的应用，可以考虑选择采用 SQL Server、Sybase、Interbase、Oracle 等大型后台数据库。

监控软件的测试通常在所选的 IDE 下进行，安全可靠性要求高的应用，可以选择使用 Rose、LoadRunner 等软件工具进行严格规范的白/黑盒测试。

1.1.4　网络通信的网络基础

实现嵌入式网络通信，需要熟悉常见网络的通信特征和协议规范，以便从中选用适合设计的嵌入式应用系统的网络。主要包括网络通信的速度、距离、方式、拓扑结构、工作原理、连接介质、接口部件的选配与使用、工作状况的监控手段、协议规范及其应用等，特别是协议规范及其应用。

嵌入式网络通信使用的网络协议，通常都是简化的协议规范，这是嵌入式系统的特别需求,不同于基于计算机的网络应用。另外,为简化数据传输过程和适合稳定可靠性要求,还要在选定网络协议规范的基础上,制定适合实际需求的发起、握手、停止等特定的通信协约。

一般地,嵌入式通信网络隶属于局域网,通常只实现 ISO(International Standards Organization)/OSI(Open System Interconnection)7 层模型中的物理层和数据链路层。数据链路层在具体实现上可以划分成两个子层:介质访问控制子层 MAC(Media Access Control)和逻辑链路控制子层 LLC(Logic Link Control)。MAC 层包括物理层接口硬件和实现介质访问协议的通信控制器;通常 LLC 子层由软件实现。

介质访问协议是嵌入式网络通信协议的核心。理解与熟悉介质访问协议有助于更好地选择、使用和实现嵌入式网络通信。下面列出了几种常用的介质访问协议。

(1) 轮询访问协议

轮询访问协议因其简单方便、实时性能可确定等特点而成为嵌入式网络常用协议之一。采用轮询访问协议,需要指定一个主节点作为中心主机来定期轮询各个从属节点,以显式分配从属节点访问共享介质的权力。这类协议的缺点也是明显的:轮询过程占用了宝贵的网络带宽,增加了网络负担;风险完全集中在主机节点上,为了避免因主节点失效而导致整个网络瘫痪的情况,有时须设置多个主节点来提高系统的健壮性(如 ProFiBus 现场总线)。

(2) 带冲突检测的载波监听多路访问协议

带冲突检测的载波监听多路访问 CSMA/CD(Carrier Sense Multiple Access/Conflict Detection)协议有许多不同的实现版本,核心思想是:一个节点只有确认网络空闲之后才能发送信息。如果多个节点几乎同时检测到网络空闲并发送信息,则产生冲突。检测到冲突的发送信息节点必须采用某种算法(如回溯算法)来确定延时长短,延时结束后重复上述过程再试图发送。CSMA/CD 的优点是理论上能支持任意多的节点,且不需要预先分配节点位置,因此在办公环境中几乎占有绝对优势。但是 CSMA/CD 冲突产生具有很大的随机性,在最坏情况下的响应延时不可确定,无法满足嵌入式网络最基本的实时性要求。

(3) 令牌环协议

在令牌环网中,节点之间使用端到端的连接,所有节点在物理上组成一个环型结构。一组特殊的脉冲编码序列,即令牌,沿着环从一个节点向其物理邻居节点传递。一个节点获得令牌后,如无信息要发送,则将令牌继续传递给下一个邻居;否则,首先停止令牌循环,然后沿着环发送它的信息,最后继续令牌传递。令牌环网的优点是:实时性可确定,因为容易计算出最坏情况下节点等待令牌的时间;令牌传递占用的网络带宽极小,带宽利用率很高,具有强大的吞吐能力。但这种协议在具体实现时为确保可靠性必须付出较大的代价:为避免因电缆断裂和节点失效导致整个网络瘫痪,常采用双环结构和失效节点自动旁路措施,导致实施成本增加;为立即检测到令牌是否意外丢失,不得不增加该协议实施的复杂性。

(4) 令牌总线协议

令牌总线的基本原理与令牌环网相似。但在令牌总线中,网络上所有节点组成一个虚拟环,而非物理环。令牌在虚拟环中从一个节点传向其逻辑邻居节点。只有持有令牌的节点才能访问网络。如同令牌环一样,令牌总线具有非常高的网络带宽利用率、很高的吞吐能力和良好的可确定性。另外,令牌总线中各节点有相同的优先级;令牌总线中的电缆断裂并不一定导致整个网络瘫痪;网络运行过程中可动态增加或关闭节点,因此节点失误一般不会导致整个网络瘫痪。令牌总线的拓扑结构还非常适合用于制造设备。因此,令牌总线协议被 MAP(Manufacturing Automation Protocol)、ARCnet(Attached Resource Computer Network)采用,被广泛应用在过程自动化控制等嵌入式场合。

(5) 带冲突避免的载波监听多路访问协议

CSMA/CD 在节点数量不多、传输信息量较少时效率很高,基于令牌的协议具有良好的实时性和吞吐能力,于是有了综合以上两者优点的混合协议 CSMA/CA(Conflict Avoid)。CSMA/CA 的本质是利用竞争时间片来避免冲突。其基本原理是:如同 CSMA/CD 一样,节点必须检测到网络空闲之后才能发送信息;如果有两个或更多的节点发生冲突,便在网络上启动一个阻塞信号通知所有冲突节点,同步节点时钟,启动竞争时间片(竞争时间片跟随在阻塞信号之后,其长度比网络环路传输时延稍长)。通常,每一个竞争时间片均指定给特定的节点,每个节点在其对应的时间片内如有信息发送则可以启动传输;其他节点检测到信息传输后,停止时间片的推进,直到传输结束所有节点才恢复推进时间片;当所有时间片都失去作用时,网络进入空闲状态。为确保公平性和确定性,在每次传输之后,时间片要循环。此外,优先时间片(the priority slots)优先于普通时间片的推进,能支持高优先级信息的全局优先传输。

CSMA/CA 协议在具体实施中主要有两个变种:一个是 RCSMA(Reservation CSMA),特点是时间片数等于节点数。RCSMA 在各种传输条件下都能有效工作,但显然不适于节点较多的网络;在另一个变种中,时间片数少于节点数,且根据冲突最少的原则随机调整时间片的分配,根据预测的网络流量动态地改变时间片数;如 Echelon 推出的广泛应用的 LonWorks 标准。另外,在 CSMA/CA 中,并非必需采用硬件来避免冲突,还可以通过软件手段来实现,如发送时间片在没有网络传输的情况下仍然保持活动的哑信息。

1.2　常见嵌入式网络通信

1.2.1　常见有/无线网络通信形式

常见的网络通信形式及其类型划分,如图 1.5 所示。

有线短距离串行通信形式中,UART/SCI/RS232 是全双工、单极性、异步串行通信接口。UART 与 SCI(Serial Communication Interface)是数字信号接口;RS232 是高电平、负逻辑的模拟信号接口;1-Wires 是半双工串行、单总线,采用地址、控制及数据信息复用的单根信号线,既传输数据位又传输同步时钟,同时又能够以寄生供电方式给总线上的器件提供电源;I^2C

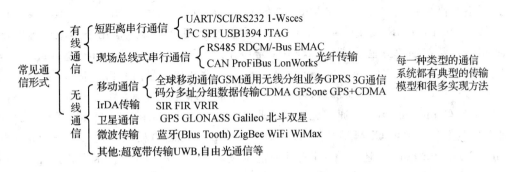

图1.5 常见网络通信形式及其类型划分示意图

总线采用高驱动能力的数据线 SDA 和时钟线 SCL,以半双工方式实现串行接收或发送数据传输。串行外设接口 SPI 总线使用 4 条信号线:时钟线 SCK、"主入从出"数据线 MISO、"主出从入"数据线 MOSI 和从机选择信号线 SSEL,执行主从设备之间的通信;通用串行总线接口 USB 是一种单极性、差分、倒转不归零编码、半双工串行数据传输的,用于将 USB 外围设备连接到主机的外部总线结构;1394 总线又称 Firewire(火线)、i.Link、Lynx 是 Apple 推出的一种高效的全双工、差分、串行接口标准;JTAG(Joint Test Action Group)以时钟线 TCK、数据输入线 TDI、数据输出线 TDO、"模式选择"线 TMS、可选的复位线♯TRST 和地线 GND,完成芯片的测试/调试。

串行现场总线通信形式中,RS485 总线以二线差分平衡传输机制和双绞线传输数据,简便实用,可以实现 32~400 个网络结点、1 200 m 的最远通信距离。仪表总线 M-Bus/C-M-Bus,以下行 12 V 电压、上行电流环的形式,克服了 RS485 总线的诸多缺陷,在节点多、通信距离长、分布分散的远距离通信网络系统,如在水、电、气、热等民用计量仪表及楼宇自动化控制中得到了广泛应用。EMAC 总线即以太网总线,应用在工业领域,也称为工业以太网总线;它使用 TCP/IP(Transmission Control Protocol/Internet Protocol)通信协议,以双绞线、粗/细缆、光缆等多种通信介质差分串行传输数据,随着 Internet 的普及而广泛应用。CAN(Controller Area Network)总线以差分串行传输、多种通信介质和严密的通信协约,得到了低成本、高可靠性、实时性、强抗干扰的高性能,特别适合工业过程监控设备的互连,在车用电子、过程控制、农业/纺织/医用机械、交通设施等方面应用广泛。ProFiBus(Process Field Bus)总线也以多种通信介质差分串行传输数据,划分为 3 个系列,以性价比区分场合而制定不同规格的网络协议,适应不同领域的需求,广泛应用在工业过程控制及其楼宇、交通、电力等自动化领域;LonWorks(Local Operating Networks)总线则在性能上进一步增强,是公认的抗干扰能力最强的现场总线,能够支持支持双绞线、同轴电缆、光纤、射频、红外线、电源线等多种通信介质,被誉为通用控制网络。光纤传输即光缆,用以提高通信速度,降低电磁干扰,广泛用作 EMAC、CAN、ProFiBus、LonWorks 等现场总线的通信介质,被誉为绿色数据通道。

无线通信形式中,红外传输 IrDA 采用红外线、半双工方式实现数据的短距离无线收发传输,通常有最高通信速率在 115.2 kbps 的 SIR(Serial Infrared)、4 Mbps 的 FIR(Fast Infrared)、16 Mbps 的 VFIR(Very Fast Infrared)3 种类型。卫星信号通信用于实现精确的定位、授时和同步,常接触的卫星系统是全球卫星定位系统 GPS(Global Satellite System)、全球导航卫星系统 GLONASS(Global Navigation System)、北斗局域导航系统和伽利略全球导航系统 Galileo。无线移动通信全球覆盖,可以广泛选用的全球移动通信系统 GSM(Global System For Mobile Communication)/通用无线分组业务 GPRS(General Packer Radio Service)、码分多址分组数据传输系统 CDMA(Code-Division Multiple Access)和 3G 系统(Third Generation Mobile Communication),还有将 GPS 卫星定位技术与 CDMA 通信技术有机地结合的 GPSone。ZigBee、蓝牙 BlueThooth、WiFi 等是运行在 ISM(Industrial Scientific Medical)免费频段无线近距离网络通信技术。其中,ZigBee 技术主要致力于实现极低复杂度、极低成本、极低功耗的低速率无线通信;BlueThooth 技术致力于提供办公/家庭周边电子设备的快速、可靠、廉价、无害的短距离的"电缆替代"无线通信;无线保真 WiFi(Wireless Fidelity)技术则致力于电脑快速近距离无线入网等应用。ISM 免费频段的短距离无线通信,与生产生活密切相关,应用十分广泛。

全球微波互联接入 WiMax(Worldwide Interoperability for Microwave Access)即 802.16,是一项新兴的宽带无线接入技术,能提供面向互联网的高速连接,数据传输距离远达 50 km。WiMAX 还具有 QoS 保障、传输速率高、业务丰富多样等优点。WiMax 技术起点高,采用了代表未来通信技术发展方向的 OFDM/OFDMA、AAS、MIMO 等先进技术,随着技术标准的发展,WiMax 会逐步实现宽带业务的移动化,并将与 3G 移动通信融合。

超宽带 UWB(Ultra WideBand)是一种无载波通信技术,利用纳秒至"微微秒级"的非正弦波、短能量、窄脉冲序列,通过"正交频分调制"或直接排序扩展频率,传输数据,也称脉冲无线电(impulse radio)、时域(time domain)或无载波(carrier free)通信。UWB 的电波带宽为数 GHz,其占用带宽非常宽,且由于频谱的功率密度极小,具有通常扩频通信的特点。抗干扰性能强,传输速率高,系统容量大是 UWB 无线通信的最大特点。UWB 是无线电领域的一次革命性进展,将成为未来短距离无线通信的主流技术。

自由空间光通信 FSO(Free Space Optical communication)以激光为信息载体、空气为介质,用点对点或点对多点方式实现连接,具有高带宽、大容量、高速度、部署迅速、费用合理等优势,有"无线光纤"之称,可广泛用于空间及地面间通信,具有广阔的应用前景。

1.2.2 常用嵌入式网络通信实现

1. 常用的有线网络通信

常见的有线网络通信形式中,嵌入式网络通信系统经常用到的是串行的现场总线,特别是 RS485 总线、CAN 总线、工业以太网总线和 LonWorks 总线。嵌入式应用系统接入 RS485 总线,常常不能离开 UART/SCI/RS232 接口及其通信协议,因此本书特地把 RS485 总线网络通信称为"UART-485 网络通信"。

UART-485 通信网络是一种应用普遍的实用型现场总线技术,显著的特征是:易于"组"网、使用方便、软硬件设计简易、成本低廉。

CAN 总线通信网络,以强抗干扰、高度可靠、实时高效、成本低廉等特征而著称,是公认的稳定、快速和抗干扰性强的串行现场总线通信网络。

工业以太网通信网络,以其传输速度高、成本功耗低、普遍易用、持续发展潜力大等特征而著称,是一种重要的现场总线技术和主要的工业控制网络。

LonWorks 总线通信网络是公认的稳定可靠性和抗干扰性最强的串行通信网络。稳定可靠、传输速度快、抗干扰能力强是 LonWorks 总线网络的突出优势。

UART-485 网络通信、CAN 总线网络通信、工业以太网络通信和 LonWorks 网络通信有哪些突出的性能特点?其网络拓扑结构和通信协议如何?如何选择合适的网络接口部件快速进行高性价比的嵌入式网络通信系统的软/硬件体系开发设计?本书将分章节展开全面阐述,并列举大量的具体项目研发实例加以详细介绍说明。

2. 常用的无线网络通信

常见的无线网络通信形式中,嵌入式网络通信系统经常用到的是 GPRS/CDMA/3G 移动通信、IrDA 无线遥控通信、信号卫星通信和 ISM 免费频段的短距离无线通信的 ZigBee 无线网络通信、BuleTooth 无线网络通信、WiFi 无线网络通信及其简化得到廉价的简易无线网络通信。嵌入式应用系统接入各种无线通信网络,常常使用具有 UART、I^2C、SPI、USB 等接口的网络通信部件,进行嵌入式网络通信应用系统设计也必须熟悉这些接口及其软硬件通信规则。

ZigBee 无线近距离网络通信,以低传输速率、高通信效率及其复杂度低、功耗低、成本低、网络组织简单灵活等特征而著称,在无线控制和自动化应用中独具一格,能够很好地满足小型廉价设备的无线联网和监控需求。

IrDA 红外无线数据传输,成本低廉、连接方便、简单易用、结构紧凑,在各类便携式无线移动遥控电子器具中随处可见。

利用导航卫星,快速进行物体定位、时钟授时与同步数据采集控制,可以达到传统测量控制手段所不及的精确程度。这种卫星定位—授时—同步技术的应用日益广泛,已经与人们的日常的生产生活息息相关了。

GSM/GPRS/CDMA/3G 网络全球覆盖,数据收发速度快,传输距离远,连接迅速,通信质量高,收费合理,安全方便灵活,可直接与 Internet 网互通,实现高品质的音像实时无线传输,是嵌入式应用系统实现移动通信的简易、高效、廉价选择。

BlueTooth 无线近距离网络通信,能够自适应调频抗干扰,通信协议规范完备,传输快速高效,数据收发稳定可靠,功率消耗低,易于网络组建,软/硬件开发手段齐备,是电子周边设备各类有线电缆的理想替代实现方式。

无线保真 WiFi 网络通信,遵循 TCP/IP 协议规范,射频收发技术成熟,传输速度快,安全保密、性价比低,网络配套设备丰富,组网简易,使用者接受程度高,在短距离无线通信中独领风骚,已经渗透到生产生活的各个方面,是当今无线领域最为热门的一种技术。

简易无线网络通信,既具有规范性短距离无线通信的基本特点,又具有传输协议简单、使用方便、成本低廉、软件开发容易、组网随意、切合实际需要的实用特点,在各种短距离无线通信中渐露头脚,独具特色,已经形成了一系列的简易无线网络通信部件及其开发设计产品。

ZigBee 无线网络通信、IrDA 无线遥控通信、信号卫星通信、GPRS/CDMA/3G 移动通信、BuleTooth 无线网络通信、WiFi 无线网络通信和简易无线网络通信有哪些突出的网络应用特征?其网络拓扑结构和通信协议如何?其规范的协议标准是怎样通过软/硬件实现的?如何选择所需的无线通信部件快速进行高性价比的嵌入式网络通信系统的软硬件体系开发设计?本书将分章节展开全面阐述,并列举大量的具体项目研发实例加以详细介绍说明。

3. 嵌入式网络通信的实现

实现嵌入式网络通信,首先是选择合适可用的低成本通信网络,接下来是选择合适的高性价比网络接口部件进行各个网络节点的硬件体系设计进而构建通信网络,再接下来就是基于所选网络的通信协议规范制定特定的通信协约进而展开功能性通信软件开发了。

嵌入式网络通信应用系统软硬件设计的核心思想,主要表现在以下两个方面:

(1) 网络接口控制部件的最佳选择与配置

硬件方面,可以选择网络接口核心器件自行电路设计,也可以选择整体的网络接口模块简化电路设计。前者技术要求较高但成本低;后者则相反,需要根据实际情况确定。设计网络接口电路时,应该注意接口芯片或模块厂家的建议和推荐的参考电路。

软件方面,主要是对网络接口的初始化配置和工作过程的变换操作及其通信异常情况的处理,需要熟悉核心接口控制芯片的详细使用文档,特别是各个配置、控制、状态等寄存器的定义,并注意灵活使用接口芯片或模块厂家推荐的典型配置程序代码。

(2) 数据读/写操作或收/发传输的合理有序

一般的设计策略是:主动发送,被动即时接收。只要可行,有数据就通过网络向目的地发送,可行性需要通过对反映网络状态的寄存器进行不断的查询而得到。只要有数据到达,就进行数据的接收或读取操作,通常通过数据接收中断的设置和相关的快速服务处理来达到这一目的。为了提高传输效率、减轻系统微处理器的负担,可以考虑采用数据缓冲、环形队列等软件设计技巧。对于大量的数据传输和具有 DMA 控制器的微处理器系统,还可以采用 DMA 的方式。基于网络通信协议规范,制定逻辑严密的特定通信协约,是可靠高效网络通信的有力保证。总之,做到了合理有序、统筹兼顾、具体问题具体分析、特殊情况特殊对待,就可以使网络数据传输通信稳定可靠、快速高效、井然有序、有条不紊。

怎样通过选择得到合适的网络接口部件?怎样设计稳定可靠的嵌入式通信网络节点的硬

件体系？怎样基于所选网络的通信协议规范制定特定的最佳通信协约？如何高效地开发网络接口部件的驱动程序？如何合理运用网络的协议规范编制简洁的协议栈软件库函数？如何全面调度顺利实现功能性通信应用程序设计？如何应用各种软硬件手段进行网络通信的测试/调试进而完善丰富设计的嵌入式网络通信系统？如何在 RTX、μC/OS-II、μCLinux/ARM-linux、WinCE/Mobile、VxWorks 等 E-RTOS 下的实现嵌入式网络通信？嵌入式网络通信系统软硬件设计有哪些具体的方法技巧？本书将根据各种常用嵌入式通信网络，划分章节，展开全面阐述，并结合大量的具体项目研发实例加以详细介绍说明。

第2章 嵌入式 UART-485 网络通信

RS485 总线是一种应用普遍的实用型现场总线技术。UART-485 网络通信易于"组"网、使用方便，软/硬件设计简易、成本低廉，在各种工业过程监控、农业生产、环境监测、社区保安、自动抄表、公共服务、民事应用、门禁管理、宾馆服务等中小类型网络系统中有着广泛应用。

UART-485 网络通信，有哪些突出优势和不足？其网络系统是什么样的体系架构？怎样选择合适的接口器件，快速展开嵌入式 UART-485 网络通信应用系统的开发设计？如何因地制宜地制定必需的网络通信协约以简化并实现稳定的数据传输？如何采取有效的软/硬件措施对 UART-485 扬长避短确保可靠的网络通信实现？本章将对这些进行综合阐述，并列举具体的项目研发实例加以说明，主要内容如下：

➤UART-485 网络通信基础；
➤基本的软硬件体系设计；
➤UART-485 网络通信开发。

2.1 UART-485 网络通信基础

UART-485 网络通信中现场总线形式是互相串行连接的 485 总线网络，网络节点或适配器形式是基于 UART 接口的微处理/控制器体系或基于 PC 机的 RS232-C 接口板卡/端点。因此，485 现场总线网络和 UART/RS232-C 通信是 UART-485 网络通信的基础。下面分别予以简要介绍说明。

2.1.1 RS485 总线及其网络通信

(1) RS485 总线通信网络及其特征

RS485 总线是一种成本低廉、使用简便的现场总线技术，虽然其抗干扰性能不够理想，但是却能够满足大多数民用和工农业过程监控的需求，因此获得了极其广泛的应用。

RS485 采用二线差分平衡传输机制，接口标准是：差分传输，屏蔽双绞线通信介质，32 个标准结点，1 200 m 最远通信距离，$-7 \sim +12$ V 的共模电压/差分输入范围，± 200 mV 的接收器输入灵敏度，不小于 12 kΩ 的接收器输入阻抗。

概括起来，RS485 总线通信网络的总体特征如下：
➤ 差分信号串行传输，半双工或双工模式工作；
➤ 最大传输速度，即 UART 接口的速率，可达 200 kbps；
➤ 通常网络节点数为 32 个，通过增强可以扩展至 64、128、256 或 400 个；
➤ 最大 1 200 m 通信距离，可通过中继形式进行扩展至更远的距离；
➤ 双绞线通信介质，硬件接口实现，成本低廉，组网简易，操作方便。

(2) RS485 总线通信网络的基本框架

RS485 总线通信网络的基本框架构成如图 2.1 所示，分别对应于半双工和双工两种通信形式。

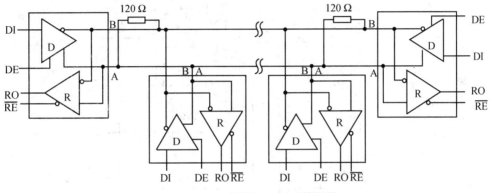

(a) 半双工 RS485 通信网络

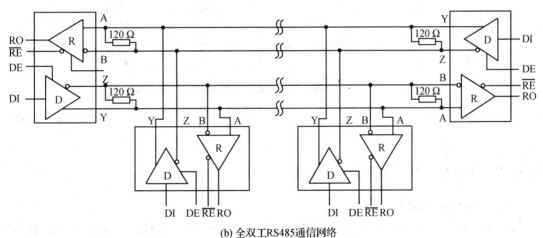

(b) 全双工 RS485 通信网络

图 2.1　RS485 总线通信网络的基本框架构成框图

(3) RS485 总线网络的结点数

节点数指 RS485 接口芯片驱动器所能驱动标准 RS485 负载的个数。标准驱动节点数为

32。为适应更多节点通信的需求,有些芯片的输入阻抗设计成 1/2 负载($\geqslant$24 kΩ)、1/4 负载($\geqslant$48 kΩ)甚至 1/8 负载($\geqslant$96 kΩ),相应的节点数可增加到 64、128 和 256。

(4) RS485 的通信距离及其拓展

RS485 总线的数据传输距离可达 1 200 m;当传输距离超过 300 m 时,在网络的两端需要接入 120 Ω 的匹配电阻,以减少因阻抗不匹配引起的反射,吸收噪声。超过 1 200 m 传输时,可采用中继的方法。图 2.2 给出了一种简易的 RS485 中继器电路,采用一对 RS485 接口器件背对背连接,一片 74HC123(双路可再触发"单稳"多频振荡器)控制传送方向。

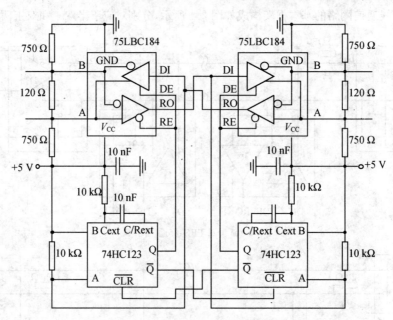

图 2.2 由 RS485 器件背靠背相连构成的简易总线中继器

对于 RS485 总线通信网络的扩展,可在一个节点处用一对背对背的 RS232 引出并构成一个子网,并规定相应的网络协议。

2.1.2 UART 与 RS232-C 通信

(1) UART 串行接口

UART(Universal Asynchronous Receiver Transmitter),即"通用异步收发器",是各种计算机与大多数微控制/处理器中常常集成的全双工、单极性、串行通信接口模块。它按"位(bit)"传输数据,以一条信号线 TxD 发送数据,以一条信号线 RxD 接收数据,其数据帧格式如图 2.3 所示。

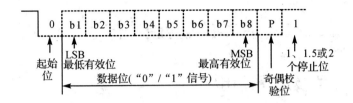

图 2.3　UART 传输时的数据帧结构框图

类似的异步串行接口有 Freescale 的 SCI(Serial Communication Interface)。

(2) RS232 串行接口

RS232 是美国 EIA 制定的全双工串行通信标准,又称 RS232-C,早期主要用于与调制解调器 Modem 的连接,如今已是 PC 机上普遍存在的通信接口之一。

RS232 连接插头采用 25 针或 9 针的 D 型 EIA 插头/插座,其端子分配与定义如表 2.1 所列。

表 2.1　RS232 接口定义与说明

端脚		方向	符号	功能
25 针	9 针			
2	3	输出	TxD	发送数据
3	2	输入	RxD	接收数据
4	7	输出	RTS	请求发送:告诉 Modem 现在要发送数据
5	8	输入	CTS	为发送清零:告诉 PC 机,Modem 已做好接收数据的准备
6	6	输入	DSR	数据设备(DCE)准备好:告诉 PC 机,Modem 已接通电源并准备好
7	5		GND	信号地
8	1	输入	DCD	数据信号检测:告诉 PC 机,Modem 已与对端 Modem 建立了连接
20	4	输出	DTR	数据终端(DTE)准备好:告诉 Modem,PC 机已经接通电源并准备好
22	9	输入	RI	振铃指示器:告诉 PC 机,对方电话已在振铃

每个信号使用一根导线,信号回路共用一根地线,是非平衡型接口。RS232 信号速率限于 200 kbps 内,电缆长度限于 15 m 以内。RS232 的信号是±12 V 标准脉冲信号,采用的是负逻辑、电平传输形式,以－5～－15 V 表示逻辑"1"电平,以＋5～＋15 V 表示逻辑"0"电平。

2.2 基本的软/硬件体系设计

2.2.1 接口器件及选择使用

(1) UART-485 接口器件概述

UART-485 总线网络通信的接口器件主要有两大类型：RS485 总线接口器件和 RS232-485 转换器件。RS485 总线接口器件又有半双工与双工、32/64/128/256/400 节点数的区分。

RS485 总线接口器件用于计算机监控系统或嵌入式微处理器应用系统接入 RS485 网络。常用的 RS485 总线接口器件中，半双工通信的器件有 SN75176、SN75276、SN75LBC184、MAX485、MAX1487、MAX3082、MAX1483 等，全双工通信器件有 SN75179、SN75180、MAX488～MAX491、MAX1482 等。这些器件能够支持的网络节点如表 2.2 所列。

表 2.2 常见 RS485 总线接口芯片的节点数列表

节点数	型号
32	SN75176、SN75276、SN75179、SN75180、MAX485、MAX488、MAX490
64	SN75LBC184
128	MAX487、MAX1487
256	MAX1482、MAX1483、MAX3080～MAX3089
400	SP485R

RS232-485 转换器件用于 PC 机接入 RS485 现场总线网络，常用的是 Maxim 提供的系列器件，如 MAX220～249、MAX3232、MAX3221/3223/3243/3224E～3245E 等。

(2) 典型的 RS485 总线收发器

RS485 收发器要分解或合成的是 TTL 信号，采用平衡发送、差分接收的方式，具有较高的共模抑制比；能检测到 200 mV 的电压，具有较高的灵敏度。

RS485 收发器具有差分信号接口和 UART 信号接口，差分信号接口可以直接接入 RS485 总线网络，UART 信号接口可以直接连接 UART 通信模块或器件。

常用的 RS485 收发器有 Maxim 的 MAX485，TI 的商用级 SN75LBC184、工业级 SN65LBC184、高速型 SN65ALS1176 等。RS485 收发器 SN75LBC184/SN65LBC184 器件的特点如下：

- 具有瞬变电压抑制能力，能防雷电和抗静电放电冲击；
- 限制斜率驱动，使电磁干扰减到最小，并能减少传输终端不匹配引起的反射；
- 总线上可挂接 64 个收发器；

▶ 总线接收器输入端故障保护;
▶ 具有热关断保护;
▶ 低禁止电源电流,最大 300 μA;
▶ 8 端引脚,引脚兼容 SN75176。

(3) UART 与 RS232 的接口互连

对于微处理/控制器应用系统和 RS485 总线器件的接口,其 UART 接口的 TTL/CMOS 逻辑电平与 PC 机等的 RS232 逻辑电平不兼容;为了与+5 V 或 3.3 V 的 TTL/CMOS 器件相连,必须采用电平转换器进行电平变换。实际应用中常常选用单一电源供应的电平转换器。Maxim 生产了大量单一电源供应的、各种规格的能经受 2 kV ESD 电压的这种电平转换器,以供选择使用。MAX220~249 是单 5 V 电源供应的含有 1~9 对 RS232 收/发转换器的类型。MAX3232 是 3~5 V 电源供应的含有 2 对 RS232 收/发转换器的类型,MAX3221/3223/3243/3224E~3245E 是具有自关断能力的 3~5 V 电源供应的含有 1~5 对 RS232 收/发转换器的类型,这些收/发转换器的通信速率有的可达 1 Mbps 等。自关断指芯片能够自动检测 UART 收发活动,在有 UART 数据传输时打开收发转换器,在没有 UART 数据传输时关闭收发转换器,使用具有自关断能力的电平转换器可以有效地降低功耗。

图 2.4 给出了单一 5 V 或 3.3 V 电源供电、双路驱动/接收器 MAX232/3232 的典型应用示意图。

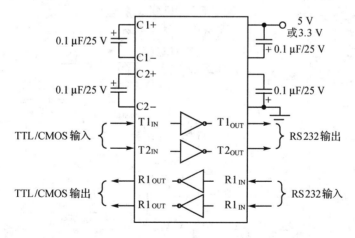

图 2.4 MAX232/3232 逻辑电平转换器应用电路连接示意图

2.2.2 硬件接口电路的设计

1. UART-485 网络接口电路设计

嵌入式 UART-485 网络通信系统硬件体系设计的关键环节是 UART-485 总线接口电路

的设计,相关的主要部分有驱动控制、接口转换、干扰隔离、雷击预防、静电保护和稳定性增强等。驱动控制可由接口器件在硬件上自动实现(如 MAX3232 的"自关断"),也可以通过软件控制 I/O 信号来实现。接口转换则由选择的接口转换和连接的集成电路 ASIC 实现(如 MAX3232、MAX485 等)。干扰隔离通常采用光电耦合器实现,传输速率比较高的应用应该选择快速的光电耦合器件(如 HCPL2531 等)。对于雷击预防、静电保护和传输稳定性的增强,可以选用相应的雷电抑制、静电保护和相应的保护电路设计来完成,也可以采用具有瞬变电压抑制能力、能防雷电、抗静电放电冲击和强烈降低电磁干扰的 RS485 收发器(如 SN75LBC184、SN65LBC184 等)来实现。

RS232-485 接口板卡或适配器是一个典型的 UART-485 总线接口电路,用于 PC 机接入 RS485 现场总线网络,这里以此为例详细说明 UART-485 总线接口电路的硬件体系设计。RS232 与 RS485 的接口转换,常用方法有两种:一种是进行有源转换,另一种是进行无源转换。有源转换电路简单,但需要外接电源;无源转换则相反。

有源转换的 RS232-485 接口板卡的硬件电路如图 2.5 所示,主要组成部分有:RS232-C 与 TTL 电平变换电路、TTL 电平与 RS485 差分信号变换电路、RS485 信号输入隔离电路和电源

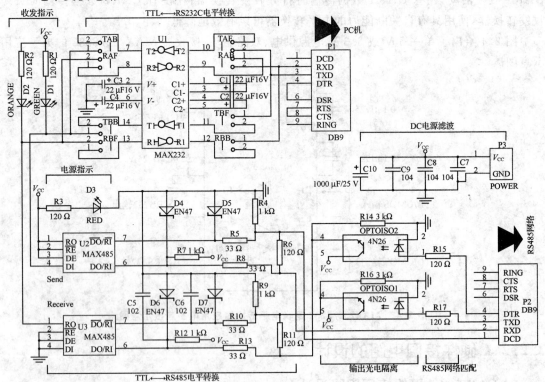

图 2.5 RS232-485 总线接口转换板卡的硬件体系电路设计

嵌入式 UART-485 网络通信 2

供应电路。图 2.5 按电路功能模块的划分依次表达了这些电路并用文字做了标识。为了简化设计,对输入信号进行了光电隔离、电容滤波。为了增强数据传输的稳定可靠性,在输入/输出电路上采用稳压二极管。图 2.5 中还用箭头指示了信号与数据的传输走向。该硬件体系的附属电路还有电源滤波电路、收发指示电路和电源指示电路,在图 2.5 中也进行了相应设计与标识。

无源转换的 RS232-485 接口板卡的硬件电路如图 2.6 所示,这是一种使用 Maxim 的 CMOS 电压变换器 ICL7662 实现的 RS232 与 RS485 的无源接口转换,工作原理是:图的上半部分由 485 芯片 MAX487 构成标准 RS485 接口电路,其中 2 片 P133 为快速光电耦合器,用于把控制内核部分与网络隔离开,控制端口用相对廉价的 TPL521 隔离;TVS1 和 TVS2 为瞬态电压抑制二极管,用以对网络上的高压噪声干扰进行吸收,保护接口芯片 MAX487 免予损坏;PCT1 和 PCT2 为自复位保险丝,在网络过流的情况下起保护作用,它在网络过流时进入"高阻"限流状态,在网络恢复正常的情况下,又恢复到正常零电阻的工作状态下;R7 为可选终端

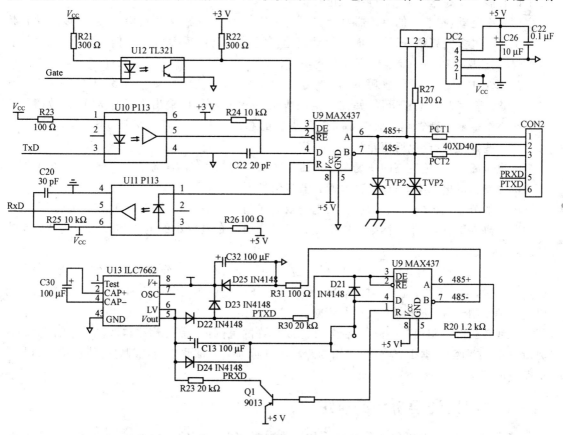

图 2.6　ICL7662 实现的 RS232-485 无源转换接口电路

匹配电阻。图的下半部分完成 RS232 与 RS485 标准之间的无源转换。电路的工作电源来自于 RS232 的发送信号线 PTXD，由电荷泵 ICL7662 进行正负电源转换，能量存储于储能电容 C1、C2、C3 中，作为本部分电路的工作电源；由 MAX487 完成 RS232 与 RS485 标准之间的转换，电路自动完成收发控制的转换；该部分对控制内核来讲处于无源工作状态下，不受所在终端工作状态的影响，自动完成收、发状态控制，避免网络"死锁"；当电路所在的节点不接 RS232 时，该部分电路不工作，使得系统的功耗最小；当节点通过 RS232 与系统通信时，监控系统的数据首先转换到 RS485 网上，节点数据先经过本节点转换电路转换到 RS232 的电平状态，然后与监控系统通信。

2. 应用中的常见问题及其处理

抗雷击和抗静电冲击：选用抗静电或抗雷击的芯片可有效避免此类损失，常见的芯片有 MAX485E、MAX487E、MAX1487E 等。特别值得一提的是 SN75LBC184，它不但能抗雷电的冲击而且能承受高达 8 kV 的静电放电冲击。

限斜率驱动：把芯片的驱动器设计成"限斜率"方式，使输出信号边沿不陡，可以避免在传输线上产生过多的高频分量，从而有效地把电磁干扰和终端反射引起的信号相互迭加影响。MAX487、SN75LBC184 等器件都具有此功能。

故障保护：使用具有故障保护能力的 RS485 收发器件，如 SN75276、MAX3080～MAX3089 等，可以在总线开路、短路和空闲情况下，使接收器的输出为高电平，确保故障不会对整个系统造成不良影响。对于不带故障保护的芯片，如 SN75176、MAX1487 等，需要在软件上做一些处理，以避免通信异常。

光电隔离：为避免过高的现场共模电压损坏 RS485 收发器，常通过 DC-DC 将系统电源和 RS485 收发器的电源隔离；通过光电耦合器将信号隔离。

电缆的分布电容的影响及其消除：电缆双绞线间、导线和地之间存在的分布电容，严重时会引起误码率上升，使整个网络性能降低。可以选用分布电容小的电缆和降低传输波特率来解决这个问题。

通信速度与可靠性的保证：由于网络阻抗的不匹配、不连续、分布电容的存在、纯阻负载的影响等因素，常常产生信号反射与衰减、干扰的增强。在总线上合理增加上/下拉偏置电阻，可以有效地抵制干扰，防止信号反射与衰减。

总线负载能力与通信距离的关系：在总线允许的范围内，带负载数越多，信号能传输的距离就越小；带负载数据少，信号能传输的距离就发越远。要依此原则处理好总线负载能力与通信距离的关系。

2.2.3 特定通信协约的制定

通常，UART-485 网络通信系统采用一个"主"多个"从"的工作方式，有两层网络通信协议：底层规范的 UART 多机通信协议和实际需求特定的通信协约。图 2.3 给出了 UART 通信协议的数据传输格式。基于 UART 通信协议,特定的通信协约实现具体的功能需求,由开发者根据实际应用需要而特别制定。紧凑而合理的特定通信协约能够简化软件设计,使 RS485 现场总线系统更加可靠高效。

下面以工业控制计算机通过 RS485 总线网络对各个生产现场的交流伺服电机进行监控的系统为例,简要说明特定的通信协约的制定。该交流伺服监控系统的构成如图 2.7 所示,工业控制计算机可以通过 RS485、USB 或 CAN 总线监控各台交流伺服电机,这里重点讨论 RS485 总线通信。

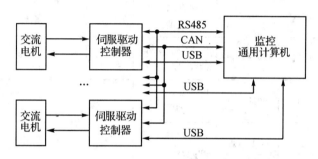

图 2.7　交流伺服监控网络体系的构成框图

1. 特定通信协议的约定

PC 机请求与伺服控制器应答格式:如图 2.8 所示,SOH 为帧头即 01H,STX 为开始标志即 02H,EXT 为结束标志即 03H。

SOH 字节	从机地址 字节	指令 字节	STX 字节	数据量n 字节	1~n数据 字节	EXT 字节	和校验 字节

(a) 上位PC机请求命令格式

SOH 字节	从机地址 字节	指令 字节	STX 字节	数据量n 字节	1~n数据 字节	EXT 字节	和校验 字节

(b) 下位伺服控制器应答格式

图 2.8　交流伺服监控系统的特定通信节约构成框图

PC 指令格式规定:以一个字节 8 个 bit 位表示,高 2 位表示指令父类型,低 6 位表示各个类型中的子项。根据实际需要制定 4 种父类型:16 点"位控"参数设置——0,16 点"位控"参数回读——1,参数设置——2(用于通信测试和设置运动参数与控制参数),状态监控——3。每种"父类型"可以有 64 个子项。

控制器"应答类型"字节规定:接收错误,请求重发——1;无需回传数据的指令接收完毕——2;回传数据——3。

2. 主要规约及应用举例

详细的通信很多规约,其中主要的常用规约如表 2.3 所列。

表 2.3 伺服监控系统常用的主要通信规约列表

项目	请求				应答			
	指令	数据量	数据	备注	指令	数据量	数据	备注
通信测试	f2H	02H	3fH,3fH	询问:??	f2	02	4fH,4bH	回答:ok
运动控制	99H	01H	0xH	1启动/0停止				
	8xH	01H	0xH	运动方式:0位置/1速度				
	9fH	04H	xxxxxxxxH	位置指令脉冲数				
	a4H	02H	00H,0yh	内速方式:0~3,y为其一				
	84H+y	02H	xxH,xxH	指定内速标定值,Q15				
状态监视	c0H	01H	01H	上传转速	c0H	02H	xxH,xxH	转速标定值,Q15
	c0H	01H	10H	上传当前位置脉冲数	c0H	04H	xxxxxxxxH	上传当前位置脉冲数
	c8H	01H	08H	上传报警值	c8H	01H	xxH	0~15种报警状况

说明:①"速度标定"值为"实际转度/额定转速×215";

② 速度、位置数值可正可负;

③ 和校验,指所发送所有字节的和,取其低8位。

应用举例如下:

例:通信测试,发送16进制"帧"为"01 f2 02 02 3f 3f 03 78";正确时,接收16进制"帧"应为:"01 f2 02 02 4f 4b 94"。

例:发送16进制"位置控制"指令为"01 80 02 01 00 03 87"。

例:发送16进制"位置指令脉冲"10000(2710H)个,其帧为"01 9f 02 04 00 00 27 10 03 e0"。

例:请求上传转速的帧为"01 c0 02 01 01 03 c8",得到回传数据的帧为"01 c0 02 02 04 37 03 ce",如果额定转速为3 000,则实际转速:3 000×0x0437/215=98.79 r/m。

2.2.4 网络通信软件的编制

UART-485总线网络通信系统的软件主要是基于微处理/控制器的嵌入式现场应用软件

体系和基于 PC 机的监控软件,主要组成部分是 UART 接口的驱动程序和功能性的应用程序。UART 接口的驱动程序包括初始化配置、数据的收发传输和异常情况的处理。

对于基于微处理/控制器的嵌入式现场应用网络节点的软件设计,主要是所需软件体系的架构和 UART 驱动程序的设计,可以根据所选微处理/控制器的特点直接编写,也可以采用一些嵌入式应用系统软件架构工具快速得到。数据的串行收发通常采用查询式发送、中断式接收的形式,高速数据通信的情况,也可以使用微处理器片内集成的 DMA 模块,加快数据传输,减轻系统微处理器的负担。

对于基于 PC 机的网络板卡或适配器的监控软件,无需过多考虑 RS232 接口的驱动程序设计,Windows、Linux、VxWorks 等常用操作系统已经实现了这个常用的 RS232 接口驱动,并提供了通用的应用程序接口。PC 机监控软件的设计更多的是界面友好的可视化应用程序设计,下面以 Windows 下的异步串行通信编程为例加以说明。

Windows 下应用程序开发通常采用 Visual Basic、Visual C++、Visual Studio、Dephi 或 BCB(Borland C++ Builder)等集编辑、编译、调试与一体的集成开发工具。实现异步串行通信一般有 4 种方法:异步串行通信控件、WinAPI 串行通信函数、特定协议结合定时机制、多线程优化 WinAPI。若只是简单地进行字符类型的收发传输,则可以选择易用的控件来实现;若是含有二进制数据的工业数据采集与控制的应用,则要选择灵活的 WinAPI 函数来实现。采用 WinAPI 函数进行串行通信,特别是数据接收,容易造成程序堵塞现象;可以采用"特定协议/定时机制"或多线程机制加以进一步优化,以实现可靠而高效的串行通信。

(1) 常见异步串行通信控件及其应用

常用集成开发工具中使用的异步串行通信控件有 Visual Basic 的 MSComm32、Dephi 的 SPComm、Moxa 提供的应用于 BCB 的 PcommPro、应用于 .net 及其精简平台等便携式产品的 Charon、应用于 BCB 的 Victor 等,其中,MSComm32 控件在各种应用开发工具中被广泛选用。这些控件通过一定的操作变换可以从一种开发环境输出到另一种,如从 Visual Basic 输出 MSComm32 控件进而安装到 BCB 中等。

(2) 用 WinAPI 函数实现异步串行通信

利用 Windows API 函数进行异步串行通信,程序编写灵活,实际应用广泛。常用的 WinAPI 串行通信函数有:打开/关闭串口的 CreateFile()/CloseHandle(),取得/设置串口工作状态的 GetCommState()/ SetCommState(),取得/设置串口数据收发超时限制的 GetCommTimeouts()/SetCommTimeouts(),设置数据缓冲区大小和清零数据缓冲区的 SetupComm()/PurgeComm(),"读/写"访问串口的 ReadFile()/WriteFile(),清除串口错误或者读取串口当前状态的 ClearCommError(),获得/设置/等待串行端口上的监视指定事件的 Get/SetCommMask()/WaitCommEvent()。应用 WinAPI 函数进行串行通信,要熟悉上述这些关键 API 函数,还要了解多线程和消息机制。编程设计中常采用主线程和监视线程来实现串行数据的接收:打开串口后由主线程首先设置要监视的串口通信事件,进而打开监视线程,监视所设置的串口通信事件是否已发生,当其中某个事件发生后,监视线程马上将该消息发送给主线程,主线程收到消息后根据不同的事件类型进行处理,包括读取接收到的数据。

(3) 用特定协议和定时机制接收串行数据

特定通信协议是指通信双方,约定主次,"主"问"从"必答,主方要求从方传输数据,从方准备了数据就传输,没有准备好就告诉主方没有数据可传。定时机制是指采用定时器,限定从方的回答在规定的时间内,因为协议约定从方必然作答,限定时间一到,主方必然得到从方的数据或回答。

下面是一个通过串行通信监控伺服电机运行的速度稳定性和位置控制精度的例子。该例特定的通信协议是:应用程序向连接在计算机串口上的测试终端发出指令,要么通过按"测试"按钮进行通信通道测试,要么选择"转速测量"进行电机运行速度稳定性的动态测量,要么按"位置读取"按钮进行电机运转位置控制精度的动态测量;测试终端收到指令后,迅速准备数据上传回复。编程中使用一个设定为 2 ms 的定时器控件,每次下发指令时启动定时器,定时时间到时触发定时器的 OnTime 事件,在该事件处理程序中实现上传数据或回复的读取和显示处理。速度和位置的测量结果以曲线形式动态显示。下面给出了位置数据采集过程的主要程序代码(BCB 环境)。为保证通信无误,还使用了和校验手段。

```
unsigned short RPM = 0;                                //全局变量定义
unsigned char First = 1, AxisX_Length = 10;
__int64 Position_Old = 0, Place_CMD, Place = 0;
void __fastcall TForm1::Position_GetClick(TObject * Sender)
                                                       //位置测量启动程序------------------------
{   unsigned char temp[10], i;
    unsigned short t = 0;AnsiString tt;
    Test_Timer->Enabled = false;                       //停止定时器
    …   //取得运转目标值(脉冲数)→Place_CMD
    //准备并下发指令:请求上传"位置数据"
    temp[0] = 0x01;                                    //帧头标识 SOH
    temp[1] = 0x02;                                    //请求上传的位置指令
    temp[2] = 0x02;                                    //帧开始标识 STX
    temp[3] = 0x01;                                    //标定传送的字节数
    temp[4] = 0x00;
    temp[5] = 0x03;                                    //帧结束标识 EXT
    for(i = 0;i<6;i + +) t + = temp[i];                //"校验和"计算与准备
    temp[6] = t & 0xff;
    WriteFile(hCom, temp, 7, &nBytesWritten, NULL);
    Test_Timer->Enabled = true;                        //启动定时接收
}
```

嵌入式 UART-485 网络通信

```c
void __fastcall TForm1::Test_TimerTimer(TObject * Sender) //定时数据接收及处理程序--------------
{   unsigned char gg[14], m, i;unsigned short e = 0;
    float t, a;__int64 q, d;AnsiString tt;
    Test_Timer->Enabled = false;                //停止定时器
    bResult = ReadFile(hCom, gg, 14, &nBytesRead, NULL);  //接收数据的读取
    if(! bResult) return ;                      //接收不正常,退出
                                                //帧标识检查、和校验、准备指令识别
    if((gg[0]! = 0x01)||(gg[2]!= 0x02)) return;
    m = gg[3];
    for(i = 0;i<(m+5);i++) e + = gg[i];
    m = e&0xff;
    if(m! = gg[i]) return;
    switch(gg[1])                               //数据处理
    {   case 0:                                 //串口通信测试
            if((gg[4] = = 0x4f)&&(gg[5] = = 0x4b))   //"OK"
                ShowMessage("UART 通信测试正常!");
            else ShowMessage("UART 通信通道故障!");
            break;
        case 1:……                              //转速性能监测与曲线图显示
            break;
        case 2:                                 //位置性能监测与曲线图显示
            …                                   //由 gg[7]~gg[4]组合成速度值→q
            if(First)
            {   Position_Old = q;First = 0;
                Position_GetClick(Sender);      //重发指令
            }
            else
            {   d = q;q - = Position_Old;       //计算位置增量
                Position_Old = d;q = -q;
                Position_ICRMT->Text = IntToStr(q);
                Place + = q;                    //当前位置
                d = Place_CMD - Place;          //位置偏差
                Position_Offset->Text = IntToStr(d);
                if(d = = 0)                     //停止位置监控,此时电机完全停止
                {   delay + = 1;
                    if(delay>3)
                    {   delay = Place = Position_Old = 0;
                        First = 1;
                    }
```

```
                else Position_GetClick(Sender);//重发指令
            }
            else if((d!= 0)&&(delay<10))//&&(Place!= 0))
            {   delay = 0;
                ...                                    //绘制曲线图
                Position_GetClick(Sender);    //重发指令
            }
        }
        break;
    default: break;
}
```

(4) 用多线程优化 WinAPI 串行数据接收

通过特定通信协议和定时机制优化了采用 WinAPI 函数的串行数据传输通信,但是需要制定严密的通信协议和确定适当的定时时间,尺度掌握不好,容易出现数据遗漏和数据传输实时性变差。进一步改善应用 WinAPI 函数串行通信的一种好方法是采多线程机制优化串行数据接收。这里给出一个在 BCB 下采用 WinAPI 函数和多线程(Multi-Thread)方式通过串行通信来检测输入数据并存储的例子。

在 BCB 中创建线程首先要创建线程对象,其操作是用选择 File→New 菜单项,创建一个空白的线程,然后再加上其事件程序。这里建立一个名为 TreadThread 线程,用来取得输入到串行端口的数据。线程启动的执行程序写在 Execute 方法中。

```
void __fastcall TeadThread::Execute()
{   while(! Terminated) Synchronize(ReadData);   }
```

该线程一旦启动就会执行 Execute 方法中的程序代码,在该方法中用一个自定义的 ReadData 函数来完成串行数据的读取操作。在此处有几点要注意:首先,在 Execute 中必须加上 Terminated 的检查,只有其属性不为 True 时才执行程序代码;另外,将 ReadData 当作参数,放在 Synchronize 中,这样的同步机制可以避免存取对象时造成错误。

ReadData 函数的代码如下:

```
void __fastcall TReadThread::ReadData()
{   DWORD nBytesRead, dwEvent, dwError;
    COMSTAT cs;                                  //用于存放串口状态
    char inbuff[100];
    if(hComm = = INVALD_HANDLE_VALUE) return;
    ClearCommError(hComm.&dwError.&cs);
    if(cs.cbInQue>sizeof(inbuff))
```

```
    {
        PurgeComm(hComm, PURGE_RXCLEAR);
        return;
    } //数据多于缓冲区？ 是:接收数据无效,清除
    ReadFile (hComm, inbuff, cs.cbInQue, &nBytesRead, NULL);    //读取接收数据
    inbuff[cs.cbInQue] = '\0';
    Form1->Edit1->Text = inbuff;                                //将数据显示出来
}
```

在主窗体程序中调用线程的时候首先要把线程声明的头文件包含进去,然后在 Private 中声明一个 TreadThread 类型的对象,最后在程序中启动线程,线程启动的程序如下:

```
Read232 = new TReadThread(true);
Read232->FreeOnTerminate = true;        //终止时自行撞毁
Read232->Resume();                      //启动线程
```

由于 New 方法中的参数给定的是 True,一旦创建线程后并不会马上执行其中的程序代码。设置 FreeOnTerminated 属性为 True,则程序一旦终止,原来所占的内存空间将被释放。

2.3　UART-485 网络通信开发实例

下面列举两个项目开发实例,综合说明如何进行具体的嵌入式 UART-485 现场总线网络通信应用体系的开发实现。各个例子中将重点阐述嵌入式微处理器网络通信节点的软/硬件设计和基于 PC 机网络板卡或适配器的可视化监控软件设计及其特定通信协约的制定。

2.3.1　生产线产品的动态统计分析

1. 系统总体构成与方案设计

这里列举的生产线产品动态统计分析系统是基于 UART-485 现场总线的条码信息资料采集分析系统。该系统用于现代化生产线的成品/半成品的统计分析管理,其工作流程为:各个车间的各条生产线上通过成品/半成品的自动条码扫描得到反映各种类别产品的统计信息,暂存在现场的资料收集器内;各个"资料收集器"以一定的时间间隔通过 485 总线,把所存统计信息传送到相应的现场资料统计与管理的 PC 机上;各个 PC 机再把汇总的条码信息资料,通过工业以太网 EMAC,上传到管理中心的服务器上;管理中心统计各个信息资料,得出每条生产线、每个班组、每个车间的成品率、废品率、生产产量等情况,形成报表、决策分析图等供生产管理者参考,然后在管理者的控制下再把相关统计信息及其决策通知等通过 EMAC 网下传到生产线现场的 LED 大屏幕上,使每个职工及时明确生产质量、任务完成情况及其上级管理部门通知/通报等信息。

根据生产现场管理的特点,条码信息资料采集分析系统的整体框架方案如图 2.9 所示。

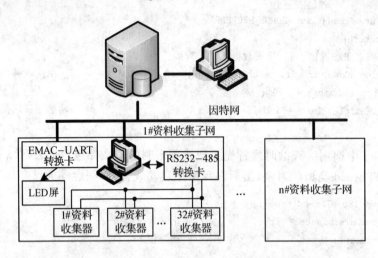

图 2.9　条码信息资料采集分析系统架构框图

2. 重要的硬件体系设计

从图 2.9 可以看出,项目系统硬件设计的重点在 RS232-485 接口转换卡、EMAC-UART 接口转换卡和资料收集器上,这里重点介绍 RS232-485 接口转换卡和资料收集器的硬件体系设计。

1) RS232-485 转换卡设计

RS232-485 接口转换卡用于现场资料统计与管理的 PC 机连接 RS485 总线,实现 RS232-C 到 RS485 总线网络的接口电平转换。其硬件体系的主要组成部分是 RS232-C 与 TTL 电平变换电路、TTL 电平与 RS485 差分信号变换电路、RS485 信号输入隔离电路和电源供应电路;选用的主要器件有电平转换器 MAX232、RS485 总线驱动/接收器 MAX485 和光电隔离器 4N26。这是一种有源转换的 RS232-485 接口板卡,其硬件电路如图 2.5 所示。

2) 条码信息资料收集器设计

条码信息资料收集器的技术要求是:

➢ 暂存 CCD 条码信息(12～16 码)2 000～3 000 款;
➢ 可设定 ID 地址号,联网 1～16 台对电脑进行长达 1.2 km 的远距离通信;
➢ 每条记录可设定为 1 对 1 或 1 对多接收,并附注收入条码的日期和时间;
➢ 每次 CCD 条码信息接收具备声光指示,对电脑通信具有收发指示;
➢ 每形成一条记录,可外送一条 trigger+1 计数信号;
➢ 自备时钟系统,并可由联网电脑修正;
➢ 本机使用外接+6～9 V 直流电源,并可向所连 RS232 接口的 CCD 条码扫描器提供电源。

资料收集器采用廉价的双 MCS-51 单片机,其内部含有可用作代码存储的 Flash 存储器:AT89C51 和 AT89C2051。AT89C51 通过其 8 位总线外扩用于保存数据记录的数据存储器 Intel62256 和日历/时钟芯片 DS12887A,AT89C2051 外接本机 ID 号设定电路,Intel62256 配备有 3.6 V 可充电锂离子电池以构成 NVRAM 数据存储器,本机 ID 号设定电路由拨码开关完成。条码信息的收集、记录形成、存储及其上传的工作过程是:AT89C2051 通过其 UART 接收口从 RS485 总线上接收主机指令,经过 ID 号识别,在本机数据发送的情况下通过外部触发中断通知 AT89C51 发送 Intel62256 存储的记录,在需要删除本机记录的情况下通过另一个外部触发中断通知 AT89C51 删除 Intel62256 存储的记录;正常情况下,AT89C51 通过其 UART 接收口从 CCD 条码扫描器上接收条码信息,再从 DS12887A 中读取日历/时间信息,形成记录,存入 Intel62256;在修正资料收集器的日历/时间时,通过跳线切除 AT89C51 的条码信息接收,把 AT89C2051 的 UART 发送端连接到 AT89C51 的 UART 接收端,待 AT89C2051 收到日历/时间修改指令与标准日历/时间值时,由串行中传入 AT89C51,再由 AT89C51 写入 DS12887;资料收集器的存储器时钟芯片等主要硬件的测试也在跳线的情况下完成。

资料收集器采用直流电源供电,由 LM7805 稳压后,向整个系统和 CCD 条码扫描器提供 5 V 电源。Intel62256 在正常工作时由 5 V 电源供电,同时 5 V 电源对其备用电池充电;在掉电情况下,由备用电池供电以保持所存数据不丢失;两种电源及其充电通过二极管电路切换;Intel62256 的最低电压可为 2.7 V。

两个微控制器共用同一套复位电路和时钟振荡电路。复位电路采用由 2 输入"与非门"、晶闸管和 RC 器件组成的改进型 RC 微分型复位电路;这种电路正常工作时对电源的波动、外界干扰的抑制能力很强,在掉电后会很快把所存电荷释放掉。时钟振荡电路采用晶体并联谐振形式。

CCD 条码信息接收与对电脑通信采用在微控制器的收发 I/O 口、专用 I/O 驱动发光二极管或有源蜂鸣器,进行声光指示。触发计数输出信号由 AT89C51 的 1 个 I/O 发出,加上拉电阻进行驱动,同时加 RC 滤波电路进行抖动等干扰去除。

综上所述,设计资料收集器的硬件体系电路如图 2.10 所示,图中把 PCB 板的 4 个"固定孔"也作为元器件画了出来,便于下一步 PCB 快速设计时的自动布局/布线。

3. 系统的软件体系设计

需要设计的系统软件主要有资料收集器的主-从机软件、PC 机上的资料统计分析软件和 LED 大屏幕显示控制软件,这里重点说明资料收集器的主-从机软件和 PC 机上的资料统计分析软件设计及其相关的特定通信协约制定。

(1) 特定的 RS485 网络通信协约的制定

采用一个"主机"多个"从机"的方式进行 RS485 现场总线网络通信。监控的 PC 机作为主

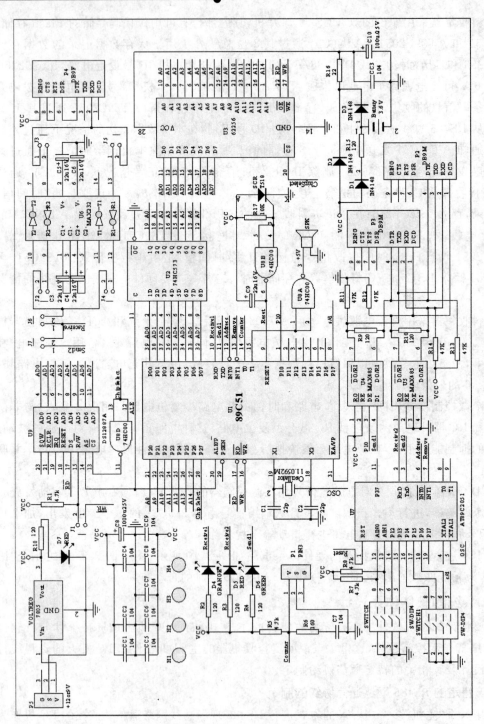

图2.10 CCD条码信息资料收集器的电路原理图

机,其他网络节点的 CCD 条码信息资料收集器均为从机。设计 RS485 现场总线的最大网络节点数为 16。根据实际应用需求,制定以下的特定 RS485 网络通信协约:

① 节点数据的收集与删除:
➤主机发送 0～15 之一的从机地址,选通指定的从机;
➤从机向主机"上传"所存储的 CCD 条码信息,主机接收,识别接收长度;
➤完全接收并判断无误后,主机向从机发送标识字"O(4Fh)";
➤从机只有在接收到标识字"O"后,才删除存储的每条"信息帧"。

② 节点工况测试与时间的调整(配合指定节点的跳线进行):
➤主机向指定从机发送标识字"T(54h)"开头的"日历-时钟"数值,通知从机修改其时钟芯片的"日历-时钟";
➤主机向指定从机发送标识字"M(4Dh)",通知从机启动测试其记录存储器;
➤主机向指定从机发送标识字"D(44h)",通知从机启动测试其时钟芯片;
➤从机通过写/读特定的存储单元,确定"记录存储器"或"时钟芯片"的性能,正确时向主机回复"K(4Bh)",错误时向主机回复"E(45h)"。

(2) 资料收集器的从机通信软件设计

资料收集器的从机通过串口中断实时接收 PC 机发送的指令信息,进行识别后,或者通过设置相关 I/O 引脚通知主机发送或删除所记录信息,或者通过串口通知主机执行系统测试或"日历-时钟"数据的修改。软件采用高效的汇编语言编写,主要程序代码如下:

```
;-------------------------------------------------------------------------
;单元变量:    30h---SBUF 暂存         40-45h---日历-时钟值暂存
;            50-51h---接收数据暂存
;位变量:      00h---本机地址          01h---日历-时钟修改
;            02h---收到日历-时钟值
;寄存器:      r0, r1---间接地址        r2～r4---counter
;-------------------------------------------------------------------------
        org     00h
        ljmp    main
        org     23h
        ljmp    receive
;-------------------------------------------------------------------------
        org     2bh
main:   mov     sp, #60h
        mov     tmod, #20h      ;定时器1:8位自动装载
        mov     tl1, #0fdh
        mov     th1, #0fdh
        mov     scon, #50h      ;UART:9600bps,模式1
```

```
            mov     20h, #00h
            mov     r0, #40h
            mov     r1, #50h
            mov     r3, #6
            mov     ie, #90h
            setb    tr1
time_send:  jnb     02h, $
            clr     es                          ;发送时钟-时钟
            clr     ti
            mov     sbuf, #54h                  ;标识："T"
            jnb     ti, $
            clr     ti
            mov     r0, #40h
            mov     r4, #6
send:       mov     a, @r0                      ;日历-时钟值
            clr     ti
            mov     sbuf, a
            jnb     ti, $
            clr     ti
            inc     r0
            djnz    r4, send
            clr     02h
            mov     r0, #40h
            setb    es
            sjmp    time_send
;------------------------------------------------------------------
receive:    jbc     ri, decide                  ;串口接收及其处理
            reti
decide:     mov     a, sbuf
            jb      01h, time_process
            cjne    a, #4fh, time               ;4fh---"O"
            jnb     00h, return
            clr     00h
            clr     p3.3                        ;数据已经发送,通知主MCU删除送出的原始记录
            acall   delay                       ;延时
            setb    p3.3
            reti
time:       cjne    a, #54h, testM              ;时钟修改---"T"
            setb    01h
```

```
              reti
testM:  cjne    a, #4dh, testD       ;存储器测试---"M"
        jnb     00h, exit
   tm:  clr     es
        clr     ti
        mov     sbuf, a
        jnb     ti, $
        clr     ti
        setb    es
        clr     00h
        reti
testD:  cjne    a, #44h, address     ;时钟测试---"D"
        jnb     00h, exit
        sjmp    tm
address:mov     30h, a               ;地址对比
        mov     p1, #0ffh
        mov     a, p1
        anl     a, #1fh
        cjne    a, 30h, return       ;本机地址？是:通知主机发送数据
        clr     p3.2
        setb    00h
        acall   delay
        setb    p3.2
        reti
return: clr     00h
        reti
time_process:                        ;接收日历-时钟值
        mov     @r1, a               ;数据临时存储:50h, 51h
        inc     r1
        cjne    r1, #52h, exit
        mov     r1, #50h             ;数据字合并：2字节-->1字节,以便存储
        mov     a, 50h
        anl     a, #0fh
        swap    a
        mov     b, a
        mov     a, 51h
        anl     a, #0fh
        orl     a, b
        mov     @r0, a
```

```
        inc     r0
        djnz    r3, exit            ;仅 6 字节---[40,45h]
        mov     r3,#6
        mov     r0,#40h
        mov     r1,#50h
        clr     01h
        setb    02h
exit:   reti
;---------------------------------------------------------------------------
```

(3) 资料收集器的主机通信软件设计

资料收集器主机通过串口接收中断实时接收 CCD 条码信息,结合当时的"日历-时钟",形成有效的"信息帧"加以存储,并根据监控的 PC 机要求进行硬件测试和"日历-时钟"的修改;通过从机触发的外部中断 0 以查询方式串行发送存储的记录信息;通过从机触发的外部中断 1 完成记录信息的删除。条码信息的存储和读取以"环形存储区"的形式操作,这里不做重点阐述。资料收集器主机软件采用高效的汇编语言编写,主要程序代码如下:

```
;---------------------------------------------------------------------------
;40-45h---日历-时钟值暂存         ;50-51h---接收数据暂存        ;54h---p2-数据临时存储[转换]
;56h---p2-数据临时存储[发送]      ;57h---r0-数据临时存储[发送]
;总共 2000 条记录,存储在外部存储器中[30000 字节]
;测试存储器位置:RAM[7b00h]        ;测试日历-时钟位置:[1010h]
;最前帧记录指针位置:RAM[7c00h,7c01h],临时存储位置:[1ch,1dh]
;发送帧记录指针位置:RAM[7c02h,7c03h],临时存储位置:[1eh,1fh]
;r2,r3[寄存器组 1]---总的帧记录           ;p1.0---多重发送控制(高---发送)
;p3.4---触发递增计数                      ;p3.5---接收鸣叫指示
;标识位:    00h---接收结束          01h---收到本机信息     02h---9 个以上信息排除
;           03h---收到修改日历-时钟  04h---写日历-时钟      05h---9 个以上信息排除
;r3,r4,r5---条码信息长度计数器
;---------------------------------------------------------------------------
        org     00h
        ljmp    main
        org     03h
        ljmp    send
        org     13h
        ljmp    remove
        org     23h
        ljmp    receive
;---------------------------------------------------------------------------
```

```
              org     2bh
main:         mov     psw,#00h        ;返回并重启,以防程序混乱
              mov     sp,#60h
              mov     tmod,#20h       ;定时器1:8位自动装载
              mov     tl1,#0fdh
              mov     th1,#0fdh
              mov     scon,#50h       ;UART:9600bps,模式1
              mov     tcon,#05h       ;脉冲触发
              mov     dptr,#7c00h     ;取得当前帧记录指针,范围(0000～7530h)判断与处理
              ...
ordinary:     mov     20h,#00h        ;清除标志位
              mov     p1,#0           ;p1.0---禁止发送数据
              mov     r0,#50h
              mov     r3,#0
              mov     r4,#0
              mov     ip,#10h
              mov     p3,#0ffh
              mov     ie,#95h
              setb    tr1
modify_time:  jnb     04h,$           ;修改日历-时钟值
              clr     ea
              acall   writetime
              clr     04h
              setb    p3.5
              setb    ea
              sjmp    modify_time
;------------------------------------------------------------
receive:      jbc     ri,collect      ;串行接收中断:条码信息采集
              reti
collect:      push    acc
              push    psw
              push    p2
              clr     rs0             ;复位,以防中断嵌套
              clr     rs1
              mov     a,sbuf
              cjne    a,#4dh,testD
              acall   test_memory     ;存储器测试
              ajmp    exit
testD:        cjne    a,#44h,ddd
```

```
            acall   test_clock              ;时钟芯片测试
            ajmp    exit
ddd:        clr     p3.5                    ;鸣叫指示
            jb      03h, middle
            jnb     00h, codeprocess        ;一帧条码数据接收结束否
            clr     p3.4
            acall   readtime
            clr     00h
            clr     01h
            clr     02h
            mov     p2, #7ch                ;存储器帧记录指针
            ...
            setb    p3.4
            setb    p3.5
            ajmp    exit
middle:     ajmp    receive_time
codeprocess:
            mov     a, sbuf
            cjne    a, #54h, codeprocess0
            setb    03h                     ;接收日历-时钟值
            mov     r1, #40h
            mov     r5, #6
            ajmp    exit
codeprocess0:                               ;CCD条码信息接收,读取时刻值,形式数据帧,存储
            ...
exit:       pop     acc
            mov     p2, a
            pop     psw
            pop     acc
            reti
receive_time:                               ;接收日历-时钟修正值
            mov     a, sbuf
            mov     @r1, a                  ;临时存储在40～45h单元
            inc     r1
            djnz    r5, exit
            clr     03h                     ;修改标识
            setb    04h
            sjmp    exit
```

;--

```
send:    push    acc                     ;外中断 0:向 PC 机发送数据
         push    psw
         push    p2
         mov     p1,#0ffh
         setb    rs0                     ;选用寄存器组 1
         clr     rs1
         clr     ti
         mov     56h,#7ch
         mov     p2,56h                  ;从 RAM 中取得当前帧指针:
         mov     r0,#00h                 ;RAM[7c00h,7c01h]-->变量单元[1ch,1dh]
         movx    a,@r0
         mov     1ch,a
         inc     r0
         movx    a,@r0
         mov     1dh,a
         inc     r0                      ;从 RAM 中取发送数据指针:
         movx    a,@r0                   ;RAM[7c02h,7c03h]-->inside[1eh,1fh]
         mov     1eh,a
         inc     r0
         movx    a,@r0
         mov     1fh,a
         mov     a,1dh                   ;计算要发送的帧数(一帧,即一条条码信息)
         clr     c
         subb    a,1fh
         mov     r3,a                    ;低字节
         mov     a,1ch
         subb    a,1eh
         mov     r2,a                    ;高字节
         jnc     send1
         mov     a,#30h
         clr     c
         subb    a,1fh
         add     a,1dh
         mov     r3,a
         mov     a,#75h
         subb    a,1eh
         add     a,1ch
         mov     r2,a
send1:   cjne    r2,#00h,continue        ;是存储器中的"帧记录"否
```

```
                cjne    r3, #00h, continue
                ajmp    return
continue:       clr     c                       ;超出 120 条记录否
                mov     a, r3
                subb    a, #08h
                mov     a, r2
                subb    a, #07h
                jc      send_data
                mov     p2, #7ch                ;Y:发送数据指针位置：RAM[7c02h,7c03h]
                mov     r0, #02h
                mov     a, 1ch                  ;当前数据位置：1ch,1dh
                movx    @r0, a
                inc     r0
                mov     a, 1dh
                movx    @r0, a
                ajmp    return
send_data:      mov     a, r2                   ;串口发送数据(含发送数据长度)
                clr     es
                clr     ti
                mov     sbuf, a
                jnb     ti, $
                clr     ti
                setb    es
                mov     a, r3
                clr     es
                clr     ti
                mov     sbuf, a
                jnb     ti, $
                clr     ti
                setb    es
                mov     56h, 1eh                ;发送数据
                mov     r0, 1fh
circle:         mov     p2, 56h
                movx    a, @r0
                clr     es
                clr     ti
                mov     sbuf, a
                jnb     ti, $
                clr     ti
```

```
            setb    es
            inc     r0
            cjne    r0, #00h, join
            inc     56h
join:       mov     a, 56h
            cjne    a, #75h, join1      ;达到存储器尾部否
            cjne    r0, #30h, join1
            mov     56h, #0
            mov     r0, #0
join1:      mov     a, 1ch
            cjne    a, 56h, circle      ;达到当前数据位置否
            mov     a, 1dh
            mov     57h, r0
            cjne    a, 57h, circle
return:     mov     p1, #0
            pop     acc
            mov     p2, a
            pop     acc
            pop     psw
            reti
;------------------------------------------------------------
remove:     push    acc                 ;外中断1:修改发送数据指针
            push    psw
            setb    rs1
            clr     rs0
            mov     p2, #7ch            ;发送数据指针位置:RAM[7c02h,7c03h]
            mov     r0, #02h
            mov     a, 1ch              ;当前数据位置:1ch,1dh
            movx    @r0, a
            inc     r0
            mov     a, 1dh
            movx    @r0, a
            pop     psw
            pop     acc
            reti
;------------------------------------------------------------
test_clock: mov     p2, #10h            ;日历-时钟芯片测试
            mov     r1, #10h
            sjmp    tm0
```

```
test_memory: mov    p2, #7bh              ;存储器测试
             mov    r1, #00h
tm0:         mov    a, dph
             movx   @r1, a
             movx   a, @r1
             cjne   a, dph, tm1
             mov    a, #4bh               ;正常---"K"
             sjmp   tm2
tm1:         mov    a, #45h               ;错误---"E"
tm2:         mov    p1, #0ffh
             clr    es
             clr    ti
             mov    sbuf, a
             jnb    ti, $
             clr    ti
             setb   es
             mov    p1, #00h
             ret
```

(4) PC 机上的资料统计分析软件设计

资料统计分析软件主要完成 RS485 现场总线上各个网络节点的数据收集,并能够对其进行测试和"日历-时钟"的修改。软件选用 BCB 进行开发,Windows 异步串行通信采用"特定协议和定时机制接收串行数据"的方式加以实现。该软件设计方法在前文已经详细介绍,并列举了项目实例,类似的程序代码这里不再叙述。设计的可视化应用程序界面如图 2.11 所示。其中显示了从 RS485 现场总线网络上收集的 CCD 条码标识信息,每列数据的意义依次如下:网络节点编号、条码数字、日期、时刻。

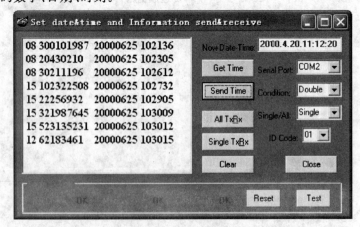

图 2.11　CCD 条码信息收集统计界面

2.3.2 公共事务排队控制系统构建

银行事务办理、工商/税务/政务作业、水/电/气交费、机/船/车购票等公共场所的排队事务越来越需要低廉、简便、有序的多功能服务，排队系统应运而生。RS485现场总线网络非常适合构建这类系统。这里列举的项目就是这样一个基于UART-485网络的完整排队机系统，包括主控制器（打印排队票、分配排队号）、子控制器（每个窗口叫号、办理业务）、键盘操作、语音叫号、屏幕显示、信息播报（统计排队号、播放广告）等部分，每个部分构成一个RS485网络节点终端，各个终端分别完成各自的功能。

1. 主控制器设计

主控制器是RS485网络中的主机，起着网络服务器的作用，它把RS485网络上的各个节点联系起来，构成一个完整的通信网络系统。采用Winbond的带双UART串口、大容量程序存储器、兼容MCS-51的廉价单片机W77E58作为核心微控制器，使用时钟芯片DS12C887作为时间基准，扩展32 KB带电池的SRAM进行非易失数据存储。设计主控制器的各个功能模块如图2.12所示。

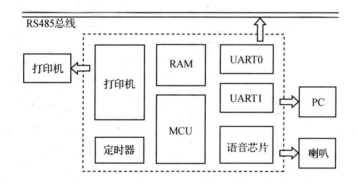

图2.12 排队系统的主控制器模块构成框图

2. 子控制器设计

在网络系统中子控制器实际上是一个与客户交互的终端，采用常用的16键键盘和段式LCD液晶模块组成人机界面，加入RS485通信模块实现网络交互：将用户的输入信息传递给主机，主机的处理后再将结果反馈到子控制器的LCD显示屏上，给用户充分的提示。设计中，微控制器MCU采用AT89S51；LCD液晶模块采用青云科技的LCM061A段式液晶模块；键盘采用典型的4(4矩阵键盘，用AT89S51的P2口作为键盘接口电路，用程序来扫描键盘输入。子控制器的构成如图2.13所示。

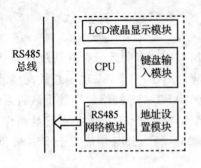

图 2.13 排队系统的子控制器模块构成框图

3. 语音播报模块设计

自动语音播报可以方便用户和工作人员,是排队系统中十分重要的组成部分。系统采用 ISD2560 芯片实现语音播报。ISD2560 是一种永久记忆型语音录放集成芯片,具有抗断电、音质好、使用方便等优点,最大特点在于片内的 480 KB EEPROM,所以录放时间长,最长可达 60 s。图 2.14 给出了语音播报模块的电路框图。图中,AT89S51 的 P2 口连接 ISD2560 的 A0~A7,P1.1 脚接 A8 作为地址线,A9 接地,始终使用地址模式,可寻址范围 000h~1EFh。P1.2 接 $\overline{CE}$,P1.3 接 $\overline{P}/R$,可以用这两个引脚来控制 ISD2560 播报/录音的开始与停止。P1.4 连接 $\overline{EOM}$ 端,用来检测每一段语音的结束。XCLD 接地,表示不使用外部时钟。

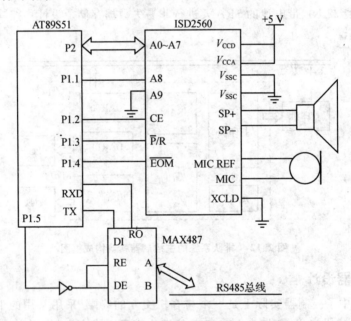

图 2.14 排队系统的语音播放模块构成框图

4. 系统控制软件设计

一次完整的排队系统运作过程如下:主机等待着顾客按下取票按钮,键盘扫描到按下的键值后,根据取票类型生成排队号,并且读出当前系统时间、排队情况、业务类型等信息打印成排队票。这时,如果某窗口的操作员服务完一位顾客,按下窗口键盘上的"下一位",这个信息就会传输给主机;主机根据当前排队和业务情况,将排队序列上能服务的最近客户排队号回应给窗口;窗口键盘收到回应后,立刻更新键盘上的显示为要服务的排队号。同时,主机还把这个排队号发送给部分其他子机;窗口 LED 显示屏也显示最新的排队号;语音播报子机播报该排队号,以提醒顾客前来服务;上位 PC 视频排队软件,以多媒体的方式显示并播报当前排队号。

此外,系统还可以完成其他多种功能,如设置一个具有管理员权限的键盘,用以实现系统配置,配置整个系统的密码、时间、业务类型等一系列参数;同时,可以处理某些特殊情况,如某些紧急客户排队需要优先处理、顾客没有听到叫号的信息或者操作员暂时离开窗口,所以操作键盘需要能提供"优先"、"重呼"、"暂停"等信息处理功能。这些功能基本上都通过各功能模块的调用和对排队队列的操作来实现的。排队队列存储在主控制器上,其操作通过主控制器来完成。

整个系统主要采用 51 系列单片机实现各个功能模块。51 系列单片机实现 RS485 网络体系具有很高的性价比。用 C 语言编写的基于 51 系列单片机的 UART-485 现场总线网络通信的典型程序代码如下:

```c
//------------------------------------------------------------
#ifndef __485_C__
#define __485_C__
#include <reg51.h>
#include <string.h>
#define unsigned char uchar
#define unsigned int uint
#define __ACTIVE_     0x01          //通信命令:主机询问从机是否存在
#define __GETDATA_    0x02          //主机发送读设备请求
#define __OK_         0x03          //从机应答
#define __STATUS_     0x04          //从机发送设备状态信息
#define __MAXSIZE_    0x08          //缓冲区长度
#define __ERRLEN_     12            //任何通信帧长度超过12则表示出错
uchar dbuf[__MAXSIZE_];             //该缓冲区用于保存设备状态信息
uchar dev;                          //该字节用于保存本机设备号
sbit M_DE = P1^0;                   //驱动器使能,1 有效
sbit M_RE = P1^1;                   //接收器使能,0 有效
void get_status();                  //调用该函数获得设备状态信息,函数代码未给出
void send_data(uchar type, uchar len, uchar * buf);   //发送数据帧
bit recv_cmd(uchar * type);         //接收主机命令,主机请求仅包含命令信息
void send_byte(uchar da);           //该函数发送一帧数据中的一个字节,由 send_data()调用
//------------------------------------------------------------
void main()
{   uchar type;uchar len;
    P1 = 0xff;                      //系统初始化:读取本机设备号
```

```
        dev = (P1>>2);
        TMOD = 0x20;                    //定时器 T1 使用工作方式 2
        TH1 = 250;TL1 = 250;            //设置初值
        TR1 = 1;                        //开始计时
        PCON = 0x80;                    //SMOD = 1
        SCON = 0x50;                    //工作方式 1,波特率 9600bps,允许接收
        ES = 0;                         //关闭串口中断
        IT0 = 0;                        //外部中断 0 使用电平触发模式
        EX0 = 1;                        //开启外部中断 0
        EA = 1;                         //开启中断
        while(1)                        //主循环:主程序流程
        {   if(recv_cmd(&type) == 0)    //发生帧错误或帧地址与本机地址不符,丢弃当前帧,返回
                continue;
            switch(type)
            {   case __ACTIVE_:         //主机询问从机是否存在
                    send_data(__OK_, 0, dbuf);  //发送应答信息,这里 buf 的内容并未用到
                    break;
                case __GETDATA_: len = strlen(dbuf);
                    send_data(__STATUS_, len, dbuf);  //发送设备状态信息
                    break;
                default: break;         //命令类型错误,丢弃当前帧,返回
            }
        }
}
//------------------------------------------------------------
void READSTATUS() interrupt 0 using 1   //产生外部中断 0,设备状态变化,使用寄存器组 1
{
    get_status();       //获得设备状态信息,存入 dbuf 存储区,最后一个字节置 0 表示数据结束
}
//------------------------------------------------------------
//数据帧接收并检测. type 保存收到的命令字. 帧错或地址不为 0(非主机发送帧)返回 0,否则返 1
bit recv_cmd(uchar * type)
{   bit db = 0;                         //接收到的上一个字节为 0xdb 时,该位置位
    bit c0 = 0;                         //接收到的上一个字节为 0xc0 时,该位置位
    uchar data_buf[__ERRLEN];           //保存接收到的帧
    uchar tmp, i, ecc = 0;
    M_DE = 0;M_RE = 0;                  //置发送禁止,接收允许
    i = 0;                              //接收一帧数据
    while(! c0)
```

```c
    {   RI = 0;while(! RI);
        tmp = SBUF;RI = 0;
        if(db = = 1)                  //收到的上一个字节为0xdb
        {   switch(tmp)
            {   case 0xdd:data_buf[i] = 0xdb;       //0xdbdd 表示 0xdb
                    ecc = ecc^0xdb;db = 0;break;
                case 0xdc:data_buf[i] = 0xc0;   //0xdbdc 表示 0xc0
                    ecc = ecc^0xc0;db = 0;break;
                default return 0;     //帧错误,返回
            }
            i + + ;
        }
        switch(tmp)                   //正常情况
        {   case 0xc0:c0 = 1;break;//帧结束
            case 0xdb:db = 1;break;//检测到转义字符
            default:data_buf[i + +] = tmp;   //普通数据:保存数据
            ecc = ecc^tmp;            //计算校验字节
        }
        if(i == __ERRLEN)             //帧超长,错误,返回
        return 0;
    }
    if(i<4) return 0;                 //帧错误判断:帧过短,错误,返回
    if(ecc != 0) return 0;            //校验错误,返回
    if(data_buf[0] != dev) return 0;  //非访问本机命令,错误,返回
    *type = data_buf[1];              //获得命令字
    return 1;
}
//-------------------------------------------------------------------------
//发送一帧数据.参数 type---命令字,len---数据长度,buf---要发送的数据内容
void send_data(uchar type, uchar len, uchar * buf)
{   uchar i;
    uchar ecc = 0;                    //保存校验字节
    M_DE = 1;M_RE = 1;                //置发送允许,接收禁止
    send_byte(dev);                   //发送本机地址
    ecc = dev;
    send_byte(type);                  //发送命令字
    ecc = ecc^type;
    send_byte(len);                   //发送长度
    ecc = ecc^len;
```

```
        for(i = 0;i<len;i + +)           //发送数据
        {   send_byte( * buf);
            ecc = ecc^( * buf + +);
        }
        send_byte(ecc);                  //发送校验字节
        TI = 0;                          //发送帧结束标志
        SBUF = 0xc0;
        while(! TI);TI = 0;
    }
    //----------------------------------------------------------------------
    //发送一个数据字节,若该字节为 0xdb,则发送 0xdbdd;若该字节为 0xc0,则发送 0xdbdc
    void send_byte(uchar da)
    {   switch(da)
        {   case 0xdb: TI = 0;           //字节为 0xdb,发送 0xdbdd
            SBUF = 0xdb;while(! TI);TI = 0;
            SBUF = 0xdd;while(! TI);TI = 0;
            break;
            case 0xc0: TI = 0;           //字节为 0xc0,发送 0xdbdc
            SBUF = 0xdb;while(! TI);TI = 0;
            SBUF = 0xdc;while(! TI);TI = 0;
            break;
            default: TI = 0;             //普通数据则直接发送
            SBUF = da;while(! TI);TI = 0;
        }
    }
    //----------------------------------------------------------------------
    #endif
```

第3章 嵌入式 CAN 总线网络通信

CAN 总线通信网络以强抗干扰、高度可靠、实时高效、成本低廉等特征而著称,是公认的稳定、快速和抗干扰性强的串行现场总线通信网络,在汽车电力、工业过程控制、列车运行监控、轨道交通管理、纺织机械、农业器具、机器人、医疗器械、传感监测、环境控制等众多领域中得到了广泛的应用。

CAN 现场总线网络有什么样的网络通信特征?遵循的协议规范是怎样的?如何选择合适的接口器件及其组合,开发设计嵌入式 CAN 网络通信应用体系?特别是如何快速高效地展开 CAN 网络节点或适配器的软/硬件系统开发设计?本章将展开全面阐述并列举具体的项目研发实例加以详细说明。

3.1 CAN 总线网络通信基础

3.1.1 CAN 总线网络及其特征

控制器局部网 CAN(Controller Area Network)总线是德国 Bosch 公司为现代汽车的监测与控制而推出的一种"多主机"现场总线局部网,最初应用于汽车工业。由于其性能卓越,如今已经广泛应用于工业过程控制、列车运行监控、轨道交通管理及其纺织机械、农业器具、机器人、医疗器械、传感监测、环境控制等众多领域中。

在所有的现场总线中,CAN 总线网络是公认的稳定可靠性和抗干扰性强的串行通信网络。强抗干扰、高度可靠、实时高效、成本低廉是 CAN 总线网络的突出优势。

CAN 总线网络的基本特征可以简单概括如下:
- 差分信号,串行数据传输,半双工形式通信;
- 通信速率/传输距离:10 km——5 kbps,40 m——1 Mbps;
- 媒体访问控制方式:载波监听多路访问 CSMA/"冲突"按优先权解决;
- 最大网络节点数:110 个,报文标识数目:2 032 个或无限;
- 信号传输介质:双绞线、同轴电缆、光纤线缆等;
- "多主多从"工作方式,简单报文过滤调度机制;
- 严重错误,自动关闭,优先仲裁迅速及时;

▶ 非破坏性总线仲裁,短"帧"格式传输,CRC 数据校验。

CAN 总线技术的主要特点详细描述如下:

▶ CAN 为多主机方式工作,网络上任意节点均可以在任意时刻主动地向网络上其他节点发送信息,而不分主从,通信方式灵活,无需"站地址"等节点信息。利用这一特点可以构成多机备份系统。

▶ CAN 网络上的节点信息分成不同的优先级,可满足不同的实时要求,高优先级的数据最多可在 134 μs 内得到传输。

▶ CAN 采用非破坏性总线仲裁技术。当多个节点同时向总线发送信息时,优先级较低的节点会主动退出发送,而最高优先级的节点可不受影响地继续传输数据,从而大大节省了总线冲突仲裁时间,尤其是在网络负载很重的情况下,也不会出现网络瘫痪的情况(以太网则可能出现网络瘫痪的情况)。

▶ CAN 只需通过报文滤波即可实现点对点、一点对多点及全局广播等几种方式传送接收数据,无需专门的"调度"。

▶ CAN 的直接通信距离最远可达 10 km(速率 5 kbps 以下);通信速率最高可达 1 Mbps(此时通信距离最长为 40 m)。

▶ CAN 上的节点数主要取决总线驱动电路,目前可达 110 个;报文标识符可达 2 032 种(CAN2.0A),而扩展标准(CAN2.0B)报文标识符几乎不受限制。

▶ 采用"短帧"结构,传输时间短,受干扰概率低,具有极好的"检错"效果。

▶ CAN 的每帧信息都有 CRC 校验及其他检错措施,保证了数据出错率极低。

▶ CAN 的通信介质可为双绞线、同轴电缆或光纤,用户可灵活选择。

▶ CAN 节点在错误严重的情况下具有自动关闭输出功能,以使总线上其他节点的操作不受影响。

CAN 总线的这些特征使其特别适合工业过程监控设备的互连,正是它广泛应用的根本原因。

3.1.2 CAN 总线网络通信协议

CAN 总线国际标准主要有两种:ISO11519 低速应用标准和 ISO11898 高速应用标准。

CAN 总线标准协议主要有两种:基本的 CAN2.0A 标准和扩展的 CAN2.0B 标准。

(1) CAN 总线协议的特点

概括地讲,CAN 总线协议的特点主要有以下几点:

▶ 以"帧"为网络通信报文单位,"数据帧"用于数据收发,"远程帧"用于请求发送。

▶ 数据帧,除去数据位每帧为 43 位(bits),一帧可携带 0~8 字节(Bytes)的数据。

▶ CAN 通信每帧中皆含优先级,优先级由 CAN 控制器硬件自动判别。

▶ 仅当二个 CAN 节点同时发送时才由 CAN 控制器进行优先级判别。

- 在"高优先级帧"发送前,若"低优先级帧"已占用总线则"高优先级帧"会自动等待。
- 硬件一般支持8位验收码AM及8位接收码AC,用于指定接收某些标志符数据,即分组。其硬件实现的算法如下:if((标志符 & AM) == AC || AM==0xFF)则产生接收中断。
- 多主机通信,不必经过主机进行轮询。
- CAN协议控制器内含检错机制,CAN协议中可不做检错处理。
- 接收数据长度可从CAN协议控制器中读取,可依长度区分数据类型。

(2) CAN总线的报文格式

CAN总线协议定义了4种不同的帧:

- 数据帧(Data):用于一个节点把信息传送给系统的任何其他节点,由7个不同的"位域"组成,即"帧起始"、仲裁域、控制域、数据域、CRC域、应答域、帧结束。
- 远程帧(Remote):基于数据帧格式,只要把"RTR位"设置成远程发送请求(Remote Transmit Request),并且没有数据场。总线上发送远程帧后,表示请求接收与该"帧ID"相符的数据帧。远程帧由6个不同的"位域"组成:"帧起始"、仲裁域、控制域、CRC域、应答域、帧结束。
- 错误帧(Error):任何单元监测到错误时就发送错误帧。错误帧由两个不同的"域"组成。第一个域是错误标志,作为不同站提供错误标志的叠加;第二个域是错误界定符。
- 超载帧(Overload):节点需要增加时间来处理接收到的数据时便发送超载帧。超载帧包括两个"位域":超载标志和超载界定符。

(3) CAN总线的数据错误检测

- 循环冗余检查CRC(Cyclic Redundancy Check):在一个"帧"报文中加入冗余检查位可保证报文的正确。接收站通过CRC可判断报文是否有错。
- "帧"检查:通过"位域"检查帧的格式和大小来确定报文的正确性,用于检查格式上的错误。
- 应答错误:被接收到的"帧"由接收站通过明确的应答来确认。如果发送站未收到应答,那么表明接收站发现"帧"中有错误,也就是说,"ACK域"已损坏或网络中的报文无站接收。CAN协议也可通过"位检查"的方法探测错误。
- 位填充:为保证同步,同步沿用"位填充"产生。在5个连续相等位后,发送站自动插入一个与之互补的"补码"位;接收时,这个"填充位"被自动丢掉。如5个连续的低电平"位"后,自动插入一个高电平位。通过这种编码规则检查错误,如果在一帧报文中有6个相同位,就知道发生了错误。

(4) CAN总线协议层次及其实现

CAN总线的协议层次及其实现如图3.1所示,其中物理层定义物理数据在总线上各节点间的传输过程,主要是连接介质、线路电气特性、数据的编码/解码、位定时和同步的实施标准。

数据链路层是CAN总线协议的核心内容,其中,逻辑链路控制LLC层完成过滤、过载通知和管理恢复等功能;媒体访问控制MAC层完成数据打包/解包、帧编码、媒体访问管理、错误检测、错误信令、应答、串并转换等功能。这些功能都是围绕信息"帧"传送过程展开的。

图3.1　CAN总线的协议层次及其实现示意图

3.2　基本的软/硬件体系设计

3.3.1　CAN总线接口器件及其选择

CAN总线接口器件主要有两类:协议控制器和收发驱动器(简称收发器)。常用的CAN协议控制器有NXP的SJA1000、PCA82C200,Intel的82527,Siemens的81C90/91等。常用的CAN收发器有NXP的PCA82C250/251、TJA1050/1040,NEC的72005等。另外,很多半导体厂商还推出有带有CAN协议控制器的微控制器,如NXP的P87591、LPC2x9x,Intel的87C196CA/CB、Microchip的PIC248/258/448/458,Freescale的MC68908AZ60A,Siemens的C167C等。目前也有支持CAN的微处理器内部集成了CAN协议控制器和收发器电路,如Freescale的MC68HC908GZl6。

下面简要介绍一下常用的典型CAN协议控制器和收发驱动器。

(1) 典型的CAN协议控制器SJA1000

SJA1000是NXP推出的一种单机CAN协议控制器,有两种工作模式:BasicCAN和PeliCAN;这两种模式可通过时钟分频寄存器中的CAN模式位来选择,复位默认模式是BasicCAN。BasicCAN模式与PCA82C200 CAN控制器软硬件兼容。SJA1000扩展了接收缓存,支持CAN2.0B协议,支持11位和29位的标识符,时钟频率为24 MHz,位速率可达1 Mbps,接口适合多种微控制器。CAN输出驱动配置可编程,工作环境温度为-40～125℃,28脚DIP或SO封装。

PeliCAN模式的新特点是:接收和发送采用扩展帧格式,64字节扩展的FIFO接收缓冲器,双重验收滤波器,错误记数,错误警告限制可编程,错误代码可捕捉,自我测试,并用有针对每种CAN总线错误的中断。

(2) 典型的 CAN 收发驱动器 PCA82C250/251

PCA82C250/251 是 CAN 协议控制器和 CAN 物理总线间的接口,对 CAN 总线提供差分发送能力,对 CAN 协议控制提供差分接收能力。使用 CAN 总线收发器可极大地提高 CAN 协议控制器的总线驱动和接收能力。

PCA82C250/251 的主要特点如下:高速率(可达 1 Mbps),具有热防护、短路保护、低电流待机、抗瞬间干扰、抗电磁干扰(EMI)、抗"宽范围"的共模干扰等能力,其斜率控制可降低射频干扰(RFI),可有 110 个节点相连接,并且某一节点的不工作不影响整个总线,未上电的节点不影响整个总线,工作温度范围:-40~125℃,8 脚 DIP 或 SO 封装。

TJA1050/1040 是 PCA82C250/251 的改进型产品,其抗电磁干扰(EMC)能力、总线的 DC 稳定性等方面都作了很多增强,可以完全替代 PCA82C250/251。

(3) 微处理器 LPC2292/2294 的片内 CAN 协议控制器

LPC2292/2294 是基于一个支持实时仿真和跟踪功能的 16/32 位 ARM7TDMI-S 内核的微处理器,内部集成了 2/4 路 CAN 协议控制器和验收滤波器,特别适用于汽车电子、工业控制、医疗系统、访问控制、POS(Point Of Sale)机和容错维护总线。这个 CAN 协议控制器和验收滤波器具有以下特性:

- 单个总线上的数据传输速率高达 1 Mbps;
- 32 位寄存器和 RAM 访问;
- 兼容 CAN 2.0B,ISO 11898—1 规范;
- 全局验收滤波器可以识别所有的 11 位和 29 位的 Rx 标识符;
- 验收滤波器能够为选择的标准标识符提供 FullCAN-Style 自动接收;

3.2.2 CAN 总线通信的软硬件设计

(1) CAN 总线通信的硬件实现

开发嵌入式 CAN 总线通信应用系统主要是 CAN 总线网络节点或适配器的设计,即 CAN 总线接口的设计,常见的结构体系形式如图 3.2 所示。CAN 总线网络节点主要用于工作现场,以执行各种类型的测量或控制的嵌入式应用体系的现场总线通信。CAN 总线网络适配器主要用于计算机一侧,实现计算机的 CAN 总线网络通信,可以是 PCI/ISA 接口的板卡,也可以是 USB、UART、LPT 等串/并口接口形式的便携式可移动终端。

形式 { 节点 { 微处理器+协议控制器+收发驱动器
总线 { 含协议控制器的微处理器+收发驱动器
网络适配器:含协议控制器收发驱动器板卡机顶盒

图 3.2 CAN 总线通信应用系统的构成形式示意图

确定了 CAN 总线通信体系的结构组成后,接下来是选择合适的系统核心微处理器和

CAN总线接口部件。器件选择时即可以选择含有CAN协议控制器、收发器的高度集成的微处理器类型,也可以采用分立形式,选择的独立的微控制器、CAN协议控制器与收发驱动器,再进行电路组合。需要考虑的主要因素有:接口形式、技术支持、测试的简便、性价比等。

接下来,进行CAN总线通信硬件体系的原理电路设计,设计的重点是计算机或微处理器与CAN协议控制器、CAN协议控制器与收发驱动器之间的硬件连接。应该需要仔细参阅选择器件的文档资料,借鉴器件厂家推荐的电路及其外围器件参数配置。

最后是CAN总线通信硬件体系的PCB制板设计,需要注意合理布局、布线,处理好电磁兼容和抑制,做好输入输出的隔离与抗冲击。

(2) CAN总线通信的软件编制

CAN总线通信的软件设计主要是底层CAN总线接口的驱动程序设计,其设计层次及其实现过程如图3.3所示。驱动程序主要是初始配置和数据的收发传输。数据的收发通常采取查询式发送、中断式接收的形式,大批量的数据传输可以考虑采用直接数据传输DMA的形式加以优化。CAN总线通信的驱动软件设计,无论是初始化操作,还是数据缓冲收发,主要是CAN协议控制器或片内模块相关的寄存器配置或操作。对于嵌入式实时操作系统E-RTOS (Embedded Real Time Operation System)下的实现,需要按照相关的驱动程序规范格式展开设计,如Windows CE/Mobile下的流式接口单/双体驱动、ARM-Linux下的字符设备驱动等。

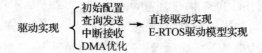

图3.3　CAN总线通信的驱动程序及其实现示意图

3.2.3　CAN总线网络通信运行分析

可以选择使用CAN总线分析设施加速CAN通信应用系统的开发设计,这里以周立功单片机提供的便携式CANalyst分析仪器及其软件为例加以说明。

CANalsyt分析仪是与CANalsyt分析软件配合使用的监测设备通过USB1.1总线与PC机连接,有CANalsyt-I与CANalsyt-II单/双通道两个型号。通过将CANalsyt分析仪作为1或2个标准CAN节点,PC机可以同时连接1或2个相互独立的CAN网络,能够高速、实时地处理各类CAN报文帧,或者构建现场总线测试实验室、工业控制单元、智能楼宇节点、汽车电子控制器等领域中CAN数据处理、采集、通信的核心控制单元。CANalsyt分析仪是CAN总线网络产品开发、CAN数据分析的强大工具,它体积小、即插即用,对于便携式测试分析十分方便。

CANalyst分析软件的主要功能特点如下:

➤ CANalsyt 分析软件以 32 位可视化 Windows 应用程序的形式存在，是一个用来安装、开发、测试、维护、管理 CAN 总线网络的集成软件工具，功能通用而且强大。它能够体现与操作系统相关的所有优势，比如多任务、不依赖于程序的统一操作、剪切、粘贴等功能。

➤ CANalsyt 分析软件基于 ZLGVCI 驱动库，能够高速处理 11 位标识符模式（CAN2.0A 协议）和 29 位标识符模式（CAN2.0B 协议）的 CAN 报文帧。

➤ CANalsyt 分析软件由一个中心服务程序（控制台程序）控制 ZLGVCI 和 CANalyst 单/双通道 CAN 分析仪的硬件通信。控制台是全部客户应用程序的基础，而客户应用程序则处理各类 CAN 报文帧，并提供强大的分析功能。CANalsyt 分析软件已经提供的客户应用程序有：

—在线显示 CAN 报文和跟踪文件（Receive Client）；

—发送/循环发送 CAN 报文（Transmit Client）；

—在线显示统计数字（StatisticClient）。

➤ CANalyst 分析软件提供有编程接口。利用此接口，客户可在熟悉的软件平台（如 VS、Delphi、VB、BCB 等）上开发自己的应用工程项目。实际上所有的客户程序也是利用这个接口编写的。

CANalyst 分析软件的控制面板界面如图 3.4 所示。

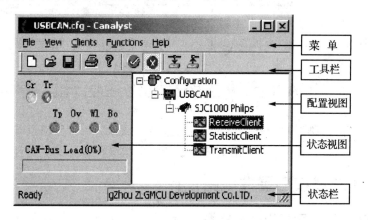

图 3.4　CANalyst 分析软件的控制面板界面图

CANalyst 分析软件对 CAN 总线网络数据活动情况进行监测显示的界面如图 3.5 所示，图示列表窗口清晰地显示了接收数据帧的编号、时间、目的地址和有效数据等项，图的空白处还附带给出了 CANalyst 分析仪的外形图片。

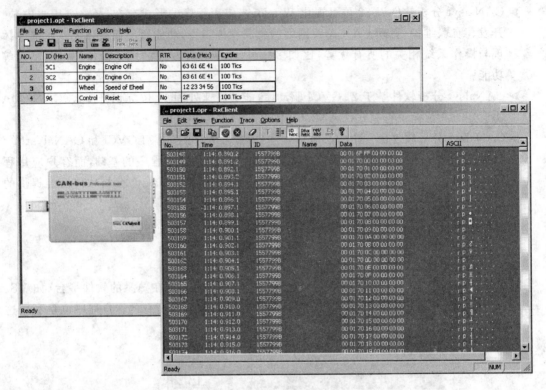

图 3.5　CANalyst 分析工具对 CAN 网络数据活动情况的监测显示的界面

3.3　CAN 接口驱动及网络通信开发实例

下面列举几个项目研发实例，综合说明如何进行嵌入式 CAN 网络通信应用系统的开发设计。各个例子中将重点说明 CAN 网络节点或适配器软硬件设计的关键性实现环节。

3.3.1　CAN 总线接口硬件电路设计

1. CAN 总线应用节点的硬件体系设计

图 3.6 给出了"微处理器 ＋ 协议控制器 ＋ 收发驱动器"形式的 CAN 总线应用节点硬件体系设计的典型样例。该节点主要由 Atmel 的增强型 MCS-51 单片机 AT89S52、CAN 协议控制器 SJA1000、CAN 总线收发驱动器 PCA82C250 及其复位电路 IMP708 组成；IMP708 有两路反相位的复位控制信号，分别连接 SJA1000 和 AT89S52 的复位端，还可以实现手动复位。

图 3.7 给出了"含有 CAN 协议控制器的 ARM 微处理器 ＋ CAN 收发驱动器"形式的

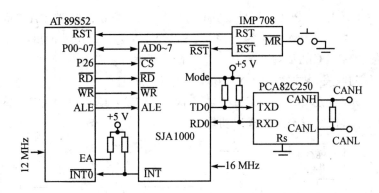

图 3.6 "微处理器＋协议控制器"形式的 CAN 总线应用节点设计样例框图

CAN 总线应用节点硬件体系设计的一个典型样例。微处理器是前文介绍过的 ARM7TDMI-S 内核 ARM 单片机 LPC2294,其片内集成有 4 路带接收滤波器的 CAN 协议控制器,CAN 总线收发驱动器采用的是 TJA1050T。为了进一步增强系统的抗干扰能力,采用高速光耦 6N137 隔离输入/输出接口,并将收发驱动器 TJA1050T 放在光耦 6N137 外侧,采用电源隔离模块 B0505S 对 TJA1050T 单独供电。

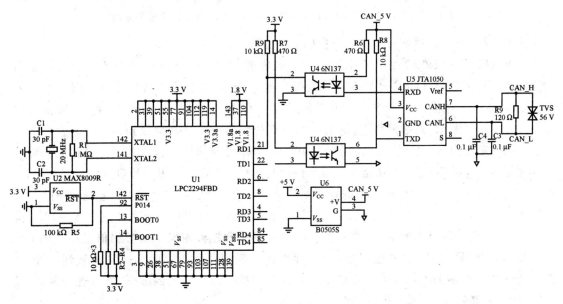

图 3.7 "含协议控制器的微处理器"形式的 CAN 总线应用节点设计样例框图

2. 基于 PCI 总线的 CAN 智能网络通信适配器设计

基于 PCI 总线的 CAN 智能网络通信适配器的硬件体系结构如图 3.8 所示。该适配器主要由 8 位 AT89S52 单片机、PCI 桥器件 CY7C09449、CAN 协议控制器、CAN 总线收发驱动器 PCA82C520、CPLD 器件 EPM7064 等组成。CY7C09449 是 Cypress 推出的含有 16 KB DP-SRAM 存储器的、符合 PCI2.2 规范的 PCI 总线接口桥器件。单片机 AT89S52 内部的监控程序控制 CAN 总线的收发、数据处理 CY7C09449 与 PC 机通信,实现下位智能测控节点与 PC 机的数据交换。可编程逻辑器件 EPM7064 完成 AT89S52 单片机对 CY7C09449 内部 DP-SRAM 存储器的存取控制逻辑及其译码功能。

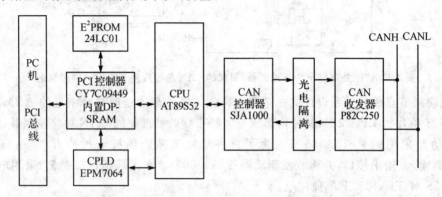

图 3.8　基于 PCI 总路线的 CAN 智能网络通信适配器板卡原理框图

该 CAN 总线网络适配器的工作过程如下:

上电复位后 AT89S52 处在监控状态,下传数据时,上位机监控程序首先调用虚拟设备驱动程序(WDM)得到双口 RAM 映射空间的线性地址,然后将下传数据写入 DP-SRAM,放入其指定的发送缓冲器。AT89S52 内监控程序把上位 PC 机发送到 DP-SRAM 的数据通过 SJA1000 发送到 CAN 总线网络上,网络中的所有智能测控模块都会收到此信息。在此信息中包含了一个节点号,只有预设的智能测控模块的节点号与信息中包含的节点号相同的测控模块才会接收并处理数据,判断是配置信息或者是监控命令信息并做出相应反应。

上传数据时,CAN 总线网络上的智能测控模块将检测到的现场状态等信息通过 SJA1000 发送到 CAN 总线上。网络适配器上的 AT89S52 在运行监控程序的过程中通过 SJA1000 接收来自 CAN 总线网络上的信息,在监控程序中将智能测控模块发来的数据信息存放到 DP-SRAM 中,上位机监控软件通过加载设备驱动程序(WDM)提供的 DP-SRAM 的线性地址,利用此线性地址查询 DP-SRAM 中开辟出的固定数据接收缓冲区内的数据,然后进行存储、显示、打印报表等处理。

3.3.2　EPP 主/备 CAN 监视节点设计

CAN 总线及其产品应用广泛,CAN 节点监控产品也很多。其中,以 EPP 并口为接口、以 SJA1000 做 CAN 协议控制器的微机监控节点产品别具一格。这类产品硬体构造简单、监控软件设计简洁、通信快速、操作使用方便。这里对此介绍：
➢ 在 EPP 接口和 SJA1000 之间做可编程逻辑设计，使节点监护通信更直截了当；
➢ 在监控软件设计上采用 WinDriver 做底层驱动进行可视化编程，增强人机接口界面，使监控更加简捷方便；
➢ 扩展单节点监控为主/备"双节点"监控，使监护全面完善。

1. 监控节点的硬件体系设计

本项目要通过 PC 机监控一个具有主/备用 CAN 总线系统的 CAN 总线上数据活动状况，为此，需要设计一个 CAN 总线监控节点，根据观察需要选择一条 CAN 总线，把其上的数据传入 PC 机。为进一步简化硬件设计、降低成本，这里选择了 PC 机的 LPT 并行打印口，并使其工作在 EPP 模式下。

根据 EPP 并行口和 CAN 总线及其接口设计特点，设计所需的 CAN 监控节点硬件体系如图 3.9 所示。

图 3.9 中，两片 SJA1000 是分别用以实现主节点和备用节点的 CAN 总线协议控制器，为增强各自的驱动能力分别使用了一片 82C250 收发驱动器；两片 SJA1000 共用一套振荡电路和一套复位电路；复位电路为简单的阻容形式，由于 EPP 接口控制线已经全部用做其他方面，微机不能控制 SJA1000 做硬件复位，为调试方便，加入按钮做意外手动复位；一片 PLD（EPM7032ST-10）用于实现 EPP 接口和 SJA1000 之间的通信传输控制；发光二极管用做电源和主备节点的收发指示。

2. EPP 和 SJA1000 之间的接口逻辑设计

在 EPP 接口和 SJA1000 之间加入适当的逻辑接口，可以避免传统设计中对 EPP 控制线的重新定义和特殊通信函数的书写、缩短并口通信的时间、提高数据采集的实时性。这样，通过 EPP 读写 SJA1000 时只要读/写 EPP 地址和数据寄存器就可以了。

按照 EPP 并口通信协议和 SJA1000 读/写时序，以 EPP 并口的 3 根控制线 $\overline{write}$、$\overline{addStrb}$、$\overline{DataStr}$ 的逻辑时序来产生 SJA1000 读/写控制的 ALE、$\overline{WR}$、$\overline{RD}$ 逻辑和反馈回 EPP 的 Wait 信号逻辑。特别定义 EPP 接口的 $\overline{RST}$ 控制线做主备 SJA1000 的片选信号，低电平选中主 SJA1000，高电平选中备用 SJA1000。主备 SJA1000 的中断线相与后作为中断信号输入 EPP 并口中断状态线。

下面是用 Altera 的 AHDL 语言书写的逻辑设计：

```
% interface_design for between EPP and SJA1000 %
SUBDESIGN interface
(      /write, /AddStrb, /DataStrb    : INPUT = GND;
       /intrA, /intrb                 : INPUT = GND;
       cs                             : INPUT;
       ALE, /wr, /rd, wait            : OUTPUT;
```

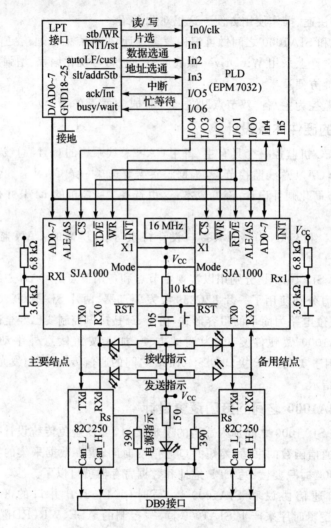

图 3.9 EPP 逻辑接口的主/备 CAN 总线监控节点原理图

```
    /csA, /csB, /intr              : OUTPUT;
)               % 带"/"的项表示低电平有效 %
BEGIN
    ALE = ! /AddStrb;
    ! /wr = ! /write & ! /DataStrb;
    ! /rd = /write & ! /DataStrb;
    wait = ! ( /AddStrb & /DataStrb);
    /csA = cs;
    /csB = !cs;
```

```
/intr = ! (/intrA & /intrb);
END
```

图 3.10 给出了 Quartus-II 模拟分析"微机通过 EPP 写 SJA1000 寄存器结果"的波形图。图中,首先进行地址选通,传送并锁存地址;然后是写操作;最后一段是 SJA100 中断发生后,主机响应并进行"读"操作的时序。

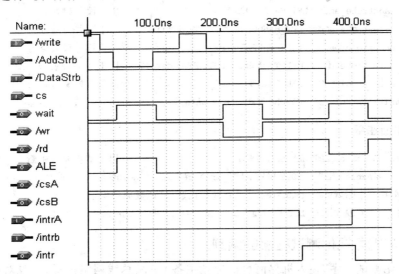

图 3.10 "微机通过 EPP 写 SJA1000 寄存器结果"的 Quartus-II 模拟波形分析图

3. WinDriver 底层驱动程序的生成

实时数据采集程序的书写离不开中断的使用。为了在可视化编程中使用中断,必需选择适当的工具书写底层驱动程序。底层驱动程序的书写工具很多,如 DDK、SDK、VtoolsD、WinDriver 等,这里选用 Jungo 提供的简单方便的开发工具 WinDriver。

打开 WinDriver 的驱动向导,创建一个新的驱动程序。WinDriver 检测外接硬件设备,产生连接设备列表,从中选择 parallel port,指定 WinDriver 在一个给定目录下用 C 或 Pascal 语言产生 VB、VC++、Dephi 或 C++Builder 工程项目文件。这里选用 C 语言和 C++Builder 开发工具,指定 LPT 作为文件前缀。

在给定目录下,WinDriver 的驱动向导产生有几个文件和一个 C++Builder 子目录。在产生的文件中,LPT.wdp、LPT_lib.h 和 LPT_lib.c 是编写应用程序必不可少的。LPT.wdp 是 WinDriver 底层驱动程序和用户程序沟通的关键。LPT_lib.h 和 LPT_lib.c 是 WinDriver 提供的已包装好的可直接使用的函数库。其他文件中 LPT_diag.h 和 LPT_diag.c 是 Win-Driver 提供的并口传输测试程序,可作为应用程序书写的参考。下面列出产生的几个主要函数:

1) 并口开关函数

```
BOOL LPT_Open (LPT_HANDLE * phLPT);
void LPT_Close(LPT_HANDLE hLPT);
```

2) 并口读写函数

```
BYTE LPT_Readstrobe_addr (LPT_HANDLE hLPT);              //用于读并口地址
void LPT_Writestrobe_addr (LPT_HANDLE hLPT, BYTE data);  //用于写并口地址
BYTE LPT_Readstrobe_data_0 (LPT_HANDLE hLPT);            //用于读并口数据
void LPT_Writestrobe_data_0 (LPT_HANDLE hLPT, BYTE data);//用于写并口数据
BYTE LPT_Readcontrol (LPT_HANDLE hLPT);                  //读并口控制寄存器
void LPT_Writecontrol (LPT_HANDLE hLPT, BYTE data);      //写并口控制寄存器
```

3) 并口中断函数

```
void LPT_IntADisable (LPT_HANDLE hLPT);                               //用于禁止并口中断
BOOL LPT_IntAEnable (LPT_HANDLE hLPT, LPT_IntA_HANDLER funcIntHandler);
//用于使能并口中断,funcIntHandler是中断处理函数,其函数原型如下
void ( * LPT_IntA_HANDLER)(LPT_HANDLE hLPT, LPT_IntA_RESULT * intResult);
```

4. 节点监视可视化测试程序的编制

设计可视化测试程序,在人机界面窗口中做主备 CAN 总线网络选择、接收对象选择。下面给出 Borland C++ Builder 5.5 开发的部分程序片段(为简化叙述,这里给出的是总线活动全部接收,每次显示接收一帧数据的程序,若总线无活动则定时自动退出):

(1) 数据通信函数的构造

```
void TForm1::bring(char addr, char data)           //通过并口,完成向指定外部地址写数据
{    LPT_Writestrobe_addr (hLPT, addr);
     LPT_Writestrobe_data_0 (hLPT, data);
}
char TForm1::take(char addr)                       //通过并口,完成从指定外部地址读数据
{    LPT_Writestrobe_addr (hLPT, addr);
     return (LPT_Readstrobe_data_0 (hLPT));
}
```

(2) 接收数据程序的设计

```
void __fastcall TForm1::Button1Click (TObject * Sender)
{    char cc;
     cc = StrToInt(ComboBox1->Text);               //选择主或备 CAN 设备
     port = cc&0x040;
```

```
    LPT_Open(&hLPT);                                            //打开并口驱动程序
    LPT_IntAEnable(hLPT, LPT_IntAHandlerRoutine);               //开放并口中断,指明中断服务地址
    LPT_Writecontrol(hLPT, LPT_Readcontrol(hLPT)|0x10);         //开放并口中断
    /*-----------初始化底层 CanBus------------------*/
    bring(0x00, 0x01);                                          //使 SJA1000 进入复位模式
    if((take(0x00)&0xdf)!= 0x01)
    {   ShowMessage("进入复位设置失败!");
        exit;
    }
    bring(0x06, 0x01);                                          //波特率 = 500 kbps(16 MHz 晶振)
    bring(0x07, 0x14);
    bring(0x04, 0x0);                                           //指定总线活动全部接收
    bring(0x05, 0xff);
    bring(0x08, 0xfa);                                          //Tx 输出控制设置
    take(0x03);                                                 //清 SJA1000 所有中断
    bring(0x00, 0x00);                                          //使 SJA1000 回到工作模式
    if((take(0x00)&0xdf)!= 0x00)
    {   ShowMessage("退回工作模式失败!");
        exit;
    }
    bring(0x00, 0x01);                                          //开放 CAN 接收中断
    bring(0x01, 0x04);                                          //释放接收缓冲区
    Timer1->Enabled = true;                                     //使能超时接收定时器
}
```

(3) 接收超时程序段的设计

这里使用定时器完成,总线上无数据活动时,定时自动退出。

```
void __fastcall TForm1::Timer1Timer(TObject * Sender)
{   Timer1->Enabled = false;                                    //关闭定时器
    LPT_IntADisable(hLPT);                                      //关闭并口中断
    bring(0x00, 0x00);                                          //关闭 SJA1000 中断
    LPT_Writecontrol(hLPT, LPT_Readcontrol(hLPT)&0xef);         //禁止并口中断
    Label4->Caption = "没有接收到任何数据!";
    LPT_Close(hLPT);                                            //关闭底层驱动程序
}
```

(4) 中断服务程序的设计

```
void LPT_IntAHandlerRoutine(LPT_HANDLE hLPT, LPT_IntA_RESULT * intResult)
{   char t, m[16]; int i;
```

```
Form1->Timer1->Enabled = false;        //关闭定时器
t = Form1->take(0x03);                  //读取并判断接收中断
if(! (t&0x01)) goto EE;
//读取接收识别码
Form1->Edit1->Text = Form1->take(0x14);
Form1->Edit2->Text = Form1->take(0x15);
for(i = 0;i<8;i++)                      //读取接收数据字节
{    m[2*i] = Form1->take(0x16 + i);
     m[2*i+1] = ´ ´;
}
m[16] = ´ ´;
Form1->Edit3->Text = m;
Form1->Label4->Caption = "一帧数据接收完毕!";
EE:
Form1->bring(0x00, 0x00);               //关闭 SJA1000 中断
LPT_Writecontrol(hLPT, LPT_Readcontrol(hLPT)&0xef);  //禁止并口中断
LPT_IntADisable(hLPT);                  //关闭并口中断
LPT_Close(hLPT);                        //关闭底层驱动程序
}
```

(5) 程序的编译与发行

程序编译前,为建立起与 WinDriver 底层驱动程序的链接,必须做到:
➢ 在工程项目.cpp 文件开始嵌入:
    #include <condefs.h>
    USEUNIT("..\lpt_lib.c");
➢ 在 unit.cpp 文件开始嵌入:#include <lpt_lib.h>
➢ 在 unit.cpp 文件开始定义变量:LPT_HANDLE hLPT;

程序分发使用前,对于 Windows NT/2000/98/ME,必须把 WINDRVR.SYS 文件复制到 C:\WINNT\SYSTEM32\DRIVERS 下;对于 98/ME,也可以把 windrvr.vxd 程序复制到用户 windows\system\vmm32 下,并使用 wdreg.exe 安装运行该程序,格式为:wdreg - vxd install。

特别说明:EPP 驱动是用 WinDriver5.0 开发的,新版的 WinDriver 会进行软件性能上的增强和应用上的简化;在程序的编译和发行时,应该按照新版 WinDriver 的用户指南进行操作。

设计的监控程序界面如图 3.11 所示。

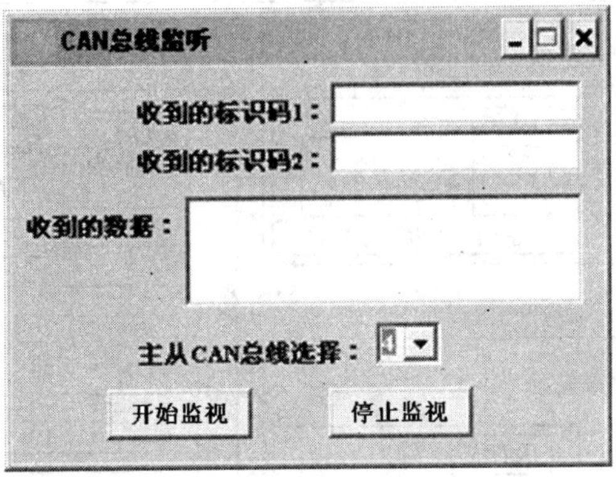

图 3.11　EPP 主/备 CAN 监视节点的监控程序窗口界面

3.3.3　道岔运行状况监控终端设计

铁路轨道道岔运行状况的监视是现代化高速铁路安全运行的基本要求和必然发展趋势，既要求现场数据采集终端能够快速可靠地采集与处理数据，又要求现场与数据控制中心的数据传输能够准确及时和高效安全。

1. 项目体系的整体规划

整个系统的设计规划如下：

① 现场数据采集单元由子/主板组成，各个子板采集若干路以位置变化为主的模拟量信号，交由主板按照建立的数学模型得到表示道岔位置的曲线系数并存储主要数据。主板与各个子板之间通过抗干扰能力较强的 CAN 总线联系。主板使用规范的 CAN 总线协议对各个子板循环寻址并提取采集的数据。每个现场数据采集单元负责一个道岔的运行状况监视。

② 监控中心通过强抗干扰能力的 LonWorks 总线及时从各个现场数据采集单元得到表示道岔位置的曲线系数，复原并显示出道岔的位置状况。监控中心还可以直接从指定的现场数据采集单元拿到详细一手数据进行更为具体的性能指标分析。监控中心计算机采用 PCI/CPCI 总线的 LonWorks 适配卡。

③ 位于现场数据采集单元主板上的 LonWorks 节点和 LonWorks-PCI 适配卡使用 Echelon 的神经元芯片及其相关开发设计技术。

④ 算法上采用余弦傅立叶级数进行道岔运动轨道的轨迹拟合，以 6～8 个多项式级数的系数表示道岔运动轨道的轨迹，这样大多数正常情况下的 LonWorks 总线数据传输只用传输这些系数即可；故障时才全部上传采集的数据，从而大幅度地增加监视道岔的数量。

铁路道岔运行状况监视系统的构成如图 3.12 所示。

这种体系的道岔运行状况监视系统中，一个监控中心可以监视的动态道岔可达数百个，性

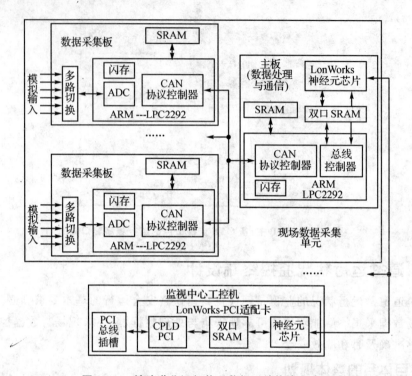

图 3.12 铁路道岔运行状况监视系统构成示意图

能、时空和成本的经济性是显而易见的。现场数据采集单元的设计,是整个系统的关键环节,下面重点说明。

2. 现场数据采集单元的硬件设计

现场数据采集单元的主/子板的电路构成如图 3.13 所示。图 3.13 的上下两部分分别是主/子板电路原理图的顶层整体构成原理图;中间部分是 CAN 总线网络接口部分的电路原理图,这里选用的 CAN 总线收发驱动器是 TJA1050,CAN 总线的串行差分信号之间特别设计了便于调整、可以通过开关接入的 120 Ω 平衡匹配电阻。主/子板的核心微处理器统一采用具有两路 CAN 协议控制器模块和外部存储器接口模块的 ARM7TDMI-S 单片机 LPC2292。主板的组成电路模块有核心微处理器 LPC2292、存储器模块、串行接口模块、LonWorks 总线接口模块、看门狗定时器模块、JTAG 调试接口模块和电源模块。子板的组成电路模块有核心微处理器 LPC2292、存储器模块、串行接口模块、多路模拟检测及其过滤信号输入模块、JTAG 调试接口模块和电源模块。串行接口模块主要是 CAN 总线接口和 RS485 总线接口电路,RS485 总线接口电路的设计是为了兼顾现场可能存在的 RS485 现场检测输入传感器的接入。其中,主要的 CAN 总线接口如图 3.13 中间电路所示。LonWorks 总线接口采用神经元芯片 3150 实现,采用 UART 或 SPI 串口的形式接入系统,为了今后可能的更高速率 LonWorks 总线通信,特别设计了 CY7C136 双端口 RAM,一边连接 LPC2292,另一边连接 LonWorks 总线接口模块的神经元芯片 3150,以便进行高效的并口连接通信。LonWorks 总线网络通信及其

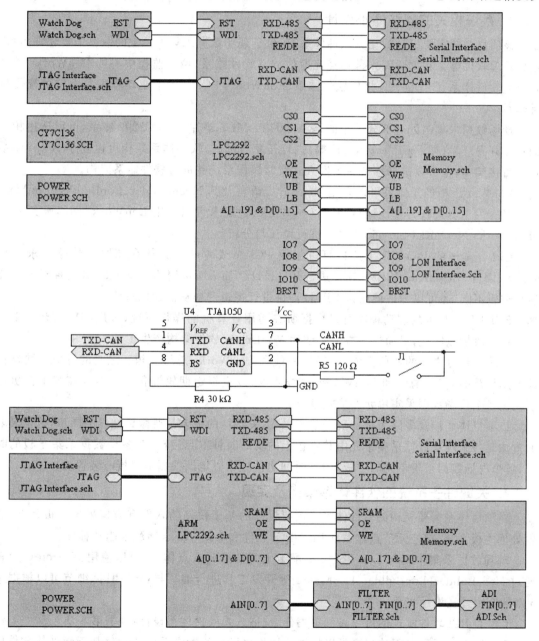

图 3.13 道岔监控终端的硬件体系构成示意图

软硬件体系设计将在第 5 章进行重点介绍，这里着重说明 CAN 总线网络通信及其软硬件系统设计。

3. 系统相关的软件体系设计

该项目系统需要设计的相关软件体系有：位于现场数据采集单元上的数据采集软件体系、数据处理软件体系和 LonWorks 神经元通信节点软件体系，位于监控中心的 LonWorks 神经元节点软件体系、CPLD-PCI 接口软件体系、LonWorks-PCI 适配卡驱动程序和上位可视化显示体系。

现场数据采集与处理部分采用的是 ARM7TDMI-S 单片机 LPC2292 体系，可以选用相应的集成开发环境（如 RralView-MDK 等）进行开发与调试，软件体系架构可以基于 ARM 体系特点直接架构，也可以选择移植一个嵌入式实时操作系统并进行软件体系架构。

LonWorks 神经元体系可以采用 Neuron C 语言及其 NodeBuilder、LonBuilder、LonMaker 等的开发工具进行开发设计与调试，LonWorks 适配卡可以选用 LonWorks 网络服务 LNS（LonWorks Networks Server）工具等进行调试与分析。

CPLD 实现的 PCI/CPCI 接口可以根据 PCI 总线时序与具体存储器的传输要求使用 VHDL 语言和 Quartus、ISE 等 IDE 进行开发设计。如果所选用的双口 SRAM 与神经元芯片接口逻辑不同，还可以考虑使用该 CPLD 器件进行逻辑变换从而加以过渡。

PCI/CPCI 板卡的驱动程序可以根据所在通用计算机的操作系统，采用相应的开发工具和设计手段加以实现，最简便的方法是使用 WinDriver 软件架构产生工具。

系统各部分之间的通信主要是 CAN 总线和 LonWorks 总线。相互之间的寻址和数据传输使用规范的 CAN 总线和 LonWorks 总线协议，以主板定期轮询各个子板和监视工控机定期轮询各个现场数据采集单元的形式进行。

该项目体系涉及多路大量的现场数据采集，关键性的地方是要做到准确的同步，这里采取的方法是各个现场数据采集单元由其主板上的实时时钟 RTC 统一其各个数据采集子板的时间，各个现场数据采集单元的主板 RTC 时间由监控中心定期根据卫星授时装置统一。

4. 关键性子系统的软件体系架构及实现

本项目体系需要架构的软件体系与需要设计的基于硬件的软件有数据采集子板系统、数据处理主板系统、神经元节点体系、CPLD-PCI 软件和 LonWorks 适配卡驱动程序。

现场数据采集单元与 LonWorks 适配卡上的神经元节点体系，可以使用 Neuron C 语言通过 NodeBuilder、LonBuilder、LonMaker 等开发工具进行编写与调试，具体细节可以根据第 5 章的介绍开发设计实现。

CPLD-PCI 软件实现的可以参阅本书作者《嵌入式硬件体系设计》一书第 5 章。

LonWorks 适配卡驱动程序可以根据应用程序所在的操作系统，按照《基于硬件的软件体系设计》一书的第 2、3 或 4 章的 PCI/CPCI 板卡驱动程序设计的方法步骤加以实现，最简单的方法就是应用 WinDriver 工具去实现。

本项目体系的关键性软件体系是数据采集子板系统和数据处理主板系统，它们都是 ARM7 单片机构成的微控制器系统。数据采集子板系统的外设与接口有串口 UART0、定时器 Timer0、定时器 Timer1、实时时钟 RTC、CAN 协议控制器、多路模数转换器 ADC 和 GPIO，需要实现的中断有：Timer0 定时中断、Timer1 定时中断、UART 接收中断、RTC 同步中断、CAN 接收中断和 CAN 总线异常处理中断。数据处理主板系统：串口 UART0、定时器 Timer0、实时时钟 RTC、CAN 协议控制器、外部中断 ExInt 和 GPIO，需要实现的中断有：Timer0 定时中断、UART 接收中断、RTC 同步中断、CAN 接收中断和 CAN 总线异常处理中断。这里以数据采集子板系统为例加以说明，整个软件体系没有采用嵌入式实时操作系统，可以按《基于硬件的软件体系设计》一书第 5 章的设计方法实现，也可以采用在《嵌入式系统硬件体系设计》第 2 章详细介绍的"PhilipsNXP-ARM7 系列微处理器软件体系架构工具"快速得到。

图 3.14～3.18 给出了采用"PhilipsNXP-ARM7 系列微处理器软件体系架构工具"得到数据采集子板的软件体系架构的主要过程，特别是 CAN 总线驱动程序的相关操作。

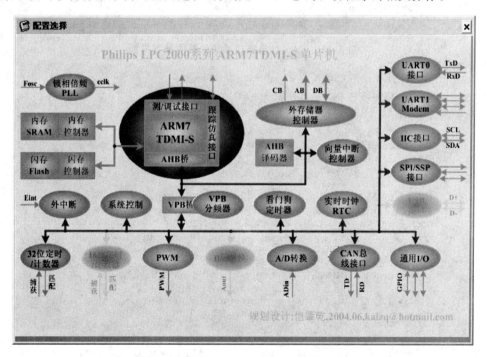

图 3.14　ARM 系列微处理器软件体系架构工具的主操作界面

下面列出的是关键的 CAN 总线协议控制器的驱动程序代码，是由上述软件代码架构工具得到的，其中可以干预的地方注释了"用户可以加入……"。

嵌入式网络通信开发应用

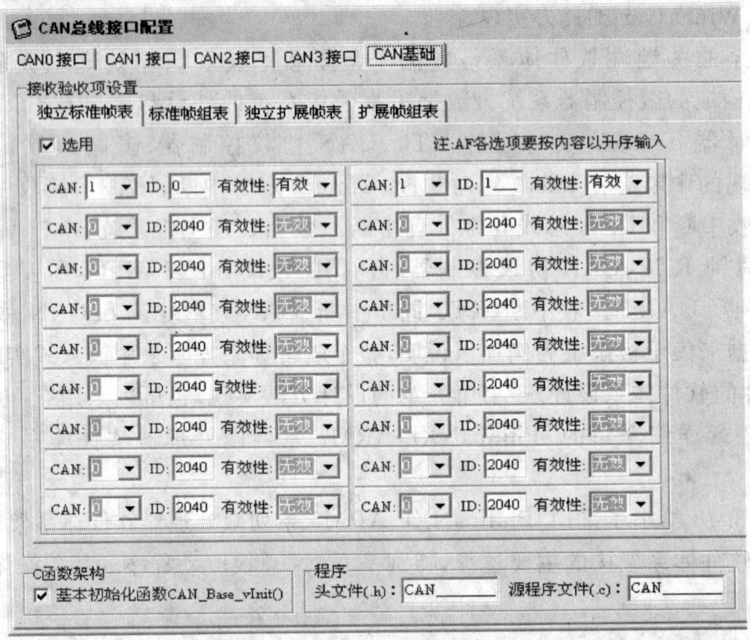

图 3.15　CAN 总线接口模块的基本配置界面

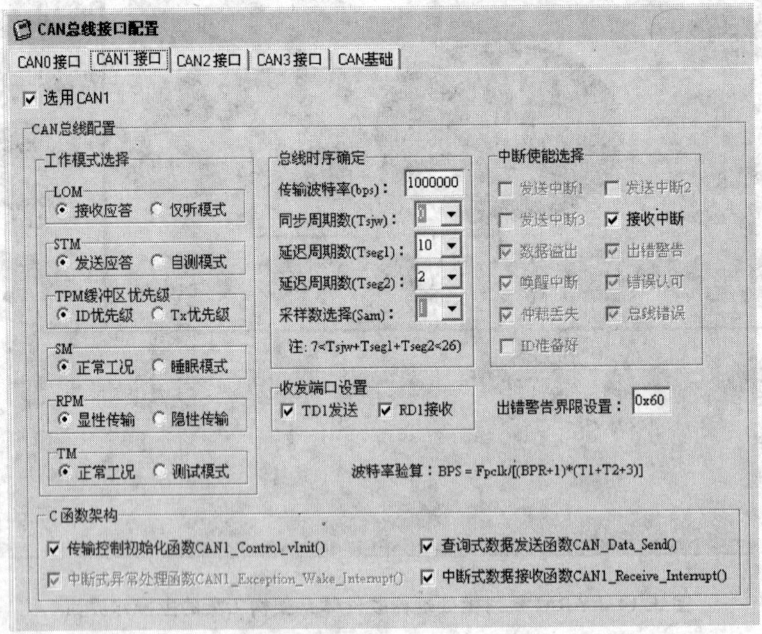

图 3.16　CAN 总线接口模块的某一通道接口配置界面

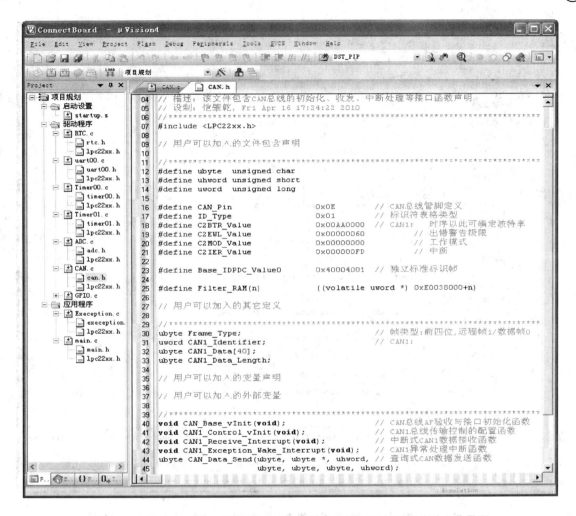

图 3.17　针对 RealView-MDK 产生的软件体系及其 CAN 驱动程序头文件界面

头文件 can.h 的主要代码如下：

```
#include <LPC22xx.h>
//用户可以加入的文件包含声明
#define ubyte    unsigned char
#define uhword   unsigned short
#define uword    unsigned long
#define CAN_Pin          0x0E          //CAN 总线管脚定义
#define ID_Type          0x01          //标识符表格类型
#define C2BTR_Value      0x00AA0000    //CAN1:时序以此可确定波特率
#define C2EWL_Value      0x00000060    //出错警告极限
```

嵌入式网络通信开发应用

图 3.18　针对 RealView-MDK 产生的软件体系及其 CAN 驱动程序主体文件界面

```
#define C2MOD_Value          0x00000000              //工作模式
#define C2IER_Value          0x000000FD              //中断
#define Base_IDPDC_Value0    0x40004001              //独立标准标识帧
#define Filter_RAM(n)        ((volatile uword *) 0xE0038000 + n)
//用户可以加入的其他定义
ubyte Frame_Type;                                    //帧的类型:前4位,远程帧1/数据帧0
uword CAN1_Identifier;                               //CAN1
ubyte CAN1_Data[40];
ubyte CAN1_Data_Length;
//用户可以加入的变量与外部变量声明
```

```
void CAN_Base_vInit(void);                          //CAN 总线 AF 验收与接口初始化函数
void CAN1_Control_vInit(void);                      //CAN1 总线传输控制的配置函数
void CAN1_Receive_Interrupt(void);                  //中断式 CAN1 数据接收函数
void CAN1_Exception_Wake_Interrupt(void);           //CAN1 异常处理中断函数
ubyte CAN_Data_Send(ubyte, ubyte *, uhword,         //查询式 CAN 数据发送函数
                    ubyte, ubyte, ubyte, uhword);
//用户可以加入的自定义函数声明
//用户可以加入的外部函数声明
//-------------------------------------------------------------------------------
```

程序文件 can.c 的主要代码如下：

```
//-------------------------------------------------------------------------------
#include "CAN.h"
//用户可以加入的包括文件代码
//-------------------------------------------------------------------------------
void CAN_Base_vInit(void)                           //CAN 总线 AF 验收与接口初始化函数
{   ubyte i = 0, flag;
    //接收验收滤波器的设置
    AFMR = 0x00000003;
    flag = ID_Type;
    SFF_sa = 0x00000000;                            //独立标准标识符表格定义
    if((flag&0x01) == 0x01)
    {   *Filter_RAM(4*i) = Base_IDPDC_Value0;
        i += 1;
    }
    SFF_GRP_sa = 4*i;                               //标准标识符组表格定义
    EFF_sa = 4*i;                                   //独立扩展标识符表格定义
    EFF_GRP_sa = 4*i;                               //扩展标识符组表格定义
    ENDofTable = 4*i;
    AFMR = 0x00000000;
    //CAN 总线引脚的定义
    if((CAN_Pin&0x04) == 0x04)                      //CAN1 端口定义:RD2--P0.23(第二功能)
    {   PINSEL1 &= ~(0x03<<14);
        PINSEL1 |=  (0x01<<14);
    }
    if((CAN_Pin&0x08) == 0x08)                      //TD2--P0.24(第二功能)
    {   PINSEL1 &= ~(0x03<<16);
        PINSEL1 |=  (0x01<<16);
    }
```

```
}
//------------------------------------------------------------------------------
void CAN1_Control_vInit(void)                   //CAN1 总线传输控制的配置函数
{    C2MOD  = 0x00000001;
     C2BTR  = C2BTR_Value;                      //波特率
     C2EWL  = C2EWL_Value;                      //出错警告界限
     C2MOD |= C2MOD_Value;                      //工作模式
     C2MOD &= 0xfffffffe;
     C2IER  = C2IER_Value;                      //中断项
}
//------------------------------------------------------------------------------
void CAN1_Receive_Interrupt(void)               //中断式 CAN1 数据接收函数
{    uword temp, t;
     ubyte length, i;
     temp = C2RFS;
     if(temp&(1<<30))                           //收到远程帧
     {    Frame_Type |= 1;
          CAN1_Identifier = C2RID;
          CAN1_Data_Length = ((temp&(0xf<<16))>>16)-1;
     }
     else                                       //收到数据帧
     {    Frame_Type &= 0xfffe;
          t = C2RID;
          if(CAN1_Identifier!=t)                //新 ID 类?
          {    CAN1_Identifier = t;
               CAN1_Data_Length = 0;
               for(i=0;i<40;i++) CAN1_Data[i] = 0;
          }
          length = (temp&(0xf<<16))>>16;
          if(length<5)
          {    for(i=0;i<length;i++)
               {    CAN1_Data[CAN1_Data_Length] = (ubyte)((C2RDA>>8*i)&0xff);
                    CAN1_Data_Length += 1;
                    if(CAN1_Data_Length>39)
                    {    CAN1_Data_Length = 0;
                         for(i=0;i<40;i++) CAN1_Data[i] = 0;
                    }
               }
          }
```

```c
        else
        {   for(i=0;i<4;i++)
            {   CAN1_Data[CAN1_Data_Length] = (ubyte)((C2RDA>>8*i)&0xff);
                CAN1_Data_Length += 1;
                if(CAN1_Data_Length>39)
                {   CAN1_Data_Length = 0;
                    for(i=0;i<40;i++) CAN1_Data[i] = 0;
                }
            }
            for(i=4;i<length;i++)
            {   CAN1_Data[CAN1_Data_Length] = (ubyte)((C2RDB>>8*(i-4))&0xff);
                CAN1_Data_Length += 1;
                if(CAN1_Data_Length>39)
                {   CAN1_Data_Length = 0;
                    for(i=0;i<40;i++) CAN1_Data[i] = 0;
                }
            }
        }
    }
    C2CMR = 0x0000000c;                       //释放接收缓冲区
    temp = C2ICR;                             //清中断标志
}
//-----------------------------------------------------------------
//CAN1 异常处理中断函数:接收数据溢出、传输错误、唤醒等
void CAN1_Exception_Wake_Interrupt(void)
{   uword temp = C2ICR;
    if((temp&(1<<2)) == (1<<2))||             //出错警告中断
       (temp&(1<<3)) == (1<<3))||             //接收数据溢出中断
       (temp&(1<<4)) == (1<<4))||             //唤醒中断
       (temp&(1<<5)) == (1<<5))||             //错误认可中断
       (temp&(1<<6)) == (1<<6))||             //仲裁丢失中断
       (temp&(1<<7)) == (1<<7)))              //总线错误中断
       CAN1_Control_vInit();
}
//-----------------------------------------------------------------
//CAN 总线帧发送函数:正确发完,返回 0;超时不能发送,返回 CAN 端口号
ubyte CAN_Frame_Send(ubyte CAN_num, ubyte * data, ubyte data_length,
    uhword identifier, ubyte priority, ubyte buffer_num, ubyte ID_type, uhword TimeOut)
{   ubyte i;uword temp = 0;
```

```c
        uhword TD_count = 0;
        if((CAN_num&0x02) == 0x02)                    //CAN1 帧发送
        {   if((buffer_num&1) == 1)                   //利用 0 发送缓冲区
            {   while((C2SR&(1<<2)) == 0)
                {   TD_count + = 1;
                    if(TD_count == TimeOut) return(0x01);
                }
                temp |= priority;                     //帧信息准备与填充
                if(data_length) temp |= (data_length<<16);
                else temp |= (1<<30);
                if(ID_type) temp |= (1<<31);
                C2TFI1 = temp;
                C2TID1 = identifier;                  //标识符准备与填充
                if(data_length)                       //数据准备与填充
                {   if(data_length<5)
                    {   temp = 0;
                        for(i = 0;i<data_length;i + +) temp |= (data[i]<<8 * i);
                        C2TDA1 = temp;
                    }
                    else
                    {   temp = 0;
                        for(i = 0;i<4;i + +) temp |= (data[i]<<8 * i);
                        C2TDA1 = temp;
                        temp = 0;
                        for(i = 4;i<data_length;i + +) temp |= (data[i]<<8 * (i-4));
                        C2TDB1 = temp;
                    }
                }
                if((C2MOD_Value&(1<<2)) == (1<<2)) C2CMR = (1|(1<<5)|(1<<4));
                else C2CMR = (1|(1<<5));
            }
            if((buffer_num&2) == 2)                   //利用 1 发送缓冲区
            {   while((C2SR&(1<<10)) == 0)
                {   TD_count + = 1;
                    if(TD_count == TimeOut) return(0x01);
                }
                temp |= priority;                     //帧信息准备与填充
                if(data_length) temp |= (data_length<<16);
                else temp |= (1<<30);
```

```
        if(ID_type) temp |= (1<<31);
    C2TFI2 = temp;
    C2TID2 = identifier;                    //标识符准备与填充
    if(data_length)                         //数据准备与填充
    {   if(data_length<5)
        {   temp = 0;
            for(i=0;i<data_length;i++) temp |= (data[i]<<8*i);
            C2TDA2 = temp;
        }
        else
        {   temp = 0;
            for(i=0;i<4;i++) temp |= (data[i]<<8*i);
            C2TDA2 = temp;temp = 0;
            for(i=4;i<data_length;i++) temp |= (data[i]<<8*(i-4));
            C2TDB2 = temp;
        }
    }
    if((C2MOD_Value&(1<<2)) == (1<<2)) C2CMR = (1|(1<<6)|(1<<4));
    else C2CMR = (1|(1<<6));
}
if((buffer_num&4) == 4)                     //利用2发送缓冲区
{   while((C2SR&(1<<18)) == 0)
    {   TD_count += 1;
        if(TD_count == TimeOut) return(0x01);
    }
    temp |= priority;                       //帧信息准备与填充
    if(data_length) temp |= (data_length<<16);
    else temp |= (1<<30);
    if(ID_type) temp |= (1<<31);
    C2TFI3 = temp;
    C2TID3 = identifier;                    //标识符准备与填充
    if(data_length)                         //数据准备与填充
    {   if(data_length<5)
        {   temp = 0;
            for(i=0;i<data_length;i++) temp |= (data[i]<<8*i);
            C2TDA3 = temp;
        }
        else
        {   temp = 0;
```

```c
            for(i=0;i<4;i++) temp |= (data[i]<<8*i);
            C2TDA3 = temp;temp = 0;
            for(i=4;i<data_length;i++) temp |= (data[i]<<8*(i-4));
            C2TDB3 = temp;
        }
    }
    if((C2MOD_Value&(1<<2)) == (1<<2)) C2CMR = (1|(1<<7)|(1<<4));
    else C2CMR = (1|(1<<7));
    }
}
return(0);
}
//----------------------------------------------------------------------------------------
//查询式 CAN 数据发送函数:正确发完,返回 0;超时不能发送,返回 CAN 端口号
ubyte CAN_Data_Send(ubyte CAN_num, ubyte * data, uhword identifier,
                    ubyte priority, ubyte buffer_num, ubyte ID_type, uhword TimeOut)
{   ubyte temp;ubyte data_group[8], data_length;
    if(*data =='\0')                              //发送远程帧
    {   temp = CAN_Frame_Send(CAN_num, data_group,
                0, identifier, priority, buffer_num, ID_type, TimeOut);
        return(temp);
    }
    else                                          //发送数据帧
    {   do
        {   data_group[data_length] = *data++;
            data_length++;
            if((*data =='\0')||(data_length>7))
            {   temp = CAN_Frame_Send(CAN_num, data_group, data_length, identifier,
                        priority, buffer_num, ID_type, TimeOut);
                if(temp) return(temp);
                data_length = 0;
            }
        }while(*data!='\0');
    }
    return(0);
}
//用户可以加入的自定义函数
```

3.3.4 地下电缆沟道监测系统设计

现在的城市普遍采用高低压地下输电电缆,因此电缆沟道的监测十分迫切而重要。这里

介绍了一套电缆沟道检测系统,基于 LPC2292 微处理器、CAN 现场总线技术和嵌入式 μC/OS-II 实时操作系统,以现代化的设备和手段对电缆沟道环境和电缆运行状态进行全程监视、状态显示、临界报警、预测提示、事件分析统计等,并结合人工周期维护和事件应急反应处理,有力地降低了事故发生率和人员成本,提高了供电质量,增加了经济效益。下面详细介绍主要的开发设计过程。

1. 总体规划设计

系统采用了分层(级)式、多 CPU 的整体架构,如图 3.19 所示。按照结构功能可分为 3 个层次:下位机信号采集层、上位机数据处理层、网络通信服务层。

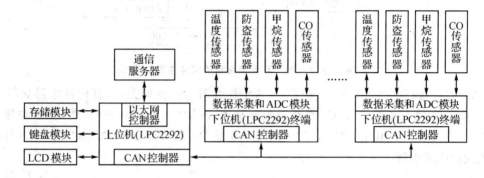

图 3.19 地下电缆沟道监测系统的整体结构框图

下位机信号采集层:采用 ARM7TDMI-S 内核的 LPC2292 作为核心微处理器构成嵌入式应用体系,在此基础上移植嵌入式 μC/OS-II 实时操作系统。该层的主要职责是:小偷进入地下沟道时,产生预警信号给上位机,即防盗功能,并且具备防潮、防爆、防毒等功能。该层具有采集监测信息的传感设备,包括:温度传感器、防盗传感器、水位传感器等。

上位机数据处理层:上位机是 CAN 总线与以太网之间的连接设备,该层的核心微处理器仍然采用 LPC2292。不过该层不连接传感器,而是连接以太网络通信模块、液晶显示器 LCD、输入键盘以及 CAN 通信模块。除了与下位机之间进行 CAN 通信有关功能外,还从下位机得到的电力沟道信息显示在 LCD 上,并可以通过键盘设置系统参数。该层还需将 CAN 总线上所有监测点传来的检测信号按照时间先后顺序组织成数据包,在以太网通信畅通时发送给中心的通信服务器。

网络服务器层:主要由网络通信服务器和数据服务器组成。它将电缆沟道信息、传感器信息、位置信息和报警信号等进行整理、存储,并按照业务逻辑和要求的格式与地理信息系统 GIS(Geographic Information System)的数据复合,然后以 WEB 的方式发布给授权管理系统的人员和供电局各级决策领导,以完成系统的管理和维护等。该层包括数据库服务器、GIS 系统、应用服务器、管理机等部分。

2. 硬件体系设计

下位机系统的设备硬件组成如图 3.20 所示,主要包括核心微处理 LPC2292、CAN 通信模块、JTAG 调试接口、Flash 与 SRAM 存储器、电源模块、电流-电压转换模块、传感器及接口电路等部分。上位机系统的设备硬件组成与下位机基本类似。

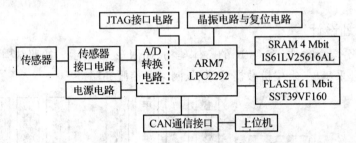

图 3.20　电缆沟道现场监测终端的硬件体系构成框图

CAN 总线接口电路是整个系统进行 CAN 总线网络通信的关键,其硬件电路如图 3.21 所示,由微处理器 LPC2292、CAN 总线收发驱动器 TJA1050T、高速光耦 6N137 和电源隔离模块 B0505S 等组成。其中,引脚 P0.23 RD2 和引脚 P0.24 TD2 是 LPC2292 的 CAN 协议控制器模块的收发引脚。

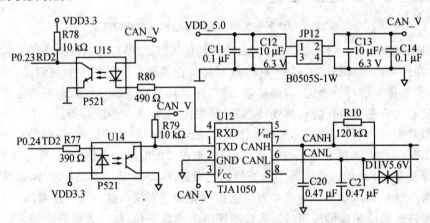

图 3.21　电缆沟道现场监测终端的 CAN 总线接口电路示意图

3. 模拟传感器接口电路设计

甲烷 CH_4/一氧化碳 CO 传感器、水位传感器、温度传感器均属于模拟传感器,这里以温度传感器为例介绍。常用模拟传感器有两线制和三线制,区别是:三线制,两条接电源线,其中一条接电源,一条接地,另一条是信号线输出电流信号;而两线制,一条接电源,另一条用作信号输出线输出电流信号。两线制和三线制基本原理相同,只是连接方法不同。系统采用的温度传感器是两线制。

系统模拟传感器都采用线性输出,这使得电压转换成真实值的计算变得很容易。只须选两点试验温度,同时测出此时电压值,两点确定一条直线,就能列出测量电压与温度的关系。模拟传感器的硬件电路连接如图 3.22 所示。图中,CON8 插座是模拟传感器的连接插座,24 V 用于给模拟传感器供电,信号输出引脚直接连接到运算放大器 LF347 的输入引脚。温度传感器输出是与被测温度成线性的 4~20 mA 电流信号。所以系统采用"射极跟随器"电路设计,先让电流流过 125 Ω 电阻连接到地,将 4~20 mA 电流信号转换成相对应 0.5~2.5 V 电压。电压输入信号经过"射极跟随器",运算放大器输出的电压信号大小不变,直接连接到 LPC2292 的 ADC 模块输入引脚。这样下位机将数字、模拟传感器各种信号经 A/D 转换器转换、打包后,通过 CAN 总线直接上传到上位机,上位机再通过数值转换,就可得到沟道中各种信息的真实值。这种电流转换电压设计不仅简单,而且精度高,稳定性好。

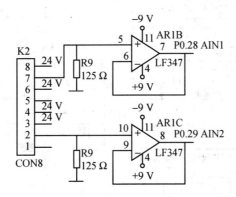

图 3.22　电缆沟道现场监测终端的模拟传感器接口电路示意图

4. CAN 通信软件设计

首先移植嵌入式 μC/OS-II 实时操作系统,然后在 μC/OS-II 下实现 CAN 通信。

本项目的 CAN 总线通信实现主要通过建立两个任务来完成,即 CAN 总线数据发送任务和 CAN 总线数据采集任务。在主函数 main 中先利用 OSInit() 函数初始化 μC/OS-II 操作系统,建立一个信号量并把信号计数器清零,然后利用 OSTaskCreate() 创建第一个任务 Tasksend(),再通过 OSStart() 启动操作系统的多任务调度机制,开始运行系统的主要应用程序。主函数的程序代码如下:

```
int main(void)
{   OSInit();                              //初始化 μC/OS-II 操作系统
    OSTaskCreate(Tasksend, (void *)0,      //创建任务
        &TaskStartRtk[TASK_STK_SIZE-1], 0);
    OSStart();                             //启动 μC/OS-II 操作系统
```

```
    return 0;
}
```

数据的收发可以采用查询方式或中断方式。为了提高效率,数据接收采用中断方式。两个任务中,设置任务 Tasksend() 的优先级最高,任务 Taskrev() 的优先级次高。任务 Tasksend() 主要负责初始化 CAN,初始化定时器 0,初始化向量中断控制器 VIC,建立信号量(用于任务 Taskdrev() 与中断服务程序的通信)和新的任务 Taskrev(),并进行采集数据的处理。任务 Taskdrev() 一直处于等待信号状态,一旦从中断得到信号,立刻采集数据,并通过邮箱将采集到数据指针发给任务 Tasksend()。

基于 μC/OS-II 的 CAN 总线数据收发任务流程图如图 3.23 所示。

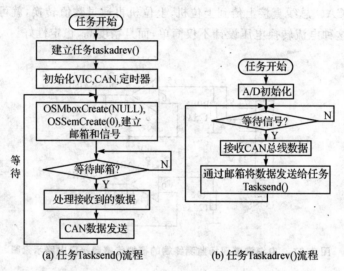

图 3.23　电缆沟道现场监测终端的 CAN 总线的数据收发流程图

第4章 嵌入式工业以太网络通信

工业以太网以其传输速度高、成本功耗低、普遍易用、持续发展潜力大等特征而著称，在工业过程控制、监测计量、安全监控等诸多领域获得了广泛应用，已经成为一种重要的现场总线技术和主要的工业控制网络。

工业以太网络有哪些独特的网络总线特征？其协议规范标准是怎样的？如何选择以太网络通信器件，快速进行高性价比的嵌入式工业以太网通信应用体系的软硬件系统级开发设计？本章对这些将展开全面阐述。

4.1 工业以太网络通信基础

4.1.1 以太网及其网络特征

以太网 Ethernet 是因特网 Internet 的一种。因特网是"联接网络的网络"，也称为"互联网"，主要基于 TCP/IP(Transmission Control Protocol/Internet Protocol) 通信协议，全球公有，是一个庞大计算机系统，可以提供几乎所有的信息与服务。因特网包括基于局域网技术的以太网、令牌环、FDDI(Fiber Distributed Data Interface) 以及 ATM(Asynchronous Transfer Mode) 网等。只要实现了 TCP/IP 协议，那么它就是一个小范围的因特网。以太网是当前应用最普遍的局域网技术，属于基带总线局域网，很大程度上取代了其他局域网标准，如令牌环网、FDDI 和 ARCnet(Attached Resource Computernet)。

以太网的主要网络特征，可以概括如下：

差分信号，串行数据传输，全双工通信；

传输速度：10 Mbps、100 Mbps、1 Gbps、10 Gbps 或自适应；

网络组成：单机→集线器/交换机→子网→域；

通信介质：双绞线、粗缆、细缆或光缆。

以太网使用总线型的网络拓扑结构，以太网总线，即 EMAC(Ethernet Media Access Control) 总线。以太网拓扑的相关设备有集线器(Hub)、交换机(Switch)、路由器(Router)等。通常按传输速率来划分以太网：10M 以太网、快速以太网(100 Mbps)、千兆以太网(1 Gbps)、万兆以太网(10 Gbps)。

以太网的核心技术是"载波监听多路访问及冲突检测"CSMA/CD(Carrier Sense Multiple Access with Collision Detection)通信控制机制。CSMA/CD 是一种算法,规定了多台计算机共享一个通道的方法。当某台计算机要发送信息时,必须遵守以下规则:

① 开始。如果线路空闲,则启动传输,否则转到第④步。
② 发送。如果检测到冲突,则继续发送数据直到达到最小报文时间,再转到第④步。
③ 成功传输。向更高层的网络协议报告发送成功,退出传输模式。
④ 线路忙。等待,直到线路空闲。
⑤ 线路进入空闲状态。等待一个随机的时间,转到第①步,除非超过最大尝试次数。
⑥ 超过最大尝试传输次数。向更高层的网络协议报告发送失败,退出传输模式。

就像在没有主持人的座谈会中,所有的参加者都通过一个共同的媒介(空气)来相互交谈。每个参加者在讲话前都礼貌地等待别人把话讲完。如果两个客人同时开始讲话,那么都停下来,分别随机等待一段时间再开始讲话。这时,如果两个参加者等待的时间不同,冲突就不会出现。如果传输失败超过一次,则采用退避指数增长时间的方法,退避的时间通过截断二进制指数退避算法(Truncated Binary Exponential Back off)来实现。

4.1.2 EMAC 网络传输协议

有两种类型的 EMAC 网络传输协议体系:OSI 的 7 层架构和 TCP/IP 的 4 层架构。OSI 是一个理论上的网络通信模型,而 TCP/IP 则是实际运行的网络协议。图 4.1 给出了这两类网络协议的体系框架与对应关系。

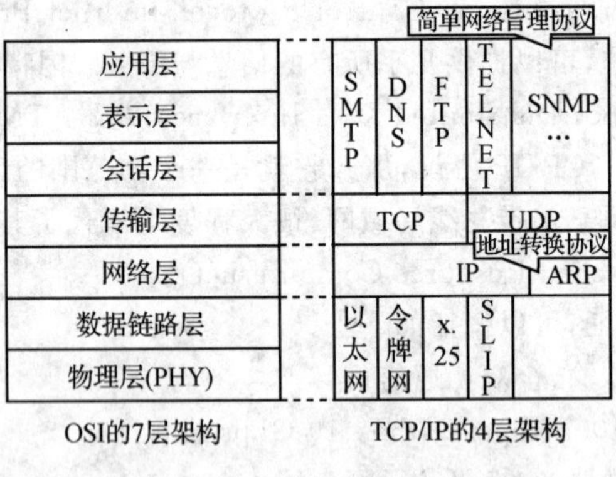

图 4.1 7 层 OSI 与 4 层 TCP/IP 以太网传输协议架构及其对应示意图

(1) OSI /ISO 开放系统互连 7 层架构

开放系统互连 OSI(Open System Interconnection)是国际标准化组织 ISO(International Standards Organization)推荐的一个网络系统结构,将整个网络通信的功能划分为 7 个层次,由低到高分别是物理层 PH(Physical)、链路层 DL(Data Link)、网络层 N(Network)、传输层

T(Transport)、会话层 S(Session)、表示层 P(Presentation)、应用层 A(Application),数据链路层的核心是媒介访问控制层 MAC(Media Access Control)。每层完成一定的功能,都直接为其上层提供服务,并且所有层次都互相支持。4～7 层主要负责互操作性,1～3 层则用于创造两个网络设备间的物理连接。

应用层:对应应用程序的通信服务,实现与其他计算机的通信,如远程登录 Telnet、超文本传输 HTTP(Hyper Text Transport Protocol)、文件传输 FTP(File Transfer Protocol)、万维浏览 WWW(World Wide Web)、网络文件系统 NFS(Network File System)、简单邮件传输 SMTP((Simple Mail Transfer Protocol))等。

表示层:主要功能是定义数据格式及加密。如 FTP 允许选择以二进制或 ASCII 格式传输。

会话层:定义如何开始、控制和结束一个会话,包括对多个双向短时间的控制和管理,以便在只完成连续消息的一部分时可以通知应用层,从而使表示层看到的数据是连续的。

传输层:包括是否选择差错恢复协议还是无差错恢复协议,以及在同一主机上对不同应用的数据流输入进行复用,还包括对收到的顺序不对的数据包的重新排序功能。

网络层:对端到端的包传输进行定义:标识所有结点的逻辑地址、路由实现的方式和学习的方式。网络层还定义了如何将一个包分解成更小包的分段方法。

数据链路层:定义了在单个链路上如何传输数据。这些协议与被讨论的各种介质有关。

物理层:是有关传输介质的特性标准。连接头、插针及其使用、电流、编码及光调制等都属于各种物理层规范中的内容。物理层常用多个规范完成对所有细节的定义。

(2) TCP/IP 传输控制-网际协议 4 层架构

传输控制-网际协议 TCP/IP 架构将整个网络通信的功能划分为 4 个层次,由低到高分别是网络接口、网际层、传输层和应用层。TCP/IP 结构没有严格遵循 OSI 模型,忽略了 OSI 模型中的某些特征,只是综合了部分相邻 OSI 层的特征并分离其他各层。发送数据时,每层将其从上层接收到的信息作为本层数据,并在数据前添加控制信息头,然后一起传送到下一层。每层的接收数据过程与发送过程相反,在数据被传送到上一层之前要将其控制信息头移去。

网络接口(Network Access Layer):把数据链路层和物理层放在一起,负责实际数据的传输,对应的网络协议主要是 Ethernet、FDDI 和能传输 IP 数据包的任何协议,如高级链路控制协议 HDLC(High level Data Link Control)、点对点协议 PPP(Point-to-Point Protocol)、串行线路接口协议 SLIP(Serial Line Internet Protocol)等。

网际层(Network Layer):负责网络间的寻址,管理计算机间的数据传输。重要的协议是网际协议 IP,另外还有网际控制消息协议 ICMP(Internet Control Messages Protocol)、地址解析协议 ARP(Address Resolution Protocol)、反向地址解析协议 RARP(ReverseARP)等。使用网络嗅探器(sniffers),可以看到发生在网络层协议的任何活动。

传输层(Transport Layer):负责提供可靠的传输服务,功能包括:格式化信息流,提供可靠传输。主要的协议是传输控制协议 TCP 和用户数据报协议 UDP(User Datagram Protocol)。TCP 建立在 IP 之上,定义了网络上程序到程序的数据传输格式和规则,提供了 IP 数据包的传输确认、丢失数据包的重新请求、将收到的数据包按照它们的发送次序重新装配的机制。TCP 协议面向连接,类似于打电话,开始传输数据前必须建立明确的连接。UDP 也建立在 IP 之上,但它是一种无连接协议,计算机之间的数据传输类似于传递邮件:消息从一台计算机发送到另一台计算机,两者之间没有明确的连接。UDP 不保证数据的传输,也不提供重新排列次序或重新请求的功能,所以说它是不可靠的。虽然 UDP 的不可靠性限制了它的应用场合,但它比 TCP 具有更好的传输效率。

应用层(Application Layer):负责实现一切与应用程序相关的功能,使用套接字(Socket)和端口描述应用程序的通信路径。大多数应用层协议与一个或多个端口号相关联。常见的应用层协议有:HTTP、FTP、域名服务器协议 DNS(Domain Name System)、远程登录 Telnet、SMTP、NFS 等。

4.1.3 双绞线介质及其连接

常用的以太网通信介质是八芯五类双绞线,它有 4 个线对,各信号线对的颜色是:橙白、橙,绿白、绿,蓝白、蓝,棕白、棕。通常使用其中 4 条:发送(TX+、TX-)、接收(RX+、RX-),其余 4 条不用。

双绞线以太网通常使用 RJ45 插头/插座。RJ45 插头有两种接线类型:T568A 与 T568B,其外形如图 4.2 所示。图 4.2 中,插头所连双绞信号线颜色,从 1 到 8,T568B 型的顺序是:橙白、橙,绿白、蓝,蓝白、绿,棕白、棕,T568A 型的顺序是:绿白、绿,橙白、蓝,蓝白、橙,棕白、棕。通常采用双绞线中连接线的 1 与 2、3 与 6 构成差分信号对,用作发送或接收,其余不用。近年来出现了新的用法:选用不常用的 4 条连接线来实现以太网远程供电线。

计算机之间对连,嵌入式应用系统之间对连,或计算机与嵌入式应用系统对连,一端使用 T568A 型接法,另一端使用 T568B 型接法。

集线器、交换机连接计算机或嵌入式应用系统,每端都要采用 T568B 型接法。

4.1.4 工业以太网及其特点

以太网以其普遍、易用和优良的技术性能,在工业控制领域获得了广泛应用,已经成为一种重要的现场总线技术和主要的工业控制网络。工业控制领域中的以太网,一般称为工业以太网。

(1) 性能的改进和增强

工业以太网,相对于传统的办公以太网,有了很大的改进和增强:

➤ 性能方面:抗干扰能力、环境的适应性、本质安全性、网络供电特征。

➤ 设备方面:网卡/适配器、集线器(Hub)、交换机(Switches)、路由器、网关、服务器等。

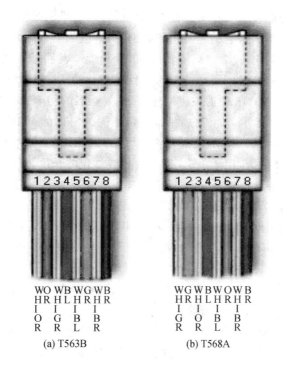

图 4.2 RJ45 水晶插头外形状态图

(2) 协议架构的简化

以太网引入工业现场总线,为提高传输效率,一般只定义了物理、数据链路层和应用层。为与以太网融合,通常在数据包前加入 IP 地址,并通过 TCP 来进行数据传递。即在 OSI/ISO 的 7 层协议中,以太网只定义了物理层、数据链路层;其他高层控制协议,以太网使用了 TCP/IP 协议。IP 协议用来确定信息的传输路线,TCP 协议保证数据传输的可知性,常用的数据传输协议还有 UDP、FTP、SMTP 等。

(3) 常用的简化帧格式

嵌入式应用系统中常用的数据传输物理帧格式如表 4.1 所列,其中的相关"域段"说明如下:

表 4.1 常用的数据传输物理帧格式列表

PR	SD	DA	SA	TYPE	DATA	PAD	FCS
56 位	8 位	48 位	48 位	16 位	不超过 1 500 字节	可选	32 位

- 同步位 PR：用于收发双方的时钟同步，是 56 位的二进制数据 101010101010……
- 分隔位 SD：表示下面跟着的是真正的数据，为 8 位的二进制数据 10101011。
- 目的地址 DA：6 个字节 48 位的二进制地址，表明该"帧"传输目的。如果为 FFFFFFFFFFFF，则是广播地址，广播地址的数据可以被任何网卡或适配器所接收。
- 源地址 SA：6 个字节 48 位的二进制地址，是发送端的网卡或适配器地址。
- 类型字段 TYPE：表明该"帧"的数据类型，不同的协议的类型字段不同。如 0800H 表示数据为 IP 包，0806H 表示数据为 ARP 包，814CH 是 SNMP 包，8137H 为 IPX/SPX 包。小于 0600H 的值，用于 IEEE802，表示数据包的长度。
- 数据段 DATA：不能超过 1 500 字节。以太网规定整个传输包的最大长度不能超过 1 514字节，14 字节为 DA、SA、TYPE。
- 填充位 PAD：以太网"帧"传输的数据包，最小不能小于 60 字节。除去 DA、SA、TYPE 的 14 字节，还必须传输 46 字节的数据；当数据段的数据不足 46 字节时，后面补"0"或其他值。
- 数据校验位 FCS：为 32 位的 CRC 校验。该校验由网卡或适配器自动计算，自动生成，自动校验，自动在数据段后面填入。

PR、SD、PAD、FCS 这几个数据段是由网卡或适配器自动产生的，无需关心，真正要注意的是 DA、SA、TYPE、DATA 这 4 个段的内容。所有数据位的传输由低位开始，传输的位流是用曼彻斯特编码的。

DA＋SA＋TYPE＋DATA＋PAD 最小为 60 字节，最大为 1 514 字节。

以太网卡或适配器可以接收 3 种地址类型的数据：广播地址、多播地址和本机地址，也可以设置为接收任何数据包，主要用于网络分析和监控。

任何两个网卡或适配器的物理地址都是不一样的、全球唯一的，由专门机构分配。

(4) 存在的问题与对策

工业以太网通信，主要存在着 3 个方面的问题，也有相应的克服措施：

- 实时性——可以通过采用快速以太网、千兆以太网、万兆以太网，提高传输速度来解决。
- 不确定性——可以通过有效的网络管理及其一些抗干扰措施来加以解决。
- 连接性——可以通过采用高性能的网络接口、通信介质等措施来加以解决。

汽车/列车控制系统、精密数控机床等特殊控制领域，由于工作条件恶劣，实时可靠性要求高，是不适合采用工业以太网的。这种场合，就要考虑采用更高性能的 CAN、LonWorks 等现场总线网络了。

4.2 基本的软/硬件体系设计

4.2.1 以太网接口器件及其特征

以太网接口是嵌入式工业以太网通信应用体系的核心，主要包括以太网控制器、网络变压器与 RJ45 接口及其上的 TCP/TP 协议实现。以太网控制器有两种形式：集成在微处理器内部的片内外设和独立的单芯片 ASIC。网络变压器与 RJ45 接口有两种形式：分立元器件形式和一体化接口形式。TCP/TP 协议的实现也有两种形式：通过 TCP/TP 协议处理器的硬件实现形式和通过嵌入式 TCP/TP 协议软件库的软件实现形式。整个以太网通信接口的划分如图 4.3 所示。

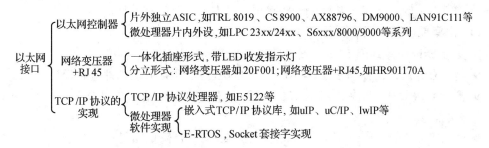

图 4.3 以太网通信的接口实现框架图

1. 以太网接口器件

以太网接口器件主要是以太网控制器、网络变压器和网络协议处理器。以太网控制器，集介质访问控制 MAC 层和物理层 PHY 于一体，提供常规的存储器总线接口，多为 10 或 100 Mbps 类型。典型的单芯片以太网控制器有 CP2000/2001、LAN91C111、DM900、AX88796、CS8900A、RTL8019AS 等，其主要性能如表 4.2 所列。很多微处理器也常把以太网控制器作为片内接口模块集成为一体，以方便应用需求，如 NXP 的 LPC23xx/LP24xx 系列、TI-Luminary 的 S6xxx/S8xxx/S9xxx 系列等。需要注意的是，一些早期的微处理器或 FPGA 片上系统的 IP 核仅实现了 MAC 层，这种选择的情况下，需要外接 PHY 芯片，如 Realtek 的 RTL8201、Altima 的 AC104QF、Micrel 的 KS8001 系列器件等。

常用的网络变压器很多，如 YCL 的 20F001N、汉仁的 HR60180；含有网络变压器的 RJ45 插座也很多，如汉仁的 HR901170A。

表 4.2 典型的单芯片以太网控制器列表

器件	速率/bps	接口	电源/V	厂家
CP2000/2001	10/100M 自适应	并行打印口	3.3	SiliconLab
LAN91C111	10/100M 自适应	8/16/32 位微处理器接口或 ISA 接口	3.3	SMSC
DM9000	10/100M 自适应	8/16/32 位微处理器接口	3.3	Davicom
AX88796	10/100M 自适应	8/16 位微处理器或 ISA 接口	5/3.3	ASIX
CS8900A	10M	ISA/并行打印口	5/3.3	CirrusLogic
RTL8019AS	10M	ISA 接口	5	Realtek

硬件形式的网络协议处理器很多,如精致的 E5122。

下面列出了嵌入式应用系统中一些常用的以太网接口器件的性能。

(1) 高集成度以太网控制器 RTL8019AS 的主要性能

- 支持 Ethernet II、IEEE802.3、10Base5、10Base2、10BaseT 协议;
- 集成有介质访问控制子层(MAC)和物理层性能,非常方便硬件电路设计;
- 基于 ISA 总线,支持 8/16 位数据总线,具有 8 个中断请求线以及 16 个 I/O 基地址选择线;
- 全双工收发,可达 10 Mbps 速率,具有休眠模式,可降低功耗;
- 内置 16 KB 的 SRAM,可用于收发缓冲,以降低对主处理器的速度要求;
- 可连接同轴电缆和双绞线(AUI、BNC 和 UTP),并可自动检测所连接的媒介类型(PnP);
- 支持闪存读/写,允许 4 个诊断 LED 引脚可编程输出,5 V 电源供应;
- 100 脚的 TQFP 封装,兼容 NE2000,软件移植性好,价格低廉;
- 3 种工作方式:跳线方式(由跳线决定网卡的 I/O 和中断)、"即插即用"方式(由软件进行自动配置)和免跳线方式(配置器件 93C46 决定网卡的 I/O 和中断)。

(2) 高集成度以太网控制器 LAN91C111 的主要特点

- 10/100 Mbps 自适应以太网全双工通信,PnP 自动通信介质检测;
- 32 位数据总线,支持 8/16/32 位外部 CPU 访问模式,支持数据突发传输;
- 内含 8 KB 的 FIFO 数据缓存器,内部集成有 MAC 控制器和物理层控制器,MAC 控制器可以把数据从 FIFO 中发送到物理层中,再由物理层控制器发送到网络;
- 接口丰富,具有 ISA 总线或常用的嵌入式微控制器外扩展总线,3.3 V 电源供应。

(2) TCP/IP 协议处理器芯片 E5122 简介

E5122 用以实现以太网和"I²C 或 UART 串口"之间的 TCP/IP 协议转换,最大串行速率 115.2 kbps,5 V 工作电压。E5122 工作时,需要使用 22.118 4 MHz 的外部晶体振荡器,使用 32 KB 外部 SRAM 作为以太网数据缓冲器,使用至少 256 字节的 I²C 接口的 SE²PROM 存储系统参数,并通过外接 RTL8019AS 等以太网控制芯片来实现网络连接。

2. 以太网通信模块或终端

为了更加方便应用,一些厂家利用以太网器件和廉价的微控制器制作了以太网通信模块或终端,并且配备了易用的配置软件工具或操作函数库。这些以太网通信模块或终端,一侧通常是易用的 UART 串行接口,一侧是 EMAC 接口;有的称为串口网桥,有的称为以太网数据终端,也有的称为 TCP/IP 协议转换器,如东方数码的串口网桥 C2000S-net+、精致的以太网数据终端 EA11、宏控的 TCP/IP 协议转换器 EL-100P 等,其主要性能如表 4.3 所列。图 4.4 给出了 C2000S-net+ 和 EL-100P 的外观形态图。

表 4.3 典型以太网通信模块或终端的性能列表

名 称	MCU 接口	UART 速率/bps	以太网速率/bps	软件工具
C2000S-net+	UART	1 200~115 200	10M	配置工具 C2000Manager 函数库 EDSocketServer
EA11	RS232	9 600	10M	配置工具
EL-100P	RS232/422/485	300~115 200	10M	配置工具 Crconfig

C2000S-net+

图 4.4 典型以太网通信模块或终端的外形图

4.2.2 嵌入式以太网通信的硬件实现

嵌入式以太网通信的硬件体系实现,主要有4种形式:
- 微处理器 + TCP/IP 协议处理器 + (网络变压器 + RJ45);
- 微处理器 + 以太网控制器 + (网络变压器 + RJ45);
- 含有以太网控制器的微处理器 + (网络变压器 + RJ45);
- 微处理器 + 以太网通信模块或终端。

"微处理器+TCP/IP 协议处理器+(网络变压器+RJ45)"的典型应用电路如图 4.5 所示,这是由单片机 UART 串口、E5122、RTL8019AS 构成的 EMAC 接口电路。用这种电路进行以太网通信几乎不需单片机软件干预,简单方便,但传输速度有限。

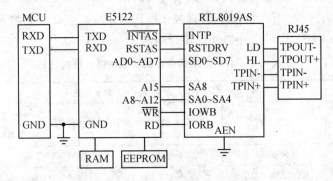

图 4.5 "微处理器+TCP/IP 协议处理器+(网络变压器+RJ45)"形式的典型应用电路

"微处理器+以太网控制器+(网络变压器+RJ45)"的典型应用电路如图 4.6 所示,这是 32 位 ARM7 单片机 LPC2200 通过其 16 位数据总线直接外接 LAN91C111 的 EMAC 接口电路原理图。这种电路并行数据总线连接,通信速度很快,只是需要系统微控制器 LPC220 多做一些通信设置工作。

"含有以太网控制器的微处理器+(网络变压器+RJ45)"的典型应用电路如图 4.7 所示,这是 TI-Luminary 含有以太网控制器的 32 位 Coretex-M3 内核的 S6xxx/S8xxx/S9xxx 系列微处理器直接连接网络变压器与 RJ45 的 EMAC 接口电路原理图。这种电路元器件最少,正在得到越来越多的应用。

4.2.3 嵌入式以太网通信的软件编制

嵌入式以太网通信软件包括两个方面:以太网接口部分的驱动程序和以太网通信的应用程序。其中关键在于正确地实现以太网接口部分的驱动程序。

以太网接口部分的驱动程序包括对以太网通信硬件的初始配置和正常的数据收发传输。数据的收发传输通常采用查询发送和中断接收的方式进行启动,之后采用直接数据传输

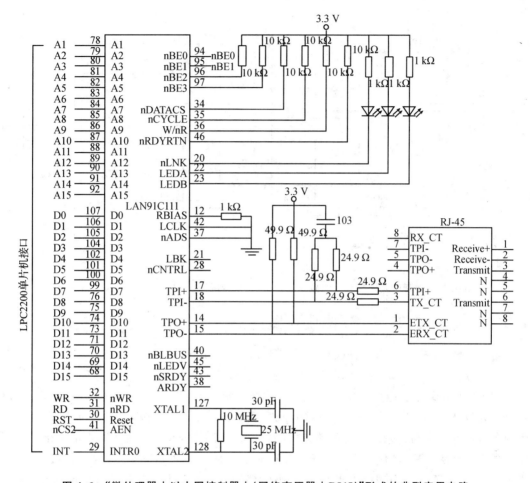

图 4.6 "微处理器＋以太网控制器＋(网络变压器＋RJ45)"形式的典型应用电路

DMA 的方式加以优化,从而提高传输效率,减轻系统微处理器的负担。

以太网通信的应用程序,如果不采用 TCP/IP 协议处理器,则需要编程实现 TCP/IP 协议栈,一般有 3 种方式:

➢ 直接数据帧构造与解析:即按照数据传输物理帧格式,直接构造发送的数据包或对接收的数据包进行拆包得到有效的数据。

➢ 选择、移植、配置适当的嵌入式 TCP/IP 协议库函数,进而通过 TCP/IP 协议库函数的调用,实现以太网通信。

➢ 使用 BSD Socket 套接字,选择 TCP 或 UDP 方式,实现以太网通信。这种方式,主要适用于含有 TCP/IP 协议栈的嵌入式操作系统,如 Windows CE/Embedded XP/Mobile、μC/Linux、ARM-Linux、VxWorks、Nucleus 等。

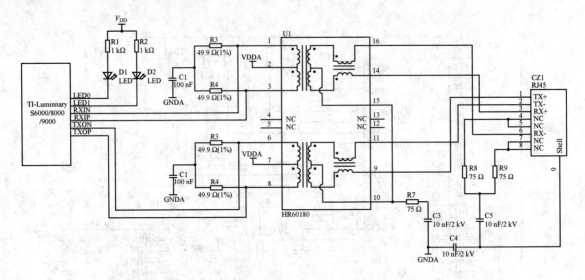

图 4.7 "含有以太网控制器的微处理器+(网络变压器+RJ45)"形式的典型应用电路

4.2.4 嵌入式 TCP/IP 协议栈概述

常见的嵌入式 TCP/IP 协议栈有 lwIP(light weight TCP/IP Stack)、μC/IP(TCP/IP Stack for μC/OS-II)、μIP 等。lwIP 支持的协议比较完整,一般需要多任务环境支持,代码占用 ROM>40 KB,主要应用在 16、32 位微处理器系统中。μC/IP 基于 μC/OS-II 的任务管理,接口比较复杂。μIP 简单易用、免费源码开放,资源占用少,去掉了许多全功能协议栈中不常用的功能而保留网络通信所必要的协议机制,是适用于 8、16 位微处理器体系的一个可实现的极小 TCP/IP 协议栈,其代码大小和 RAM 需求比其他一般的 TCP/IP 栈要小,更加适合嵌入式应用系统,下面以此为例做重点介绍。μIP 是瑞典计算机科学研究所 Adam Dunkels 开发的,其代码和文档的最新版本可以在 μIP 的主页(http://dunkels.com/adam/μIP/)下载。

1. μIP 的功能特点

➤ 完整的说明文档和公开的源代码(全部用 C 语言编写,并附有详细注释);
➤ 极少的代码占用量和 RAM 资源要求,尤其适用于 8/16 位单片机;
➤ 高度可配置,适应不同资源条件和应用场合;
➤ 支持 ARP、IP、ICMP、TCP、UDP(可选)等必要的功能特性;
➤ 支持多个主动连接和被动连接并发,支持连接的动态分配和释放;
➤ 简易的应用层接口和设备驱动层接口;
➤ 完善的示例程序和应用协议实现范例。

2. μIP 的体系结构

μIP 协议栈为了具有最大的通用性,在实现时将底层硬件驱动和顶层应用层之外的所有协议集"打包"在一个"库"里,其设计重点放在 IP、ICMP 和 TCP 协议的实现上,将这 3 个模块合为一个有机的整体,而将 UDP 和 ARP 协议实现作为可选模块,μIP 通过接口与底层硬件和顶层应用"通信"。正是这种方式使 μIP 具有了极高的通用性和独立性,移植到不同系统和实现不同的应用都很方便,充分体现了 TCP/IP 协议平台无关性的特点。μIP 协议栈的体系结构如图 4.8 所示。

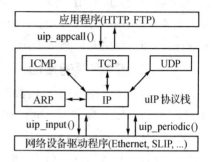

图 4.8 μIP 协议栈的体系结构框图

为了节省资源占用,简化应用接口,μIP 在内部实现上作了特殊的处理:

➤ 注意各模块的融合,减少处理函数的个数和调用次数,提高代码复用率,以减少 ROM 占用。

➤ 基于单一全局数组的收发数据缓冲区,不支持内存动态分配,由应用程序负责处理收发的数据。

➤ 基于事件驱动的应用程序接口,各个并发连接,轮询处理,仅当网络事件发生时,由 μIP 内核唤起应用程序处理。这样,μIP 用户只须关注特定应用就可以了。传统的 TCP/IP 实现一般要基于多任务处理环境,而大多数 8 位机系统不具备这个条件。

➤ 应用程序主动参与部分协议栈功能的实现(如 TCP 的重发机制,数据包分段和流量控制),由 μIP 内核设置重发事件,应用程序重新生成数据提交发送,免去了大量内部缓存的占用。基于事件驱动的应用接口使得这些实现较为简单。

3. μIP 协议栈与系统底层的接口

μIP 与系统底层的接口包括与设备驱动的接口和与系统定时器的接口两类。

① μIP 与设备驱动的接口:μIP 通过函数 uip_input() 和全局变量 uip_buf、uip_len 来实现与设备驱动的接口。uip_buf 用于存放接收到的和预发送的数据包,为了减少存储器的使用,收/发数据包使用相同的缓冲区。uip_len 表明接收发送缓冲区数据长度,通过判断 uip_len 的值是否为 0 来确定是否收到或发送新数据。当设备驱动接收到一个 IP 包,并放到输入包缓存里(uip_buf)后,应该调用 uip_input() 函数。uip_input() 函数是 μIP 协议栈的底层入口,由它处理收到的 IP 包。uip_input() 返回,若有数据要发送,则发送数据包放在包缓冲区里,包的大小由全局变量 uip_len 指明。

② μIP 与系统定时器的接口:TCP/IP 协议要处理许多定时事件,如包重发、ARP 表项更新。系统定时器用于为所有 μIP 内部时钟事件计时。当周期定时器激发时,每一个 TCP 连接应该调用 μIP 函数 uip_periodic()。TCP 连接编号作为参数传递给 uip_periodic() 函数。uip_ periodic()函数检查参数指定连接的状态,如果需要重发则将重发数据放到包缓冲区(uip_buf)中并修改 uip_len 的值。uip_periodic()函数返回后,应该检查 uip_len 的值,若不为 0,则将 uip_buf 缓冲区中的数据包发送到网络上。

ARP 协议对于构建在以太网上的 TCP/IP 协议是必需的,但对于构建与其他网络接口(如串行链路)上的 TCP/IP 则不是必需的。为了达到结构化的目的,μIP 将 ARP 协议作为一个可添加的模块单独实现。因此,ARP 表项的定时更新要单独处理。系统定时器对 ARP 表的更新进行定时,定时时间到则调用 uip_arp_timer()函数对过期表项进行清除。

4. μIP 与应用程序的接口

μIP 协议栈提供一系列接口函数供用户程序调用。用户需将应用层入口程序作为接口提供给 μIP 协议栈,定义为宏 uip_appcall()。μIP 在接收到底层传来的数据包后,若需要送上层应用程序处理,则调用 uip_appcall()。μIP 提供给应用程序的接口函数按功能描述如下:

接收数据接口:应用程序利用 uip_newdata()函数检测是否有新数据到达。全局变量 uip_appdata 指针指向实际数据。数据的大小可以通过 uip_datalen()函数获得。

发送数据接口:应用程序使用 μIP 函数 uip_send()发送数据。uip_send()函数采用两个参数,一个针指向发送数据起始地址,另一个指明数据的长度。

重发数据接口:应用程序通过测试函数 uip_rexmit()来判断是否需要重发数据,如果需要重发则调用 uip_send()函数重发数据包。

关闭连接接口:应用程序通过调用 uip_close()函数关闭当前连接。

报告错误接口:μIP 提供错误报告函数检测连接中出现的错误。应用程序可以使用两个函数 uip_aborted()和 uip_timedout()去测试那些错误情况。

轮询接口:当连接空闲时,μIP 会周期性地轮询应用程序,判断是否有数据要发送。应用程序使用测试函数 uip_poll()去检查它是否被轮询过。

监听端口接口:μIP 维持一个监听 TCP 端口的列表。一个新的监听端口通过 uip_listen()函数打开并添加到监听列表中。当在一个监听端口上接收到新的连接请求时,μIP 产生一个新的连接和调用该端口对应的应用程序。

打开连接接口:μIP 使用 uip_connect()函数打开一个新连接。这个函数打开一个新连接到指定的 IP 地址和端口,返回一个新连接的指针到 uip_conn 结构。如果没有空余的连接槽,则函数返回空值。

数据流控制接口:μIP 提供函数 uip_stop()和 uip_restart(),用于 TCP 连接的数据流控制。函数 uip_stop()用于停止远程主机发送数据。应用程序准备好接收更多数据时,则可以调用函数 uip_restart()通知远程终端再次发送数据。函数 uip_stopped()可以用于检查当前连接是否停止。

4.3 网口驱动及其应用实例

下面列举几个项目开发实例，综合说明如何实现具体的嵌入式工业以太网络通信应用体系的开发设计。

4.3.1 网口驱动及其直接通信应用

只是通过以太网进行数据的收发传输，而不进行复杂的 Web 服务操作，可以按照以太网物理数据帧的格式对数据进行"打包"或"解包"，从而快速实现以太网通信。下面以 89C52 单片机与 RTL8019AS 构成的简易以太网数据传输系统为例说明具体的实现环节。

1. 接口电路设计

整个以太网通信系统的硬件电路如图 4.9 所示，用到的主要芯片有 80C52、RTL8019AS、93C46(64×16bit 的 EEPROM)、74HC573(8 位锁存)、62256(32 KB 的 RAM)。为分配好地址空间，采用对 93C46 进行读/写操作来设置 RTL8019AS 的端口 I/O 基地址和以太网物理地址。

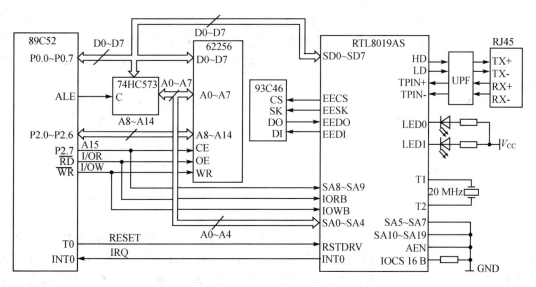

图 4.9　89C52＋RTL8019AS 简易以太网数据传输系统电路框图

容量为 1 kbit(64×16 bit)的 4 线 SPI 串行接口的 EEPROM 器件 93C46，主要用来保存 RTL8019AS 的配置信息。00H～03H 的地址空间用于存储 RTL8019AS 内配置寄存器 CONFIG1～4 的上电初始化值；地址 04H～11H 存储网络节点地址即物理地址；地址 12H～7FH 存储即插即用的配置信息。RTL8019AS 复位后读取 93C46 的内容并设置内部寄存器的值。需要先把配置好的数据"烧录"到 93C46,再焊入电路。这里设置 RTL8019AS 配置寄存器 CONFIG1 的值为 00H,CONFIG1 低 4 位用于选择 I/O 基地址,其值为 0 时,选择的端口 I/O 基地址为 300H。RTL8019AS 的地址为 20 位,则用到 RTL8019AS 的地址空间为 00300H~0031FH。定义 reg00~reg1f 来对应端口 00300H~0031FH。

```
#define reg00 XBYTE[0x8000]      /*300H*/
#define reg01 XBYTE[0x8001]      /*301H*/
...
#define reg1f XBYTE[0x801F]      /*31FH*/
```

RTL8019AS 网络接口的电路比较简单,外接一个隔离 LPF 滤波器 0132,TPIN±为接收线,TPOUT±为发送线,经隔离后分别与 RJ45 接口的 RX±、TX±端相连。LED0、LED1 分别连接一个发光二极管,以反映通信状态:LED0 表示通信有冲突;LED1 表示接收到网上的信息包。

2. 直接以太网通信软件设计

直接以太网通信软件设计主要是对以以太网控制器为核心的网口驱动程序设计,包括:

(1) 以太网控制器芯片的初始化

对 RTL8019 的初始化主要是对其控制寄存器进行初始化设置。8019 的寄存器按照其地址及功能可大致分为 NE2000 兼容寄存器组和"即插即用"寄存器组两大类,NE2000 是基本的以太网通信网卡规范标准。NE2000 兼容寄存器组共有 64 个 8 位寄存器,映射到 4 个页面。

具体的初始化过程为:首先进行复位操作,18H~1FH 共 8 个地址为复位端口,对该端口的读或写,都会引起 RTL8019 的复位。

```
temp = inportb(IO_ADDR + 0x1f);        //读 RTL8019 的复位端口
outportbb(IO_ADDR + 0x1f, temp);       //写 RTL8019 的复位端口
```

IO_ADDR 是 RTL8019 的基准地址,其全部的寄存器地址都是由它得来的,在初始化时必须赋予它正确的基准地址值,在此所使用的值为 0x0000。

复位完成之后,进行初始化,设置工作参数。NE2000 基本应用,相关的寄存器是 RTL8019AS 的 0 与 1 页的寄存器。工作参数的设置主要是对命令寄存器 CR 进行设置;CR 主要用于选择寄存器页、启动或停止远程 DMA 操作以及执行命令。基本寄存器设置举例如下:

① CR = 0x21,选择页 0 的寄存器;
② TPSR = 0x45,发送页的起始页地址,初始化为指向第一个发送缓冲区的页,即 0x40;
③ PSTART = 0x4c,PSTOP=0x80,构造缓冲环:0x4c~0x80;
④ BNRY = 0x4c,设置指针;

⑤ RCR＝0xcc,设置接收配置寄存器,使用接收缓冲区,仅接收自己地址的数据包(以及广播地址数据包)和多点播送地址包,小于 64 字节的包丢弃,校验错的数据包不接收;

⑥ TCR＝0xe0,设置发送配置寄存器,启用 CRC 自动生成和自动校验,工作在正常模式;

⑦ DCR＝0xc8,设置数据配置寄存器,使用 FIFO 缓存,普通模式,8 位数据 DMA;

⑧ IMR＝0x00,设置中断屏蔽寄存器,屏蔽所有中断;

⑨ CR＝0x61,选择页 1 的寄存器;

⑩ CURR＝0x4d,CURR 是 RTL8019AS 写内存的指针,指向当前正在写的页的下一页,初始化时指向 0x4c＋1＝0x4d;

⑪ 设置多址寄存器 MAR0～MAR5,均设置为 0x00;

⑫ 设置网卡地址寄存器 PAR0～PAR5;

⑬ CR＝0x22,选择页 1 的寄存器,进入正常工作状态。

初始化的软件编程代码如下:

```
8019_init( )
{       outportb(IO_ADDR + 0x00, 0x21);      //选择页 0 寄存器
        outportb(IO_ADDR + 0x01, 0x4c);      //接收缓冲区:0x4c～0x80
        outportb(IO_ADDR + 0x02, 0x80);
        outportb(IO_ADDR + 0x03, 0x4c);      //设置指针;
        outportb(IO_ADDR + 0x04, 0x40);      //发送缓冲区:0x40～0x4c
        outportb(IO_ADDR + 0x0d, 0x4c);
        outportb(IO_ADDR + 0x0e, 0xc8);      //使用 FIFO 缓存,普通模式,8 位数据 DMA
        outportb(IO_ADDR + 0x0f, 0xff);      //清除所有中断标志位
        outportb(IO_ADDR + 0x0f, 0x00);      //设置中断屏蔽寄存器,屏蔽所有中断
        page(1);                              //选择页 1 寄存器
        outportb(IO_ADDR + 0x07, 0x4d);      //初始化当前页寄存器,指向当前页的下一页
        outportb(IO_ADDR + 0x08, 0x00);      //设置多址寄存器 MAR0～5,均设置为 0x00
        outportb(IO_ADDR + 0x09, 0x00);
        outportb(IO_ADDR + 0x0a, 0x00);
        outportb(IO_ADDR + 0x0b, 0x00);
        outportb(IO_ADDR + 0x0c, 0x00);
        outportb(IO_ADDR + 0x0d, 0x00);
        outportb(IO_ADDR + 0x0e, 0x00);
        outportb(IO_ADDR + 0x0f, 0x00);
        outportb(IO_ADDR + 0x00, 0x21);      //选择页 0 寄存器,网卡执行命令
}
```

(2) 数据的收发

通过对地址及数据口的读/写来完成以太网帧的接收与发送。要接收和发送数据包都必

须读/写 RTL8019 内部 16 KB 的 RAM,并通过 DMA 进行读和写。这里以数据的发送为例加以说明,具体的实现过程如下:

① 按照 PHY 数据帧规定的格式将数据封装好;

② 通过远程 DMA 将数据包送入 RTL8019 的数据发送缓冲区,相关程序代码如下:

```
outportb(IO_ADDR + 0x00, 0x22);
outportb(IO_ADDR + 0x07, 0x40);      //设置中断状态寄存器 ISR 为 40H,清除发送完成标志
outportb(IO_ADDR + 0x09, 0x40);      //设置 DMA 发送开始地址为 4000H
outportb(IO_ADDR + 0x08, 0x00);
outportb(IO_ADDR + 0x0a, 0x50);      //设置 DMA 发送数据包长度为 80 字节
outportb(IO_ADDR + 0x0b, 0x00);
outportb(IO_ADDR + 0x00, 0x12);      //设置 CR 为 12H,实现远程 DMA 写
for(i = 0; i<80; i++)
   outport(0x10<<1, *(buffer + i));  //向往数据端口写入发送数据
temp = inportb(IO_ADDR + 0x07);      //查询中断状态,等待远程 DMA 完成
outportb(IO_ADDR + 0x0b, 0x00);
outportb(IO_ADDR + 0x0a, 0x00);
outportb(IO_ADDR + 0x00, 0x22);      //设置 CR 为 22H,RBCR1、0 为 0,远程 DMA 停止
outportb(IO_ADDR + 0x07, 0x40);      //设置中断状态寄存器 ISR 为 40H,清除发送完成标志
```

③ 通过 RTL8019 的本地 DMA 将数据送入 FIFO 进而发送出去,相关程序代码如下:

```
outportb(IO_ADDR + 0x06, 0x50);
outportb(IO_ADDR + 0x05, 0x00);      //设置发送字节计数器为发送数据包的长度
outportb(IO_ADDR + 0x04, 0x40);      //设置发送页面起始地址
outportb(IO_ADDR + 0x00, 0x26);      //启动发送
```

如果 RTL8019AS 无法将整个数据包通过 DMA 通道一次存入 FIFO,则在构成一个新的数据包之前必须先等待前一数据包发送完成。为提高发送效率,设计将 12 页的发送缓存区分为两个 6 页的发送缓存区,一个用于数据包发送,另一个用于构造新的数据包,交替使用。

(3) 软件的调试与验证

用 C51 语言编程,实现 TCP/IP 协议中 ARP 数据帧的收发。实验中,单片机首先构造一个 ARP 请求包发送给 PC 机,PC 机收到后会发送一个 ARP 应答包给单片机,单片机收到该应签包后再发一个 ARP 请求包给 PCF 机,如此不断循环,来测试系统的性能。在 PC 机上采用 Sniffer 软件(如 Windump 软件)来监视(或截获)PC 机网卡接收 ARP 包的情况。

4.3.2 嵌入式 TCP/IP 协调栈移植

嵌入式以太网通信应用系统实现了 TCP/IP 协议栈,就可以使用最少的系统资源正常地进行 Web 信息浏览和传输了。这里以 μIP 协议栈为例,说明 TCP/IP 协议栈的移植与应用。

μIP 协议栈可以简单地移植到多种嵌入式操作系统,适应多种嵌入式处理器。移植的时候主要是对 up_arch.h、uipopt.h、tapdev.c 这 3 个文件进行修改。其中,uip_arch.h 包含了用 C 语言实现的 32 位加法、校验和算法;uipopt.h 是 μIP 的配置文件,其中不仅包含了如 μIP 网点的 IP 地址和同时可连接的最大值等设置选项,而且还有系统结构和 C 编译器的特殊选项;tapdev.C 是为串口编写的驱动程序。

1. μIP 的设备驱动程序接口

μIP 内核中有两个函数直接需要底层设备驱动程序的支持。一个是 uip_input()。当设置驱动程序从网络层收到一个数据包时要调用这个函数,设备驱动程序必须事先将数据包存入到 uip_buf[]中,包长存放到 uip_len,然后交由 uip_input()处理。当函数返回时,如果 uip_len 不为 0,则表明有数据(如 SYN、ACK 等)要发送。当需要 ARP 支持时,还需要考虑更新 ARP 表示或发出 ARP 请求和回应,示例如下:

```
#define BUF((struct uip_eth_hdr *)&uip_buf[0])
uip_len = ethernet_devicedriver_poll();        //接收以太网数据包(设备驱动程序)
if(uip_len>0)                                   //收到数据
{    if(BUF->type == HTONS(UIP_ETHTYPE_IP))    //是 IP 包吗
     {   uip_arp_ipin();                        //去除以太网头结,更新 ARP 表
         uip_input();                           //IP 包处理
         if(uip_len>0)                          //有带外回应数据
         {   uip_arp_out();                     //加以太网头结构,主动连接时构造
                                                //ARP 请求
             ethernet_devicedriver_send();      //发送数据到以太网(设备驱动程序)
         }
     }
     else if(BUF->type == HTONS(UIP_ETHTYPE_ARP))  //是 ARP 请求包吗
     {   uip_arp_arpin();                       //ARP 回应,更新 ARP 表;请求,构造回
                                                //应数据包
         if(uip_len>0)                          //是 ARP 请求,要发送回应
             ethernet_devicedriver_send();      //发 ARP 回应到以太网上
     }
}
```

另一个需要驱动程序支持的函数是 uip_periodie(conn)。这个函数用于 μIP 内核对各连接的定时轮询,因此需要一个硬件支持的定时程序周期性地用它轮循各个连接,一般用于检查主机是否有数据要发送,如有,则构造 IP 包。使用示例如下:

```
for(i = 0;i<UIP_CONNS;i++)
{    uip_periodic(i);
```

```
        if(uip_len>0)
        {    uip_arp_out();
             ethernet_devicedriver_send();
        }
    }
```

从本质上来说，uip_input()和 uip_periodic()在内部是一个函数，即 uip_process(u8t flag)，μIP 的设计者将 uip_process(UIP_DATA)定义成 uip_input()，而将 uip_process(UIP_TIMER)定义成 uip_periodic()，因此从代码实现上来说是完全复用的。

2. μIP 的应用程序接口

为了将用户的应用程序挂接到 μIP 中，必须将宏 UIP_APPCALL()定义成实际的应用程序函数名。这样每当某一 μIP 事件发生时，内核就会调用该应用程序进行处理。如果要加入应用程序状态，则必须将宏 UIP_APPSTATE_SIZE 定义成应用程序状态结构体的长度。在应用程序函数中，依靠 μIP 事件检测函数来决定处理的方法，另外可以通过判断当前连接的端口号来区分处理不同的连接。下面的示例程序实现了一个 Web 服务器应用的框架。

```
#define UIP_APPCALL uip51_appcall
#define UIP_APPSTATE_SIZE sizeof(struct uip51app_state)
struct uip51app_state
{    unsigned char * dataptr;
     unsigned int dataleft;
};
void uip51_initapp                              //设置主机地址
{    u16_t ipaddr[2];
     uip_ipaddr(ipaddr, 202, 120, 127, 192);
     uip_sethostaddr(ipaddr);
     uip_listen(HTTP_PORT);                     //HTTP Web 端口(80)
}
void uip51_appcall(void)
{    struct uip51app_state * s;
     s = (struct uip51app_state *)uip_conn->appstate;   //获取当前连接状态指针
     if(uip_connected())
     {
         ...                                    //有一个客户机连上
     }
     if(uip_newdat()||uip_rexmit())             //收到新数据或需要重发
     {    if(uip_datalen()>0)
         {    if(uip_conn->lport == 80)         //收到 GET HTTP 请求
             {    update_table_data();          //根据电平状态数据表,动态生成网页
```

```
            s->dataptr = newpage;
            s->dataleft = 2653;
            uip_send(s->dataptr,s->dataleft);    //发送长度为2653B的网页
          }
        }
    }
    if(uip_acked())                              //收到客户机的ACK
    {   if(s->dataleft>uip_mss()&&uip_conn->lport == 80)  //发送长度>最大段长时
        {   s->dataptr + = uip_conn->len;        //继续发送剩下的数据
            s->dataleft- = uip-conn->len;
            uip_send(s->dataptr,s->dataleft);
        }
        return;
    }
    if(uip_poll())
    {   …                                        //将串口缓存的数据复制到电平状态数据表
        return;
    }
    if(uip_timedout()||uip_closed()              //重发确认超时,客户机关闭连接,客户机中断连接
       ||uip_aborted()) return;
}
```

3. μIP 在电机远程监测系统中的应用

下面介绍设计一个嵌入式 Web 模块 UIPWEB51,用于将发电机射频监测仪串口输出的数据送入以太网,以实现对发电机工作状态的远程监测,该模块的硬件框图如图 4.10 所示。

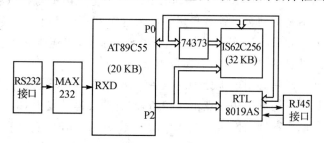

图 4.10　发电机工况远程监测的嵌入式 Web 模块硬件电路框图

单片机采用的是 Atmel 的 AT89C55WD,它内置 20 KB 程序 Flash,512 字节 RAM,3 个定时器/计数器,工作在 22.118 4 MHz 时具有约 2 MIPS 的处理速度。以太网控制器芯片同样采用低成本的 RTL8019AS,是一款 NE2000 兼容的网卡芯片,系统外扩了 32 KB 的 SRAM,用于串口数据和网络数据的缓冲,另外还用于存放 μIP 的许多全局变量。

UIPWEB51 的主程序采用"中断＋查询"的方式,用中断触发的方式接收"发电机射频监测仪"发出的数据,并设置了一个接收队列暂存这些数据。在程序中查询有无网络数据包输入,如有,则调用 μIP 的相关处理函数(如上述的 uip_input()使用示例);如无,则检测定时查询中断是否发生。这里将定时器 T2 设为 μIP 的定时查询计数器,在 T2 中断中设置查询标志,一旦主程序检测到这一标志就调用 uip_periodic()函数查询各个连接(如上 uip_periodic()使用示例)。UIPWEB51 模块的总体程序结构如图 4.11 所示。

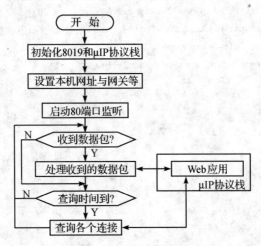

图 4.11 发电机远程监控 UIPWEB51 模块的程序结构示意图

UIPWeb51 的应用程序如上述 μIP 的应用程序接口代码所示,这个 Web 服务器首先打开 80 端口的监听,一旦有客户机要求连上,μIP 内部会给它分配一个连接项,接着等待收到客户机 IE 浏览器发出的"GET HTTP……"请求;之后,将发电机电平与状态数据队列中的数据填入网页模板,生成一幅新的网页发给客户机。因为这幅网页的大小已经超过 μIP 的最大段长 (MSS),因此在 μIP 内核第一次实际只发出了 MSS 个字节,在连接处于空闲的时候(uip_poll ()),应用程序可以从串口队列中读出原始数据,经格式处理后再存到电机电平与状态数据队列中,而在这个队列中保存着当前 1 分钟的设备工作数据,以便下次更新网页时使用。在网页中添加了更新按钮,一旦浏览器用户点击了按钮,浏览器会自动发出 CGI 请求,UIPWEB51 收到后,立即发送包含最新数据的网页。如果 μIP 接收 ACK 超时,它会自动设置重发标志,应用程序中可以用 uip_rexmit()来检测这个标志,重新生成网页并发送。一旦用户关闭了浏览器,μIP 也会自动检测到这一事件(应用程序中可以用 uip_closed()来检测),并且释放掉这个连接项。

4.3.3 μC/Linux 下的网口驱动设计

μC/Linux 网络设备驱动不需要使用设备节点,对网络设备的使用通常由系统调用 Socket 接口引入。在系统和驱动程序之间定义了专门的数据结构 sk_buff 进行数据传输。系统内部支持对发送数据和接收数据的缓存,提供流量控制机制和对多协议的支持。一般情况下,驱动程序不对发送数据进行缓存,而是直接使用硬件的发送功能把数据发送出去;接收数据通常是通过硬件中断来通知的;在中断处理程序中,把硬件帧信息填入一个 sk_buff 结构中,然后调用 netif_rx()传递给上层处理。

下面以 ARM7TDMI-S 内核微处理器 LPC2200 和常用的以太网控制器 RTL8019AS 组成的以太网通信体系为例具体说明 μC/Linux 下的网络设备驱动程序设计。这里选择 RTL8019AS 工作在跳线方式(由跳线决定网卡的 I/O 和中断),RTL8019AS 的 16 位数据直接连接在 LPC2200 的存储器总线接口上,其中断线连到 LPC2200 的外中断 EXT3。整个以太网通信的硬件体系电路如图 4.12 所示。

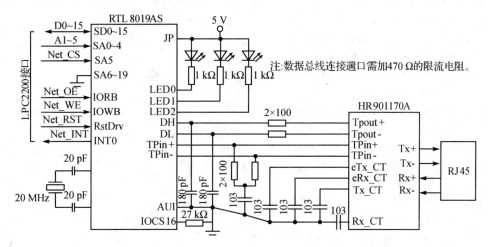

图 4.12 LPC2200 与 RTL8019AS 组成的以太网接口电路示意图

1. 网络设备驱动的整体架构设计

网络型设备驱动程序也可以在 μC/Linux 内核模块的基础上加以修改得到,其中需要具体化的部分及其初始化与清除函数代码如下:

(1)需要定义的常量/全局变量和声明的函数或结构

```
#include <linux/in.h>
#include <linux/netdevice.h>
#include <linux/etherdevice.h>
#include <linux/ip.h>
#include <linux/tcp.h>
#define DEVICE_NAME "emac"          //内核模块名称
int usage = 0;                      //设备使用计数器
```

```c
static int net_init(struct net_device *dev);
static int net_open(struct net_device *dev);
static int net_config(struct net_device *dev, struct ifmap *map);
static int net_tx(struct net_device *dev, struct ifmap *map);
static int net_release(struct net_device *dev);
int net_init_module(void);
void net_cleanup(void);
module_init(net_init_module);
module_exit(net_cleanup);
static struct net_device net_emac =         //定义结构体变量并初始化必需的成员
{    init: net_init, };
static int net_init(struct net_device *dev)   //初始化结构体变量成员
{     ether_setup(dev);                      //硬件无关的成员
        strcpy(dev->name, "eth0");            //以下均为硬件相关的成员
        dev->name = "eth0";
        dev->open = net_open;
        dev->stop = net_release;
        dev->set_config = net_config;
        dev->hard_start_xmit = net_tx;
        dev->set_mac_address = net_set_mac_address;
        dev->flags &= ~(IFF_BROADCAST | IFF_LOOPBACK | IFF_MULTICAST);
        dev->priv = NULL;
        dev->base_addr = IOaddress;
        dev->irq = NET_IRQ;
        memcpy(dev->dev_addr, EMAC_ID, dev->len);
        SET_MODULE_OWER(dev);                 //以指向模块本身
        return 0;
}
```

(2) 初始化函数代码设计

```c
int net_init_module(void)
{     int result = register_netdev(&net_emac);
      if(result<0)
      {   printk(KERNEL_ERR "eth0: error %i registering device \"%s"\n", result, net_emac.name);
          return (result);
      }
      printk(KERNEL_ERR "eth0: init OK\n");
      return 0;
}
```

(3) 清除函数代码设计

```
void net_cleanup(void)
{    unregister_chrdev(MAJOR_NR, DEVICE_NAME);    }
```

2. 相关接口操作的函数代码编写

(1) open()函数

```
static int net_open(struct net_device * dev)
{   unsigned long flag;
    if(usage == 0)                              //判断设备使用情况,首次使用才设置
    {   local_irq_save(flag);                   //关中断,临界保护
        mac_hard_open();                        //硬件相关部分的初始化:连接设置引脚
        device_init(dev);                       //初始化 RTL8019AS
        local_irq_restore(flag);                //关中断,临界保护
        register_irq(dev->irq, net_iq_handle,   //中断申请并指明处理函数。不用时可去掉
        SA_INTERRUPT|SA_SAMPLE_RANDOM, "eth0", dev);
        netif_start_queue(dev);                 //系统函数,用于告诉内核可以使用发送队列了
    }
    usage + + ;
    MOD_INC_USE_COUNT;
    return 0;
}
```

(2) stop()函数

```
static int net_release(struct net_device * dev);
{   unsigned long flag;
    MOD_DEC_USE_COUNT;
    usage --;
    if(usage == 0)
    {   netif_stop_queue(dev);
        local_irq_save(flag);
        mac_hard_close();                       //使硬件相关部分退出处理
        local_irq_restore(flag);
        free_irq(dev->irq, dev);                //中断及其资源释放
    }
    return 0;
}
```

(3) set_config()函数

该函数用于当网络驱动程序不能自动识别硬件配置时由系统管理员使用相关配置工具将

正确的硬件配置传递给驱动程序,因为在嵌入式系统中硬件配置信息十分固定,一般不会由系统管理员来参与驱动程序的安装,所以可以简单地按如下方式编写该函数。该函数的第二个参数为硬件信息的结构体变量指针。

```c
static int net_config(struct net_device * dev, struct ifmap * map);
{    -BUSY;    }
```

(4) hard_start_xmit()函数

```c
static int net_tx(struct net_device * dev, struct ifmap * map);
{   unsigned long flag;
    int len;unsigned short * data;
    netif_stop_queue();            //使内核暂停发数据,以便把数据完整写入发送缓存
    //把len个数据写入发送缓存,并启动发送
    int len = skb->len < ETH_ZLEN ? ETH_ZLEN : skb->len;   //准备发送数据长度
    data = (u16 *)skb->data;       //准备发送数据
    len = (len + 1) & (~1);        //转换发送尺寸为偶数字节数
    local_irq_save(flag);
    page(0);
    WriteToNet(0x09, 0x40);        //设置发送页地址
    WriteToNet(0x08, 0x00);        //写入 RSAR0 DMA 起始地址低位
    WriteToNet(0x0b, len>>8);      //写入 RSCR1 计数器
    WriteToNet(0x0a, len & 0x00ff);
    WriteToNet(0x00, 0x12);        //启动 DMA 页 0 传输
    outsw(RTL8019AS_REG(0x10), data, len>>1);
    WriteToNet(0x0b, 0x00);
    WriteToNet(0x0a, 0x00);
    WriteToNet(0x00, 0x22);        //结束或放弃 DMA 操作
    WriteToNet(0x06, len>>8);
    WriteToNet(0x05, len & 0x00ff);
    WriteToNet(0x07, 0xff);
    WriteToNet(0x00, 0x3e);
    dev->trans_start = jiffies;    //变为记录系统运行时间的全局变量,以使内核处理发送时间
    local_irq_restore(flag);
    while(((ReadFromNet(0x07)&0xff)&(1<<1)) == 0);   //等待发送完毕
    neti_wake_queue(dev);          //告诉内核,暂停已结束,可以向网络端口请求发送数据
    dev_kfree_skb(skb);            //释放内核分配的保存将要发送数据的套接字缓冲区结构变量
    return 0;
}
```

(5) set_mac_address()方法

如果网络端口允许改变 MAC 地址,则在重新配置网络端口 MAC 地址后,Linux(μC/Linux)内核会调用 set_mac_address()方法,该方法的函数代码编制如下:

```
static int net_set_mac_address(struct net_device * dev, void * addr)
{   struct net_device * mac_addr;
    mac_addr = addr;
    if(netif_running(dev)) return - EBUSY;        //检测网络端口是否处于运行状态
    memcpy(dev->dev_addr, mac_addr->sa_data, dev->addr_len);
    SetMacID(dev);
    return 0;
}
```

SetMacID()函数的定义如下:

```
void SetMacID(struct net_device * dev)
{   u8 mac_ptr, i;
    mac_ptr = (u8 *)dev->dev_addr;
    page(1);
    for(i = 0;i<6;i + + ) WriteToNet(i+1, mac_ptr + +);
    page(0);
}
```

3. 底层中断及其处理程序的设计

μC/Linux 网络型设备驱动程序通常采用中断接收数据,此时需要在 net_open()函数中申请相应的硬件中断并指明中断处理函数。在中断处理程序中,把硬件帧信息填入一个 sk-bbuff 结构中,然后调用 netif_rx 传递给上层处理。硬件中断申请及其中断处理函数指示已经在上述 net_open()函数中说明,中断处理函数的定义如下,其中,函数中的 dev_id 参数要配置为指向保存硬件信息的结构体变量指针。

```
static ivoid net_irq_handle(int irq, void * dev_id, struct pt_regs * regs)
{   u16 page_save, flag, bnry, curr;
    struct net_device * dev;
    dev = (struct net_device *) dev_id;
    page_save = savepage();                        //当前页地址保存
    while(1)
    {   page(0);
        flag = ReadFromNet(0x0x07) & 0xff;
        WriteToNet(0x07, flag);                    //清中断标志
        if((flag&((1<<1)|(1<<4)|1)) == 0) break;
```

```
            if((flag&(1<<4)!= 0)              //接收缓冲区溢出
            {   page(1);
                curr = ReadFromNet(0x07) & 0xff;
                page(1);
                bnry = curr - 1;              //把 bnry 恢复为下 16 KB 中的空余部分
                if(bnry<014c) bnry = 0x7f;
                WriteToNet(0x03, bnry);       //把 bnry 恢复到指向下一帧,写到 bnry
                WriteToNet(0x07, 0xff);       //清除中断标志
            }
            if((flag&1)!= 0)                  //接收成功
            {   if(device_rx(dev) == -1)      //接收出错,重新初始化 RTL8019AS
                {   RTL8019Dev = dev;
                    tasklet_schedule(&SPC_net_tasklet);
                    break;
                }
            }
        }
        page(page_save);                      //当前页地址恢复
        outl(1<<(dev->irq-14), EXTINT);       //清除微控制器的中断源
}
```

接收出错,重新初始化 RTL8019AS 需要较长时间,相关代码如下:

```
static struct net_device * RTL8019Dev;
DECLAER_TASKLET(SPC_net_tasklet, net_tasklet, (u32)(&RTL8019Dev));
static void net_tasklet(u32 data)
{   struct net_device * dev;
    dev = *((struct net_device * *)data);
    device_init(dev);
}
```

4. 硬件相关的主要程序代码编制

(1) mac_hard_open()函数

```
inline void mac_hard_open(void)       //在驱动程序加载后被调用,用于初始化与硬件相关的部分
{   u32 temp = inl(PINSEL0);          //保存引脚连接配置
    PinSel0Save = temp & (0x0f<<8 * 2);
    temp |= 3<<9 * 2;                 //P0.8 设置为 GPIO
    temp &= ~(3<<8 * 2);              //P0.9 设置为 EINT3
    outl(temp, PINSEL0);
    temp = inl(IO0DIR);               //P0.8 设置为输出低电平
```

```c
    temp |= 1<<8;
    outl(1<<8, IOCLR);
    temp = inl(VPBDIV);                    //设置外部中断为高电平触发
    outl(0, VPBDIR);
    outl((inl(EXTMODE)&(~1<<3)), EXTMODE);
    outl((inl(EXTPPOLAR)|(1<<3)), EXTPOLAR);
    outl(temp, VPBDIR);
}
```

(2) mac_hard_close()函数

```c
inline void mac_hard_close(void)    //驱动程序卸载前被调用,用于与硬件相关退出处理
{   u32 temp = inl(PINSEL0);        //恢复硬件连接配置
    temp &= ~(3<<9*2);
    temp |= PinSel0Save;
    outl(temp, PINSEL0);
}
```

(3) device_init(dev)函数

```c
static int device_init(struct net_device * dev);   //初始化 RTL8019AS 芯片
{   unsigned int flag;unsigned char i;
    local_irq_save(flag);
    NET_HARD_REG();                     //硬件复位
    WriteToNet(0x1f, 0x00);             //软件复位
    delay(11);
    WriteToNet(0x00, 0x21;              //使芯片处于停止模式,以进行寄存器设置
    mdelay(11);
    page(0);
    WriteToNet(0x0a, 0x00);             //清 RBCR0 寄存器
    WriteToNet(0x0b, 0x00);             //清 RBCR1 寄存器
    WriteToNet(0x0c, 0xe0);             //RCR,监测模式,不接收数据包
    WriteToNet(0x0d, 0xe2);             //TCR,loop back 模式
    page(0);
    WriteToNet(0x01, 0x4c);             //寄存器 PSTART = 0x4c
    WriteToNet(0x02, 0x80);             //寄存器 PSTOP  = 0x80
    WriteToNet(0x03, 0x4c);             //寄存器 BNRY   = 0x4c
    page(0);
    WriteToNet(0x04, 0x40);             //TPSR,发送起始页寄存器
    WriteToNet(0x07, 0xff);             //清除所有中断标志、中断状态寄存器
    WriteToNet(0x0f, 0x13);             //允许相关中断
```

```
        WriteToNet(0x0e, 0xcb);                      //数据配置寄存器,16 位 DMA 方式
        page(1);
        WriteToNet(0x07, 0x4d);                      //curr = 0x4d
        for(i = 0;i<8;i++) WriteToNet(0x08 + i, 0);
        WriteToNet(0x00, 0x22);                      //使芯片开始工作
        SetMacID(dev);                               //将芯片物理地址写入到 MAR 寄存器
        page(0);
        WriteToNet(0x0c, 0xc4);                      //将芯片设置为正常模式,与外部网络连接
        WriteToNet(0x0d, 0xe0);
        WriteToNet(0x00, 0x22);                      //启动芯片开始工作
        WriteToNet(0x07, 0xff);                      //清除所有中断标志
        local_irq_restore(flag);
        return 0;
}
```

(4) device_rx(dev)函数

完成数据接收,这部分代码与硬件密切相关,典型的代码框架如下:

```
static int device_rx(struct net_device * dev)
{       struct sk_buff * skb;
        int length = 数据包长度;
        skb = dev_alloc_skb(length + 2);
        if(! skb) return -ERROR;
        skb_reserve(skb, 2);
        dev = skb->data;
        //把数据包读到 dev 指向的内存中
        skb->dev = dev;                              //设置套接字缓冲区结构变量的所有者
        skb->protocol = eth_type_trans(skb, dev);    //设置数据包使用的协议
        skb->ip_summed = CHECHSUM_UNNECESSARY;       //指定数据包不需要校验和
        netif_rx(skb);                               //内核数据包处理
        dev->last_rx = jiffies;  //变为记录系统运行时间的全局变量,以使内核处理接收时间
        return 0;
}
```

(5) RTL8019 头文件定义

```
# ifndef __RTL8019_H
# define __RTL8019_H
# define RTL8019_REG(reg)          (dev->base_addr + reg*2)
# define ReadFromNet(addr)         inw(RTL8019_REG(addr))
# define WriteToNet(addr, data)    (outw(data, RTL8019_REG(addr))
```

```
#define page(pagenumber)      WriteToNet(0,(ReadFromNet(0)&0x3b)|((pagenumber)<<6))
#define savepage()            ((ReadFromNet(0)&0x3c)>>6)
#endif
```

5. 网络驱动程序源代码的使用

RTL8019 驱动程序源代码由 4 个文件组成：config.h、rtl8019.h、rtl8019.c 和 makefile。其中，config.h 中配置了一些硬件信息，makefile 文件也保存了一些编译器相关的信息。实际设计中，这两个文件可能需要改动。makefile 文件的改动可以参照相关框架文件得到，这里不再说明，重点说明一下 config.h 文件。config.h 文件主要内容如下：

```
……
#define IOaddress              0x83400000              //硬件基地址
#define NET_IRQ                IRQ_EXT3                //中断号
#define NET_TIMEOUT            10000                   //超时设置，没有使用
#define NET_HARD_REG()         outl(1<<8, IOSET),\     //硬件复位 RTL8019
       mdelay(7), outl(1<<8, IOCLR);
#ifdefine IN_8019 static const char EMAC_ID[] =        //设置默认 MAC 地址
       {0x52, 0x54, 0x4c, 0x33, 0xf7, 0x42, 0x00}
       static u32 PinSel0Save;
       inline void mac_hard_open(void);
       inline void mac_hard_close(void);
#endif
```

4.3.4　BSD Socket 套接字通信实现

这里以 μC/Linux 下的 Socket 网络通信为例加以说明。μC/Linux 下通过基于套接字 Socket 接口进行的网络数据传输通信，和 Linux 下是一样的，使用的 Socket-API 在本书作者写作的《基于底层硬件的软件设计》一书的 3.5.3 小节中有详细的说明。下面给出一段运行于 32 位 ARM7TDMI-S 微控制器为核心的嵌入式应用体系中的客户端服务程序，当然也可以把嵌入式应用体系作为服务器端。这段程序中使用的套接字是流式套接字 TCP。

```
#include<netbd.h>
#include<sys/stat.h>
#include<fcntl.h>
#include<sys/types.h>
#include<sys/Socket.h>
#include<netinet/in.h>
#include<arpa/inet.h>
#include<unistd.h>
```

```c
#include<stdio.h>
#include<string.h>
int main(int argc, char * argv[])
{   int s;char buffer[256];
    struct sockaddr_in addr;
    struct hostent * hp;
    struct in_addr in;
    struct sockaddr_in local_addr;
    if(argc<2) return;
    if(!(hp = gethostbyname(argv[1])))
    {   fprintf(stderr,"Can't resolvehost.\n");
        exit(1);
    }
    if((s = Socket(AF_INT, SOCK_STREAM,0))<0)
    {   perror("Socket");
        exit(1);
    }
    bzero(&addr, sizeof(addr));
    addr.sin_family = AF_INET;
    addr.sin_port = htons((unsigned short)atoi(argv[2]));
    hp = gethostbyname(argv[1]);
    memcpy(&local_addr.sin_addr.s_addr, hp->haddr, 4);
    in.s_addr = local_addr.sin_addr.s_addr;
    printf("Domain Name %s\n", argv);
    printf("IP address : %s\n", inet_ntoa(in));
    printf("%s, %s\n", hp->h_name, argv[2]);
    addr.sin_addr.s_addr = inet_addr(hp->h_name);
    if(connect(s, (struct sockaddr * )&addr, sizeof(addr))<0)
    {   perror("connect");
        exit(1);
    }
    recv(s, buffer, sizeof(buffer), 0);
    printf("%s\n"; buffer);
    while(1);
    bzero(buffer, sizeof(buffer));
    read(STDIN_FILENO, buffer, sizeof(buffer));
    if(send(s, buffer, sizeof(buffer), 0)<0)
    {   perror("send");
        exit(1);
```

    }
}

应当注意的是:在 μC/Linux 环境下,微控制器(硬件)和操作系统内核(软件)均不提供内存管理机制,程序的地址空间等同于内存的物理地址空间,虽然在程序中可直接对 I/O 地址进行操作而不需要申请和释放 I/O 空间,但需要用户自己来检查所操作的 I/O 地址的占用情况。

第5章 嵌入式 LonWorks 网络通信

LonWorks 总线通信网络以稳定可靠、传输速率快、抗干扰能力强等特征而著称，是公认的稳定性、可靠性和抗干扰性最强的行现场总线通信网络，在电力系统、工业过程控制、轨道交通、铁路设施、道路照明、军事装备、航空航海、环境监测、家庭自动化、社区保安、楼宇监控、防护工程、自动抄表等领域中得到了广泛的应用。

LonWorks 现场总线网络有什么样的网络通信特征？遵循的协议规范是怎样的？如何设计嵌入式 LonWorks 网络通信应用体系？特别是如何快速高效地展开 LonWorks 网络节点或适配器的开发？本章将对这些展开全面阐述。

5.1 LonWorks 网络通信基础

5.1.1 LonWorks 总线及其技术概述

局部操作网络 LonWorks(Local Operating NetWorks)是 Echelon 推出的一种高性能现场总线，采用国际标准化组织 ISO 的开放系统互联 OSI(Open System Interconnection)网络协议参考模型的全部 7 层通信协议和面向对象的设计方法，通过网络变量把网络通信设计简化为参数设置，其通信速率从 300 bps 至 1.5 Mbps 不等，直线通信距离可达到 2 700 m，支持双绞线、同轴电缆、光纤、无线射频、红外线、电力线等多种通信介质，被誉为通用控制网络。

在所有的现场总线中，LonWorks 总线网络是公认的稳定性、可靠性和抗干扰性最强的串行通信网络。稳定可靠、传输速度快、抗干扰能力强是 LonWorks 总线网络的突出优势。

LonWorks 总线网络的基本特征可以简单概括如下：

➤ 差分或单端串行数据传输，半双工通信形式；
➤ 通信速率:300～1.5 Mbps(1.5 Mbps←→130 m)；
➤ 节点→子网→域，255 节点/子网，127 个子网/域，最大节点数 32 385 个；
➤ 传输距离:78 kbps 双绞线，最大可达 2 700 m；
➤ 常用通信介质:双绞线、同轴电缆、光纤、电力线等。

LonWorks 总线技术的其他主要特点如下：

➤ 开放性:网络协议开放，对任何用户平等。

- 通信媒介：可用多种媒介进行通信，包括双绞线、电力线、光纤、同轴电缆、无线（RF）、红外等。而且在同一网络中可以有多种通信媒介。
- 互操作性：LonWorks 通信协议 LonTalk 是符合国际标准化组织（ISO）定义的开放互连（OSI）模型，任何制造商的产品都可以实现互操作。
- 网络结构：可以是主从式、对等式或客户/服务器式结构。
- 网络拓扑：有星形、总线型、环形以及自由形。
- 网络通信采用面向对象的设计方法。LonWorks 网络技术称为"网络变量"，它使网络通信的设计简化成为参数设置，增加了通信的可靠性。
- 通信的每帧有效字节数可从 0～228 字节。
- 提供强有力的开发工具平台：LonWorks 与 NodeBuilder。
- LonWorks 技术核心元件：Neuron 芯片内部装有 3 个 8 位微处理和 34 种 I/O 对象及定时/计数器，另外还具有 RAM、ROM、LonTalk 通信协议等，Neuron 芯片具备通信和控制功能。
- 改善了载波侦听多路访问 CSMA（CarrierSenseMultipleAccess）技术，采用可预测 P 坚持 CSMA（Predictive P-Persistent CSMA），这样在网络负载很重的情况下，不会导致网络瘫痪。

LonWorks 技术包括以下几个组成部分：LonWorks 节点/路由器、LonTalk 协议、LonWorks 收发器、LonWorks 网络和节点开发工具。

5.1.2 LonWorks 网络通信体系框架

1. LonWorks 网络通信基本框架

LonWorks 网络通信实现的基本框架如图 5.1 所示，完全的 OSI 的 7 层网络协议模型保证了它的优异功能和兼容性，面向对象的设计方法使其易用，特别是网络变量的抽象和采用，把网络通信设计简化成了参数设置，使其更加易于应用。

图 5.1 LonWorks 网络通信实现的基本框图

LonWorks 网络通信的基本协议规范是 ANSI/CEA-709.1-B 控制网络协议，主要靠 ANSI/CEA-709.1-B 微处理器实现。

2. LonWorks 网络通信协议概述

ANSI/CEA-709.1-B 控制网络协议使用分层规则，完全依照 ISO 的 OSI 参考模型设计，确保了每层必需提供的服务，不同的服务层之间没有相互影响，使设备厂商能够只需对应用进行编程。各层的目的及其提供的功能如表 5.1 所列。图 5.2 给出了 ANSI/CEA-709.1-B 协议的一个典型数据包格式示意图。

表 5.1 LonWorks709.1 协议分层规则说明表

OSI 层		目 的	提供的功能
7	应用层	应用的兼容性	网络配置;网络诊断;文件传输;应用配置;应用规格;报警;数据记录;时序调度
6	表示层	数据的解释	网络变量;应用报文;外部数据帧传输;标准类型
5	会话层	控制	请求—响应;鉴别
4	传输层	端到端的可靠性	应答/非应答报文的处理;重复的数据检测
3	网络层	报文处理	单点和多点寻址;路由器
2	链路层	介质和数据帧处理	帧;数据译码;CRC 错误校验;可预测的 CSMA;碰撞预防;优先权 & 碰撞检测
1	物理层	电气连接	与传输介质有关的接口和调制机制(双绞线,电力线,射频,同轴电缆,红外线,光纤)

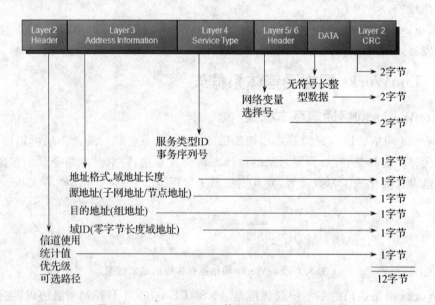

图 5.2 LonWorks709.1 协议数据包格式示意图

网络层实现报文传输,报文传输指示数据帧如何从源设备路由到一个或多个目标设备,用到的物理地址是一个 48 位(bit)的神经元 ID 标识,在初始配置时使用。该地址从逻辑上区分为:域、子网、节点和组,如图 5.3 所示。"域"用于在开放介质或大系统中识别子系统,"域"下的"子网"通常指一个信道,"节点"用于在子网内识别设备,"组"是与子网无关的节点另外的识别方式。特别说明:Echelon 协议的实施称为 LonTalk 协议。

3. LonWorks 网络通信设备架构

LonWorks 网络通信接口设备的框架结构如图 5.4 所示,主要靠 ANSI/CEA-709.1-B 微处理器的神经元 Neuron 芯片实现。该系列芯片内核由 Echelon 设计,内含 3 个 8 位的微控制器,其中,两个用于实现 ANSI/CEA-709.1-B 协议,一个用于执行操作系统服务与用户代码。图 5.5 给出了基于 Neuron 芯片的 LonWorks 网络设备构成框图。图 5.6 给出了基于其他微处理器的 LonWorks 网络设备构成框图。

LonWorks 网络通信系统设计,主要是 LonWorks 网络节点或适配器的设计,图 5.5 与图 5.6 就是 LonWorks 网络节点或适配器的系统设计的高度概括。

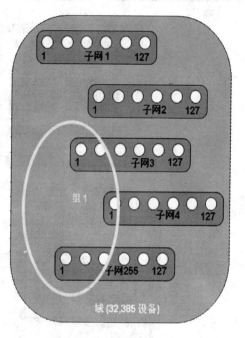

图 5.3 报文中逻辑地址的划分示意图

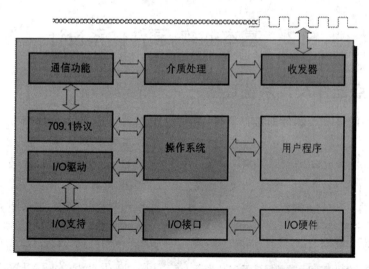

图 5.4 LonWorks 网络通信接口设备的框架结构框图

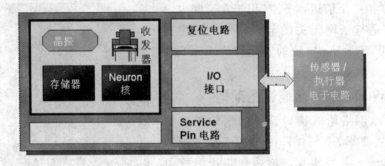

图 5.5　基于 Neuron 芯片的 LonWorks 网络设备组成框图

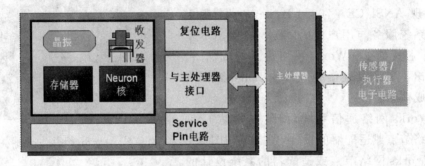

图 5.6　基于其他微处理器的 LonWorks 网络设备构成框图

5.2　基本的软/硬件体系设计

5.2.1　节点器件及其系统连接

LonWorks 网络节点器件即接口器件,其常见类型器件及其划分如图 5.7 所示。神经元芯片主要有两大系列:3120 和 3150。3120 本身带有 E^2 PROM,不支持外部存储器;3150 支持外部存储器,适合功能较为复杂的应用场合。图 5.8 及图 5.9 展示了这两个系列的神经元芯片的基本构成。常见的神经元芯片型号有 Echelon 的 FT3120、FT3150,Toshiba 的 TMPN3120、TMPN3150,Cypress 的 CY7C53120、CY7C53150,Freescale 的 MC143120E2 等,非 Echelon 产品是 Echelon 授权生产的。

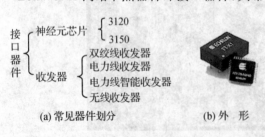

图 5.7　常见 LonWorks 类型器件及其外形图

嵌入式 LonWorks 网络通信

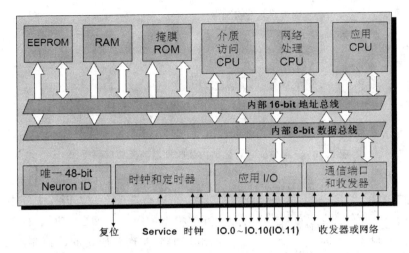

图 5.8 神经元芯片 3120 的基本组成框图

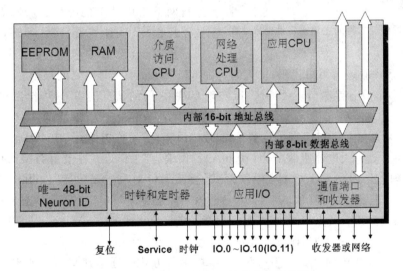

图 5.9 神经元芯片 3150 的基本组成框图

4 种类型的 LonWorks 总线收发器中,双绞线收发器又有直接驱动接口、RS485 收发芯片接口和变压器耦合接口 3 种。Echelon 提供的变压器耦合接口器件有 FTT-10、TPT/XF-78、TPT/XF-1250 等,提供的电力线收发器有 LPT-10、PLT-22 等,提供的智能电力线收发器有 PL3120、PL3150 等。智能电力线收发器则是把神经元芯片和电力线收发器集成在一起,图 5.10 给出了这种智能电力线收发器的一种典型应用。

神经元芯片是 LonWorks 节点的关键器件,其主要接口性能如图 5.11 所示。

神经元芯片的主要特点如下:

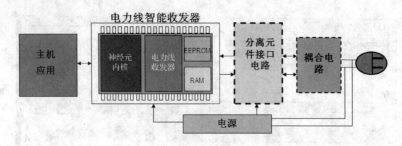

图 5.10　LonWorks 智能电力线收发器的典型应用框图

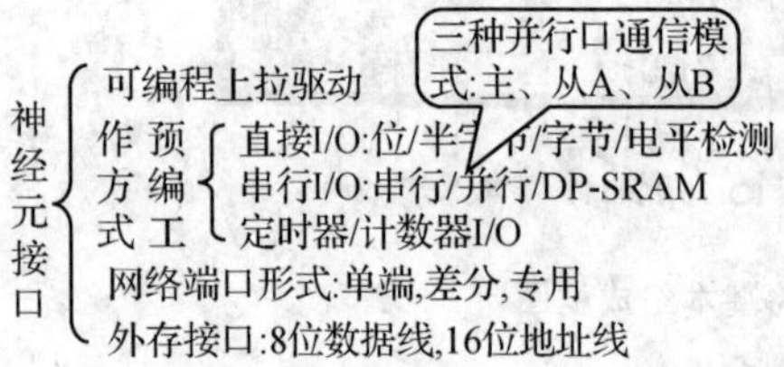

① 高度集成,所需外部器件较少。

② 内有 3 个 8 位 CPU,一个用于完成开放互连模型中第 1～2 层的功能,称为媒体访问控制处理器,实现介质访问的控制与处理;第二个用于完成第 3～6 层的功能,称为网络处理器,进行网络变量处理的寻址、处理、背景诊断、函数路径选择、软件计量、网络管理,并负责网络通信控制、收发数据包等;第三个是应用处理器,执行操作系统服务与用户代码;输入时钟在 625 kHz～40 MHz 之间可选。

图 5.11　神经元芯片的主要接口性能描述图

③ 芯片中集成有存储信息缓冲区,以实现 CPU 之间的信息传递,并可作为网络缓冲区和应用缓冲区。

④ 11 个可编程 I/O 口引脚可设置为 34 种"预编程"工作方式,其中 IO4～7 有可编程上拉电阻,IO0～3 具有大电流吸收能力(20 mA);"预编程"工作方式主要有直接 I/O 对象、串行 I/O 对象和定时器/计数器 I/O 对象 3 类形式;直接 I/O 对象主要包括"位(bit)"I/O 对象、字节(byte)I/O 对象、电平检测(Level Detect)输入对象和半字节(Nibble)I/O 对象;串行 I/O 对象主要包括移位(Shift)I/O 对象、I2CI/O 对象、磁卡(Magcard 与 Magcard1)输入对象、串行 I/O 对象、Dallas Touch I/O 对象、Wiregand 输入对象、Neurowire I/O 对象等;可以采用串行、并行或双口 SRAM 的方式使用这些 I/O 口,串行方式的通信速率可达 4 800 bps,并行方式的通信速率可达 3.3 Mbps,双口 SRAM 方式则更高。

⑤ 网络通信端口可以设置为单端、差分、专用 3 种工作方式之一。

⑥ 8 位数据总线宽度、16 位地址线宽度的外部存储器接口,可以扩展 Flash、ROM、E-2PROM、SRAM 以及它们的组合,外部存储器以 256 字节增长;在外部存储器中可以固化 LonTalk 协议、I/O 驱动程序、事件驱动多任务调度程序等固件;可以作为用户的额外数据区、应用缓冲区和网络缓冲区。

⑦ 提供用于远程识别和诊断的服务引脚;

⑧ 48 位的内部 Neuron ID,用于唯一识别 Neuron 芯片。

⑨ 具有3个看门狗定时器,每个CPU一个,以防止存储器故障或软件出错。

⑩ 5 V或3.3 V电源供给,32/44/64脚SMD封装,含有休眠/唤醒电路与功能。

5.2.2 LonWorks总线网络构造

LonWorks智能网络的组成及其节点类型如图5.12所示。

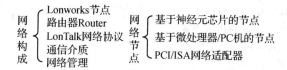

图5.12 LonWorks智能网络的组成及其节点类型示意图

LonWorks智能网络的构成部件中,路由器用来连接不同通信介质的LonWorks网络,包括中继器、桥接器、路由器等;网络协议定义了设备间传递的信息格式与一个设备对另一个设备发送信息时希望对方采取的操作,通常采用嵌入式软件的形式驻留在设备内或通过网络管理工具下载到设备中;通信介质是节点(设备)之间信息传输的物理介质,包括双绞线、电力线、红外线、光纤、同轴电缆等;网络管理执行LonWorks网络的逻辑地址分配、连接、维护和管理。

概括起来,LonWorks节点主要有两类:一类是由神经元芯片、I/O处理单元、收发器和电源组成的基于神经元芯片的节点(对应图5.12节点的第一种类型);一类是以PC机或其他"微控制器"为主机、以神经元芯片为通信协处理器、充当LonWorks网络接口的基于主机的节点(对应图5.12节点的后两种类型)。

LonWorks网络节点或适配器的设计是嵌入式LonWorks通信系统设计的核心。

5.2.3 LonWorks通信软件设计

LonWorks技术的关键部件包括:神经元芯片,Neuron C编写的神经元应用程序,收发器,LonWorks节点,路由器,NodeBuilder、LonBuilder、LonMaker等开发工具,网络适配器,网络操作系统NOS(Network Operating System)——LonWorks网络服务LNS(LonWorks Networks Server)工具等。第三代LNS网络工具包括LNS Windows应用程序开发包、LNS HMI Java平台开发包、LonMarker集成工具和LNS DDE Server软件等。此外,还有i.LON 1000 Internet服务器、i.LON100网关/IP远程网络接口、i.LON 10 IP远程网络接口等i.LON LonWorks互联网设备。

1. Neuron C编程语言

LonWorks网络通信编程采用专门的Neuron C语言。Neuron C是ANSI C的子集,适应控制网络的需求做一些语法扩展:事件与任务、软件定时器、网络变量、显式报文、多任务调度、EEPROM变量和附加功能、I/O设备驱动程序等。Neuron C不支持ANSI C标准I/O或文件系统,数据类型定义也有变化,不再使用 main()函数结构。Neuron C 编程要素有编译指示、引用文件、I/O 声明、网络变量/配置属性/功能模块的声明、应用定时器、任务和 C 函数等。下面是一段简单的 Neuron C 程序代码框架:

```
# pragma enable_io_pullups
# include <control.h>
IO_0 output bit ioRelayControl;
network input SNVT_switch nvi01Value;
mtimer repeating tmrBackground = 500;
void do_background_processing(void)
{
    //用户可以加入的 Neuron C 代码
}
when (nv_update_occurs(nvi01Value))
{
    if (nvi01Value.state == 0) io_out(ioRelayControl, 0);
    else io_out(ioRelayControl, 1);
    do_more_processing();
}
when (timer_expires(tmrBackground))
{
    do_background_processing();
}
```

2. IDE:NodeBuilder /LonBuilder /LonMaker

LonWorks 网络通信系统的集成开发环境 IDE 主要有 NodeBuilder、LonBuilder 和 LonMaker。NodeBuilder 和 LonBuilder 用于开发 LonWorks 网络节点,既能简化无论功能是简单还是复杂的节点开发工作,还能简化执行复杂任务的节点集成工作。通常,NodeBuilder 用来开发 LonWorks 节点,LonBuilder 用来开发 LonWorks 系统,开发小组中每人可以使用一个 NodeBuilder 来开发单节点,同时开发小组能够将一个 LonBuilder 工具用于系统的集成和测试。LonMaker 是一个高度集成的软件工具包,用来设计、安装、操作和维护多厂商的、开放的、可互操作的 LonWorks 网络。它以 Echelon 公司的 LNS 网络操作系统为基础,把强大的客户/服务器体系结构和很容易使用的 Microsoft Visio 用户界面集成在一起,成为了一个功能完善的、足以用于设计和启动分布式控制网络的工具;同时,它又相当经济,足以留在后台作为一个操作和维护工具使用。

LonBuilder 集成了一整套开发 LonWorks 设备和系统的工具,包括多个设备的开发和调试环境,用于安装和配置这些设备的管理工具,检查网络交通以确保适当的网络容量和调试错误的协议分析仪(LonBuilder 协议分析仪)。LonBuilder 工具可以与一系列必要的和可选的工具相结合组成多种配置。

NodeBuilder 基于 LonMaker 集成工具运行,为设计和测试 LonWorks 网络中的单个设备提供了一个快速、简单、廉价的手段。它包含有 LonWorks 代码向导工具,只要单击几下就可以为一个互操作性 LonWorks 设备生成一个软件模板,从而节省了大量的编程时间。对于大的开发队伍而言,NodeBuilder 工具能够完善 LonBuilder 工具的开发能力。NodeBuilder 还含有强大的资源编辑器、项目管理工具和 LNS 设备 Plug-in 向导工具。特别是 Plug-in 向导,即节点插入向导,用于自动生成一个 VB 应用程序,迅速简易地配置使用 NodeBuilder 工具开发的设备。图 5.13 给出了一个典型的 NodeBuilder 开发调试应用窗口界面,其中右上角展示了相应的硬件平台连接状况。

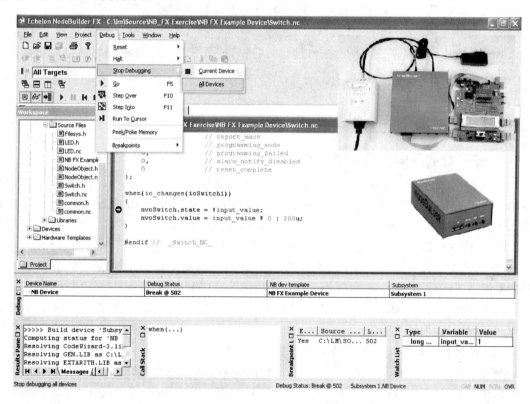

图 5.13 典型的 NodeBuilder 开发调试应用界面

3. LonWorks 通信软件的开发

LonWorks 网络通信软件体系的开发主要是网络节点或适配器的软件设计,主要包括两个方面:基本配置和数据的收发管理。应用 NodeBuilder 工具快速开发 LonWorks 网络节点或适配器的方法步骤如下:

① 创建一个 NodeBuilder 项目;
② 创建一个 NodeBuilder 设备模板;
③ 定义设备接口,产生执行其的 Neuron C 源代码;
④ 通过编辑 Neuron C 源代码,开发设备应用程序;
⑤ 编译、构建、下载所设计的应用程序;
⑥ 测试设计的设备接口;
⑦ 调试设计的设备应用程序;
⑧ 在一个网络中连接和测试设计的设备。

5.3 LonWorks 网络节点/适配器设计实例

下面列举几个项目研发实例,综合说明如何进行嵌入式 LonWorks 网络通信应用系统的开发设计。各个例子中将重点说明 LonWorks 网络节点或适配器软硬件设计的关键性实现环节。

5.3.1 基于神经元的节点设计

1. 多路数据采集神经元节点设计

图 5.14 给出了一个 4 路差分输入的毫伏信号检测智能 LonWorks 节点设计例子。该节点以 Toshiba 的神经元芯片 TMPN3150B1AF 为核心,配以 TI 的 SPI 串行接口的 24 位高精度 Δ-Σ 模数转换器 ADS1216、Echelon 的 78 kbps 的双绞线收发器 FTT-10A、光电隔离器 PS2501、8 位并行 EEPROM 存储器 AT29C512、DC-DC 电源模块组成。AT29C512 用以存放 LON 网络操作系统和用户程序。ADS1216 具有 8 路单端或 4 路差动模输入通道,内含可编程增益放大器 PGA 和参考电压源,这里 ADS1216 工作在 4 路差分方式。神经元芯片 TMPN3150B1AF 利用其 IO6~10 口模拟 SPI 串行口,选择 ADS1216 的某一路输入通道,启动模/数转换并读取转换结果。

设计的这种 LonWorks 智能节点的技术特点如下:

➤ 采用流行的 ADAM 模块结构设计,实现同时测量 4 路毫伏电压信号;

➤ 毫伏信号输入范围:±19.5 mV、±39 mV、±78 mV、±156 mV、±312 mV、±625 mV、±1 250 mV、±2 500 mV;

➤ 通过组态软件配置所需信息,每一路可选择输入信号范围和类型及对应的工程量量程、上下限报警点等,并记忆于智能节点上的非易失性存储器中;

➤ 根据所配置的信息,智能节点上的神经元芯片能够实现自动测量;

➤ 采用高性能、高精度、内置 PGA 的具有 24 位分辨率的 Δ-Σ 模数转换器 ADS1216 进行测量,传感器或变送器信号可直接接入;

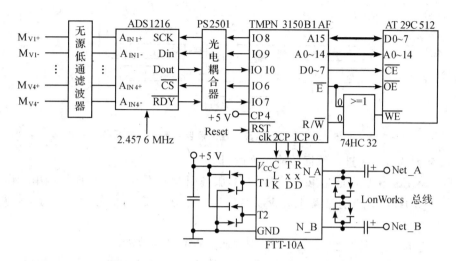

图 5.14　基于神经元芯片的 LonWorks 智能数据采集节点硬件构成框图

- 具有低通滤波、过压保护、短路检测等功能；
- 神经元芯片与模拟信号测量之间采用了光电隔离措施，抗干扰能力强；
- 可安装于测量现场，通过 LON 总线的 78 kbps 双绞线收发器将每一路的测量信息传送到监控计算机，方便地组成智能分布式系统。

2. 电力载波温度监测神经元节点设计

这里列举的神经元节点，通过电力线载波实现了对远端现场温度变化的监测，具体设计过程如下：

(1) 硬件体系设计

该 LonWorks 网络现场总线节点，以 Toshiba 的神经元芯片 3150 为核心，外加收发器、扩展内存、外围 I/O 电路、复位及低压保护电路和电源供应电路等构成，其组成结构如图 5.15 所示。每个神经元芯片的 ROM 中包含一个能够执行 LonTalk 协议的神经元芯片固件，网络节点依照固件中的 LonTalk 协议与网络上其他的节点进行通信。3150 芯片内部只有 512 字节 EEPROM 和 2 KB ROM，因此使用一片 32 KB "闪存"作为全部扩展内存。规划："闪存"芯片的低 16 KB 装入系统固件，而其高 16 KB 用来装入应用程序代码和数据。

1) 收发器及服务、低压保护电路

电力线收发器 PLT-22 是 Echelon 为实现在电力线上数据传输而专门开发的调制解调芯片，其内核为数字信号处理器 DSP，并采用了双相移相键控 BPSK(Binary Phase Shift Keying)技术。PLT-22 的数据传输采用双频模式，其中 132.5 kHz 为主载频率；如果主频被噪声干扰，则会自动采用 115 kHz 的副载频传输数据，从而利用双载波频率的自动调整解决因断续的噪声干扰、阻抗变化和信号衰减等原因造成的电力线通信的恶劣情况。这一点对于在干

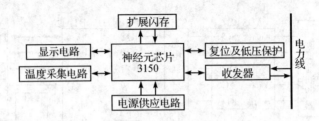

图 5.15　电力线载波远程温度监测节点构成框图

扰源多、噪声大的电网上进行数据传输尤为适用。

在 LonWorks 节点的配置、安装和维护中，服务引脚发挥着不可小视的作用。作为输出，它驱动一个 LED，当节点有故障时，LED 可以通过显示一定的信号给予提示，常见的情况如下：

➢ 从上电起，若 LED 全亮或是全暗，则说明节点有硬件故障；

➢ 在上电或复位时，若 LED 先亮后暗，然后持续亮，则可能是节点无应用程序或是应用程序和固件不匹配；

➢ LED 闪动时，则意味着节点还没有配置。

对于一个节点而言，低压保护电路是必须的，此处用 DS1233 作为低压保护器件，在电源电压降低到一定限度时，由低压保护电路向 Reset 引脚发出重启信号，强制 Neuron 芯片执行重启操作，以避免在低电压下可能发生的数据错误。

2) 外部 I/O 设备

Neuron 芯片有 11 个双向可编程 I/O 口、34 种可选工作模式，支持电平、脉冲、频率等信号，可与各种传感器配合实现各种参数的测量和控制。其中，包括串行 I/O 方式。设计采用串行 1 200 bps、半双工的工作方式，其外部 I/O 设备分为显示与温度采集、转换两部分。

显示部分：参考 Echelon 提出的典型节点设计，选用 MC14489B LED 驱动芯片驱动 4 盏 LED，Neuron 芯片的 IO3 引脚作为 MC14489 的片选端口，IO8 引脚为时钟端口，IO9 为控制字输入端。

温度采集、转换部分：以 LM35DZ 用于温度的采集，LM35DZ 采集范围是 0～100℃，每 10 mV/℃。A/D 转换采用 MAX186 的 12 位数据采集芯片。它集成了 8 通道多路开关、大带宽跟踪/保持电路和 SPI 串行接口，具有转换速率高、功耗极低的特点。此器件可使用单一 +5 V 电源或 ±5 V 电源进行工作，其模拟输入可由软件设置为单极性/双极性和单端/差分工作方式。这里采用主模式（Neurowire Master），即 Neuron 芯片的 IO8 引脚作为时钟信号，IO6 控制字输出端口（Data in），IO10 控制字输入端口（Data out）。该部分的硬件电路如图 5.16 所示。

3) 硬件抗干扰

LonWorks 网络节点的工作现场往往是非常复杂的电磁环境，节点各部分与周围其他电

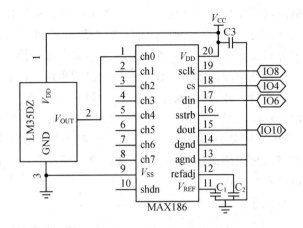

图 5.16　电力线载波远程温度监测节点的温度采集部分电路框图

子设备之间不可避免地存在各种形式的电磁干扰(EMI)和静电放电(ESD)。为了保证通信的准确无误、延长硬件使用寿命,该节点在设计上结合 LonWorks 电路自身特点,采用下列措施以减小电磁干扰的影响:

➤ 星形接地结构:采用星形接地,使金属构件地的连接点位于时钟、存储器等高速电路和驱动器电路之间,同时增大地线宽度以减小对地阻抗,将电路间通过"公共地"的传导干扰减至最低;

➤ 地平面:在 Neuron 芯片下方布置地平面,以降低 Neuron 芯片的地电感;

➤ +5 V 电源分配及解耦:从 220 V 交流电网到开关电源输出的直流电,包含大量 EMI 信号,+5 V 电源分配通过低感抗的"宽线"和平面实现,同时在 PCB 板的插件面用 0.1 μF 的电容直接接到每个集成芯片的电源端,以实现解耦;

➤ 网络端处理:网络设备自身已做到足够小,不会产生超限的 EMI,只需将电力线引向它们在 PCB 上的连接点时,不要经过或接近"嘈杂电路"的区域,并保证强磁噪声源(如 DC/DC 变换器、时钟电路)远离电力线收发器。

(2) 软件体系设计

Neuron 芯片中的软件可以分为 3 个主要部分:系统映射(System Image)、应用映射(Application Image)和网络映射(Network Image)。系统映射包括 Lontalk 协议、NeuronC 的应用函数库和任务调度程序(Task Scheduler)。系统映射储存在扩展的闪存中。系统映射和网络映射是由相应的开发系统自动生成的,对开发人员而言,它们是隐性的,可以使开发人员把主要的精力放在应用程序的开发上,以减少系统开发的工作量。Neuron 软件的采用 Neuron C 语言编写,Neuron C 直接支持神经元芯片的固件,并具有一些新特点,如网络变量,在节点的应用程序中,其声明格式如下:

network input/output [netvar-modifier] [class] type [connection-info] identifier

当一个节点中的输出网络变量发生变化时,与其相联的其他节点的所有输入网络变量也同时更新它们的值。这样,节点与节点之间的通信就隐性地完成而不需要用户的干预。网络变量的使用大大简化了分布式系统的开发工作。开发者不必考虑通信中信息缓存、节点寻址、请求、应答、重试处理等一些低层次的细节工作。网络变量的采用使得网络通信就像通常应用程序调用其中的一个普通变量一样,极大地方便了节点编程。此外在节点的应用程序中,没有C语言中常见的主函数 main(),而是应用了一系列的 when 语句。when 语句包含一个表达式,当其为 TRUE 时,则执行相应的任务。多个 when 语句可与单个任务相联,但不可嵌套。when 语句可以设定优先级,优先级高的 when 语句优先进行条件判断。它们的逻辑控制由任务调度器完成。该网络节点程序设计片段如下所示:

信号输入部分的接口程序:

```
IO8 neuron ware master select(IO4)MAX186;   /*IO8 时钟引脚,IO6 数据输出,IO10 数据输入;
                                              主模式,片选信号 IO4*/
IO4 output bit MAX186_CS = 1;               //选择 IO4 为位输出
when ( timer_expires (clock_1) );           //定时/计数器 clock_1 满事件驱动
io_out (MAX186_cs, 0) ;                     //选中 MAX186
io_out (MAX186,10001111) ;                  /*送 MAX186 控制字:通道 0,单极性,单端输入,外部
                                              时钟模式*/
in_put = io_in(MAX18612,&in_put,16);        //输入转换结果
io_out (MAX186_cs,1) ;                      //MAX186_cs 无效,结束信号采集
```

信号输出部分的接口程序:

```
IO8 neuron ware master select(IO3)MC 14489; /*IO8 时钟引脚,IO9 数据输出,IO10 数据输入;
                                              主模式,片选信号 IO3*/
IO3 output bit MC14489_CS = 1;              //选择 IO3 为位输出
when(timer_expires(clock_2));               //定时/计数器 clock_2 满事件驱动
io_out(MC14489_cs, 0);                      //选中 MC14489
io_out(MC14489, 10100111);                  /*送 MC14489 控制字:MC14489 为 LED 驱动,无需返回
                                              信息*/
io_out(MC14489_CS, 1);                      //MC14489_cs 无效,结束信息显示
```

开关量 IO 控制模块:

```
when(io_changes(remote))                    //开关 K1(Remote)闭合
{   lr = 0;
    io_out(remoteTemp, 0);                  //Remote LED 点亮
    io_out(1ocalTemp, 1);                   //Local LED 熄灭
}
when(io_changes(1oca1))                     //开关 K2(Remote)闭合
```

```
    {   lr = 1;
        io_out(remoteTemp, 1);              //Remote LED 熄灭
        io_out(localTemp, 0);               //Local LED 点亮
    }
```

系统程序流程图如图 5.17 所示。

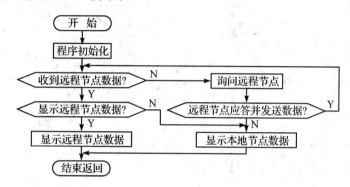

图 5.17　电力线载波远程温度监测节点的系统程序流程图

(3) 节点测试

系统通过 LonBuilder 进行调试。首先将 2 个节点连接到 220 V 市电网上,然后通过 PC 机的 LonBuilder 和 2 个节点相连,安装节点时按一下该节点的 Service 键,芯片将向 Lon-Builder 发送一个包含其唯一标识符的 ID 号,LonBuilder 收到这个信息后将为其分配一个网络地址。在此测试时将 2 个节点绑定,则在撤除 PC 机后本地节点(主节点)自动搜索远端节点(从节点),从而实现节点之间自动应答和通信。测试结果显示能够实现同楼层数据可靠传输,但若建筑物内 220 V 市电网布线不正规(如三相电反相)或存在低压动力箱,则传输数据丢失。

3. 通信网桥神经元节点设计

这里给出一种基于双端口数据存储器 DP-RAM(Double Port RAM)的 LonWorks 网络节点设计。该节点作为通信桥梁,把常用的 RS485 网络与 LonWorks 网络连接在一起,实现了不同网络间的可靠、准确、快捷数据传输,也为上位 PC 机、底层工作站提供了转换接口,实际应用价值很高。

(1) 网络节点的硬件体系设计

1) 硬件电路设计

智能节点以 Neuron 神经元处理器芯片为核心,其硬件电路还包括收发器、EEPROM、DP-RAM、译码电路和 service 电路等。以神经元芯片构成网络接口,由它通过 LonTalk 协议与网上的其他智能节点通信,并通过双口 RAM 的访问实现与其他网络系统的数据交换。节

点中用DP-RAM充当不同网络通信过程中现场信息的接收、发送缓冲区,完成最近发送/到达的交换数据的存储转发功能,缓解和避免系统缓存紧张和瓶颈的产生。用非易失性存储器EEPROM存放LonTalk网络协议固件、多任务调度程序、网络适配器通信管理程序以及网络配置信息等。该网络节点的硬件结构组成如图5.18所示。

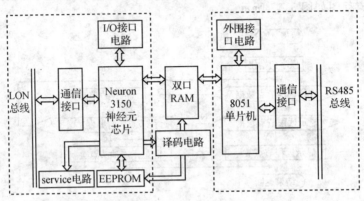

图5.18 通信网桥神经元节点的硬件电路构成框图

该网络节点的基本结构可分为两部分:以Neuron 3150神经元芯片为主构成的Lon-Works现场总线一侧,基本功能是实现LON网络上的智能节点功能;另一侧是由单片机系统构成的串行通信接口,功能是实现RS232-C/RS485标准的串行通信。两部分之间采用DP-RAM CY7C130芯片作为数据共享区。CY7C130通信接口电路的左侧端口与Neuron 3150芯片连接,右侧端口与8051单片机系统连接,如图5.19所示。DP-RAM的两端都有独立的数据线、地址线和控制线,两端都可对DP-RAM的任意单元进行操作。只要两端不同时对同一地址单元进行操作就不会发生冲突。BUSY显示本侧端口想要存取的地址正在被另一个端口操作,发生硬件冲突时,后来操作一端的BUSY信号有效。

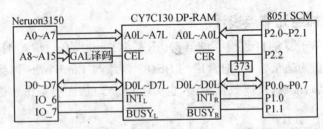

图5.19 通信网桥神经元节点的双机通信接口电路示意图

在应用中分别对DP-RAM的1 KB存储空间进行定义,即CY7C130的同一存储单元对于Neuron3150芯片及8051单片机系统各有一个地址,这样两个系统均能对其进行存取操作。Neuron3150芯片对1 KB空间的地址为D000H～D3FFH。8051单片机系统对它的定义为 0000H～03FFH。值得注意的是，CY7C130 芯片 3FFH 和 3FEH 两个单元被用作固定用途：当左端 Neuron3150 芯片向 3FFH 单元写入数据时，则产生中断信号 INTR；同理，当右端 8051 单片机向 3FEH 单元写入数据时，则产生中断信号 INTL。利用这两个信号可以将系统设置为中断工作方式，达到节省通信时间的目的。由于双向数据信息的交换，可以这样来划分 DP-RAM 存储区间：000H～01FFH 单元存入 Neuron 3150 芯片向 8051 传送的信息，而 200H～3FFH 单元存放由 8051 向 Neuron 3150 发送的信息，并将同类但不同"次"的信息放在固定的存储单元，每次都以新的数据覆盖上次的数据。这样就不必进行标志的判断，只需要固定单元取数据就可以进行处理，既节省时间，又安全可靠。

2) 硬件的抗干扰措施

LonWorks 设备往往工作环境恶劣，其自身各部分与周围其他电子设备之间不可避免地存在各种形式的电磁干扰和静电放电。为了保证通信的准确无误，延长硬件使用寿命，该通信节点在设计上结合 LonWorks 电路自身特点，采用有关接地、屏蔽和滤波的适当处理，以有效减小电磁干扰的影响。针对收发器 FTT-10A，设计抗干扰电路时，应主要围绕印刷电路板上星形地线结构和火花隙的设计。对于静电放电 ESD，在印刷电路板设计中，采用火花放电隙能够削弱到达收发器和后续缓冲器电路的 ESD 能量；使用钳位二极管能大大增强节点承受来自网络连接端的 ESD 能力。对于电磁干扰，应尽量保证强噪声源（如 DC/DC 变换器、时钟电路等）远离收发器 FTT-10A。

(2) 网络节点的软件设计

LON 网程序设计使用 Neuron C 语言，可直接在 LonBuilder 神经元仿真器上进行调试，因此应用程序的开发可独立于硬件设计进行。该网络节点通信流程如图 5.20 所示。

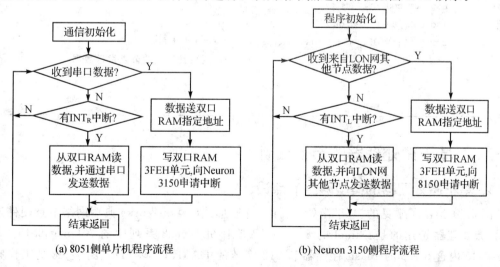

(a) 8051 侧单片机程序流程　　　　(b) Neuron 3150 侧程序流程

图 5.20　通信网桥神经元节点的双机通信软件流程图

程序中，网络节点 Neuron 3150 侧使用显示报文通信能有效实现智能节点与单片机进行双向通信的功能。用 Neuron C 语言进行节点设计编程时，必须首先查询 IO_6 和 IO_7 的内容。定义两个比特类型的输入变量 INTL 和 BUSYL，通过查询这两个变量的内容来确定程序的运行流程。主要的程序代码如下：

```
#include<string.h>
#include<control.h>
#define     Tlon_485    0xd000      //LON 网络收到的数据在 DP-RAM 存储单元中的首址
#define     T485_lon    0xd0200     //单片机收到的数据在 DP-RAM 存储单元中的首址
IO_6 input bit INTL;                //定义 IO_6, IO_7 为比特类型的输入变量
IO_7 input bit BUSYL;
Msg_tag tag_out1;                   //定义输出消息标签
//系统主程序------------------------------------------------------------------
priority when(msg_arrives)          //显示网络消息事件
{   unsigned int * p;               //存储从 LON 网上接收的数据
    int i;
    p = (unsigned int * )(Tlon_485);
    for(i = 0;I<30;i + +){ * p = msg_in.data[i];p + + ;}
}
when(io_in(INTL) == 0)              //当单片机侧有数据时申请中断
{   when(io_in(BUSYL) == 1)
    {   unsigned int * u;int j;
        u = (unsigned int * )(T485_lon);
        msg_out.code = 1;
        msg_out.tag = tag_out1;
        for(j = 0;j<30;j + +){msg_out.data[j] = * u;u + + ;}
        msg_send();                 //向 LON 网络其他相关节点发送数据
    }
}
//------------------------------------------------------------------
```

5.3.2 基于微处理器的节点设计

1. 基于微处理器的典型网络节点设计

图 5.21 给出了常见的、基于微处理器的、并联形式的 LonWorks 典型网络节点硬件连接框图，微处理器选用的是 Atmel 的 8 位 AVR 单片机 Mega8 系列中的 ATmega8515。ATmega8515 内含 8 KB 的 Flash 存储器和 512 字节的 RAM，40 脚 PDIP 封装，最高工作频率 20 MHz；ATmega8515 和神经元芯片之间通过单字节 FIFO 的并行接口进行数据交换，这种

FIFO 逻辑可以通过 74HC574 和 74HC74 来完成，也可以采用单一可编程器件 CPLD 来完成。

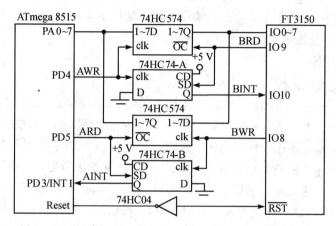

图 5.21　基于微处理器的 LonWorks 典型网络节点硬件连接框图

该网络节点中，核心微处理器向神经元芯片发送单个字节的过程如下：

① 通过 ATmega8515 的 PA 口把数据"送入"图 5.21 上边的 74HC574 锁存器的输入端 1D～8D；

② 使 ATmega8515 的 PD4 变高，ARW 产生上升沿，数据被 74HC574 锁存，同时使得 BINT 信号变低，通知神经元芯片读取数据；

③ 神经元芯片检测到 BINT 后，将 BID 置低，把 74HC574 中锁存器的数据送到 BD0～BD7 上，同时置高 BINT，清除请求信号；

④ 神经元芯片从 BD0～BD7 读取到数据后，置高 BRD，释放数据总线 BD0～BD7；

⑤ 神经元芯片将 BWR 置高，产生上升沿，使 AINT 变低，通知 ATmega8515 可以继续发数据；

⑥ ATmega8515 的 INT1 收到 AINT 后，把 ARD 置低，使 AINT 变高，消除神经元芯片的请求信号；

⑦ ATmega8515 将 ARD 置高，释放 BD0～BD7。

重复上述过程就能实现从 ATmega8515 到神经元芯片的多字节传送。

从神经元芯片发送数据到 ATmega8515 的过程与上面过程相同。

另外，上电后神经元芯片和 ATmega8515 在初始化使用的时间不同，神经元芯片要有很多复位处理任务，耗时较长。为了让 ATmega8515 与神经元芯片尽量同步开始工作，设计时把神经元芯片的复位输出经 74HC04 取"反"后接到 ATmega8515 的复位引脚上。当神经元芯片在运行中如果出现复位，则这种电路保证 ATmega8515 也可以进行同步的复位初始化，从而保证了节点出现意外时能够可靠地工作。

2. 基于微处理器的网络节点应用体系设计

这里设计的是一个基于微处理器的带有 USB 接口的便携式 LonWorks 网络节点,用于进行现场数据的监测,解决了令人头痛的便携设备与现场设备采用通用串口 UART 通信时传输速率低、经常掉线、连接不可靠的问题。

(1) 硬件体系设计

1) 通信原理及硬件结构

便携接口卡由 LonWorks 接口模块和 USB2.0 接口模块组成,如图 5.22 所示,采用双 CPU 技术,主 CPU 为 USB2.0 控制器 CY7C68013 内置的增强 8051 内核(其内核的运行速度是普通 8051 的 5 倍),主要作为协议的转换模块,用来完成 USB2.0 协议与 LonTalk 协议之间的转换,向上与笔记本电脑或其他具有 USB 接口的便携设备进行通信,向下与从 CPU——神经元芯片 TMPN3150 进行并口通信。TMPN3150 主要起 LonWorks 网络接口的功能,作为通信协处理器,将从主 CPU 接收到的来自笔记本电脑或其他具有 USB 接口的便携设备的报文解析成 LonTalk 协议报文并通过 LonWorks 收发器传向 LonWorks 网络,或将从 LonWorks 网络上接收到的 LonTalk 协议报文转发给主 CPU,再由主 CPU 传向笔记本电脑或其他具有 USB 接口的便携设备。神经元芯片的 11 个 I/O 有 34 种可选工作模式,其中包括并行 I/O 方式,该方式数据的最大传送速率可达 3.3 Mbps。并口工作方式在数据传送速度方面的优势使得神经元芯片与增强 8051CPU 完成大量数据的传送成为可能,它们之间的数据传输是通过运用"虚写令牌传递机制"实现的,拥有令牌的一方拥有对数据总线的写控制权。

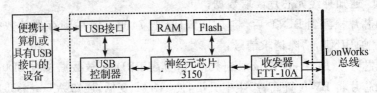

图 5.22 USB2.0-LonWorks 便携接口卡结构框图

2) 硬件电路设计

该接口卡中,USB2.0 控制器采用 Cypress 的 USB2.0 控制器 CY7C68013,它是 USB2.0 的完整解决方案。该芯片包括 8.5 KB 片上 RAM 的高速 8051 单片机、4 KB FIFO 存储器以及通用可编程接口(GPIF)、串行接口引擎(SIE)和 USB2.0 收发器。它无需外加芯片即可完成高速 USB 传输,性价比很高。智能串行接口引擎(SIE)执行所有基本的 USB 功能,将嵌入式 8051 解放出来用于实现专用的功能,并保证其持续高性能的传输速率。通用可编程接口(GPIF)允许"无胶粘接"即可与几乎所有的集成电路或数字信号处理器件进行连接,并且还支持常见的通用总线标准,包括 ATA、UTOPIA、EPP 和 PCMCIA;它完全适用于 USB2.0,并向下兼容 USB1.1。

神经元芯片选用 Toshiba 的 TMPN3150,其片内存储器的地址范围是 E800~FFFFH,包括 2 KB 的 SRAM 和 512 字节的 E^2PROM。3150 可以外接存储器,如 RAM、ROM、E^2PROM 或 Flash,其地址范围是 0000~7FFFH。根据一般应用的性能和成本要求,3150 的外部存储器采用 Flash 和 RAM。Flash 选用 IS61C256AH-15N,RAM 选用 AT29C512。61C256 和 29C512 的地址范围通过逻辑门电路根据 Neuron 芯片的地址线和控制线 E 来确定。51 内核与 3150 采用 3150 的并口通信方式,将神经元芯片的 IO0~IO7 作为 8 根数据线与 51 内核的 PB(PB0~PB7)口相连,IO8 作为片选信号线与 51 内核的 PC0 口相连。IO9 作为数据读/写信号线(R/W)与 51 内核的 PC6 口(写信号)相连。IO10 作为握手信号线(HS)与 51 内核的 PC1 口相连。

为提高增加接口卡的可靠稳定性,设计增加了一个锁存器,完成复位接口的功能。当 3150 芯片复位时,通过锁存器将复位信号传送给 CY7C68013 内部的 8051 处理器,8051 接到复位信号自动复位并马上清锁存器,其接线如图 5.23 所示。在并口通信中,8051 与 3150 同步非常重要,要完成并口通信,8051 首先要与 3150 达到同步并且同步操作必须在 3150 复位时进行。8051 只在初始化程序时才与 3150 进行同步操作。完成同步后,每当 3150 由于误操作或错误运行而造成复位时,3150 与 8051 将失去同步,而 8051 无法检测到,从而造成并口通信失败。加入锁存器之后,8051 就能检测到 3150 的复位信号并自动复位自己的程序,使得 8051 与 3150 再次达到同步,从而使适配器的可靠稳定性得到加强。

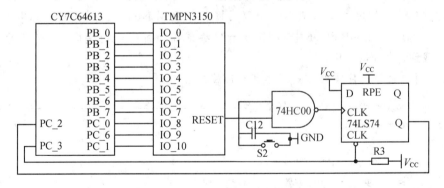

图 5.23　神经元芯片与 USB 控制器的接线框图

神经元芯片与 LonWorks 网络介质的接口采用 LonWorks 自由拓扑型收发器 FTT-10A。FTT-10A 是一种变压器耦合型收发器,可提供一个与双绞线的无极性接口,且支持网络的自由拓扑结构。网络通信介质采用最常用的双绞线。

3) 抗干扰设计

工业现场的环境一般来说较为恶劣,存在多种干扰。为保证通信的准确无误、延长硬件使用寿命,该适配器除采用通常的供电和接地抗干扰措施外,主要是要避免和消除来自网络介质的静电泄放(ESD)和电磁干扰(EMI),即主要针对 FTT-10A 来设计抗干扰电路。

对于 ESD，在印刷电路板(PCB)设计中应提供一个导入大地的通道，还要不致引起整个 PCB 电压的升降。具体采用火花放电隙和钳位二极管来实现。对于 EMI，因为 FTT-10A 对垂直杂散电磁场最不敏感，而对水平杂散电磁场最敏感。所以在 PCB 设计中应使 FTT-10A 尽量远离水平杂散电磁场区域。对于不可避免的杂散电磁场，应使其相对于 FTT-10A 垂直分布。

(2) 软件体系设计

神经元芯片的应用程序采用 Neuron C 语言编写，主要是 Neuron C 中显示报文的使用，它为 LonWorks 节点间的通信及互操作提供基础。通过对不同节点分配网络地址即可实现节点之间的数据传递，也就是说，便携接口卡中的 3150 通过构造和解析报文实现了与 LON 网用户节点的通信。

CY7C68013 的开发使用 Cypress 提供的开发套件 CY3681，它包括带 128 脚 CY7C68013 的硬件开发板、相应的控制面板和 GPIF 代码自动生成软件(GPIFT001)。对于内核 8051 的开发采用 Keil 开发工具。

该便携接口卡的软件程序包含两大部分：一是存储在 CY7C68013 中的 USB 驱动程序和与 3150 的并口通信程序；二是存储在 3150 外部 Flash 中的并口通信程序以及 LonTalk 协议转换程序。USB 驱动程序在开发套件 CY3681 中已有支持用户，调用即可。而与 3150 的并口通信程序则采用 Keil C51 语言编写，并通过 USB 口下载到 CY7C68013 中。3150 外部 Flash 中的并口通信程序以及 LonTalk 协议转换程序采用 Neuron C 语言编写，并采用 LonWorks 开发工具——LonBuilder 中的 Neuron C 编译器对程序进行编译，生成 ROM 映像文件，最后下载到片外 Flash 中。

8051 的并口通信程序需要实现的主要程序模块如下：

```
void sync_loop(void)              //同步模块------------------------------------
{   unsigned char rb;
    do
    {    RW = 0;hndshk();PB = CMD_RESYNC;
         CS = 0;CS = 1;hndshk();PB = EOM;
         CS = 0;CS = 1;hndshk();PB = 0xff;RW = 1;
         CS = 0;rb = PB;CS = 1;
    }while(rb!= CMD_ACKSYNC);
    token = MASTER;
}
void hndshk(void)                 //握手模块------------------------------------
{   while((hs = INT0) == 1);}
void pio_read(void)               //"并口数据"传送模块
{   unsigned char cmd,i;
```

```
        PB = 0xff;hndshk();RW = 1;
        cmd = PB;CS = 0;CS = 1;
        if(cmd == CMD_XFER)
        {   hndshk();pio.1en = PB;
            CS = 0;CS = 1;
        }
     else pio.1en = pass_token();
}
void pio_write(void)         //"并口数据"接收模块------------------------------------------
{    unsigned char sd;
     hndshk();RW = 0;PB = CMD_XFER;
     CS = 0;CS = 1;hndshk();
     PB = pio.1en;CS = 0;CS = 1;
     for(sd = 0;sd<pio.1en;sd + + )
     {   hndshk();
         PB = pio.dat[sd];
         CS = 0;CS = 1;
     }
     pass_token();RW = 1;
}
void pass_token(void)        //令牌传递模块
{    if(token == MASTER)
     {   hndshk();RW = 0;PB = EOM;
         CS = 0;CS = 1;token = SLAVE;
     }
     else token = MASTER;
}
```

根据硬件设计,将神经元芯片的 I/O 定义为并行(parallel)I/O 对象类型。定义并行 I/O 对象的 Neuron C 代码为 IO_0 parallel slave P_BUS,其中,P_BUS 为所定义的 I/O 对象名称。Neuron 将从"并口"得到的报文解析,再利用 Neuron C 的消息传送机制将解析的消息传送给适配器下层的应用节点。读取数据的 Neuron C 函数为 io_in(),其格式为 io in(P_BUS, addressl),其中,P_BUS 为并口 IO 对象名称,addressl 为接收并口数据的地址。发消息的 Neuron C 函数为 msg_send()。

值得注意的是,神经元芯片的应用 CPU 在执行该 io_in()函数时处于等待状态,也就是说,等待数据时应用 CPU 不能处理其他 I/O 事件、定时器终止、网络变量更新或报文到达事件。如果 20 字符时间内尚没有接收到数据,则可能使 WatchDog 定时器产生超时错误。在 10 MHz 的输入时钟下,WatchDog 的超时时间是 0.84 s(该时间随输入时钟而改变)。通常情况下,调度程序(scheduler)会周期性地对 WatchDog 定时器进行复位,但当程序处理一个较长的任务如 io_in()时,则有可能终止 WatchDog 定时器,这将导致整个节点的复位。为避免产生这种情况,同时使程序尽可能多地接收到达的数据,需要在接收数据这个任务中周期性地调用函数 watchdog_update。

5.3.3 PCI/ISA 网络适配卡设计

1. 基于 PCI 总线的 LonWorks 网络适配器设计

网络适配器主要用于分布式测控系统收集 LonWorks 网络上的节点信息,转发给 PC 机,并把 PC 机的命令和参数转发给相应的节点,实现 PC 机与 LonWorks 网络的通信。基于 PCI 总线的 LonWorks 网络适配器,当前应用最多,图 5.24 给出了这种类型的网络适配器的设计样例。

图 5.24 主要由 PCI 桥器件 PCI9052、8 位并行双端口 DP-SRAM 存储器 IDT7130 和神经元芯片 TMPN3150 组成,3 线串行 E^2PROM 存储器 93C46 用于对 PCI9052 的初始启动配置,神经元芯片外扩了 Flash 程序存储器 29C512 和 SRAM 数据存储器 62256,29C512、62256 和 IDT7130 外挂在神经元芯片的存储器接口上,其存取访问逻辑通过可编程逻辑器件 EPM7064 完成。

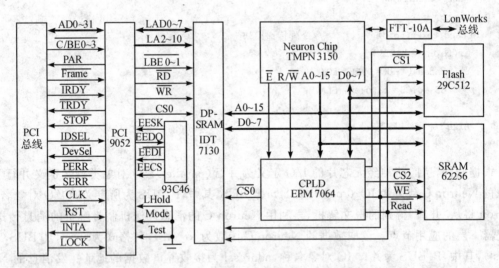

图 5.24 基于 PCI 总线的 LonWorks 网络适配器结构组成框图

IDT7130 的争用问题采用 PCI9052 的局部总线数据准备好信号 $\overline{\text{LRDY}}$ 来解决,神经元芯片 TMPN3150 只有同步工作方式,而 PC 机只允许异步工作方式,在双方同时访问 IDT7130 芯片时,应优先满足神经元芯片的访问请求;当 PCI 总线访问 IDT7130,同时神经元芯片也在访问时,则 IDT7130 在 PC 机一侧的忙信号(BUSY)变低,将此信号取反接至 PCI9052 的

LRDY信号线,使PC自动插入若干等待周期,主动延长对IDT7130的访问。

该LonWorks网络智能适配器以神经元芯片TMPN3150为核心,在设计中采用非易失性存储器Flash(29C512)存放LonTalk协议固件、智能适配器通信管理程序以及网络配置信息。收发器采用多功能自由拓扑的FTT-10A,也可以根据实际的环境、速率等选择不同的收发器。

在此智能适配器的设计中,为了提高集成度,采用Altera公司的CPLD器件EPM7064实现地址译码。神经元芯片一侧和PC19052一侧的地址译码关系如下:神经元芯片TMPN3150芯片有16根地址线,共可寻址64 KB地址空间;芯片内部存储器空间6 KB,片外最多可扩展58 KB。Neuron芯片片内有2 KB RAM,但是由于在编制大规模的程序时内部RAM有可能不够用,因此在板卡内扩展了24 KB的SRAM存储器62256,另外32 KB的Flash存储器用来存储Neuron芯片的固件以及用户的应用程序。LonWorks网络智能适配器内存空间分配是:

神经元芯片侧地址分配:
FLASH(29C512)　　　　　　0000H~7FFFH(32 KB)
SRAM(62256)　　　　　　　8000H~DFFFH(24 KB)
DPRAM(IDT7130)　　　　　E000H~E7FFH(2 KB)

译码方程如下:
29C512片选信号:$CS1=\overline{A15}$
62256片选信号:$CS2=/A15+A14+A13$
IDT7130片选信号:$CS0=A15\times\overline{A14}\times\overline{A13}\times\overline{A12}\times\overline{A11}$

在PC19052一侧,IDT7130的片选信号由PC19052的CS0提供,同时PC19052还提供了局部总线的读写选通信号$\overline{RD}$、$\overline{WR}$和IDT7130 DP-SRAM PC机一侧的读/写信号。

2. Linux-LonWorks网卡的驱动设计与实现

这里给出ISA接口的LonWorks网络适配器在嵌入式Linux操作系统下的应用,其中关键环节是实现该LonWorks适配网卡嵌入式Linux下的软件驱动,具体开发设计过程如下:

(1) LonWorks适配网卡及其工作原理

该ISA-LonWorks适配网卡的硬件电路构成如图5.25所示。传统的微控制器与ISA总线接口一般使用8155、8255器件实现,电路复杂,调试困难,在此使用可编程逻辑器件CPLD(Complex Programmable Logic Device)实现ISA总线的接口逻辑,以简化电路。限于篇幅,不再详细说明相关的逻辑设计。

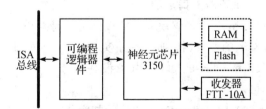

图5.25　ISA-LonWorks适配网卡的硬件电路构成框图

核心微处理器与神经元之间通过 CPLD 进行数据交换的应用程序框图如图 5.26 所示,该程序主要实现微处理器与神经元之间的数据读写、标志位的设置与清除等功能。采用 CPLD 器件实现存储数据和标志位的相关寄存器。

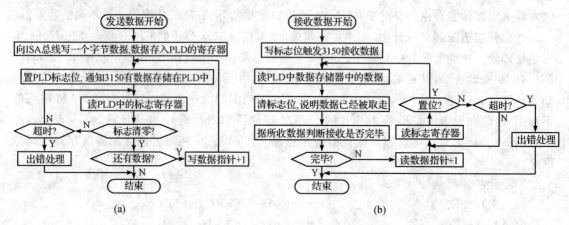

图 5.26　ISA-LonWorks 适配网卡的应用程序框图

(2) ISA-LonWorks 适配网卡的驱动实现

该 Linux-LonWorks 适配网卡的软件由应用程序和设备驱动程序两部分构成,这里着重说明 Linux-LonWorks 适配网卡的驱动程序设计。

Linux 等主流操作系统为安全和应用方便把硬件设备作为文件进行操作,即设备文件。应用程序通过设备文件来与实际的硬件打交道。Linux 操作系统支持 3 种不同类型的设备:字符设备、块型设备和网络设备,相应地有 3 种类型的设备驱动程序。嵌入式应用系统下的大部分设备都可以作为字符型设备加以驱动,LonWorks 适配网卡也是一样。字符型设备驱动程序设计需要定义关键的"文件接口"数据结构 file_operations 并实现其中的应用程序必须使用的操作函数,这些函数也称"设备入口点"。

1) 设备入口点的选择

Linux 设备驱动程序的设计主要是对设备入口点的选择和设计。针对 LonWorks 现场总线网卡的特点,特别选择并实现了 5 个入口点,即 open、release、read、write 和 ioctl。对于 open 和 release 入口点由于设备特点,只需要控制设备驱动模块在使用时,不被异常释放即可。

2) file_operations 结构的初始化

file_operations 结构是 Linux 操作系统中用于实现驱动程序的重要数据结构,它对 Linux 提供 I/O 请求的子程序的一系列入口点进行封装。该结构贯穿在整个驱动程序中,所以在文件作用域内定义了它的一个变量,并对程序中用到的入口点做初始化,其代码如下:

```
struct file_operations lmdev_fops =
{   NULL,
    lmdev_read,         //把实现的 lmdev_read 函数指针赋给 read 入口点
    lmdev_write,        //把实现的 lmdev_write 函数指针赋给 write 入口点
    NULL, NULL,
    lmdev_ioctl,        //把实现的 lmdev_ioctl 函数指针赋给 ioctl 入口点
    NULL,
    lmdev_open,         //把实现的 lmdev_ open 函数指针赋给 open 入口点
    lmdev_release,      //把实现的 lmdev_release 函数指针赋给 release 入口点
    NULL, NULL, NULL, NULL,
};
```

3) 网卡驱动模块的初始化与卸载

LonWorks 适配网卡驱动模块的初始化主要是通过对 init_module()函数的实现来完成以下几个任务：

首先以字符设备类型向系统注册 LonWorks 网卡，同时动态获得其设备号，这些通过调用函数 int register_ chrdev(unsigned int major, const char * name, struct file_operations * fops)来实现。这里使 major 参数为 0，这样系统就会动态地分配并返回主设备号。name 参数是用于标识设备的字符串。file_ operatons 传入的是如前所述的 lmdev_fops。

然后，向系统申请 LonWorks 网卡的 I/O 端口地址。根据该卡上的跳线得到 I/O 地址，调用系统提供的宏 check_region(start，n)，检查端口地址范围 start～start＋n-1 是否可用（是则返回 0，否则返回 1），进而调用宏 request_region(start，n，name)申请通过以上函数检查的地址范围。

接下来，做一些必要的系统日志，根据各种条件用 printk 向系统日志缓冲区写入不同级别的信息。

最后，控制对内核资源提供的符号表输出的符号信息，这里使用 EXPORT_NO_SYM-BOLS 使得该模块不输出任何符号信息。

LonWorks 适配网卡驱动模块的卸载，通过 cleanup_module()函数的实现完成以下几个任务：

- 调用 release_region(start，n)宏，释放模块初始化时申请的 I/O 端口资源。
- 调用 int unregister_chrdev(unsigned int major, const char * name)函数向系统注销该字符设备，major 参数即前面注册时动态获得的主设备号，name 与注册时提供的 name 字符串相同。
- 调用 printk 函数，做一些必要的系统日志。

4) 设备入口点的实现

open 和 release：即前述的 lmdev_open 和 lmdev_ close，它们主要通过调用 MOD_INC_

USE_ COUNT 及 MOD_DEC_USE _COUNT 来对网卡模块使用情况进行计数，以此对设备驱动模块是否正在被使用进行控制，防止模块正在使用时被意外卸载而导致核心对设备操作出现异常。

read 和 write：即前述的 lmdev_read 和 lmdev_write，是设备操作的核心。以 lmdev_read 函数为例，它实现如下几个功能：

- 调用 inb_p 宏，访问硬件的状态和数据端口，以读取相应的状态和数据信息。
- 调用 long_sleep_on_timeout(wait_queue_head_t ＊q, long timeout)函数把当前进程加入到时钟等待队列 q 中，使它等待 timeout 时间。根据 LonWorks 适配网卡的工作方式，这样做可以减少轮询时间，大大提高了效率。
- 调用内核宏 copy_to_user(to, from, n)把数据从内核空间复制到用户空间中。这样，系统调用返回后，用户空间的代码就可以通过 to 指针来访问相应的数据并进行处理了。

5）编译内核模块

完成程序后，用 gcc 编译成目标文件，gcc 命令行需要使用-c 和-D_ KERNEL_ -DMODULE 参数，具体编译命令为：root＃ gcc -c -D-KERNEL_-DMODULE -Wall -02 lmdev. c。

由于头文件中的函数都是声明为 inline 的，还必须给编译器指定-O 选项。gcc 只有打开优化选项后才能扩展内嵌函数，不过它能同时接受-g 和-O 选项，这样就可以调试那些内嵌函数的代码了。

6）网卡驱动程序的测试

编译并加载所设计的适配网卡驱动程序，用 mknod 命令分配主设备号(该设备号可以从/proc/devices 文件中用设备名获得)建立相应的设备文件，设置恰当的读/写权限，之后就可以在应用程序中，使用 Linux 的文件系统调用通过这个设备文件来操作 LonWorks 适配网卡了。图 5.27 为这个驱动开发的测试程序的一些实验结果，测试项目为：通过智能控制器检测 LonWorks 现场总线网络节点分布状况。

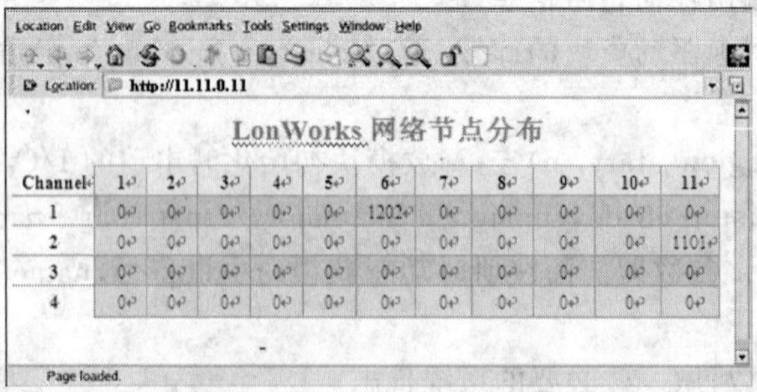

Channel	1	2	3	4	5	6	7	8	9	10	11
1	0	0	0	0	0	1202	0	0	0	0	0
2	0	0	0	0	0	0	0	0	0	0	1101
3	0	0	0	0	0	0	0	0	0	0	0
4	0	0	0	0	0	0	0	0	0	0	0

图 5.27　Linux-LonWorks 网卡的驱动程序测试窗口界面图

可以看出,智能控制器分别检测出 1♯LonWorks 现场总线通道 6 号节点有一个开关量前端(LM1202),2♯LonWorks 现场总线通道 11 号节点有一个模拟量前端(LM1101)。智能控制器检测结果与实际 LonWorks 现场总线网络节点分布一致,这说明 LonWorks 现场总线设备驱动程序已经正确运行。

5.3.4　LonWorks 电能检测系统设计

这里列举的项目是基于 LonWorks 现场总线的电能检测系统的硬/软件设计,用以完成电网的数据采集与监控。电力系统安全性和可靠性要求很高,采用 LonWorks 现场总线可以把整个复杂的配电网综合自动系统分解为相对简单的多个子系统,从而有力地保证现场设备之间可靠地通信,实现配电网的综合自动化。下面具体说明该项目的关键性开发设计过程。

1. 硬件体系设计

本系统基于 LonWorks 总线的网络模型如图 5.28 所示,神经元芯片采用 3120。图中,电能检测仪负责检测电网的电压、电流、频率等电能参数变量,并能在仪表掉电时长期(时间由用户的要求和系统存储量确定)保存数据,其具体要求为:实时检测 A、B、C 三相电压、电流的频率;检测 A、B、C 三相有功、无功功率;支持两种通信模式:LonWorks 总线方式和 RS232 串行

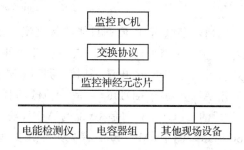

图 5.28　LonWorks 电能监控系统结构框图

方式;保存整点时刻的电压、电流等数据;从仪表第一次工作时开始累计总的正常运行时间和停电时间;用数码管显示键盘输入,实现与用户的交互,用户可以在现场查看和设置仪表的运行参数和历史记录。电容器组用于对电网的无功补偿,其他现场设备为电网自动化的其他智能节点。主要开发任务是监控计算机的软件编制、上位监控 PC 机与神经元芯片 3120 的接口设计以及电能检测仪的设计,下面对这几个方面进行介绍。

(1) 基于微处理器的网络节点硬件电路设计

电能检测仪实质上是一个 LonWorks 智能节点,主要完成现场电能数据的采集与处理,并能根据要求把数据传送到上位监控 PC 机,同时它也能根据用户要求设置其工作参数。电能检测仪分为电压/电流检测模块、频率检测模块、数据存储模块、多路转换模块、互感器模块、LonWorks 通信模块、RS232 通信模块和键盘与显示接口,其原理如图 5.29 所示。电压/电流检测模块负责实时检测三线电压、四线电流;频率检测模块负责实时检测 A、B、C 三相电压和电流的频率;RS232 通信模块负责电能检测仪与外部 RS232 网络和单片机的通信;EEPROM 负责长期保存用户所需的电压、电流等历史数据;LonWorks 通信模块负责神经元芯片与 LonWorks 网络和单片机通信。这里着重介绍 LonWorks 通信模块和电压电流检测模块。

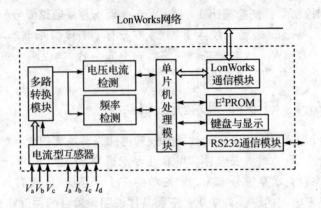

图 5.29 LonWorks 电能监测仪原理框图

普通数字电压、电流表只能测量直流电压、电流；如果要测量交流电压、电流，则必须增加交流/直流(AC/DC)转换器。它一般有两种转换方式：平均值转换和有效值转换。这里采用有效值方法检测电压、电流，其核心是 TRMS/DC 转换器，这类电路现已实现单片集成化。在此采用 AD 公司的 AD536，它是一种低功耗、精密的 TRMS/DC 转换器；A/D 转换芯片采用 TI 公司的 TLC1543，它是 10 位的 ADC，最大采样速率 66 kbps。电压电流采样原理框图如图 5.30 所示。图中，MC14052 是"双 4 选 1"多路模拟开关。89C52 的 P1.5、P1.6 用于选通 MC14052 的模拟通道。任何时刻，只有"一相"电压和电流输入通道被选通。两片 AD536 分别对交流电压、交流电流进行有效值转换，转换结果送到串行 A/D 芯片 TLC1543 进行模/数转换。89C52 的 P1.0～P1.4 对 TLC1543 进行控制，完成采样过程。

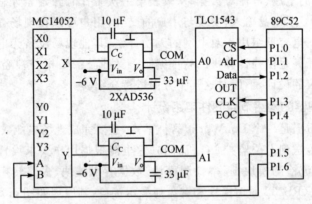

图 5.30 LonWorks 电能监测仪的电压电流采样原理框图

LonWorks 通信模块实现神经元芯片 3120 与 89C52 单片机的通信以及神经元芯片 3120 与 LonWorks 总线的通信。神经元芯片支持串行操作和并行操作。对于串行操作，它用得最多的是 I^2C 总线方式。在这种总线方式下，其 IO8、IO9 端口被定义成 I^2C 总线的时钟线 SCA

和数据线 SDA。在软件编写上，要首先将 IO8、IO9 定义为 I^2C 总线方式，定义格式为：IO_8 i2c io_ob_ject_name。io_object_name 为对该 I/O 对象的命名，IO8、IO9 成对使用，只需要定义 IO8 即可。

本项目选用并行方式。神经元芯片提供了专门的并行口通信协议，共有 3 种并行口通信模式，即 master、slave A、slave B 模式。Master 模式是一种智能的并行 I/O 对象模式，在这种模式下，神经元芯片 master 对从 CPU 发起并建立同步操作，从 CPU 必须工作于 slave A 模式或模拟的 slave A 模式的神经元芯片。工作于 slave A 模式的神经元芯片使用握手信号线 HS，HS 与数据出现在同一个时钟周期内。虽然这种模式主要用于与 master 模式的神经元芯片接口，但是它同样适用于外部 CPU（非神经元芯片）。slave B 模式与 slave A 模式相似，不同之处在于：前者的握手信号出现在不同的时钟周期内，而后者出现在同一个时钟周期，在这种模式下，主 CPU 必须是外部 CPU。外部 CPU 与神经元芯片的接口可以使用 slave A，也可以使用 slave B。89C52 与神经元芯片 3120 的通信方式采用并行方式，3120 的工作模式为 slave A。因为神经元芯片 3120 的握手信号是集电极开路，因此需要接一个上位电阻。89C52 的硬件接口如图 5.31 所示。神经元芯片 3120 并行 I/O 接口包含 8 个 I/O 数据线和 3 个控制线。在 slave A 模式下，IO0～IO7 为数据信号端，IO8 为 $\overline{CS}$ 信号端，IO9 为 $R/\overline{W}$ 信号端，IO10 为 HS 信号端。$\overline{CS}$ 信号由 80C52 驱动，有效表示正在进行数据传输，脉冲下沿将数据写入 80C52 或 3120 中。$R/\overline{W}$ 信号在 $\overline{CS}$ 有效时，80C52 控制数据的读/写。HS 信号由 3120 驱动，它通知 80C52：HS 为高电平，表示 3120 正在读写数据；HS 为低电平，表示 3120 的数据已经处理完毕，可以进行下一次通信了。

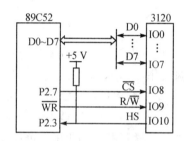

图 5.31 电能监测仪的主 CPU 与神经元芯片的接口电路框图

神经元芯片使用令牌协议实现多种设备共享总线，任何时刻只能有一个设备将数据送到总线上。虚拟写令牌在 80C52 与 3120 间进行巡回。获得虚拟令牌的 CPU 拥有向总线发送数据的权力；否则，只能从总线上读取数据。其过程如下：如果 3120 具有虚拟令牌，在向总线发送完一个字节后 HS 变为高电平，80C52 从总线上取走数据后，HS 自动变为低（由神经元芯片固件完成）；如果 89C52 拥有写令牌，在它使得 $\overline{CS}$ 和 $R/\overline{W}$ 变为低电平、3120 取走数据之前，一直查询 IO10，如果为低，则表示 3120 已经取走数据，可以发送下一个字节了。

(2) 基于 PC 机的网络适配卡电路设计

上位监控 PC 机与神经元芯片的接口通过 ISA 扩展槽完成，其原理图如图 5.32 所示。图中，可编程逻辑器件 GAL16V8 将 ISA 总线的地址线 A0、A1 和写信号线 $\overline{IOW}$ 译码，共有两路输出。一路用于选通神经元芯片，另一路用于控制地址锁存器 74245。当 74245 选通时，D0 和 HS 形成直通，PC 端程序读取数据线内容，屏蔽掉 D0 之外的位后，获取神经元芯片的握手信号 HS 状态;当 74245 未被选通时,进行正常的数据传输。

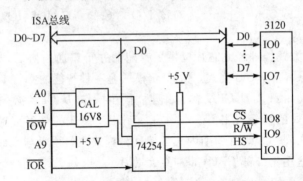

图 5.32　PC 机网络适配卡的 ISA 总线与神经元芯片的接口电路框图

PC 机中使用 A0~A9 来表示 I/O 口地址,即有 1 024 个口地址。前 512 个提供给系统电路板使用,后 512 个供扩充插槽使用。当 A9=0 时,表示系统板上的 I/O 口地址;当 A9=1 时,表示扩充槽接口卡上的口地址。因此,在制作接口电路卡时地址要保证 A9=1。在 1 024 个口地址中,有很多已被 IBM 或其他厂商制作的各种与主机配套的接口卡占用,有些保留有待今后继续开发。一般用户可以使用的接口地址范围是:200~03FFH。本项目中,经可编程 GAL 器件译码后,神经元芯片和地址锁存器 74245 的口地址分别为 200H 和 201H。

2. 软件体系设计

该项目软件设计主要包括两部分。第一部分为电能检测仪的软件设计,主要完成现场数据收集、处理与存储;配置 3120 的工作模式;80C52 与 3120 进行通信,把数据传输到 3120 并进而传输到上位监控 PC 机等。神经元芯片使用 Neuron C 编程语言,现以并行口读/写为例说明其特点。对并行口读/写首先要用下面的语句声明并行口对象:

IO_0 parallel slave/slave_b/master io_object_name

io_in 和 io_out 分别用于对并行口进行读/写。为了使用并行口对象,io_in 和 io_out 需要定义 parallel_io_interface 结构,如下所示:

```
struct parallel_io_interface
{    unsigned length;              //数据域长度
     unsigned data[maxlength];     //数据域
}pio_name;
```

Neuron C 内部还有许多函数和事件,很容易访问神经元芯片并行 I/O 对象,如 io_in_ready、io_out_request、io_out_ready 等。

第二部分为监控 PC 机的软件设计,采用了面向对象的软件设计方法。面向对象的分析是针对问题域和系统的,分为 5 个层次,即对象(类层)、属性层、服务层、结构层和主题层。问题域描述如下：
- 拥有一个用户登记界面，用户需要输入现场子站的基本属性，包括配电名称、仪表号、检测容量和线路号等；
- 用户可以远程查询现场仪表的运行参数，包括量程、输入回路数、无功投入门限、投入延时、电压上下限等；
- 用户可以远程查询子站的月数据、整点数据；
- 用户可以远程设置子站的运行参数；
- 允许在通信中，用户随时中断通信；
- 根据用户的查询条件可以输出报表，并提供打印功能；
- 能够维护数据，如导入导出数据；
- 要求保存用户的最新参数设置，在每次运行程序时能够调入。

根据问题域的描述及其对象层、属性层和服务层的分析，把其主要层次划分为用户界面、文件系统、报表输出和通信。将注册表和数据库归于文件系统，因为两者都涉及文件的存储，其中，CregisterTable 封装了与注册表相关的 API 函数和 RegCreateKey、RegOpenKey、RegQueryValue 等，Cdatabase 采用动态性生成技术，以方便数据库组态。对系统进行了面向对象分析与设计之后，即可进入软件的具体实现。软件采用 Visual C++6.0 开发，在此不再详述数据库组态、界面组态以及上/下位机之间的通信协议。

第6章 嵌入式 ZigBee 无线网络通信

ZigBee 无线近距离网络通信运行在 2.4 GHz/915 MHz/868 MHz ISM 免费频段,以低传输速率、高通信效率及其复杂度低、功耗低、成本低、网络组织简单灵活等特征而著称,在无线控制和自动化应用中独具一格,很好地满足了小型廉价设备的无线联网和监控需求,广泛应用于消费性电子设备、工业过程控制、智能交通运输、农业自动化、医疗辅助控制、环境监测保护、安全消防、食物保鲜等领域中。

ZigBee 无线网络通信为什么如此实用?它是怎样做到简单灵活组网的?其规范的协议标准是如何通过软/硬件实现的?如何选择 ZigBee 无线通信部件,快速进行高性价比的嵌入式 ZigBee 通信应用体系实现?本章将对这些展开全面阐述。

6.1 ZigBee 无线网络通信基础

6.1.1 ZigBee 无线网络通信概述

1. ZigBee 技术及其特征

ZigBee 技术是一种短距离范围内低传输数据速率的无线通信技术,其名字来源于蜂群使用的赖以生存和发展的通信方式。蜜蜂通过跳 ZigZag 形状的舞蹈来通知发现食物源的位置、距离和方向等信息,以此作为新一代无线通信技术的名称。过去 ZigBee 又称为 HomeRF Lite、RF-EasyLink 或 FireFly 无线电技术,目前统一称为 ZigBee 技术。

与不断提高数据速率和传输距离的 GSM/CDMA/3G、WiFi 等移动通信方式不同,ZigBee 技术致力于提供一种廉价的固定、便携或者移动设备使用的极低复杂度、极低成本、极低功耗的低速率无线通信技术。ZigBee 技术的主要特点如下:

- 载波频段:868 MHz、915 MHz 或 2.4 GHz;
- 传输速率:20 kbps@868 MHz、40 kbps@915 MHz、250 kbps@2.4 GHz;
- 通信范围:10~100 m,通常在 30 m 左右,可远达 1.5 km;
- 网络容量:单独网络 255 个节点,互联,可扩展到 65 535 个节点;
- 寻址方式:64 位 IEEE 地址,8 位网络地址;
- 信道数:1@868,10@915 MHz,16@2.4 GHz;

➤ 信道接入:CSMA-CA 和时隙化的信道接入。

ZigBee 技术的优势在于:

① 功耗低:工作时,ZigBee 技术传输速率低,传输数据量很小,信号的收发时间很短,发射功率仅为 1 mW;不工作时,ZigBee 节点立即进入休眠模式。ZigBee 技术的设备搜索延时一般为 30 ms,休眠激活时延为 15 ms,活动设备信道接入时延为 15 ms。由于工作时间较短、收发信息功耗较低且采用了休眠模式,因而 ZigBee 节点非常省电,电池工作时间可以长达 6 个月到 2 年。同时,由于电池供电时间取决于很多因素,如电池种类、容量和应用场合等,ZigBee 技术在协议上对电池使用也做了优化。对于典型应用,碱性电池可以使用数年,对于某些工作时间和总时间(工作时间+休眠时间)之比小于 1‰ 的情况,电池的寿命甚至可以超过 10 年。

② 数据传输可靠:ZigBee 的媒体接入控制层(MAC 层)采用了 talk-when-ready 的碰撞避免机制。在这种具有完全确认的数据传输机制下,有数据传送需求时立刻传送,发送的每个数据包都必须等待接收方的确认信息,并进行确认信息回复;若没有得到确认信息回复,则表示发生了碰撞,于是再传一次。采用这种方法提高了系统信息传输的可靠性。ZigBee 技术还为需要固定带宽的通信业务预留了专用时隙,避免了发送数据时的竞争和冲突。同时,ZigBee 针对延时敏感的应用也做了优化,通信延时和休眠状态激活的延时都非常短。

③ 网络容量大:ZigBee 技术的低速率、低功耗和短距离传输的特点使它非常适宜支持简单器件。一个独立的 ZigBee 网络包括的网路节点可达 255 个,其中一个是主控设备(Master),其余则是从属设备(Slave)。一个区域内最多可以同时存在 100 个独立而且互相重叠覆盖的 ZigBee 网络。若是通过网络协调器(Network Coordinator),则整个网络支持的网路节点可达 65 535 个。

④ 兼容性强:ZigBee 技术通过网络协调器自动建立网络,采用载波侦听/冲突检测 CSMA-CA(Carrier Sense Multiple Access)方式进行信道接入,能够与现有的控制网络标准无缝集成。为了可靠传递,它还提供了完全的握手协议。

⑤ 安全性好:Zigbee 提供了基于循环冗余校验 CRC(Cyclical Redundancy Check)的数据包完整性检查功能,支持鉴权和认证,在数据传输中具有三级安全性。第一级实际是无安全方式,对于某种应用,如果安全并不重要或者上层已经提供足够的安全保护,则器件可以选择这种方式来转移数据。对于第二级安全级别,器件可以使用接入控制清单(ACL)来防止非法器件获取数据,在这一级不采取加密措施。第三级安全级别在数据转移中采用属于高级加密标准 AES(Advanced Encryption Standard)的对称密码。AES 可以用来保护"数据净荷"和防止攻击者冒充合法器件。

⑥ 容易实现低成本:模块的初始成本估计在 $6 左右,很快就能降到了 $1.5~2.5,现在性价比还在不断下降,并且 Zigbee 协议没有专利支付费用。低速低功率的 UWB(Ultra Wideband)芯片组的价格一度为 $20,而 ZigBee 部件的价格目标仅为几美分。

2. ZigBee 技术应用分析

随着 ZigBee 技术规范的不断完善,基于 ZigBee 的部件或产品越来越多。ZigBee 技术在消费性电子设备、工业过程控制、智能交通运输、农业自动化、医疗辅助控制、环境监测保护、安全消防、食物保鲜等领域得到了广泛应用。下面是 ZigBee 技术的一些典型领域应用。

消费性电子设备:消费性电子设备和家居自动化是 ZigBee 技术最有潜力的市场。消费性电子设备包括手机、个人数字助理 PDA、笔记本电脑、数码相机等,家用设备包括电视机、录像机、PC 机外设、儿童玩具、游戏机、门禁系统、窗户和窗帘、照明、空调和其他家用电器等。利用 ZigBee 技术很容易实现相机或者摄像机的自拍、窗户远距离开关、室内照明系统的遥控、窗帘的自动调整等功能。特别是在手机或者 PDA 中加入 ZigBee 芯片后,就可以用来控制电视开关、调节空调温度、开启微波炉等。基于 ZigBee 技术的个人身份卡能够代替家居和办公室的门禁卡,可以记录所有进出大门的个人信息;加上个人电子指纹技术将有助于实现更加安全的门禁系统。嵌入 ZigBee 设备的信用卡可以很方便地实现无线提款和移动购物,商品的详细信息也将通过 ZigBee 设备广播给顾客。南韩的 Curitel 研制了首款 Zigbee 手机,该手机可通过无线的方式将家中或是办公室内的个人电脑、家用设备和电动开关连接起来。这种手机融入了 ZigBee 技术,能够使手机用户在短距离内操纵电动开关和控制其他电子设备。

工业过程控制:生产车间可以利用传感器和 ZigBee 设备组成传感器网络,自动采集、分析和处理设备运行的数据,适合危险场合、人力所不能及或者不方便的场所,如危险化学成分的检测、锅炉炉温监测、高速旋转机器的转速监控、火灾的检测和预报等,以帮助工厂技术和管理人员及时发现问题;同时借助物理定位功能迅速确定问题发生的位置。ZigBee 技术用于现代化工厂中央控制系统的通信系统,可以免去生产车间内的大量布线,降低安装和维护的成本,便于网络的扩容和重新配置。NURI 电信在基于 Atmel 和 Ember 的平台上成功研发出了基于 ZigBee 技术的自动抄表系统,该系统无需手动读取电表、天然气表及水表,可以为公用事业企业节省数百万美元。

智能交通应用:如果沿着街道、高速公路及其他地方安装有大量 ZigBee 终端设备,则不再担心会迷路。安装在汽车里的器件将告诉司机当前所处位置,正向何处去。全球定位系统 (GPS)也能提供类似服务,但是 ZigBee 分布式系统能够提供更精确、更具体的信息。即使在 GPS 覆盖不到的楼内或隧道内,仍能继续使用。从 ZigBee 无线网络系统能够得到比 GPS 多很多的信息,如限速、街道是单行线还是双行线、前面每条街的交通情况或事故信息等。使用这种系统,也可以跟踪公共交通情况,可以适时地赶上下一班车,而不至于在寒风中或烈日下在车站等上数十分钟。基于 ZigBee 技术的系统还可以开发出许多其他功能,如在不同街道根据交通流量动态调节红绿灯、追踪超速的汽车或被盗的汽车等。

农业自动化:农业自动化领域的特点是需要覆盖的区域很大,因此需要由大量的 ZigBee 设备构成监控网络,通过各种传感器采集如土壤湿度、氮元素浓度、pH 值、降水量、温度、空气湿度和气压等信息,以帮助农民及时发现问题,并且准确地确定发生问题的位置,这样农业将有可能逐渐地从以人力为中心、依赖于孤立机械的生产模式转向以信息和软件为中心的生产模式,从而大量使用各种自动化、智能化、远程控制的生产设备。

医学辅助控制:医院里借助于各种传感器和 ZigBee 网络能够准确而实时地监测病人的血压、体温和心率等关键信息,帮助医生做出快速的反应,特别适用于对重病和病危患者的看护和治疗。带有微型纽扣电池的自动化、无线控制的小型医疗器械将能够深入病人体内完成手术,从而在一定程度上减轻病人开刀的痛苦。

6.1.2 通信协议框架及其实现

ZigBee 技术的通信协议框架及其实现可以用图 6.1 形象地简要描述。

图 6.1 Zigbee 通信协议框架及其实现框图

1. ZigBee 的无线标准规范

ZigBee 技术是一组基于 IEEE(Institute of Electrical and Electronics Engineers)的 802.15.4 标准规范而研制开发的组网、安全和应用软件方面的技术标准,其标准规范有 4 个自上而下的层次:应用层、网络安全层、媒体访问控制层 MAC(Media Access Control layer)、物理层 PHY(PHYsical layer),这就是 ZigBee 技术的通信协议框架,如图 6.1 左半部分所示。MAC 和 PHY 由 IEEE802.15.4 小组负责制订,一般称为 IEEE802.15.4。ZigBee 建立在 IEEE802.15.4 标准之上,确定了可以在不同制造商之间共享的应用纲要。IEEE802.15.4 仅仅定义了 MAC 和 PHY,并不足以保证不同的设备之间可以对话,于是便有了 ZigBee 联盟。ZigBee 联盟制订了应用层和网络安全层的规范,一般称为 ZigBeeStack。

下面具体说明各层标准规范,重点阐述 PHY 层、MAC 及其数据链路层的技术:

(1) 物理层 PHY

IEEE802.15.4 定义了两个物理层标准,分别是 2.4 GHz 物理层和 868/915 MHz 物理层。两个物理层都基于直接序列扩频 DSSS(Direct Sequence Spread Spectrum)技术,使用相同的物理层数据包格式,区别在于工作频率、调制技术、扩频码片长度和传输速率。采用 DSSS 技术有助于避免免费的通用开放频域内已有的多种无线通信技术之间的互相干扰,PHY 的 DSSS 技术允许设备无需闭环同步。ZigBee 在 3 个不同频段都采用相位调制 PSK (Phase Shift Keying)技术。

2.4 GHz 波段为全球统一、无须申请的 ISM 频段,有助于 ZigBee 设备的推广和生产成本的降低。2.4 GHz 的物理层通过采用较高阶的 16 相 QPSK(Quadrature PSK)调制技术,能够提供 250 kbps 的传输速率,从而提高了数据吞吐量,减小了通信延时,缩短了数据收发的时间,因此更加省电。

868 MHz 和 915 MHz 都采用 BPSK(Binary PSK)调制技术。868 MHz 是欧洲附加的 ISM 频段,915 MHz 是美国附加的 ISM 频段,工作在这两个频段上的 ZigBee 设备避开了来自 2.4 GHz 频段中其他无线通信设备和家用电器的无线电干扰。868 MHz 上的传输速率为 20 kbps,915 MHz 上的传输速率则是 40 kbps。由于这两个频段上无线信号的传播损耗和所受到的无线电干扰均较小,因此可以降低对接收机灵敏度的要求,获得较大的有效通信距离,从而使用较少的设备即可覆盖整个区域。

ZigBee 使用的无线信道由表 6.1 确定。可以看出,ZigBee 使用的 3 个频段定义了 27 个物理信道,其中,868 MHz 频段定义了 1 个信道;915 MHz 频段附近定义了 10 个信道,信道间隔为 2 MHz;2.4 GHz 频段定义了 16 个信道,信道间隔为 5 MHz,较大的信道间隔有助于简化收发滤波器的设计。

表 6.1   ZigBee 的无线信道组织结构表

信道编号	中心频率/MHz	信道间隔/MHz	频率上限/MHz	频率下限/MHz
$k=0$	868.3		868.6	868.0
$k=1,2,\cdots,10$	$906+2(k-1)$	2	928.0	902.0
$k=11,12,\cdots,26$	$2045+5(k-11)$	5	2 483.5	2 400.0

(2) 数据链路层

IEEE802 系列标准把数据链路层分成逻辑链路控制 LLC(Logical Link Control)和 MAC 两个子层。LLC 子层在 IEEE802.6 标准中定义,为 IEEE802 标准系列所共用;而 MAC 子层协议则依赖于各自的物理层。IEEE802.15.4 的 MAC 子层能支持多种 LLC 标准,通过业务相关汇聚子层 SSCS(Service-Specific Convergence Sublayer)协议承载 IEEE802.2 协议中第一种类型的 LCC 标准,同时也允许其他 LCC 标准直接使用 IEEE802.15.4 的 MAC 子层的服务。

LLC 子层的主要功能是进行数据包的分段、重组以及确保数据包按顺序传输。IEEE802.15.4 的 MAC 子层的功能包括设备间无线链路的建立、维护和断开,确认模式的帧传送与接收,信道接入与控制,帧校验与快速自动请求重发(ARQ),预留时隙管理以及广播信息管理等。MAC 子层与 LLC 子层的接口中用于管理目的的原语仅有 26 条,相对于 BlueTooth 技术的 131 条原语和 32 个事件而言,IEEE802.15.4 的 MAC 子层的复杂度很低,不需要高速处理器,因此降低了功耗和成本。

IEEE802.15.4 MAC 子层定义了两种基本的信道接入方法,分别用于两种 ZigBee 网络拓扑结构中。这两种网络结构分别基于中心控制的星形网络和基于对等操作的 Ad hoc 网络。

在星形网络中,中心设备承担网络的形成和维护、时隙的划分、信道接入控制和专用带宽分配等功能,其余设备根据中心设备的广播信息来决定如何接入和使用无线信道,这是一种时隙化的载波侦听和冲突避免 CSMA-CA 信道接入算法。在 Ad hoc 方式的网络中,没有中心设备的控制,也没有广播信道和广播信息,而是使用标准的 CSMA-CA 信道接入算法接入网络。

MAC 层上沿用 IEEE802.11 系列标准中的 CSMA/CA 方式,目的在于提高系统兼容性。CSMA/CA 在传输之前检查信道是否有数据传输,若信道无数据传输,则开始进行数据传输;若产生碰撞,则稍后一段时间重传。

(3) 网络安全层

主要包含以下功能:

➤ 通用的网络层功能:拓扑结构的搭建和维护、命名和关联业务、寻址、路由和安全;

➤ 省电、自组织、"自维护"功能,以最大程度减少消费者的开支和维护成本。

(4) 应用层

主要负责把不同的应用映射到 ZigBee 无线网络上,包括安全与鉴权、多个业务数据流的会聚、设备发现、业务发现等。

2. ZigBee 技术的实现

根据 ZigBee 的通信协议框架,实现 ZigBee 技术需要两个方面:底层的 IEEE802.5.4 和顶层的 ZigBee 协议栈,如图 6.1 右半部分所示。

IEEE802.5.4 通常采用硬件实现,构成独立的器件就是 ZigBee 无线收发器。

ZigBee 协议栈一般采用软件实现,需要微处理器完成。相对于常见的无线通信标准,ZigBee 协议栈紧凑而简单,其具体实现的硬件需求很低,简单的 8 位微处理器如 80C51,再配上 4 KB 的 ROM 和 64 KB 的 RAM 就可以满足其最低需要,大大降低了应用成本。全部功能的 ZigBee 协议软件大约需要 32 KB 的 ROM。把完成 ZigBee 协议栈功能的微处理器与 ZigBee 无线收发器做成一体,就成为了 ZigBee 无线收发控制器。

为了精简的嵌入式应用需求,还在 ZigBee 无线收发控制器中加入常用的 ADC、DAC 等片内外设/接口。

6.1.3 网络组织与数据帧

1. ZigBee 的网络组织架构

ZigBee 无线通信网络有 4 种基本组织形态:最简单的点对点形式、一对多的星状(Star)形式、如树丛一般的簇状(Cluster)形式和网状的网中网(Mesh)形式,如图 6.2(a)~(d)所示。高集聚度的 ZigBee 无线通信网络就是多个的星状网、簇状网或网中网的复合,如图 6.2(e)部分所示。

ZigBee 通信部件是 ZigBee 网络的基本组成单元,从实现的网络功能上看,ZigBee 通信部

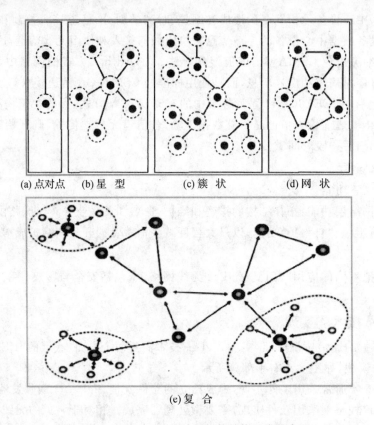

(a) 点对点　(b) 星 型　(c) 簇 状　(d) 网 状

(e) 复 合

图 6.2　ZigBee 无线通信网络的结构组成示意图

件可以划分为 3 类："星"中心主控协调器、网络协调路由器和终端设备。"星"中心主控协调器是星状网的中心通信部件，网络协调路由器是连接两个基本 ZigBee 网络成为更大网络的通信部件，终端设备是只能进行点对点通信的部件。显然，有些 ZigBee 通信部件既可以是"星"中心主控协调器，也可以是网络协调路由器。一个星状 ZigBee 的网络最多可以包括 255 个网路节点，其中一个是主控（Master）设备，其余都是从属（Slave）设备。

ZigBee 标准规范定义了两种器件：全功能器件 FFD（Full Function Device）和简化功能器件 RFD（Reduced Function Device）。FFD 支持所有的 49 个基本参数。RFD 在最小配置时只要求支持 38 个基本参数。相较于 FFD，RFD 的电路较为简单且存储体容量较小。FFD 的节点具备控制器（Controller）的功能，能够提供数据交换，而 RFD 则只能传送数据给 FFD 或从 FFD 接收数据。一个 FFD 可以与 RFD 和其他 FFD 通信，可以充当"星"中心主控协调器、网络协调路由器或终端设备。而 RFD 只能与 FFD 通信，仅用于简单的应用。图 6.3 给出了 ZigBee 基本通信单元的类型划分示意图。

2. 网络体系的组织与协调

ZigBee 无线网络具有自动组织、自动愈合、自动节能的能力。

(1) ZigBee 网络的自组织

ZigBee 无线网络起初是由具有 FFD 功能的节点发起并建立的,此后,该发起设

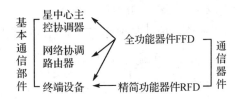

图 6.3　ZigBee 基本通信单元类型划分示意图

备就成了这个网络的协调器;该协调器可以通过有线的 UART 等接口和 PC 机相连接,处理接收到的各种数据,也可以和其他异种网络进行数据交换。节点自发建网过程如下:FFD 节点首先进行信道能量检测 ED(Energy Detect),选取检测到的能量峰值最小的那个信道作为要建立的无线网络的数据传输信道;然后在此信道上发送跨网信标(Beacon)请求帧,用以获取节点操作范围内其他无线网络信息参数,在接收到 beacon 帧后,选择未被使用的网络标号;最后根据已确定的网络信道号、网络标号及其他相关参数来设定硬件中相关寄存器的值,至此无线网中网络协调器就形成了,整个过程如图 6.4(a)所示。

当一个节点要申请加入已经建好的 ZigBee 无线网络时,该节点首先预设好网络标号和使用的信道,然后发送网内 Beacon 请求广播帧,在接收到多个带有链路质量信号参数的 Beacon 帧后,选取链路质量较好、剩余能量较多的节点进行连接,向相应的协调器发送入网请求命令帧,协调器允许后会分配网内短地址给该节点。每个节点都有一张"邻居"表,并且对其动态维护。该邻居表中含有一个父节点地址(除了根节点)和多个子节点地址(除了叶结点)。依次重复这样的过程,所有的节点都可以自动组成一个簇树状的 ZigBee 无线网络。图 6.4(b)显示了 ZigBee 节点入网握手的过程。

同理,若一个节点要离开网络,只要向其父节点发送请求命令帧,父节点在接收到请求后会做出相应的操作并发送"响应帧"给予回应。图 6.4(c)显示了 ZigBee 节点出网握手的过程。

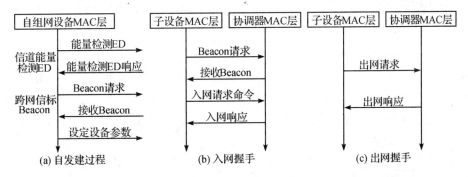

图 6.4　ZigBee 无线网络的建立与维护过程示意图

(2) ZigBee 网络的自愈合

当某一节点因为某种客观环境原因或是原 ZigBee 网络参数发生变化时,则导致该节点和 ZigBee 网络脱离。脱离节点可以发送孤立(Orphan)显示"请求帧"给协调器,协调器在接收到"请求帧"后确定此节点是不是自己原先的从节点,在做出判定后向该节点发送响应帧,以确定是否重新接收该节点为自己的从节点。图 6.5 显示了孤立节点的请求及其握手过程。

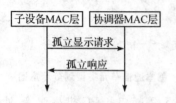

图 6.5　ZigBee 无线网络的孤立愈合过程示意图

(3) ZigBee 网络的自节能

ZigBee 无线网络中的协调器具有多点跳频的功能,充当协调器的节点会为转发接收到的数据而耗费额外的能量开销。可以设定一个最低能量极限值,并且使节点周期性地检测当前剩余的能量值。当检测到本节点的剩余能量低于此极限值时,则此协调器向其所有子节点发送出网命令帧。随之,各子节点相继执行入网的相关操作后,脱离了原先的父节点,而依附于新的协调器节点。此时原先的协调器节点就成为了叶节点,不用承担数据转发的责任,从而达到减小能耗的要求,增加了该节点使用寿命,进而提高了整个 ZigBee 网络的使用年限。

3. 数据帧及其类型划分

ZigBee 无线网络的数据包由 PHY 层数据包和 MAC 层数据包两个层次组成,MAC 层数据包嵌套在 PHY 层数据包中,数据帧的格式组成如图 6.6 所示。

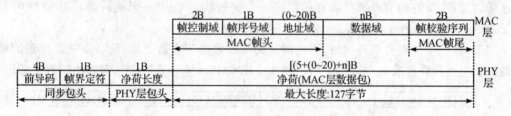

图 6.6　ZigBee 无线网络的数据帧格式结构图

ZigBee 物理层数据包由同步包头、物理层包头和"净荷"3 部分组成。同步包头由前导码和数据包定界符组成,用于获取符号同步、扩频码同步和"帧同步",也有助于粗略的频率调整。物理层包头指示"净荷"部分的长度,净荷部分含有 MAC 层数据包,净荷部分最大长度为 127 字节。

ZigBee MAC 层数据包由 MAC 帧头 MHR(MAC Header)、MAC 业务数据单元 MSDU(MAC Service Data Unit)和 MAC 帧尾 MFR(MAC Footer)组成。

MHR 由 2 字节的帧控制域、1 字节的帧序号域和最多 20 字节的地址域组成。帧控制域指明了 MAC 帧的类型、地址域的格式以及是否需要接收方确认等控制信息;帧序号域包含了发送方对“帧”的顺序编号，用于匹配确认帧，实现 MAC 子层的可靠传输；地址域采用的寻址方式可以是 64 bit 的 IEEE MAC 地址或者 8 bit 的 ZigBee 网络地址。

MSDU 承载 LLC 子层的数据包，其长度是可变的，但整个 MAC 帧的长度应该小于 127 字节，其内容取决于“帧”类型。

MFR 含有采用 16 bit CRC 算法计算出来的帧校验序列 FCS(Frame Check Sequence)，用于接收方判断该数据包是否正确，从而决定是否采用 ARQ 进行差错恢复。

IEEE802.15.4 MAC 层定义了 4 种“帧”类型，即广播帧、数据帧、确认帧和 MAC 命令帧。广播帧也称为信标(Beacon)帧。只有广播帧和数据帧包含了高层控制命令或者数据，确认帧和 MAC 命令帧则用于 ZigBee 设备间 MAC 层的各个功能实体间控制信息的收发。

广播帧和确认帧不需要接收方的确认，数据帧和 MAC 命令帧的帧头包含帧控制域，指示收到的帧是否需要确认；如果需要确认，并且已经通过了 CRC 校验，则接收方立即发送确认帧。若发送方在一定时间内收不到确认帧，则自动重传该帧，这就是 MAC 层可靠传输的基本过程。

一般地，用 MAC 数据包指代 ZigBee 的数据帧，其通用格式概括如表 6.2 所列。

表 6.2 ZigBee 的通用数据帧帧格式列表

字节数:2	1	0/2	0/2/8	0/2	0/2/8	长度可变	2
帧控制域	帧序号	目的 ID	目的地址	源 ID	源地址	帧负载	帧检测序列
MAC 层帧头部						帧负载	帧尾部

6.2 基本的软/硬件体系设计

6.2.1 ZigBee 技术的通信部件

ZigBee 无线通信部件有 3 种存在形式，如图 6.7 所示。

1. ZigBee ASIC

ZigBee无线部件
- ZigBee ASIC
  - 收发器
  - 收发控制器
- ZigBee无线模块
- 含有ZigBee片内模块的微处理器

图 6.7 ZigBee 无线通信部件存在形态划分图

ZigBee ASIC(Application Specific Integrated Circuit)就是单芯片的 ZigBee 无线器件，是 ZigBee 无线通信的基础部件，包括 ZigBee 收发器和 ZigBee 收发控制器，都具有可配置的特点，ZigBee 收发控制器还具有可编程的特点。为了方便各种应用，几乎所有的 ZigBee ASIC 都是 FFD ZigBee 类型的，既可以作为协调节点，也可以作为终端节点。TI-Chipcon、Freescale、达盛 UBEC 等半导体厂商提供有大量的各类 ZigBee ASIC，可供嵌入式

ZigBee 无线应用体系选择使用。图 6.8 概括了 ZigBee ASIC 并罗列了典型厂商的典型器件。

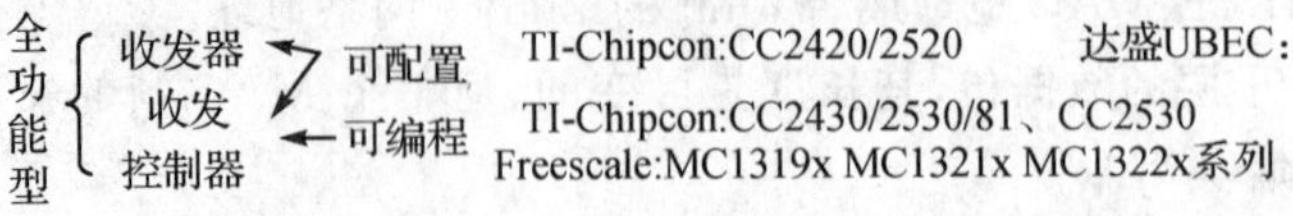

全功能型 { 收发器 ⇄ 可配置　TI-Chipcon:CC2420/2520　达盛UBEC: UZ2400
收发控制器 ⇄ 可编程　TI-Chipcon:CC2430/2530/81、CC2530
　　　　　　　　　　　　Freescale:MC1319x MC1321x MC1322x系列

图 6.8　ZigBee ASIC 及其典型器件示意图

TI-Chipcon 推出的 ZigBee ASIC 有 ZigBee 收发器 CC2420、CC2520 和 ZigBee 收发控制器 CC2430/31/80、CC2530,2.4 GHz 载波频率,SPI 接口。收发控制器集成了 8051 内核和 ROM/RAM 存储器,主要用于实现片内协议栈 Z-Stack,也可实现用户应用程序;另外,还集成了 USART 或 UART 串行接口、若干路的片内 ADC 和众多的可编程 I/O,非常适合构建简易的单芯片现场数据采集无线单元。CC2431 在 CC2430 的基础上增加了 Freescale 的无线定位引擎,具有 DMA 通道和温度传感器,能够通过 3~8 个已有坐标和若干个环境参数,精确估算 ZigBee 无线网络中移动节点的位置。ZigBee 处理器 CC2480 还支持 TI 的 SimpleAPI,仅有 10 个函数调用就可以简便地完成所需的 ZigBee 无线传输操作。选用 TI-Chipcon 器件可以很容易构成 ZigBee 无线网络的定位节点、路由节点或终端节点。

Freescale 推出的 ZigBee ASIC 有 3 代:MC1319x 系列、MC132lx 系列和 MC1322x 系列,2.4 GHz 载波频率。最初的 MC1319x 系列主要是基本的 ZigBee 收发器。MC132lx 系列是在 MC1319x 的基础上增加 8 位微控制器 HCS08 内核实现了片上 ZigBee 协议栈的 ZigBee 收发控制器。MC1322x 系列是高度增强的 ZigBee 收发控制器,采用平台级封装 PiP(Platform in Package)技术,不仅集成有 ZigBee 无线收发器和高性能的 ARM7TDMI-S 微处理器内核,还对射频收发部分集成了 RF(Rradio Frequency)匹配组件、平衡-不平衡变压器(Balun)等部件,使 RF 无线连接减少到只需晶体和天线;MC1322x 还构成了以微处理器为核心的片上系统 SoC,包括 Flash/RAM/ROM 存储器、8 通道 12 位双 A/D 转换器、定时器、PWM、SCI (UART)、SPI、I²C、I²S 以及多达 64 个 GPIO 端口,不仅可以实现片上 ZigBee 协议栈 BeeStack,而且也可以实现更多的用户应用程序。很多 ZigBee 无线模块都选用单芯片 MC1322x 进行设计。

达盛电子 UBEC 推出的 ZigBee 收发器 UZ2400(2.4 GHz 载波频率)也有较广的应用。

2. ZigBee 无线通信模块

为了方便 ZigBee 技术的应用,ZigBee 器件厂商,特别是很多第三方厂商推出了很多 ZigBee 无线模块。市场上的 ZigBee 无线模块多采用 TI-Chipcon 或 Freescale 的器件,初期的 ZigBee 无线模块是 ZigBee 收发器和 8 位微控制器的双芯片方案,后来的 ZigBee 无线模块多是高集成度的 ZigBee 收发控制器的单芯片方案。一般地,ZigBee 无线模块对外提供 SPI 或 UART 串行接口。图 6.9 给出了几种典型 ZigBee 无线模块的外形图。

下面列举一些常见的典型 ZigBee 无线模块型号:

图 6.9 常见典型 ZigBee 无线模块的外形图

达盛电子 UBEC 利用其收发器 UZ2400 设计了有 SPI 接口的 ZigBee 收发模块 U-Force、U-Power500 和 U-Power 1000，其中后两个型号是高发射功率和接收灵敏度类型，具有较远的通信距离。

致远电子利用 MC13192 设计了 ZFSM-101 收发模块、利用 MC13224 设计了 ZFSM-201-1 收发控制模块、利用 CC2430 设计了 ZFSM-400/401 收发控制模块。

赫立讯 Helicomm 推出了 2.4 GHz 载波频率、RS232/RS485 接口的 IP-Link 系列 ZigBee 无线模块：IP-Link1223-5142（1 200 m 传输距离，板上天线/外接天线）、IP-Link1223-5021（100 m 传输距离，外接天线）、IP-Link1223-5122（带 PA，低功耗，1 200 m 传输距离，外接天线）、IP-Link1221-2264（低功耗，1 200 m 传输距离，外接天线）、IP-Link1221-2164（低功耗，350 m 传输距离，板上天线）、IP-Link1221-2134（低功耗，350 m 传输距离，板上天线）、IP-Link1221-2034（低功耗，100 m 传输距离，板上天线）。

3. 含有 ZigBee 片内模块的微处理器

功能强大的 ZigBee 无线收发控制器，如 TI-Chipcon 的 CC2480、CC2530，Freescale 的 MC1322X 系列，ZigBee 收发及其控制模块，已经成了片内增强性微处理器的片内外设之一了。这些器件实际上就是含有 ZigBee 片内模块的微处理器，使用这些单芯片器件，可以容易、灵活地构成现场无线采集/控制单元。

6.2.2　ZigBee 无线通信实现分析

在嵌入式应用系统中实现 ZigBee 无线通信，有 4 种方式可以选择，如图 6.10 所示。

4 种实现方式中，采用 ZigBee 无线模块最便捷。这种形式中所有与 ZigBee 相关的设计都已经做好了，可以直接通过数字接口发送或接收数据，并可以使用 ZigBee 模块的多种附加功能，如远程的 ADC、I/O 自动监测、I/O 输出功能等。使用 ZigBee 模块的优势是：使用简单，开

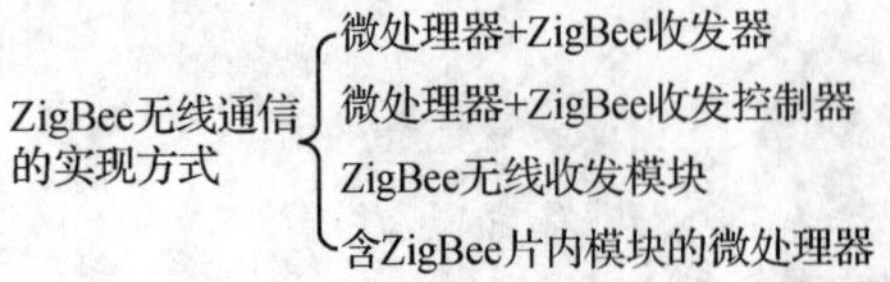

ZigBee无线通信的实现方式
- 微处理器+ZigBee收发器
- 微处理器+ZigBee收发控制器
- ZigBee无线收发模块
- 含ZigBee片内模块的微处理器

图 6.10　ZigBee 无线通信的实现形式示意图

发周期短,已验证的应用协议使保证了通信的可靠性。

采用"微处理器 ＋ ZigBee 收发器"的方式需要提供 ZigBee 协议栈。采用 ZigBee 收发器的优势在于成本相对较低;劣势就是需要熟悉 ZigBee 架构,调用底层协议,开发周期较长,需要有高频电路设计经验。

采用"微处理器 ＋ ZigBee 收发控制器"的方式不需要提供 ZigBee 协议栈,可能需要更新 ZigBee 协议栈。采用 ZigBee 收发控制器的优势在于不需要熟悉 ZigBee 架构,只要了解即可;虽然成本有所提高,但易于开发,同样也需要有高频电路设计经验。

采用含有 ZigBee 片内模块的微处理器,成本低,电路设计相对较少,但是需要熟悉 ZigBee 底层协议,开发周期相对会长些。

6.2.3　ZigBee 通信的软/硬件设计

1. ZigBee 无线通信的硬件体系设计

开发嵌入式 ZigBee 无线通信体系,首先要选择好合适的 ZigBee 通信部件,可以使用 ZigBee 收发器、ZigBee 收发控制器或含有 ZigBee 片内外设的微处理器,也可以采用 ZigBee 模块。选择 ZigBee 通信部件需要考虑的主要因素有:传输距离、接口形式、技术支持、性价比等。传输距离取决于 ZigBee 部件的接收灵敏度和发送功率。技术支持包括能够提供详细的技术文档、软件工具、API 函数库、例程代码及其开发中及时的疑难问题处理。

接下来,进行 ZigBee 无线通信硬件体系的原理设计,主要是射频收发部分的设计,其次是系统微处理器和 ZigBee 的硬件连接。射频收发部分的设计需要仔细参阅厂家推荐的电路及其外围器件参数配置。系统微处理器和 ZigBee 的硬件连接需要注意双方工作电压、直流供电等方面的差异,处理好限流、多种接地等环节,按照接口总线规范去做即可。图 6.11 给出了两个典型的 ZigBee 无线通信电路,一个是关于无线收发器 CC2420 的,另一个是关于无线收发控制器 CC2530 的。

最后是 ZigBee 无线通信硬件体系的 PCB 制板设计,主要是 ZigBee 射频电路或模块部分,需要注意合理布局、布线,充分利用电源层与地线层做好屏蔽和隔离,处理好电磁兼容和抑制,必要时对整个无线通信部件做完全的金属屏蔽。

采用 ZigBee 模块的 PCB 制板设计相对简单些,只要对模块所占位置部分做好屏蔽和隔离即可。

直接采用 ZigBee 芯片进行电路设计与 PCB 制板时,需要注意 PCB 板材的选择、布线层的厚度、布线的宽度与方向等方面的合理设计,应该严格按照芯片厂商提供的规范和样例进行开发。

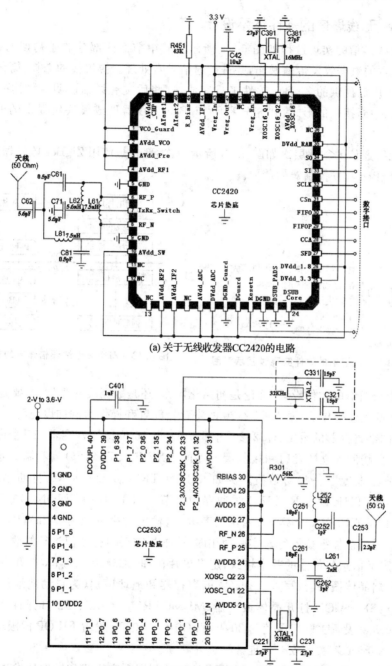

(a) 关于无线收发器CC2420的电路

(b) 关于无线收发控制器CC2530的电路

图6.11 典型的ZigBee无线通信电路示意图

2. ZigBee 无线通信的软件体系设计

ZigBee 无线通信的实现过程如图 6.12 所示。其中前面两部分属于初期的通信准备,其余部分完成正常的数据收发传输操作,并进行通信异常处理。协议栈的选择、简化和形成是重点,可以借助于厂商提供的 ZigBee 软件工具完成,这些后文有详细说明。数据的收发通常采取查询式发送、中断接收的形式,并充分利用 ZigBee 无线器件或模块所提供的 FIFO 数据缓冲区。

ZigBee 无线通信的软件层次如图 6.13 所示,右半部分是使用 ZigBee 收发器的情形,左半部分是使用 ZigBee 收发控制器的情形。

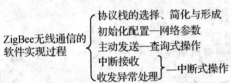

图 6.12 ZigBee 无线通信的软件实现过程示意图

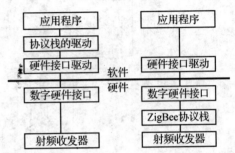

图 6.13 ZigBee 无线通信体系的软件操作图

ZigBee 无线通信的软件设计,无论是初始化操作,还是数据缓冲收发,主要是 ZigBee 器件相关的寄存器配置或操作,下面以 CC2420 的寄存器配置和操作为例加以说明。

CC2420 内部寄存器的设置:CC2420 内部有 33 个 16 位结构寄存器、15 个命令脉冲寄存器以及 2 个 8 位访问独立的发射和接收缓冲器的 RXFIFO、TXFIFO 寄存器。这些寄存器在芯片复位时都已设置了一些初始值。例如,MDMCTRL0.AUTOCRC 自动循环冗余校验,IOCFG0.FIFOP_THR 设置 RXFIFO 缓冲器中字节门限值,BATTMON.BATTMON_E 电池监控使能,TXCTRL.PA_LEVEL 输出功率编程(输出功率单位为 dBm),IN0.XOSC16M_BYPASS 使能外部晶体振荡器等。实际使用时,应根据需要对初始值进行修改。

初始化:定义信息包传输的基本格式,定义单片机和 CC2420 的端口,打开电压调节器,复位 CC2420,开启晶体振荡器,写入所有必需的寄存器和地址识别(为自动地址识别准备)。寄存器设置如下:SXOSCON 打开晶体振荡器,MDMCTRL0 = 0x0AF2 打开自动应答,MDMCTRL1 = 0x0500 设置关联门限值为 20,IOCFG0 = 0x007F 设置 FIFOP 门限至最大值 128,SECCTRL0 = 0x01C4 关闭安全使能。

缓冲发送模式:使用 IEEE802.15.4 媒介访问控制层数字格式和短地址发送一个信息包。使能发送,当信道评估显示信道空闲时,使能校准然后发送;当没有字节写入,TXFIFO 缓冲器发出下溢指示状态位和下溢脉冲时,发送自动停止;"CTRL1.TX_MODE = 0;"STXON 使能发送；STXONCCA 信道估计显示信道空闲,使能校准然后发送；当没有字节写入 SFLUSH-TX 时,TXFIFO 缓冲器发出下溢脉冲；TXCTL = 0xA0FF,发射最大电流为 1.72 mA。

缓冲接收模式：先允许信息包接收和 FIFOP 中断,进而通过 FIFOP 中断服务程序接收信息包。其中,RXFIFO 缓冲器溢出和不合法信息包格式都有中断服务程序处理,信息包接收采用 CC2420 自动应答。寄存器设置如下：DMCTRL1. RX_MODE = 0；SRXON 使能接收；SFLUSHRXRXFIFO 缓冲器溢出,复位解调器；RXCTRL0 = 0x12E5 低噪声放大器增益中等。

3. ZigBee 软件开发工具及其使用

可以采用 ZigBee 器件或模块厂商提供的软件开发工具加速 ZigBee 无线通信的软件设计,特别是 ZigBee 协议栈及其操作函数库的设置与产生。

TI-Chipcon 提供了评估软件——SmartRF Studio,它可以帮助开发者进行产品射频性能的评估和功能测试。同时,TI-Chipcon 还提供了开发套件,使用户可在此基础上评估和设计真正的 ZigBee 网络。该开发套件包括 ZigBee 器件的外围硬件模块和 Z-Stack™ ZigBee 协议栈,其中包括各种高性能的 ZigBee 软件工具,如网络设置器、协议追踪调试工具等。

对于 MC1322x 系列器件,ZigBee 应用软件的开发主要是消化、修改并移植兼容 ZigBee 协议的 Freescale BeeStack™ 协议栈。Freescale 的 BeeKit 无线连接工具箱为用户提供了简单的软件开发流程。为了提高研制周期和开发效率,可以直接使用 BeeKit 集成开发环境。BeeKit 是 Freescale 用于生成无线通信网络框架的一个工具,含有无线联网库、应用模板和样本应用的综合代码库,提供了简便易用的接口和框架,可以帮助开发人员为 ZigBee 应用创建、修改、配置参数,然后导出目标方案并导入到 CodeWarriorIDE,最终下载到 MC1322x。

赫立讯 Helicomm 为其 IP-Link™ 系列 ZigBee 无线模块提供了 Mini Tool 工具软件,可以用来快速设定 ZigBee 通信网络的相关参数。

达盛电子 UBEC 为其 UZ2400 收发器的推广应用开发了 K-Net 工具软件,可以用来快速产生 K-Net ZigBee Stack。

6.3 生产生活的简易监控实例

下面列举几个项目开发实例,综合说明如何实现具体的嵌入式 ZigBee 无线网络通信应用体系的开发设计。各个例子中,将重点说明 ZigBee 无线电路及其协议栈的构建、初始化参数配置、无线数据的收发传输等关键性的实现环节。

6.3.1 无线收发电路设计实例

这里以 Microchip 的 IEEE802.15.4 无线收发器 MRF24J40 为例,阐述 ZigBee 的无线收发电路设计。

1. 无线收发器芯片 MRF24J40 简介

MRF24J40 芯片内部含有 SPI 接口、控制寄存器、MAC 模块及 PHY 驱动器 4 个主要的功能模块,支持 IEEE802.15.4、MiWi™、ZigBee 等协议,工作在 2.405~2.48 GHz ISM 频段,接收灵敏度为 −91 dBm,最大输入电平为 +5 dBm,输出功率为 +0 dBm,功率控制范围为 38.75 dB,集成有 20 MHz 和 32.768 kHz 主控振荡器;MAC/基带部分采用硬件 CSMA-CA 机制,自动 ACK 响应,AES-128 硬件加密;电源电压范围为 2.4~3.6 V,接收模式电流消耗为 18 mA,发射模式电流消耗为 22 mA,睡眠模式电流消耗为 2 μA。

MRF24J40 采用 6 mm×6 mm 的 QFN-40 封装,引脚端 RFP 和 RFN 分别为芯片的 RF 差分输入/输出正端和负端,两者都是模拟输入/输出端口,与系统天线相连接;V_{DD} 为电源电压输入引脚端,每个电源电压输入引脚端都必须连接一个电源去耦电容;GND 为接地引脚端,必须低阻抗地连接到电路的接地板;GPIO0~GPIO5 是通用数字 I/O 口,其中,GPIO0 也作为外部功率放大器使能控制,GPIO1 和 GPIO2 也作为外部 TX/RX 开关控制;RESET 为复位引脚端,低电平有效;WAKE 为外部唤醒触发输入端;INT 为到微控制器的中断引脚端;SDO、SDI、SCK 和 CS 是 MRF24J40 的 SPI 接口输入/输出引脚端,其中,SDO 为串行数据输出,SDI 为串行数据输入,SCK 是串行接口的时钟,CS 是串行接口使能控制引脚端;LPOSC1 和 LPOSC2 为 32 kHz 晶振输入正端和负端;OSC1 和 OSC2 为 20 MHz 晶振输入正端和负端;CLKOUT 为 20/10/5/2.5 MHz 时钟输出端;LCAP 引脚端用来连接一个 180 pF 的 PLL 环路滤波器电容;XIP 和 RXQP 为接收 I 通道和 Q 通道输出正端。

2. MRF24J40 构成的 IEEE802.15.4 无线收发电路

MRF24J40 构成的 IEEE802.15.4 无线收发电路如图 6.14 所示,各电源电压引脚端根据需要分别连接了 27 pF、10 nF、100 nF、2.2 μF 去耦电容。RF 差分输入/输出正端 RFP 和负端 RFN 通过 L3、L4、C37 和 C43 组成"平衡-不平衡变换(Balun)"电路,将 MRF24J40 的 RF 差分输入/输出形式转换为单端输入/输出形式。L1、C23 和 C7 构成 π 型匹配电路,使"平衡-不平衡变换"电路阻抗与天线的阻抗相匹配。LPOSC1 和 LPOSC2 引脚端连接 32 kHz 晶振和电容,构成 32 kHz 时钟振荡器电路。OSC1 和 OSC2 引脚端连接 20 MHz 晶振和电容,构成 20 MHz 时钟振荡器电路。产生的时钟信号作为芯片内部时钟信号,并可以提供给外部的微控制器使用。

3. 印制电路板(PCB)设计

(1) PCB 设计基本要求

MRF24J40 构成的 IEEE802.15.4 无线收发电路工作频率范围为 2.405~2.48 GHz,对 PCB 的设计有很高的要求。PCB 采用 4 层结构,如图 6.15 所示,分别为信号层、RF 接地层、电源布线层和接地层、采用 FR4 材料。

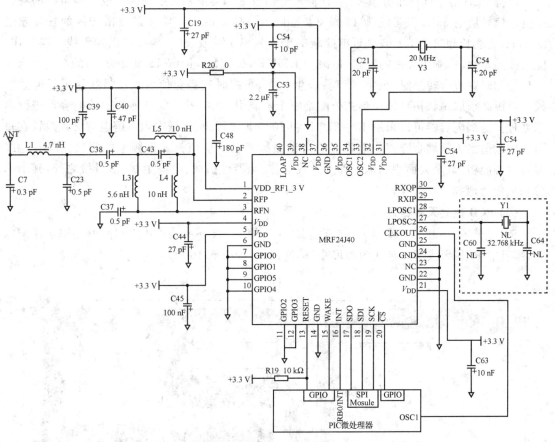

图 6.14　MRF24J40 构成的 IEEE802.15.4 无线收发电路

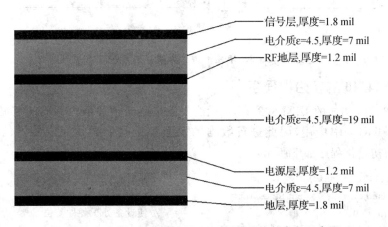

图 6.15　ZigBee 电路的 4 层 PCB 板的结构与参数示意图

保持 PCB 的厚度是十分重要的,任何尺寸的改变都会影响天线的性能或者微带线的特性阻抗。信号层的 50 Ω 微带线为 12 mil(1 mil=0.025 4 mm)。应该避免微带线的长度超过 2.5 cm,当线长超过 2.5 cm,接近电路板的工作频率 1/4 波长时,导线可以像天线一样工作。除天线外,导线应避免尖锐的转角,以减少 EMI(Electro Magnetic Interference)的产生。当周期信号和时钟进行转换时,数字线容易产生噪声,布线时应避免使射频信号线接近任何数字线。电源必须以星状拓扑结构形式分配给每个电源引脚端,采用低自感系数的电容器进行退耦处理。退耦电容器可以采用 15~27 pF 和 100 nF 进行组合,低电阻电解电容必须放置在每个引脚上适当去除耦合噪声。电感器的自谐振频率至少应该是工作频率的两倍。PCB 地线设计尽可能粗,甚至大面积铺地。除了天线部分、元器件引线、电源走线、信号线之外,其余部分均可作为地线。

(2) PCB 板上天线设计

RF 差分输入/输出正端 RFP 和负端 RFN 连接"平衡-不平衡变换"电路和 π 型阻抗匹配电路,推荐的 PCB 天线部分布线图和尺寸(单位:mm)如图 6.16 所示。

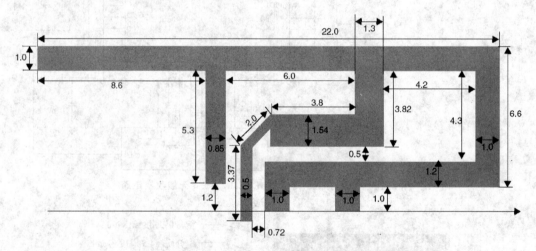

图 6.16　ZigBee 电路的板上天线布线与尺寸示意图

4. MRF24J40 的初始化程序

由 MRF24J40 构成的 IEEE802.15.4 无线收发电路必须在微控制器的控制下,才能够在 IEEE802.15.4 网络中应用,因此进行数据的发送和接收前必须完成器件的初始化设置。MRF24J40 的初始化程序如下所示:

```
void MRF24J40Init(void)
{   unsigned char i;    unsigned int j;
    RESETn = 0;                             //使设备处于硬件复位
    for(j=0;j<300;j++);
```

```
    RESETn = 1;                                    //从复位状态中恢复
    for(j = 0;j<300;j + +);
    SetShortRAMAddr(RFCTL, 0x04);                  //复位 RF 模块
    SetShortRAMAddr(RFCTL, 0x00);                  //使 RF 模块从复位状态中恢复
    SetShortRAMAddr(WRITE_RXFLUSH, 0x01);          //清空 RX FIFI
    SetShortRAMAddr(SADRL, 0xff);                  //编程短 MAC 地址:0xffff
    SetShortRAMAddr(SADRH, 0xff);
    SetShortRAMAddr(PANIDL, 0xff);
    SetShortRAMAddr(PANIDH, 0xff);
    for(i = 0;i<8;i + +)                           //编程长 MAC 地址
        SetShortRAMAddr(READ0 + i * 2, myLongAddress[i]);
    SetLongRAMAddr(RFCTRL2, 0x80);                 //使能 RF-PLL
    SetLongRAMAddr(RFCTRL3, 0x00);                 //设置以最大功率发送
    SetLongRAMAddr(RFCTRL6, 0x80);                 //使能 TX 过滤器控制
    SetLongRAMAddr(RFCTRL8, 0x10);
    SetShortRAMAddr(BBREG2, 0x78);                 //用 RSSI 编程 CCA 模式
    SetShortRAMAddr(BBREG6, 0x40);                 //使能 RSSI 包
    SetShortRAMAddr(RSSITHCCA, 0x00);              //编程 CCA,RSSI 极限值
    SetLongRAMAddr(RFCTRL0, 0x00);                 //11 信道
    SetShortRAMAddr(RFCTL, 0x04);                  //用设置复位 RF 模块
    SetShortRAMAddr(RFCTL, 0x00);
}
```

6.3.2　简易语音通信设计实例

ZigBee 技术实现语音通信不是 ZigBee 联盟最初的目标,但是,在许多领域(如消防抢险、安全监控)中没有语音通信功能将使其应用受到很大的局限。考虑到这一点,且 ZigBee 的 250 kbps 通信速率实际上也能满足语音通信的要求,再加上合理选择嵌入式应用系统的微处理器,就可以很少的外围器件很好地实现语音通信。

1. 总体方案的规划构架

ZigBee 语音通信系统的架构为:以嵌入式处理器和射频收发芯片为核心,辅以外围的放大与滤波电路实现语音通信。总体框图如图 6.17 所示。

按照需要实现的功能划分,该系统主要包括以下几部分:

➢ 语音前置放大器:主要实现对麦克风接收的语音电信号进行放大处理。

图 6.17　ZigBee 语音通信系统的总体框图

- 语音前置滤波器：完成对高频电磁波的滤出，消除部分干扰，减小语音的失真。
- 嵌入式处理器：发送语音时，完成对语音模拟电信号的采集，将其转变为数字信号；并打包成数据帧，加上必要的帧头，发送到射频收发器。接收语音时，读取射频收发器缓存器的数据，并进行 D/A 变换，发送到语音接收电路。
- 射频收发器：完成数据的收/发，接收/发送该设备的数据，并将数据发送到嵌入式处理器。
- 语音后置滤波器：对经过 D/A 变换的语音信号滤波，得到所需的语音信号。
- 语音后置放大器：对经过滤波以后的语音信号放大，最后输出到耳机，实现最终的语音通信。

2. 硬件体系的设计实现

(1) 器件选型

嵌入式处理器选用 ATmega128L 单片机。ATmega128L 是 Atmel 推出的低功耗、高性能 MCU，内核为 AVR 具有先进的 RISC 架构，内部具有 133 条功能强大的指令系统，且大部分指令是单周期；具有 2 个 8 位定时/计数器和 2 个具有比较/捕捉寄存器的 16 位定时/计数器，2 通道位数可编程 PWM 通道，8 路 10 位 A/D 转换器，主/从 SPI 串行接口，可编程串行通信接口以及片内精确的模拟比较器等。ATmega128L 可工作在 Idle、PowerSave、Power-Down、StandyBy 等几种省电模式。

ATmega128L 的软件结构也是针对低功耗而设计的，具有内外多种中断模式；丰富的中断能力减少了系统设计中查询的需要，可以方便地设计出中断程序结构的控制程序、上电复位和可编程的低电压检测，工作电压为 2.7~5.5 V。该系统设计可以充分利用其 8 路 10 位 A/D 转换器和 2 通道位数可编程 PWM 通道，实现语音信号的 A/D 转换和 D/A 转换，从而省去独立的 A/D 和 D/A 转换器；且成本更加低廉，系统更加精简、稳定可靠。同时，考虑到该 MCU 的低功耗特点，可以使系统一次工作更长的时间。

无线发射器选用 TI-Chipcon 的 CC2420。CC2420 的主要特点：具有码片速率为 2 Mchips/s 直接扩频序列基带调制解调和 250 kbps 的有效数据速率；适合简化功能装置和全功能装置操作；低电流消耗(接收 19.7 mA，发射 17.4 mA)；低电源电压要求(使用内部电压调节器时为 2.1~3.6 V，使用外部电压调节器时为 1.6~2.0 V)；可编程输出功率；独立的 128 字节发射、接收数据缓冲器；电池电量可监控。

放大电路及滤波器电路的放大器选用 LMV324。LMV324(4 通道)放大器在 2.7 V 以下消耗的最大供电电流为 120 μA，在 5 V 下一般只消耗 100 μA，较同级器件的功耗低 20%，而且价格低廉。该系统每个设备需要 4 个运算放大器，以充分利用该器件。

(2) 系统的硬件实现

语音传输系统的硬件电路如图 6.18 所示，连接麦克风的放大器是一个简单的反向放大器。增益通过 R2 和 R3 控制(Gain＝R_3/R_2);R4 给麦克风提供电压,C1 阻止直流成分输入到放大器;R4 和 R5 给放大器提供合适的偏置;R11 和 C9 构成一个简单的一级低通滤波器。另外,R5 可以在放大器输出短路的情况下,对放大器起保护作用。语音接收电路由 5 级低通切比雪夫(Chebychev)滤波器和 1 级电压跟随器构成。滤波器电路由两个相互交错的 2 级切比雪夫滤波器(R6、R7、R8、C2、C5 和 R8、R9、R10、C3、C6)和一个无源滤波器(R10、C7)构成。这 3 个滤波器的截止频率彼此稍微有点错位,这样可以限制整个滤波电路通带的纹波。整个电路的截止频率设置在 4 000 Hz,电压跟随器用来防止电路从输出获得反馈。

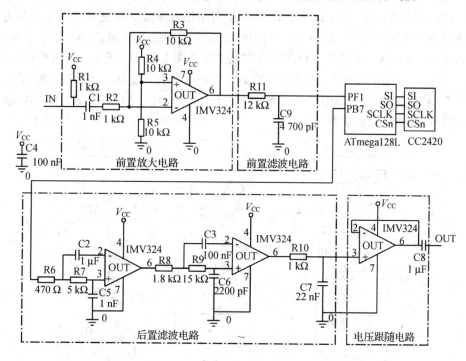

图 6.18　ZigBee 语音传输系统的硬件电路示意图

3. 软件体系的设计实现

(1) 发送端软件实现

发送端软件主要完成语音电压信号的模/数转换,并将数据按照 ZigBee 协议规定的最大帧长度打包。这里采取每帧 84 字节,并按照用户要求发送到特定网络设备。ATmega128L 的主频是 8 MHz,ADC 时钟采取 64 分频,每次转换需要 13 个 ADC 周期,完成一次转换需要 112 μs;采用单次转换模式,如果按照 8 kHz 采样,则每次采样时间是 125 μs;采用定时器 T/C1,则每到 125 μs 产生一次中断,并在中断处理程序中读取 A/D 转换的值,同时启动下一次转换。

发送端程序流程如图6.19(a)所示。

(2) 中间层软件实现

发送端获取了A/D转换的结果,并存储于所开设的数据缓存中;中间层在发送数据时,将存于缓存的数据按照ZigBee协议规定的格式加上网络层MAC层和物理层的帧头,再将数据通过SPI总线发送到射频发射芯片的发送FIFO中。ZigBee设备有两种寻址方式,分别通过64位的IEEE地址和16位的网络地址来寻找网络设备。一般来说,IEEE地址是固定的,而网络地址则是在组网时随机分配的。因此要对特定设备通信必须用IEEE地址;但是在进行语音通信时,为了简化传输数据,一般采用16位网络地址寻址。这就需要在第一次通信时知道IEEE地址的前提下,获取设备的网络地址,以后采用网络地址通信。这部分工作通过TI-Chipcon的ZigBee协议栈实现。程序功能实现流程如图6.19(b)所示。接收数据时,首先射频发射芯片监听信道中的数据,通过判断数据确定是否发送该设备。如果是,则读取该数据到接收FIFO,然后触发,通过SPI总线将数据发送到MCU;通过MCU处理,去掉各层的帧头,最后将数据存放到指定的缓存区中。

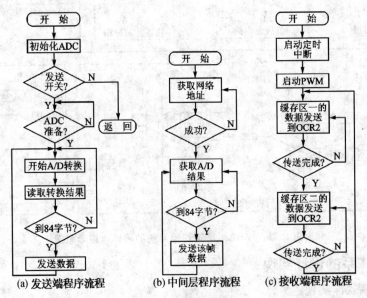

图6.19 简易ZigBee无线语音通信的软件流程图

(3) 接收端软件实现

接收端需要把数字语音信号还原为模拟信号。该系统充分利用MCU的功能,不采用分离的D/A器件,而是利用MCU的PWM功能,辅之外围的5级Cheychey滤波器实现D/A变换。MCU时钟频率是8 MHz,采用T/C2的8位快速PWM模式,每次PWM需要256个系统时钟周期。在系统时钟频率为8 MHz的情况下,PWM的频率接近32 kHz,采用与发送端相同时间的定时中断,从而达到收发同步。用 T/C3 定时器,在 125 μs 产生一次中断,并在中断处理程序中将接收到的值发送到 OCR2,发送到语音接收电路的滤波电路,实现滤波、放大,最后实现语音通信。在接收端开设两个缓存区,交替存储发送端的语音数据帧。接收端程序流程如图 6.19(c)所示。

(4) 主从模式转换

以上分析的是主从模式。要进行两个模式的切换,只需要通过按键并控制不同的寄存器初始化即可实现。

6.3.3 火灾报警系统设计实例

现有的火灾报警系统多采用有线技术进行火灾传感器网络的组建。这类方案的特点是扩展性能差,布线繁琐,影响美观。并且采用硬线连接的,线路容易老化或遭到腐蚀、鼠咬、磨损,故障发生率和误报警率高。采用无线传输方式构建的无线火灾传感器网络恰好可以避免这些问题。相对而言,无线的方式比较灵活,避免了重新布线的麻烦,网络的基础设施不再需要掩埋在地下或隐藏在墙里,无线网络可以适应移动或变化的需要。将无线 ZigBee 传感器网络和人工智能结合,可以大大提高火灾报警系统的可靠性。正是由于 ZigBee 技术具有功耗极低、系统简单、组网方式灵活、成本低、等待时间短等性能,相对于其他无线网络技术,它更适合于组建大范围的无线火灾探测器网络。

1. 系统方案设计规划

系统总体结构框图如图 6.20 所示。无线传感器将探测到的火灾信号通过 ZigBee 无线通信方式发送至数据集中器;数据集中器将收集的数据送至火灾监控中心,再由火灾监控中心对这些数据进行计算处理和统计评估。火灾信号判断的原则不是简单的非准则,而需要同时考虑其他多种因素。根据预先设定的有关规则,将这些数据转换为适当的报警动作指标,相应地发出预报警。例如,产生少量烟,但温度急剧上升——发出报警;产生少量烟,且温升平缓——发出预报警等。

从网络逻辑结构上分析,ZigBee 火灾报警系统内的数据集中器是 ZigBee 网络中的网络协调器;数据集中点是路由节点;无线传感器是终端设备,根据传感器安置的位置,也可设为路由节点。一个 ZigBee 网络最多支持 65 535 个节点,完全可以满足需要。

2. 硬件体系设计

系统主要由数据采集端和数据接收端构成。数据采集端由传感器、MCU 和无线收发芯片等组成。MCU 与无线收发芯片通过 SPI 总线连接,二者构成无线传输模块。数据接收端使用相同的无线收发模块,并利用 RS232 异步串口与 PC 机通信。其功能相当于一个接入点,一方面将主机向数据采集端发送的控制信号以无线的方式发射出去,另一方面接收采集数据并上传给主机。系统硬件结构框图如图 6.21 所示。

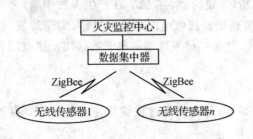

图 6.20 ZigBee 无线火灾报警
系统总体结构框图

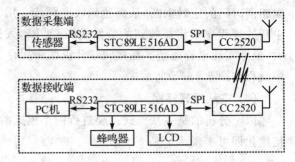

图 6.21 ZigBee 无线火灾报警系统的硬件结构框图

系统的工作原理:当传感器测试到火灾信号时,由火灾控制中心对这些数据进行计算处理和统计评估。根据预先设定的有关规则,将这些数据转换为适当的报警动作指标,以及时产生相应的预报警告。

主控 MCU 采用的是 STC89LE516AD 单片机,为 51 内核增强型 8 位单片机,与 Intel MCS51 系列单片机完全兼容。STC89LE516AD 有丰富的片上存储功能,具有 64 KB Flash 和 512 字节 RAM。单片机自身固化有 ISP 程序,通过串口下载程序。

ZigBee 收发器采用 TI 的 CC2520,这是 TI 推出的 2.4 GHz 免授权 ISM 频带专用的第二代 ZigBee/IEEE802.15.4 无线射频收发器,它提供了选择性/共存性和优异的链路预算,专门支持各种 ZigBee/IEEE802.15.4 及专属无线系统。CC2520 具有丰富的硬件支持电路,如封包处理、数据缓冲、爆发传输、数据加密、数据验证、净信道评估(Clear Channel Assessment)、链路质量指示和封包时间信息,能够大幅减轻主机控制器的作业负荷。CC2520 的主要规格包括 1.8~3.8 V 电源范围、-40~125℃温度范围、103 dB 链路预算(利用开发工具包可达到 400 m 范围的传输距离)和 50 dB 相邻通道拒斥能力。CC2520 可作为 CC2420 无线射频收发器的升级组件。TI 为 CC2520 提供有完整的开发工具包 CC2520DK。

3. 软件体系设计

系统的软件由数据采集端和数据接收端程序组成,均包括初始化程序、发射程序和接收程序。初始化程序主要是对单片机、无线射频芯片、SPI 总线等进行处理;发射程序将建立的数据包通过单片机 SPI 接口送至射频发生模块输出;接收程序完成数据的接收并进行处理。流程如图 6.22 所示。

串口初始化程序如下:

```
void UartInit(void)
{   SCON = 0x50;            //串口方式 1,允许接收
    TMOD = 0x21;            //定时器 1 工作方式 2,定时器 0 工作方式 1
    TH1 = TIMER1;
    TL1 = TIMER1;
```

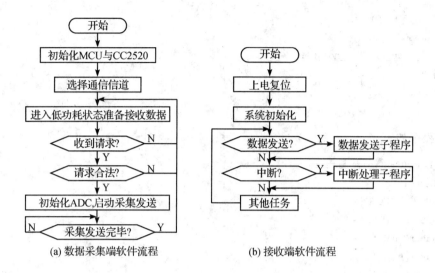

图 6.22　ZigBee 无线火灾报警系统的软件流程框图

```
    TR1 = 1;              //启动定时器 1
}
```

SPI 初始化程序如下：

```
CpuInit(void)
{   UartInit();
    //TimerInit();
    SpiInit();
    delay(5000);
}
```

SPI 发送程序：

```
INT8U SpiTxRxByte(INT8U dat)
{   INT8U i,temp;
    temp = 0;
    SCK = 0;
      for(i = 0;i<8;i++)
    {   if(dat & 0x80) MOSI = 1;
        else MOSI = 0;
        dat <<= 1;
        SCK = 1;
        _nop_();   _nop_();
        temp<<= 1;
```

```
            if(MISO) temp++;
            SCK = 0;
            _nop_();    _nop_();
        }
        return temp;
}
```

中断程序如下:

```
void Timer0ISR(void) interrupt 1
{   EA = 0;
    TH0 += TIMER0H;
    TL0 += TIMER0L;
    TimerCount++;
    timer[0]++;
    timer[1]++;
    EA = 1;
}
```

主程序如下:

```
main(void)
{   INT8U arrTx[4];
    CpuInit();
    POWER_UP_RESET_CC2520();
    halRfWriteRfSettings();
    halSpiWriteBurstReg(CCxxx0_PATABLE, PaTabel, 8);
    LED1 = 0;        LED2 = 0;
    delay(30000);
    LED1 = 1;        LED2 = 1;
    delay(30000);
    arrTx[0] = 0xBB;    arrTx[1] = 0xAA;
    arrTx[2] = 0x55;    arrTx[3] = 0x09;
    while(1)
    {   halRfSendPacket(arrTx,4);
        LED2 = 0;
        delay(10000);
        LED2 = 1;
        delay(10000);
    }
}
```

6.3.4 无线片上系统设计实例

这里以 ZigBee 无线收发控制 CC2430 为例介绍单芯片无线片上系统的设计。

1. 无线温度检测终端的设计

在现代工农业生产中,常需要对环境温度进行检测。传统方法常费时、费力,效率低,不便应用在较大环境的温度检测中。为此设计了一种基于无线射频技术的温度检测终端,以 RF(射频)芯片 CC2430 为核心,在温度传感器 DS1822 的配合下,能够高效完成对环境温度的无线检测。

(1) CC2430 芯片概述

CC2430 芯片为 2.4 GHz 射频系统单芯片,整合了 ZigBee RF 前端、内存、微控制器。主要特点如下:高性能和低功耗的 8051 微控制器核;集成符合 IEEE 802.15.4 标准的 2.4 GHz 的 RF 无线电收发机;优良的无线接收灵敏度和强大的抗干扰性;在休眠模式时仅 0.9 μA 的流耗,外部的中断或 RTC(实时时钟)唤醒系统,在待机模式时少于 0.6 μA 的流耗,外部的中断能唤醒系统;硬件支持 CSMA/CA 功能;较宽的电压范围(2.0~3.6 V);数字化的 RSSI/LQI(链路质量指示)支持和强大的 DMA 功能;具有电池监测和温度感测功能;集成了 14 位 ADC;集成 AES 安全协处理器;2 个强大的 USART(通用同/异步收发器)以及 1 个符合 IEEE 802.15.4 规范的 MAC 层计时器,1 个常规的 16 位计时器和 2 个 8 位计时器;21 个可编程的 I/O 引脚,P0、P1 口是完全 8 位口,P2 口只有 5 个可使用位,可以由软件设定一组 SFR(专用寄存器)的位和字节,并使这些引脚作为通常的 I/O 口或作为连接 ADC、计时器、USART 等部件的外围设备口使用。

(2) DS1822 结构特点与基本操作指令

DS1822 是一种"一线"数字温度计,用一根信号线来实现互连通信,其内部电路的核心是一个直接数字输出的温度传感器。它可以将 $-55\sim125$ ℃ 范围内的温度值按 9 位、10 位、11 位、12 位的分辨率进行量化,其最高分辨率为 0.625 ℃,工作电压范围为 3.0~5.5 V。每一片 DS1822 都有一个唯一的、且不可改写的 ROM ID(电子序列号标识码),在实际应用中可以通过指令方便地进行查询。DS1822 的主要操作指令如下:

▶ Search ROM(代码为 F0h):用以读取在线的 DS1822 的序列号。
▶ Write Scratchpad(代码为 4Eh):将温度报警上/下限值分别写入便笺式存储器的 TH 与 TL 字节中。
▶ Convert T(代码为 44h):启动 DS1822 进行温度 A/D 转换。
▶ Read Scratchpad(代码为 BEh):读取便笺式寄存器中的温度值。

(3) 终端的硬件体系设计

CC2430 芯片只需少量外围部件配合就能实现信号的收发功能。图 6.23 为该温度检测终端的硬件结构图。

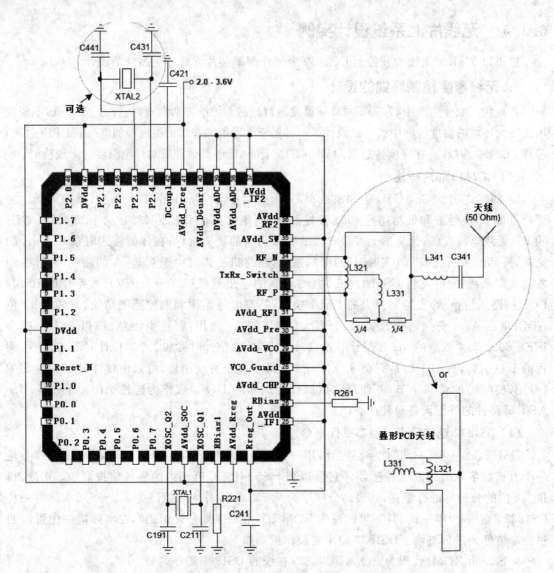

图 6.23 ZigBee 环境温度检测终端的硬件结构图

电路使用一个非平衡天线,连接"非平衡"变压器可使天线性能更好。非平衡变压器由电容 C341、电感 L341/L321/L331 以及一个 PCB(印制板)微波传输线组成,整个结构满足 RF 输入/输出匹配电阻(50 Ω)的要求。内部 T/R 交换电路完成 LNA 和 PA 之间的交换。CC2430 的射频信号采用差分方式,其最佳差分负载阻抗是(115+j180)Ω,阻抗匹配电路需要根据这一数值进行调整。R241 和 R261 为偏置电阻,R241 主要用来为 32 MHz 的晶振提供一个合适的工作电流。用1个32 MHz的石英谐振器(XTAL1)和2个电容(C191和C211)构成一个32 MHz的晶振电路。用1个32.768 kHz的石英谐振器(XTA12)和2个电容(C441和C431)构成一个32.768 kHz的晶振电路。电压调节器为所有要求1.8 V电压的引脚和内部电源供电;电容C421和C241是去耦电容,用来为电源滤波,以提高芯片工作的稳定性。温度传感器DS1822的数据输入/输出端DQ接P0_0引脚,该引脚具有4 mA的输出驱动能力。

(4) 终端的软件体系设计

软件部分需要解决的问题包括:温度及报警信号采集、ZigBee协议栈(Z-Stack)、ZigBee通信等。温度及报警信号的采集由CC2430芯片内部的MCU完成。

ZigBee协议栈运行在操作系统抽象层OSAL(Operation System Abstract Layer)上。该操作系统基于任务调度机制,通过对任务的事件触发来实现任务调度。每个任务都包含若干个事件,每个事件都对应一个事件号。当一个事件产生时,对应任务的事件就设置为相应的事件号,这样事件调度就会调用相应的任务处理程序。OSAL中的任务可以通过任务API将其添加到系统中,这样就可以实现多任务机制。OSAL任务调度流程如图6.24所示。

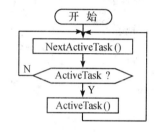

图6.24 ZigBee Z-Stack OSAL 任务调度流程框图

NextActiveTask()是一个任务事件查询函数,返回任务的事件状态ActiveTask。软件设计时,可通过ActiveTask的值来决定是否需要执行对应的任务函数ActiveTask()。

ZigBee的通信或数据传输涉及两种通信帧格式:KVP(关键值)帧格式、消息(Message)帧格式。在发送数据量较大时选择Message方式;当只需要发送1个字节或几个字节的命令或数据时,可以使用KVP格式,该格式是ZigBee协议定义好的一种通信方式,操作比较简单,调用相应的信息发送函数即可实现两点间的通信。该终端设计中采用后一种通信帧格式,在充分利用开发工具CC2430ZDK Pro内部现有的协议栈的情况下,可以方便地完成通信部分的软件开发工作。

(5) 终端的工作原理

该终端系统设计中采用DMA方式向存储器内部写终端控制程序。正式使用时,终端控制程序被启动,终端首先完成其内部系统的初始化,即通信协议的初始化、各端口使能与初始化,确认温度传感器连接完好,向DS1822中TH/TL位写入最高/最低温度门限,读取该温度传感器的身份标志码(用于代表该终端设备的身份),并将该终端标志码传回管理中心,以示该终端处于就绪状态,并准备随时接受管理中心的启动指令。启动后,终端由自己内部的MCU(即CC2430的MCU)控制,定期向温度传感器DS1822发送温度转换指令。DS1822在完成温度转换后自动将温度值和TH/TL寄存器中的触发门限相比较,如比较结果表明测量温度高于TH或低于TL中的门限值,则设置报警标志位。随后,MCU在读取温度值的同时也读取报警标志位,并将这些数据信号传回管理中心。这样,终端就完成了温度的检测与报警功能。终端也可随时接收来自管理中心的查询指令。

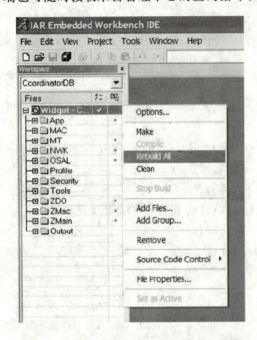

图 6.25 Z-Stack 协议栈及其项目的构架框图

由于该类终端每一片都有自己唯一的身份标志码,所以,一个管理中心可以管理多个这样的终端,并能准确区分它们。利用多个此类终端可对较大环境的温度实现实时、无线、多点的检测。

2. Z-Stack 协议栈及其应用

TI-Chipcon 提供的 Z-Stack™ ZigBee 协议栈建立在 OSAL 操作系统上,已经将数据通信的代码全部做好,使用时只需要调用里面的函数就可以了。该协议栈是以一个 OS 贯穿的,要加入自己的应用,只要添加任务,在任务中执行需要的操作,就可以与协议栈实现无缝连接。TI-Chipcon 还提供了很多基于 IAR EWB8051 的例程,加上诸多廉价的可选 RF51 仿真器,非常有利于在 CC2430 单芯片上进行包括各种应用片上系统的无线 ZigBee 传感网络系统的开发设计。图 6.25 给出了 IAR EWB8051 集成开发环境下一个项目例程的目录树,在工程文件的左边 Workspace 中可以看到整个 Z-Stack 协议栈的构架。

IAR EWB8051 下展现的 Z-Stack 协议栈及其项目,说明如下:

➢ APP:应用层目录,是用户创建各种不同工程的区域。该目录包含了应用层的内容和这个项目的主要内容,在协议栈里面一般以操作系统的任务实现。

➢ HAL:硬件层目录,包含有与硬件相关的配置、驱动及操作函数。

➢ MAC:MAC 层目录,包含了 MAC 层的参数配置文件及其 MAC 的 LIB 库的函数接口文件。

➢ MT:实现通过串口可控各层,与各层进行直接交互。

➢ NWK:网络层目录,含网络层配置参数文件及网络层库的函数接口文件,是 APS 层库的函数接口。

➢ OSAL:协议栈的操作系统。

➢ Profile:AF 层目录,包含 AF 层处理函数文件。

➢ Security:安全层的目录,该层多是处理函数(比如加密函数等)。

> Services:地址处理函数目录,包括地址模式的定义及地址处理函数。
> Tools:工程配置目录,包括空间划分及ZStack相关配置信息。
> ZDO:ZDO 目录。

3. 基于 Z-Stack 协议栈的快速开发

这是采用 CC2430 设计一对"点对点"的 ZigBee 无线传输系统,CC2430 终端利用其 I/O 扩展了一些按键和 LED 指示灯。需要实现的功能有 4 种:按键检测、发送数据、接收数据、小灯控制。设计完成后,编译下载,协议栈就运行了:按下任意一个无线终端上的一个按键1,则发送一个数据给另一个无线终端,其上的红灯闪烁,然后发送一个数据回来,导致原发送的无线终端上的红灯闪烁。

在 IAR EWB8051 下新建一个工程项目,添加 Z-Stack 协议栈的源文件。添加 Z-Stack 协议栈的源文件比较麻烦,通常选取一个例程,通过修改该例程而达到新建工程的目的。

(1) 添加一个任务

要加入具体的应用,需要添加一个任务,以便与协议栈实现无缝连接。

在协议栈中的 OSAL.c 文件中,byte osal_init_system(void)函数的功能是初始化 OS、添加任务到 OS 任务表中。在这个函数中通过调用 osalAddTasks()函数来定制项目所需要应用的任务,该函数属于应用层和 OS 之间的接口函数,一般项目的建立需要根据系统的需要自己编写该函数,并将其放到应用层。osalAddTasks()函数通过 osalTaskAdd()函数完成任务添加。

首先,将支持协议栈功能需要的任务加载到该函数中:

```
void osalAddTasks(void)
{   osalTaskAdd (Hal_Init, Hal_ProcessEvent, OSAL_TASK_PRIORITY_LOW);
    # if defined(ZMAC_F8W)
    osalTaskAdd( macTaskInit, macEventLoop, OSAL_TASK_PRIORITY_HIGH);
    # endif
    # if defined(MT_TASK)
        osalTaskAdd( MT_TaskInit, MT_ProcessEvent, OSAL_TASK_PRIORITY_LOW);
    # endif
    osalTaskAdd( nwk_init, nwk_event_loop, OSAL_TASK_PRIORITY_MED);
    osalTaskAdd( APS_Init, APS_event_loop, OSAL_TASK_PRIORITY_LOW );
    osalTaskAdd( ZDApp_Init, ZDApp_event_loop, OSAL_TASK_PRIORITY_LOW );
}
```

这些任务是协议栈运行的先决条件,为了更好地使用协议栈,建议将这些任务都添加到任务列表中。这些函数的参数条件在协议栈中已经定义好,可以直接使用。

从上面加载的函数中可以发现,要建立一个单独的任务,必须先将 osalTaskAdd()函数需要的参数条件定义好,这些参数分别是初始化函数 WXL_example_Init,任务处理函数 WXL_ example_event_loop 和任务优先级。

1) 任务初始化函数

该函数是将该任务需要完成的功能部件初始化,在每一个任务的初始化函数中,必须完成的功能是要得到设置任务的任务 ID。

```
void WXL_ SampleApp _Init ( uint8 task_id)
{
    WXL_ SampleApp _Init = task_id;
}
```

由于这个任务中还有其他的功能,所以,对其他功能也需要做一定的初始化,包括对发送数据的设置、按键的设置等。实现的函数为:

```
void WXL_SampleApp_Init ( uint8 task_id)
{   WXL_SampleApp_TaskID = task_id;          //任务 ID
    /*通信需要的参数*/
    WXL_SampleApp_NwkState = DEV_INIT;       //网络类型
    WXL_SampleApp_TransID = 0;
    //设置发送数据的方式和目的地址
    //广播到所有的设备
    WXL_SampleApp_All_DstAddr.addrMode = (afAddrMode_t)AddrBroadcast;
    WXL_SampleApp_All_DstAddr.endPoint = WXL_SAMPLEAPP_ENDPOINT;
    WXL_SampleApp_All_DstAddr.addr.shortAddr = 0xFFFF;
    //单播到一个设备
    WXL_SampleApp_Single_DstAddr.addrMode = (afAddrMode_t)afAddrGroup;
    WXL_SampleApp_Single_DstAddr.endPoint = WXL_SAMPLEAPP_ENDPOINT;
    //设置端点描述
    WXL_SampleApp_epDesc.endPoint = WXL_SAMPLEAPP_ENDPOINT;
    WXL_SampleApp_epDesc.task_id = &WXL_SampleApp_TaskID;
    WXL_SampleApp_epDesc.simpleDesc
        = (SimpleDescriptionFormat_t *)&WXL_SampleApp_SimpleDesc;
    WXL_SampleApp_epDesc.latencyReq = noLatencyReqs;
    //登记端点描述到 AF
    afRegister( &WXL_SampleApp_epDesc );
    //登记所有的按键事件
    RegisterForKeys( WXL_SampleApp_TaskID );
}
```

2) 任务处理函数

对任务发生后的事件进行处理,在这个项目中主要完成的功能是通过协调器上的按键发送一个数据,控制路由器的小灯。所以里面就应该涉及按键的事件处理,网络状态的判断(判断设备的类型,是协调器还是路由器或者是终端设备)和接收到信息后的处理。处理函数为:

```c
/*功能:一般应用任务事件处理,这个函数是处理所有的事件到任务,事件包括时间片、消息和所有其
    他使用者定义过的时间。参数:task_id---OS 分配的任务 ID,这个 ID 将用于发送数据和设置时间
    片;events ---处理的事件。返回值:无 */
uint16 WXL_SampleApp_ProcessEvent( uint8 task_id, uint16 events)
{
    afIncomingMSGPacket_t * MSGpkt;
    if ( events & SYS_EVENT_MSG )                              //系统信息
    {   MSGpkt = (afIncomingMSGPacket_t *)
        osal_msg_receive( WXL_SampleApp_TaskID );              //OS 发送过来的信息
    while ( MSGpkt)
    {   switch (MSGpkt->hdr.event)
        {   case KEY_CHANGE:                                   //按键事件处理
                WXL_SampleApp_HandleKeys( ((keyChange_t *)MSGpkt)->keys);
                break;
            case AF_INCOMING_MSG_CMD:                          //接收数据事件处理
                WXL_SampleApp_MessageMSGCB( MSGpkt );
                break;
            case ZDO_STATE_CHANGE:                             //网络状态发生变化时间
                WXL_SampleApp_NwkState
                    = (devStates_t)(MSGpkt->hdr.status);       //获取网络状态
                if((WXL_SampleApp_NwkState == DEV_ZB_COORD)    //判断网络类型
                    || (WXL_SampleApp_NwkState == DEV_ROUTER)
                    || (WXL_SampleApp_NwkState == DEV_END_DEVICE))
                {   }
                else
                {
                    //设备不属于这个网络
                }
                break;
            default: break;
        }
        osal_msg_deallocate( (uint8 *)MSGpkt );                //释放存储器
        //Next---如果有一个空闲的任务
        MSGpkt = (afIncomingMSGPacket_t *)osal_msg_receive(WXL_SampleApp_TaskID);
    }
    return (events ^ SYS_EVENT_MSG);                           //返回未处理的任务
}
```

```
        return 0;
}
```

3) 按键子函数

按键子函数的功能是处理所有的按键事件,按键的底层驱动函数在 Hal_key.c 中。这里按键需要完成的任务是,当协调器按键 1 被按下后,以广播的方式发送数据去让路由器小灯闪烁。

```
/*功能:处理所有的按键事件。参数:keys ---返回的按键值。返回值:无。*/
void WXL_SampleApp_HandleKeys(uint8 keys)
{   if ( keys & HAL_KEY_SW_1)
      {  if(WXL_SampleApp_NwkState == DEV_ZB_COORD)    //如果是协调器,发送数据
         WXL_SampleApp_SendFlashMessage(WXL_SAMPLEAPP_FLASH_DURATION);
         else {     }
      }
}
```

4) 接收处理函数

其功能有两部分,一是路由器的接收函数,二是协调器的接收处理函数。在这个项目里面,将这两种设备的处理函数都固化在了一个函数里面,用串 ID 来判断他们的设备类型。当路由器接收到数据后,先判断该信息的串 ID,然后判断命令;如果命令正确,则小灯闪烁。然后单播发送确认信号给协调器,协调器收到信号后,同样先判断串 ID,然后确认命令后小灯闪烁示意。

```
//功能:接收的数据处理量,根据不同的串 ID 实现不同的功能
void WXL_SampleApp_MessageMSGCB( afIncomingMSGPacket_t * pkt)
{   unsigned char Rx_Buf[4];
    switch ( pkt->clusterId )
    {   case WXL_SAMPLEAPP_CLUSTERID1:
            memcpy(Rx_Buf,pkt->cmd.Data,3);
            if((Rx_Buf[0] == 'Y') && (Rx_Buf[1] == 'E') && (Rx_Buf[2] == 'S'))
                HalLedBlink( HAL_LED_4, 4, 50, 250);           //小灯闪烁 4 次
            break;
        case WXL_SAMPLEAPP_CLUSTERID2:
            memcpy(Rx_Buf,pkt->cmd.Data,4);
            if((Rx_Buf[0] == 'O') && (Rx_Buf[1] == 'P')
                && (Rx_Buf[2] == 'E') && (Rx_Buf[3] == 'N'))
            {   HalLedBlink( HAL_LED_4, 4, 50, 250);           //小灯闪烁 4 次
                SendData("YES", pkt->srcAddr.addr.shortAddr, 3);  //以单播的方式回复信号
            }
            break;
```

		}
}

5）发送函数

```
//------------------------------------------------------------------------------
void WXL_SampleApp_SendFlashMessage( uint8 * buffer )      //广播发送一串数据
{   if ( AF_DataRequest( &WXL_SampleApp_All_DstAddr, &WXL_SampleApp_epDesc,
       WXL_SAMPLEAPP_CLUSTERID2, 4, buffer, &WXL_SampleApp_TransID,
       AF_DISCV_ROUTE, AF_DEFAULT_RADIUS ) == afStatus_SUCCESS )
    {    }
    else
    {
           //Error occurred in request to send.
    }
}
//------------------------------------------------------------------------------
//以短地址方式发送数据。buf---发送的数据,addr---目的地址,Leng---数据长度
void WXL_SampleApp_SendData(uint8 * buf, uint16 addr, uint8 Leng)
{   WXL_SampleApp_Single_DstAddr.addr.shortAddr = addr;
    if ( AF_DataRequest( &WXL_SampleApp_Single_DstAddr, //发送的地址和模式
       &WXL_SampleApp_epDesc,                           //终端(比如操作系统中任务 ID 等)
       WXL_SAMPLEAPP_CLUSTERID1,                        //发送串 ID
       Leng, buf, &WXL_SampleApp_TransID, AF_DISCV_ROUTE, //AF_ACK_REQUEST,
       AF_DEFAULT_RADIUS ) == afStatus_SUCCESS )
    {    }
    else {     }
}
//------------------------------------------------------------------------------
```

发送数据只是调用一个函数，这里不多解释。

(2) 完成任务的添加

将建立的任务添加在列表中：

```
void osalAddTasks(void)
{   osalTaskAdd (Hal_Init, Hal_ProcessEvent, OSAL_TASK_PRIORITY_LOW);
    #if defined( ZMAC_F8W )
        osalTaskAdd( macTaskInit, macEventLoop, OSAL_TASK_PRIORITY_HIGH );
    #endif
    #if defined( MT_TASK )
        osalTaskAdd( MT_TaskInit, MT_ProcessEvent, OSAL_TASK_PRIORITY_LOW );
```

嵌入式网络通信开发应用

```
#endif
    osalTaskAdd( nwk_init, nwk_event_loop, OSAL_TASK_PRIORITY_MED );
    osalTaskAdd( APS_Init, APS_event_loop, OSAL_TASK_PRIORITY_LOW );
    osalTaskAdd( ZDApp_Init, ZDApp_event_loop, OSAL_TASK_PRIORITY_LOW );
    osalTaskAdd( WXL_SampleApp_Init, WXL_SampleApp_ProcessEvent,
                 OSAL_TASK_PRIORITY_LOW );
}
```

(3) 其他定义

```
const cId_t WXL_SampleApp_ClusterList[WXL_SAMPLEAPP_MAX_CLUSTERS] =
{   WXL_SAMPLEAPP_CLUSTERID1, WXL_SAMPLEAPP_CLUSTERID2       };
const SimpleDescriptionFormat_t WXL_SampleApp_SimpleDesc =
{   WXL_SAMPLEAPP_ENDPOINT,
    WXL_SAMPLEAPP_PROFID,
    WXL_SAMPLEAPP_DEVICEID,
    WXL_SAMPLEAPP_DEVICE_VERSION,
    WXL_SAMPLEAPP_FLAGS,
    WXL_SAMPLEAPP_MAX_CLUSTERS,
    (cId_t *)WXL_SampleApp_ClusterList,
    WXL_SAMPLEAPP_MAX_CLUSTERS,
    (cId_t *)WXL_SampleApp_ClusterList
};
endPointDesc_t WXL_SampleApp_epDesc;
//变量声明------------------------------------------------------------------
uint8 WXL_SampleApp_TaskID;                      //内部任务 ID,值在 SampleApp_Init()中获得
devStates_t WXL_SampleApp_NwkState;              //网络状态
uint8 WXL_SampleApp_TransID;                     //这是唯一的一个消息 ID(计数器)
afAddrType_t WXL_SampleApp_All_DstAddr;          //广播的方式
afAddrType_t WXL_SampleApp_Single_DstAddr;       //短地址单播的方式
//常量声明------------------------------------------------------------------
#define WXL_SAMPLEAPP_ENDPOINT          20
#define WXL_SAMPLEAPP_PROFID            0x0F08
#define WXL_SAMPLEAPP_DEVICEID
#define WXL_SAMPLEAPP_DEVICE_VERSION    0
#define WXL_SAMPLEAPP_FLAGS             0
#define WXL_SAMPLEAPP_MAX_CLUSTERS      2
#define WXL_SAMPLEAPP_CLUSTERID1        1
#define WXL_SAMPLEAPP_CLUSTERID2        2
```

第7章 嵌入式 IrDA 无线遥控通信

IrDA 红外无线数据传输成本低廉、连接方便、简单易用、结构紧凑，在各类家用电器、办公设备、公共设施、检测监视、抄表计费等方面的便携式无线移动遥控领域中获得了广泛的应用。近年来,很多半导体厂商(如 Agilent、Vishay、Sharp、Zilog、Omron 等)相继推出了许多遵循同一规范的、不同类型的高性价比器件,更加促进了红外无线遥控通信的普遍应用。

本章就 IrDA 红外数据传输的特点与协议规范、各种 IrDA 器件的构成及其不同类型的红外通信电路设计、红外无线遥控数据传输的各种常见软件设计实现等方面进行综合阐述。

7.1 IrDA 无线遥控通信基础

1. IrDA 通信及其特点

红外数据传输使用的传播介质是红外线。红外线是波长在 750 nm～1 mm 之间的电磁波,是人眼看不到的光线。红外数据传输一般采用红外波段内的近红外线,波长在 0.75～25 μm 之间。红外数据协会成立后,为保证不同厂商的红外产品能获得最佳的通信效果,限定所用红外波长在 850～900 nm。

IrDA 是国际红外数据协会的英文缩写。通常,用 IrDA 表示红外无线数据通信传输。

红外传输距离在几厘米到几十米,发射角度通常在 0～15°,发射强度与接收灵敏度因不同器件不同应用设计而强弱不一。使用时只能以半双工方式进行红外通信。

概括起来,IrDA 红外无线通信的特点如下:

- 850～900 nm 红外波长,半双工无线通信方式;
- 通信距离:几 cm 到几十 m,收发角度 0～15°;
- 传输速率:SIR——115.2 kbps,FIR——4 Mbps,VFIR——16 Mbps。

因此,IrDA 红外通信特别适合于无线遥控数据传输。

2. IrDA 通信的协议规范

国际红外数据协会相继制定了很多红外通信协议,有侧重于传输速率方面的,有侧重于低功耗方面的,也有二者兼顾的。IrDA1.0 协议基于异步收发器 UART,最高通信速率在 115.2 kbps,简称 SIR(Serial Infrared),采用 3/16 ENDEC 编译码机制。IrDA1.1 协议提高通信速率到 4 Mbps，简称 FIR(Fast Infrared)，采用 4PPM (Pulse Position Modulation)编译码机制，同时在低速时保留 1.0 协议规定。之后，IrDA 又推出最高通信速率在 16 Mbps 的协议，简称 VFIR(Very Fast Infrared)。

IrDA 标准包括 3 个基本的规范和协议：物理层规范 IrPHY(Physical Layer Link Specification)，连接建立协议 IrLAP (Link Access Protocol) 和连接管理协议 IrLMP(Link Management Protocol)。物理层规范制定了红外通信硬件设计上的目标和要求，IrLAP 和 IrLMP 为两个软件层，负责对连接进行设置、管理和维护。在 IrLAP 和 IrLMP 基础上，针对一些特定的红外通信应用领域，IrDA 组织还陆续发布了一些更高级别的红外协议，如 TinyTP、IrOBEX、IrCOMM、IrLAN、IrTran-P 等。概括起来，IrDA 红外无线通信的协议规范及其层次如图 7.1 所示。

本书特别把符合 IrDA 红外通信协议的器件称为 IrDA 器件，符合 SIR 协议的器件称为 SIR 器件，符合 FIR 协议的器件称为 FIR 器件，符合 VFIR 协议的器件称为 VFIR 器件。

3. IrDA 通信的基本模型

红外数据传输可用图 7.2 简单表示，其中，左侧是系统核心处理器或微处理器，右侧是红外收发器，中间是编码器/译码器及其有线数字接口的逻辑器件或专用集成器件。实际情况可以是收发一体的，也可以是发送与接收分开的，编码器对应红外发射器，译码器对应红外接收器。

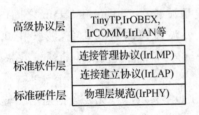

图 7.1　IrDA 红外无线通信的协议规范及其层次示意图

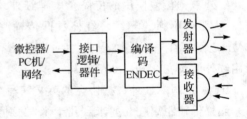

图 7.2　红外数据传输的基本模型图

7.2　基本的软/硬件体系设计

7.2.1　IrDA 器件及其使用

1. IrDA 器件的类型划分

根据 IrDA 红外无线通信的基本模型框图，对 IrDA 器件划分类型，如图 7.3 所示。

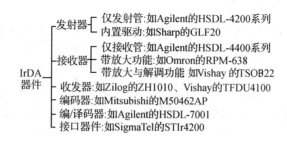

图 7.3 IrDA 器件的类型图

根据传输速率的大小,可以把 IrDA 器件区分为 SIR、FIR、VFIR 类型,如 Vishay 的红外收发器 TFDU4300 是 SIR 器件、TFDU6102 是 FIR 器件、TFDU8108 是 VFIR 器件。

根据应用功耗的大小,可以把 IrDA 器件区分为标准型和低功耗型。低功耗型器件通常使用 1.8~3.6 V 电源,传输距离较小(约 20 cm),如 Agilent 的红外收发器 HSDL-3203。标准型器件通常使用 DC5V 电源,传输距离大(在 30cm~几十 m),如 Vishay 的红外接收器 TSOP12xx 系列,配合其发射器 TSAL5100,传输距离可达 35 m。

综合使用上述 3 种分类方法,可以清晰地表明一个 IrDA 红外器件的性能,如 Agilent 的 SIR 标准型红外收发器 HSDL-3000。

2. IrDA 器件的构成及其使用

1) 红外发送器件

红外发送器大多使用 Ga、As 等材料制成的红外发射二极管,其能够通过的 LED 电流越大,发射角度越小,产生的发射强度就越大;发射强度越大,红外传输距离就越远,传输距离正比于发射强度的平方根。有少数厂商的红外发送器件内置有驱动电路,该类器件的构成如图 7.4 所示。

图 7.4 内含驱动的红外发射器

红外发送器件使用时通常串联电阻,以分压限流。

2) 红外检测器件

红外检测器件的主要部件是红外敏感接收管,有独立"接收管"构成器件的,有内含放大器的,有集成放大器与解调器的。后面两种类型的红外检测器件的构成如图 7.5 所示。

接收灵敏度是衡量红检测器件的主要性能指标,接收灵敏度越高,传输距离越远,误码率越低。

这类器件内部集成有放大与解调功能的红外检测器件以及带通滤波器,常用于固定载波频率(如 40 kHz)的应用。

3) 红外收发器件

红外收发器件集发射与接收于一体。通常,器件的发射部分含有驱动器,接收部分含有放大器,并且内部集成有"关断"控制逻辑。关断控制逻辑在发送时关断接收,以避免引入干扰;不使用红外传输时,该"控制逻辑"通过 SD 引脚接收指令,关断器件电源供应,以降耗节能。使用器件时需要在 LED 引脚接入适当的限流电阻。大多数红外收发器件带有屏蔽层,该层不要直接接地,可以通过串联一个"磁珠"再接地,以免引入干扰,影响接收灵敏度。红外收发器件的构成如图 7.6 所示。

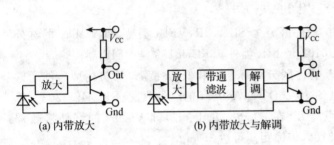

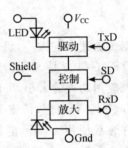

图 7.5　红外检测器件构成框图　　　　图 7.6　红外收发器的构成

4) 红外编/译码器件

编/译码,英文简称 ENDEC,即实现调制/解调。SIR 器件多采用 3/16 ENDEC,FIR 器件多采用 4PPM ENDEC。3/16 ENDEC 即把一个有效数字位(bit)时间段划分为 16 等分小时间段,以连续 3 个小时间段内有无脉冲表示调制/解调信息。红外编/译码器件需要从外部接入时钟或使用自身的晶体振荡电路,进行调制或解调。

有单独编码的红外编/译码器件,如键盘遥控红外编码器 Mitsubishi 的 M50462AP;也有集编码/译码于一体的(这类器件较为多见),如图 7.7 所示。

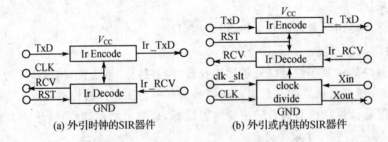

图 7.7　集成编/译码器件构成框图

通常,集成的编/译码器具有红外收发接口和串行数据收发接口,易于连接各种红外收发器件和串行接口器件或微控器。其调制/解调时钟可以外引,也可以使用自身的晶体振荡电路,有的器件还可编程所产生的调制/解调时钟。

5) 红外接口器件

红外接口器件实现红外传输系统与微控器、PC 机或网络系统的连接,设计中经常使用的器件有 UART 串行异步收发器件、USB 接口转换器件等。

UART 器件内部含有 FIFO 缓存,主要任务是完成同步通信到异步通信的转换。通常,这类器件一侧为同步的串行或并行接口,另一侧为异步接口。如 National 的 PC16550D 可以实现并行同步通信到串行异步通信的变换、Maxim 的 Max3100 可以实现同步串行 SPI 通信到串行异步通信的变换。

USB 接口器件实现红外收发与 PC 机的 USB 连接。集成度较高的 USB 接口器件如 SigmaTel 的 STIr4200。STIr4200 兼容 IrDA1.3 和 USB1.1, IrDA 速率在 2.4 kbps～4 Mbps,内含有红外编/译码器和 4 KB 的 FIFO 缓存,20/28 脚封装,可直接连接标准的 IrDA 收发器件,其构成如图 7.8 所示。

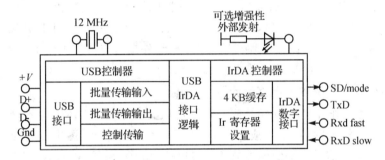

图 7.8　USB-IrDA 桥接器 STIr4200 的内部构成框图

7.2.2　常见 IrDA 电路设计

(1) 家电红外遥控收发电路的设计

彩电、空调、VCD 等家用电器的遥控收发,是单向传输,通信距离通常在 3～5 m,调制/解调的载波频率通常在 36～40 kHz,可用"集成键盘编码 IC ＋ 带驱动的红外发射管"构成发射遥控器,用"带放大与解调功能的红外检测器"构成接收端;接收后的信息可直接送给简易单片机(如 AT89C2051),由单片机通过软件进行遥控功能识别并产生相应动作。图 7.9 是一个通用的家电遥控收发电路框图。

(2) PC 机简易红外收发装置设计

现在的笔记本电脑、掌上电脑、移动手机等常常集成有含编/译码功能(38 kHz 载波)的 5 针红外接口,可以很容易地设计电路,给 PC 机配上红外收发装置,无须考虑调制/解调。

5 针红外接口插座引脚定义了:一对电源脚 Vcc 和 GND,一对收发接口 IrTx(红外发射端)和 IrRx(红外接收端),有一针 NC 未定义。

根据 IrDA 异步串行通信有关标准,IrTx 引脚能提供＞6.0 mA 的输出电流,IrRx 引脚再

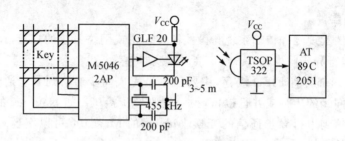

图 7.9 家电遥控收发电路

吸收<1.5 mA 电流就能对输入信号做出反应。依此可以设计出如图 7.10(a)所示的简易红外收发装置。为进一步提高收发传输能力,可在发射端增加驱动,在接收端增加放大。但这样做分立元件过多、电路不够简洁,为简化电路,可以使用带有驱动和放大能力的红外收发器件。图 7.10(b)就是用 Zilog 的红外收发器 ZHX1010 构成的简易收发装置。

给 PC 机加上红外收发装置后,需要对系统做如下设置:在 BIOS 中打开红外线接口,使用时在设备管理器中启动红外线监视器。通常 PC 机红外接口与其 COM2 口共用同一地址和中断,打开了红外接口,COM2 口就不能再使用了。

(3) RS232-IrDA 红外收发电路设计

这种类型电路工作在异步串行通信方式下可以直接采用"UART 电平转换器件 + 红外编/译码器件 + 红外收发器件"构成。图 7.11 是一个设计举例,图中器件使用了 Maxim 的 Max232,完成 RS232 信号电平到标准数字信号电平(如 5V 系统)的转换;HSDL-7000 是红外编/译码器。

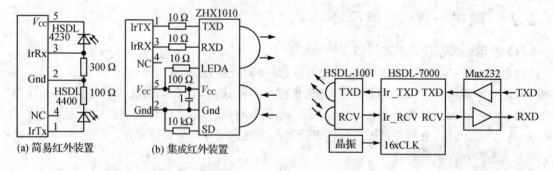

(a) 简易红外装置　　(b) 集成红外装置

图 7.10　PC 机红外收发装置框图　　　　图 7.11　RS232-IrDA 红外收发电路

(4) USB-IrDA 红外收发电路设计

设计这种类型的电路,最简捷的途经就是使用 USB-IrDA 接口器件。图 7.12 是采用 SigmaTel 的 STIr4200 接口器件的一个设计举例。STIr4200 有一个可选择的外部增强性发射端口,如果要增强红外传输能力(如传输距离),则可在该端口增加发射管。对于 STIr4200,SigamTel 提供有各种 Windows 版本的驱动程序,十分方便实用。

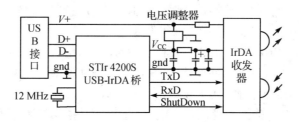

图 7.12　USB-IrDA 红外收发电路

(5) 微控器-IrDA 红外收发电路设计

现在很多微控器内部集成了 UART 单元及其接口,支持 IrDA 标准,可以直接与红外收发体系连接。图 7.13 是这类电路设计的一个举例,其中 MCP2120 是 Microchip 的红外可编程波特率编/译码器件。

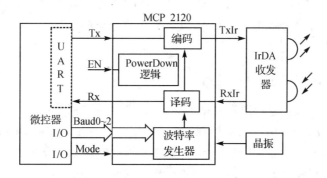

图 7.13　微控器-IrDA 体系直接连接框图

有些微控器,如 80C51 单片机,虽然内含 UART,却不支持 IrDA 标准或高速通信,不能直接连接红外收发体系。还有些微控器,虽然所含的 UART 可以直接连接红外收发体系,但 UART 已经用于其他目的。此时,可以选用 UART 接口器件。图 7.14 是 80C51 通过 Maxim 的 Max3110 连接红外收发体系的,

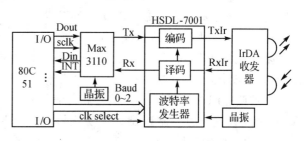

图 7.14　微控器-IrDA 体系间接连接框图

80C51 单片机没有 SPI 接口,这里使用其 I/O 口,通过软件模拟 SPI 工作机制。Max3110 有一个收发传输中断脚,十分有利于软件编制。

(6) 红外数据传输电路设计的注意事项

① 要做好红外器件的选型。要求传输快速时,可选择 FIR、VFIR 收发器与编/译码器。

要求长距离传输时,可选择大LED电流、小发射角发射器和灵敏度高的接收检测器。低功耗场合应用时,可选取低功耗的红外器件。要注意低功耗与传输性能存在着矛盾,通常低功耗器件,传输距离很小,这一点在应用时应该综合考虑。

② 红外数据传输是半双工性质的,为避免自身产生的信号干扰自身,要确保发送时不接收,接收时不发送。可以着眼于软件设计,使软件在一种状态时暂不理会另一种状态;同时要合理设置好收发之间的时间间隔,不能立即从一种方式转入另一种方式。

③ 要合理设计好各种红外器件的供电电路,选择合适的DC-DC器件,恰当地进行电磁抑制,做好电源滤波。同时还要注意尽可能减少功耗,不使用红外电路时要在软件上能够控制关闭其供电。很多厂家对自己推出的红外器件都有推荐的电路设计,要注意参考并实验。

④ PCB设计时,要合理布局器件。滤波电感、电容等要就近器件放置,以确保滤波效果;红外器件与系统的地线要分开布置,仅在一点相连;晶体等振荡器件要靠近所供器件,以减少辐射干扰。

⑤ 增大红外传输距离、提高收发灵敏度的方法:增加发射电路的数量,使用几只发射管同时启动发送;在接收管前加装红色滤光片,以滤除其他光线的干扰;在接收管和发射管前面加凸透镜,提高其光线采集能力等。

7.2.3　IrDA通信的软件设计

为节约成本,红外遥控通信通常采用图7.5~7.6所示的简易电路形式,此时可以根据红外收发的原理,在软件上控制连接微处理器的通用I/O口,通过中断、定时等手段模拟IrDA传输的活动,实现红外无线通信的编解码功能,达到遥控的目的。对于传输速度要求不高的情形,采用这种软件设计非常合适;虽然增加了一些开发时间,但难度不大,性价比极高。

对于传输速度和可靠性要求高的应用,多采用具有硬件编解码能力的IrDA电路,IrDA电路与系统核心微处理器之间通过UART、SPI、I^{2}C或USB接口相连;软件设计上主要是实现对这些接口的驱动,供应用程序调用,进而控制红外收发器件,完成所需数据的无线传输。

多个红外设备监控的场合,通常将设备分为主设备和从设备。主设备用于探测其可视范围,寻找从设备,然后从响应它的设备中选择一个并试图建立连接。在建立连接的过程中,两个设备彼此协调,按照它们共同的最高通信能力确定最后的通信速率。这种情形的应用,需要在IrDA协议规范的基础上,制定并实现另外的特殊通信协议,以便识别、寻址、数据校验、监控等,确保红外传输的稳定可靠和简捷有效。表7.1给出了一种特别制定的"单主多从"的Ir-DA无线传输通信协议形式,其中"引导标志"用于实现接收同步,"起始标志"和"停止位"用于标识有效的"数据帧","地址"用于识别各个"从设备","控制"用于标识"监控"命令。为了保证更加可靠的数据传输,还规定了32位的循环冗余校验CRC(Cyclic Redundancy Check)机制。

表 7.1 一种特定的"单主多从"IrDA 无线传输通信协议格式

引导标志	起始标志	地址	控制(可选)	数据	CRC-32	停止位

μC/OS-II、ARM-Linux、Windows CE 等嵌入式操作系统下的 IrDA 无线遥控通信，则需要按照相应操作系统的驱动规范要求，调用 UART、SPI、I^2C 或 USB 接口驱动，实现 IrDA 通信电路的驱动，进而使应用程序调用各级驱动，控制红外收发器件，完成所需数据的无线传输。

7.3 IrDA 无线遥控应用实例

下面列举几个项目开发实例，综合说明如何实现具体的 IrDA 无线遥控通信应用体系的开发设计。各个例子中将重点说明 IrDA 电路的具体化、红外收发传输的编解码设计、IrDA 硬件体系的驱动开发等关键性的实现环节。

7.3.1 逻辑电路实现红外遥控解码实例

这里给出一个键盘输入的红外遥控无线通信体系，发射部分采用 Toshiba 的集键盘输入与编码于一体的红外编码器 TC9012，接收部分采用逻辑电路实现解码。

1. 红外遥控发射电路及其信号

红外遥控发射电路及其信号如图 7.15 所示。

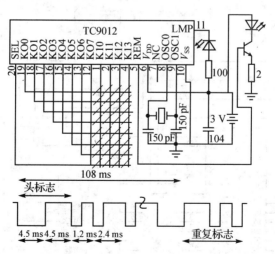

图 7.15 TC9012 键盘输入红外编码发射电路及其信号示意图

TC9012 是一种常用的红外遥控专用发射集成电路，可外接 32 个按键，提供 8 种用户编码，还具有 3 种双重按键功能。该器件的引脚设置和外围应用线路进行了高度优化，十分适合

PCB 布图和低成本需求。TC9012 的一帧数据中含有 32 位码,包含两次 8 位用户码、8 位数据码和 8 位数据码的反码及最后的同步位。引导码由 4.5 ms 的载波和 4.5 ms 的载波关断波形构成,以作为用户码、数据码以及其反码的先导。同步位是标志最后一位编码是"0"或"1"的标识位,由 0.56 ms 的有载波信号构成。

红外遥控编码信号一般由标识码和按键码两部分组成,不同厂家产品的脉冲宽度和编码位数不同。TC9012 形成的编码脉冲对 40 kHz 载波进行脉冲幅度调制形成遥控信号,其一次按键动作的遥控信息为 32 位串行二进制码。一个脉冲,二进制"0"占 1.2 ms,"1"占用 2.4 ms,每一脉冲内低电平宽 0.6 ms。从引导码到 32 位编码发完约需 80 ms,此后维持高电平。若按键没释放,则从起始标志起每隔 108 ms 发出 3 个脉冲的重复标志。32 个串行码中,前 16 码不随按键的不同而变化,称为用户码,随 SEL 引脚的连接而不同,图 7.15 的用户码为 0x0F0F;后 16 码为键码,前后 8 位互为补码(加大编码冗余度以抗干扰),实际上,只须取末 8 位即可。当然,精确起见,16 位键码都要接收。图 7.15 下部给出了一组编码脉冲。

2. 红外遥控解码的逻辑电路实现

解码电路主要包括串并转换电路和 PLD 解码电路,如图 7.16 所示。

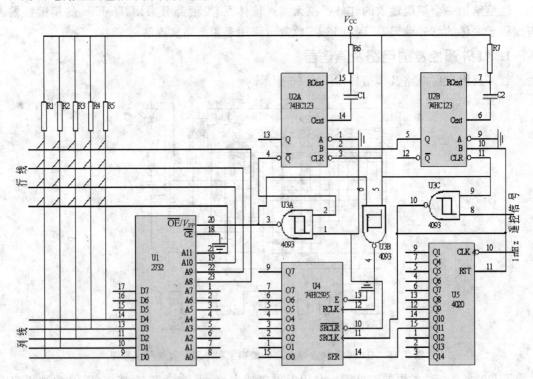

图 7.16　逻辑电路实现的红外遥控解码示意图

(1) 串并转换电路

解调出的编程脉冲经"非"门反相后引入计数器 CMOS4020 的复位端,CMOS4020 以 1 MHz 的频率计数。收到的每一脉冲都变成正脉冲,其 0.6 ms 的高电平复位 CMOS4020,之后 CMOS4020 开始计数,直到下一个正脉冲来到为止。每一脉冲,二进制"0"码,低电平脉宽 0.6 ms;高电平脉宽 1.8 ms,CMOS4020 的 Q11 端产生"0"或"1"加以区别。

CMOS4020 的 Q11 引脚作为 74HC595 的串行移位输入端 SER,将产生的二进制位依次移入 74HC595。对每一组编码,最终只有最后 8 位保留在 74HC595 中。

一组遥控编码脉冲来到,经反相后,其起始标志的上升沿触发了"双单稳"器件 74HC123 的 1B 引脚,在 1Q 引脚上产生一个宽为 120 ms 的正脉冲。1Q 同时又触发 74HC123 的 2B 引脚,在 2Q 引脚上产生一个宽为 80 ms 的负脉冲,1Q 与 2Q 相"与"后作为锁相信号送至 74HC595 的 RCLK 端,即一组遥控编码脉冲到来 80ms 后,产生一个锁存信号。此时 74HC595 已经"移"过了一组遥控码,芯片中保留的是最后 8 位遥控码,锁存信号将此 8 位码锁存。

(2) 基于 EPROM 的遥控解码

遥控信息的读取,这里不直接采用微处理器,而使用 EPROM2732 器件实现。把键盘输入和遥控输入统一起来,占用同一端口,让遥控输入"模拟"键盘扫描,产生和机械按键同样的效果。一个相同的键在遥控器上按下和本机键盘上按下完全一样。

这里使用 EPROM2732 的全部 12 根地址线和 5 根数据线,片内固化上对应关系数据。每扫描一行,都有 256 个数据,除有用码之外,其余无用可填入 0xFF。

当遥控器上无键按下时,EPROM 的 OE 端为"1",其数据线为高阻态,脱离键盘矩阵线,而本机键盘照常工作。有键按下时,8 位解码输入 EPROM 的 A0~A7,行扫描信号 A8~A11 也输入 EPROM2732,EPROM 的 OE 端,变化为"0",数据线 D0~D4 输出"码值"到"列"线上。

(3) 基于 GAL 的遥控解码

上述原理,也可采用可编程逻辑器件 GAL (General Array Logic) 来实现,选用 GAL20V8,设计逻辑方程如下:

```
Pin[1..8] = [A7..A0]                    ;输入
Pin[9..11,14] = [R0..R3]
Pin[13] = [out_enable]
Pin[15..19] = [C0..C4]                  ;输出
Field remote = [A7..A0]                 ;声明和中间变量
$ define m00 'b' 11000111                ;20 键值表
$ define m01 'b' 00010111
    …      …      …      …
$ define m19 'b' 00011111
```

/**逻辑方程**/
! C0 = ! R0&remote:m00#! R1&remote:m05#! R2&remote:m10#! R3&remote:m15   ;第一列输出
! C1 = ! R0&remote:m01#! R1&remote:m06#! R2&remote:m11#! R3&remote:m16   ;第二列输出
! C2 = ! R0&remote:m02#! R1&remote:m07#! R2&remote:m12#! R3&remote:m17   ;第三列输出
! C3 = ! R0&remote:m03#! R1&remote:m08#! R2&remote:m13#! R3&remote:m18   ;第四列输出
! C4 = ! R0&remote:m04#! R1&remote:m09#! R2&remote:m14#! R3&remote:m19   ;第五列输出
[C0..C4].oe = ! out_enable   ;所有列线输出均带使能

7.3.2 LED 显示屏的简易 IrDA 遥控实例

1. 硬件体系构成

LED 时钟屏用于显示年、月、日、时、分、秒和农历月、日，具有红外遥控修改日期、时间和闹钟定时功能，带有语音芯片实现的整点报时功能。时钟屏的硬件体系主要由 3 部分组成：遥控发射器、带有遥控接收的主控制板和 LED 显示驱动板，下面介绍遥控发射器和主控板的简易电路构成。

(1) 遥控发射电路

采用常用的键盘输入式红外遥控编码器 M50462AP 构成遥控发射电路，如图 7.17 所示。M50462AP 能够形成 8(8 矩阵键盘，可以外接 480 kHz 或 455 kHz 振荡器，用以产生按键编码数据的载波频率(是振荡器频率的 1/12)。M50462AP 有两个用户码设定端用以产生 4 个 8 位的用户码：47H、57H、67H 或 77H。图 7.17 的右下部显示了码"0"和"1"的定义：以传送信号脉冲间隔的大小区分码"0"和"1"，"0"为 1 ms，"1"为 2 ms。

编码时序为：首先传送 8 位用户码 C0~C7，然后是 8 位数据码 D0~D7，C0 居首，最后是 D7。一组命令码由 16 bit 编码组成，每组命令码总时间长度为 44 ms，第一次按键将发出至少 3 组命令码。在接收端，为避免其他遥控系统的干扰，需要检查接收的信号有没有第 17 bit 数据，以确定指令是否是 16 bit。具体地，在第 16 bit 数据信号过后，44 ms 时间内检查是否有第 17 bit 数据。

数据码分为单键码和双键码两类。双键码，即图 7.17 中"shift"键与其他矩阵按键之一同时按下。

(2) 主体控制板

主体控制板采用廉价的"双"微控制器实现日历/时间信息的遥控修改及其 LED 数码屏的显示驱动与内容刷新："主"微控制器 AT89C51 用于读取日历/时间信息，变换成 LED 屏可以显示的数据形式，以串行方式通过驱动增强传送给 LED 驱动板；"次"微控制器 AT89C2051 用作遥控接收，通过解码处理把接收到的信息传送给"主"微控制器 AT89C51，AT89C51 显示修改提示，并把修改后的内容写入日历时间芯片。日历时间芯片采用具有掉电数据保持与自动计时功能的 DS12887。遥控接收器采用 Vishay 的带有放大与解调功能的红外检测器

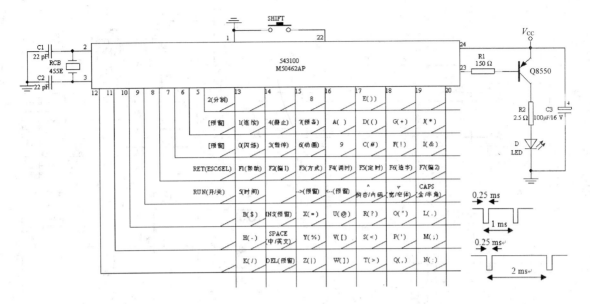

图 7.17　LED 时钟屏的红外遥控编码器发射电路及其编码波形图

TSOP322。两个微控制器之间通过外部触发中断以串行方式交换遥控接收的解码信息，AT89C2051 也以类似的方法解码接收到的遥控数据。

配套的红外接收头 TSOP322 能够正确地解调，滤掉载波信号。

主体控制板的整个硬件体系原理图如图 7.18 所示。

2. 软件体系设计

主要是"次"微控制器 AT89C2051 的无线遥控接收解码、上报按键信息程序和"主"微控制器 AT89C51 的按键信息接收、LED 屏显示及其日期/时钟调整程序，所有程序均采用高效实用的汇编语言编写，其中作了详细注释。

(1) 遥控接收解码与上报按键信息程序设计

遥控接收解码与上报按键信息程序流程如图 7.19 所示。

主要的程序代码如下：

```
        dseg      at 30h            ;变量定义------------
        keysave1: ds 1              ;接收标志字存储
        keysave2: ds 1              ;接收键值存储
        keybak1:  ds 1              ;接收标志字备份
        keybak2:  ds 1              ;接收键值备份
        idd_save: ds 1              ;设备坚决的序列
        stack:    ds 1              ;栈堆指针
        cseg      at 00h            ;程序代码段--------
```

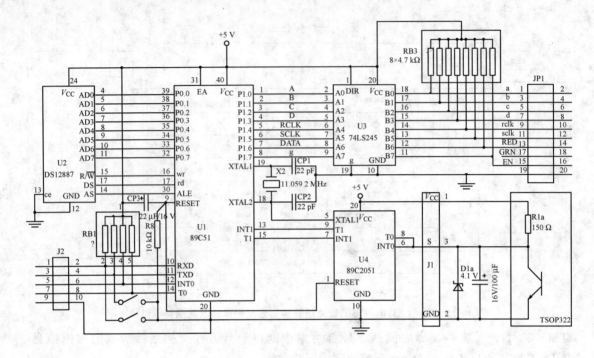

图 7.18　LED 主体控制板的硬件体系原理图

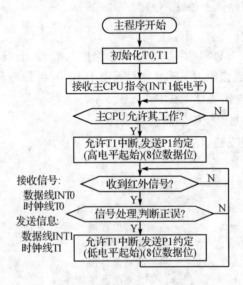

图 7.19　LED 时钟屏的遥控接收解码与上报按键信息程序流程图

```
          org      00h
          ljmp     begin                    ;主程序代码段
          org      1bh
          ljmp     tr1_int                  ;定时器 1 中断处理:检查设备序列的变化
          org      2bh        ;主程序代码,系统复位后立即执行----------------
begin:    mov      sp, #stack
          setb     et1
          mov      tmod, #00010001b         ;T1,T0:13 位定时器
          mov      scon, #50h               ;串行模式 1,ren=1,sm2=0
          clr      p3.7                     ;p3.7---收发方向
          lcall    check8031                ;检查主 CPU 低电平信号
          lcall    delay
          setb     p3.7
          mov      keysave1, #0
          mov      keysave2, #0
          setb     ea
          lcall    idd_send                 ;处理和发送 P1-约定(用于与"主"微控制器握手)
          setb     ea
          setb     tr1
loop:     nop
loop_1:   lcall    read_key                 ;等待并接收遥控输入的数据信号
          mov      keysave1, keybak1
          mov      keysave2, keybak2
          mov      keybak1, #0
          mov      keybak2, #0
          mov      a, keysave1
          cjne     a, #47h, $+5             ;单键?
          sjmp     send
          cjne     a, #67h, next            ;双键(shift 键 + 单键)
          mov      a, #0c0h
          orl      a, keysave2
          mov      keysave2, a
send:     clr      c                        ;发送键值
          mov      a, keysave2
          clr      p3.7
          mov      r1, #8
          mov      p3.3, c                  ;原始低电压标志
          clr      p3.5
          mov      r7, #0
```

```
                djnz    r7, $
                setb    p3.5
send_lp:        mov     r7, #50                     ;发送 8 bit 数据
                djnz    r7, $
                rlc     a
                mov     p3.3,c
                clr     p3.5
                nop
                nop
                setb    p3.5
                djnz    r1, send_lp
next:           nop
send_wait:      clr     tr0
                mov     th0, #0
                mov     tl0, #0
                setb    tr0
        s1:     mov     a,th0
                cjne    a, #0a0h, $+3
                jnc     $+7
                jb      p3.2, s1
                sjmp    send_wait
        s2:     setb    p3.7
                ljmp    loop
idd_send:                                           ;处理并发送 P1-约定------------------------------------
                clr     tr1                         ;初期关闭
                mov     a, p1
                mov     idd_save, a                 ;处理 P1-约定(P1 数据口的连接状况)
                cpl     a
                mov     r6,a                        ;P1-约定:设备地址[0~99]
                anl     a, #0f0h
                swap    a
                mov     b, #10
                mul     ab
                xch     a,b
                mov     a, r6
                anl     a, #0fh
                add     a, b
                jb      p3.1, $+5
                add     a, #100
```

```
                jb      p3.0, $+4
                clr     a
                setb    c                       ;发送约定(1位高电平,8位数据)
                clr     p3.7                    ;p3.7---发送方向
                mov     r1, #8
                mov     p3.3, c                 ;p3.3---发送数据
                clr     p3.5                    ;p3.5---发送时钟
                mov     r7, #0
                djnz    r7, $
                setb    p3.5
idd_send_lp:    mov     r7, #50                 ;1位高电平---设备序列
                djnz    r7, $
                rlc     a
                mov     p3.3, c
                clr     p3.5
                nop
                nop
                setb    p3.5
                djnz    r1, idd_send_lp
idd_next:       lcall   delay
                setb    p3.7
                setb    tr1
                ret
table:          db 00,00,00,00,00,00,00,00,00,00,55,55,55,55,55,55
read_key:       mov     keybak1, #00h           ;等待并接收遥控输入数据信号
                mov     keybak2, #00h
wait_begin_pulse:   clr     tr0
                mov     r0, #01h
wait_begin_pulse1:  clr     tr0                 ;重新初始化T0并启动
                clr     tf0
                mov     th0, #00h
                mov     tl0, #00h
                setb    tr0
wait_begin_pulse0:  jb      p3.2, $             ;接收信号吗
                clr     tr0                     ;p3.2---接收数据
                jbc     tf0, wait_pulse_11
                mov     a, th0
                cjne    a, #9, $+3
                jc      wait_begin_pulse1       ;单键信号吗
```

```
wait_pulse_11: mov      th0, #00h              ;收到接收标志字
               mov      tl0, #00h
               setb     tr0
               jnb      p3.2, $
               clr      tr0
               mov      a, th0                 ;340us = 139h
               cjne     a, #3, $+3
               jnc      wait_begin_pulse1      ;低脉宽信号正常吗
               mov      th0, #0
               mov      tl0, #0
               setb     tr0
        w1:    mov      a, th0
               cjne     a, #9, $+3
               jnc      wait_begin_pulse0      ;高脉宽信号正常吗
               jb       p3.2, w1
               clr      tr0
               mov      a, th0
               cjne     a, #4, $+3             ;1780us = 668h, 740us = 2a9h
               jc       next_pulse_1
               mov      a, keybak1             ;长脉冲
               orl      a, r0
               mov      keybak1, a
next_pulse_1:  mov      a, r0
               rl       a
               mov      r0, a
               cjne     a, #01h, wait_pulse_11 ;8-脉冲结束吗
wait_pulse_2:  mov      r0, #01h               ;收到接收键值
wait_pulse_21: mov      th0, #00h
               mov      tl0, #00h
               setb     tr0
               jnb      p3.2, $
               clr      tr0
               mov      a, th0                 ;340us = 139h
               cjne     a, #3, $+3
               jnc      wait_begin_pulse1
               setb     tr0
               mov      th0, #0
               mov      tl0, #0
        w2:    mov      a, th0
```

```
                cjne       a, #9, $+3
                jnc        wait_begin_pulse0
                jb         p3.2, w2
                clr        tr0
                mov        a, th0
                cjne       a, #4, $+3           ;1780us = 668h, 740us = 2a9h
                jc         next_pulse_2
                mov        a, keybak2           ;长脉冲
                orl        a, r0
                mov        keybak2, a
next_pulse_2:   mov        a, r0
                rl         a
                mov        r0, a
                cjne       a, #01h, wait_pulse_21
                ret
wait_begin_pulse_b: ljmp   wait_begin_pulse
delay:          mov        r5, #1               ;时间延迟----------------------------------------
                mov        r6, #00h
                mov        r4, #00h
                djnz       r4, $
                djnz       r6, $-4
                djnz       r5, $-8
                ret
check8031:                                      ;检查主 CPU 低电平信号------------------------------
                jnb        p3.3, check8031_0    ;低电平信号吗
                clr        p3.5
                mov        r6, #0
                sjmp       check8031
check8031_0:    setb       p3.5
                inc        r6
                nop
                jnb        p3.3, $-2
                cjne       r6, #40h, $+3        ;宽度足够吗
                jc         check8031
                setb       p3.5                 ;p3.5---发送时钟
                setb       p3.3                 ;p3.3---发送数据
                ret
tr1_int:        setb       tr1                  ;检查设备序列的变化-------------------------------
                push       psw
```

```
push    acc
mov     a, p1
cjne    a,idd_save, $ +8        ;变化吗
pop     acc
pop     psw
reti
push    b
clr     rs0                     ;寄存器组1
setb    rs1
lcall   idd_send                ;发送新的设备序列
clr     rs0
clr     rs1
pop     b
pop     acc
pop     psw
reti
```

(2) 按键信息接收、LED屏显示及其日期/时钟调整程序设计

1) 程序的整体规划

LED时钟屏的大部分功能由"主"控制器AT89C51实现,其数据区的划分、标志位和全局变量的定义、I/O口的使用、人机交互键值的定义、各个程序段的作用和程序代码的整体构成如下程序段所示:

```
;控制键的定义:== == == == == == == == == == == == == == == == == == == ==
== == == == == == == =
;C8H---调整时间        c9h---调整闹钟定时    0dh---定时闹钟开/关    fah---语音报时开/关
;1AH---光标左移        1BH---光标右移        [30-39H]---数字0~9      0bh---调整语音报时
;数据区划分:== == == == == == == == == == == == == == == == == == == == ==
== == == == == == == =
;[8000-800BH]---DS12887  [8020-8024H]---命名   [8025-8028h]---农历和钟定时(时:分)
;位变量定义:== == == == == == == == == == == == == == == == == == == == ==
== == == == == == == =
;01H---调整时间(1)     02H---收到起始标志(0)  04H---digital modify(1)  03H---临时位变量
;05H---0.5s[前(0)/后(1)] 06h---闹钟定时(1)    07h---语音报时(1)       08h---设置定时(1)
;09h---调整语音报时
;I/O端口:== == == == == == == == == == == == == == == == == == == == == ==
== == == == == == == =
;P1.4---行时钟         P1.5---位时钟          P1.6---数据            P1.7---显示使能
;INT1---时钟位         T1---数据位            P1.0-1.3---行控制[A,B,C,D]
;P3.1---语音报时(1)    P3.0---闹钟定时(1)
```

;单位变量定义：== =

;30H---光标指针　　　　31H---键值　　　　32H---信号值　　　　33H---T0 中断次数计数器
;34H---"年"的高位　　　35H---"年"的高位　　37H---"年"的次低位　36H---"年"的低位
;38H---"月"的高位　　　39H---"月"的低位　　3AH---"日"的高位　　3BH---"日"的低位
;3DH---"时"的高位　　　3EH---"时"的低位　　41H---"分"的高位　　42H---"分"的低位
;3FH---"秒"的高位　　　40H---"秒"的低位　　43h---农历"月"的高位　44h---农历"月"的低位
;45h---农历"日"的高位　46h---农历"日"的低位　47h---闹钟定时"时"的高位
;48h---闹钟定时"时"的低位49h---闹钟定时"分"的高位
;4ah---闹钟定时"分"的低位3CH---星期

;子程序说明：== =

;S0254---时间修改　　　　S0361---联系 2051　　　　S0382---写命名
;S0395---命名对比　　　　S045C---取得上位键值　　　S0468---取得键值
;S0529---数据装载并显示　S07C9---行"控"显示　　　　S07E7---1 字串行传送
;S07F3---2 字"空间"时钟传送　S080C---时间延迟　　　S0859---从 DS12887A 取日历/时间
;S08CD---时钟修改　　　　S0939---初始化 DS12887A　　bell----闹钟定时
;talk----语音报时　　　　set_bell---设置闹钟定时　　bell_dpl---闹钟定时显示
;take----取得闹钟定时　　save----存储闹钟定时

;LED 数码显示与数据的对应关系 == == == == == == == == == == == == == == == == = == == == == == == =

;0---dp　1---b　2---c　3---a　4---f　5---d　6---g　7---e
;== =

```
            CSEG
            ORG     0000H
            LJMP    MAIN            ;主程序
            ORG     000BH
            LJMP    L04F1           ;T0 中断程序
            ORG     001BH
            LJMP    L03AD           ;INT1 中断程序
MAIN:       MOV     SP,#50h
            clr     p3.0            ;关闭闹钟定时
            ……
```

2) 主体程序流程

主体程序主要有两个：主程序和 INT1 中断程序。主程序实现 LED 屏的大部分功能，INT1 程序实时接收输入控制键值并交付主程序使用。这两个程序的流程如图 7.20 所示。

3) 遥控键值实时接收程序设计

INT1 中断处理程序，实时接收输入控制键值，设置相关标志，交付主程序使用，其主要的

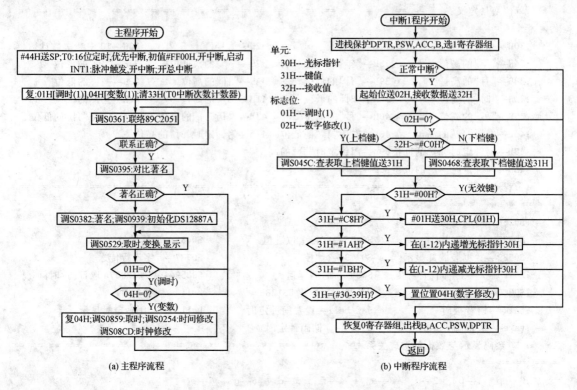

图 7.20 LED 时钟屏的主体程序流程图

程序代码如下：

```
L03AD:  PUSH    DPL             ;INT1 中断服务程序----------------------------------
        PUSH    DPH
        PUSH    PSW
        PUSH    ACC
        PUSH    B
        SETB    RS0             ;寄存器组 1
        MOV     C,T1            ;引脚 T1---数据
        MOV     03H, C          ;标志位：03H---临时存储
        MOV     R7, #00H
L03C1:  DEC     R7
        MOV     A, R7
        JZ      L03EE           ;正常中断吗
        JNB     INT1, L03C1     ;引脚 INT1---时钟线
        MOV     A, R7
        CJNE    A, #0C8H, L03CC
```

```
L03CC:   JC     L03E5
         MOV    A, R1
         CJNE   A, #00H, L03D4
         SJMP   L03EE
L03D4:   CJNE   A, #09H, L03D7
L03D7:   JNC    L03EE
         MOV    C, 03H
         MOV    A, 32H              ;32H---信号(8位)
         RLC    A
         MOV    32H, A
         DJNZ   R1, L03EE
         LJMP   L03FD
L03E5:   MOV    R1, #08H
         MOV    C, 03H
         MOV    02H, C              ;标志位:02H---接收起始位(低电平有效)
         MOV    32H, #00H
L03EE:   CLR    RS0
         CLR    RS1
         POP    B
         POP    ACC
         POP    PSW
         POP    DPH
         POP    DPL
         RETI
L03FD:   JNB    02H, L0406
         LJMP   L03EE
L0406:   MOV    A, 32H
         CJNE   A, #0C0H, L040B
L040B:   JNC    L0412               ;双键吗
         LCALL  S0468               ;取得单键值
         SJMP   L0415
L0412:   LCALL  S045C               ;取得双键值
L0415:   JNZ    L041A
         LJMP   L03EE
L041A:   MOV    A, 31H              ;31H---键值数据(8位)
         CJNE   A, #0C8H, L0427     ;变化时间吗
         MOV    30H, #01H           ;30H---光标指针
         CPL    01H                 ;标志位:01H---调整时间(高电平有效)
         LJMP   L03EE
```

```
L0427:  MOV    A, 31H              ;光标左移(1~13个位置)吗
        CJNE   A, #1AH, L0439
        INC    30H
        MOV    A, 30H
        CJNE   A, #0EH, L0436
        MOV    30H, #01H
L0436:  LJMP   L03EE
L0439:  MOV    A, 31H              ;光标右移(1~13位置)吗
        CJNE   A, #1BH, L044B
        DEC    30H
        MOV    A, 30H
        CJNE   A, #00H, L0448
        MOV    30H, #0DH
L0448:  LJMP   L03EE
L044B:  MOV    A, 31H              ;数据(0~9)吗
        CJNE   A, #30H, L0450
L0450:  JC     L0459
        CJNE   A, #3AH, L0455
L0455:  JNC    L0459
        SETB   04H                 ;标志位:04H---数字修改(高电平有效)
L0459:  LJMP   L03EE
S045C:  CLR    C                   ;取得"双"键值------------------------------------
        SUBB   A, #0C0H
        ANL    A, #3FH
        MOV    DPTR, #D0471
        MOVC   A, @A+DPTR
        MOV    31H, A              ;31H---键值
        RET
S0468:  ANL    A, #3FH             ;取得"单"键值------------------------------------
        MOV    DPTR, #D04B1
        MOVC   A, @A+DPTR
        MOV    31H, A              ;31H---键值
        RET
D0471:  DB     87H,00H,00H,90H,0FDH,00H,00H,00H,00H,85H,82H,91H    ;"双"键值列表
        DB     86H,24H,2DH,2FH,00H,88H,84H,92H,00H,0C1H,0FCH
        DB     01H,8AH,83H,89H,93H,03H,3DH,25H,7CH,00H,5EH,0E2H
        DB     94H,05H,40H,5BH,5DH,29H,28H,23H,95H,0C7H,3FH,3CH
        DB     3EH,0H,2BH,21H,8BH,0C3H,22H,27H,2CH,00H,2AH,26H
        DB     8CH,0C6H,2EH,3BH,3AH
```

```
D04B1:  DB    32H,00H,00H,0DH,0FAH,00H,00H,00H,00H,31H,30H        ;"单"键值列表
        DB    0FBH,35H,42H,48H,4BH,00H,34H,33H,0BH,00H,0C1H
        DB    20H,01H,38H,37H,36H,04H,1AH,58H,59H,5AH,00H,41H
        DB    39H,0C8H,1BH,55H,56H,57H,45H,44H,43H,0C9H,19H,51H
        DB    52H,53H,54H,00H,47H,46H,0CAH,18H,4FH,50H
        DB    00H,4AH,49H,02H,81H,4CH,4DH,4EH
```

7.3.3 空调生产线的红外多机检测实例

空调器在生产线上完成装配后,需要到检测线上检测致冷、致热功能的各项技术指标,主要的检测项目有温度、压力、电耗等。在检测线上,一边前进一边检测空调器,每一台空调器在空运行、制冷、制热等一定时间后都要在设定的位置将运行的温度、压力、电耗等检测数据以及空调器的产品序号,在行进中通过无线通信方式传送给数据管理的主计算机。空调器的生产量很大,产生的数据量也很大,这就要求检测线上的随行自动检测装置能够准确、快速、成功地实现与数据管理的计算机无线通信和交换数据。无线通信可以免除设备对线缆和连接器的依赖,空调器自动检测可连续进行,只要通信双方都支持一定的协议,就能很快地建立通信链路,并实现数据交换。空调器无线数据通信普遍采用的是价格较低、适应性广的短距离红外无线通信技术。对于空调器随行检测数据采集这样的小型设备,IrDA 红外通是一种可靠、方便、快捷的与主计算机交换数据的低成本方案。

1. 硬件电路设计

空调器检测线随行数据采集装置的核心微处理器选用 Atmel 的 RISC 单片机 AT90S2313,它的串口能够支持与 IrDA 兼容的 LED 收发器,并且可以直接与之相连。

红外收发器选用 Agilent 的 HDSL-3201 和 HDSL-3600。2.5 mm 高的 HDSL-3201 的供电电压范围为 2.7~3.6 V,但 LED 驱动电流应从内部补偿恒定 32 mA,以保证符合 IrDA DATA1.2(低功耗)物理层协议指标的要求。该产品的传输距离一般为 30 cm,可支持 9.6~115.2 kbps 的数据传输速率。4 mm 高的 HDSL-3600 的典型链路传输距离可大于 1.5 m,通过其引脚 FIP-SEL 能选择可以接收的数据速率:FIR-SEL 为低电平时最高速率为 115.2 kbps,为高电平时最高速率可达 4 Mbps;同时,还有两个引脚 MD0 和 MD1 用来选择发光功率。用户可以根据自己的需要来设定,以达到在短距离通信情况下省电的目的。图 7.21 给出了 HSDL-3600 的引脚说明及典型外围电路。

2. 多机红外通信及其数据流

空调器检测装置工作在 SIR 模式下,所有在 TxD/RxD 引脚和 AT90S2313 的 UART 之间传送的串行数据都根据 SIR IrDA 标准来调制/解调。逻辑 0 由一个 3/16 位宽或 1.6 μs 宽的光脉冲代表(1.6 μs 是最高位速率 115.2 kbps"位宽"的 3/16),0 位的开始对应脉冲的上升沿。逻辑 1 由无光脉冲代表。字节首先从最低位 LSB 开始发送。每帧由起始位、8 位数据、停

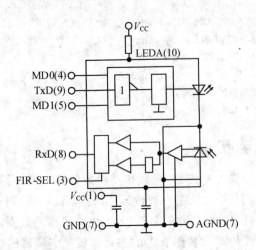

图 7.21 HSDL-3600 的引脚说明及典型外围电路图

止位组成,无奇偶校验。

空调器检测装置的通信数据量不大,采用 SIR 模式即可满足要求。而在 FIR 模式下,通信过程就复杂多了,所有在 TxD/RxD 引脚和微处理器的 HSSP(高速串行/并行)接口之间传送的串行数据都是根据 4PPM IrDA 标准来调制/解制的。编码时,把一个字节分为 4 个单独的码元组(2 位一对),最低的码元组首先传送,但每个码元组不重新排序。这样,一个字节就被分成了 4 个"片"(每片 500ns),每个"片"分为 4 个时隙(每个时隙 125 ns)。

可用微处理器中的高速串行/并行(HSSP)接口来实现特殊的 4 Mbps 协议,其串行帧格式可采用表 7.1 的形式。接收开始时,使用串行移位寄存器从 RxD2 引脚接收 4 个 4 PPM 片,然后一次锁存并解码这些"片"。如果这些"片"不能解码为正确的引导标志,则时隙计数将延时,并重复以上过程,直到辨认出"引志标志"并使"标志时隙"的计数器同步为止。引导标志最少重复 16 次。由于空闲(无发送数据)时的不断重复,因此在 16 个引导标志传送完成后的任何时候都可能收到起始标志。

当接收到 8 片长的起始标志后,系统将它与标准编码进行比较。如果起始标志的任一部分和标准编码不一样,则报告一个"帧"错误,并且再一次开始寻找"帧"引导标志。一旦正确的起始标志被验证,则接下来的每组 4 片就被解码为一个数据字节,并放入 5 字节的临时 FIFO 寄存器中。当临时 FIFO 被填满后,数据值便被一个接一个地推入到接收 FIFO 缓冲区中。

一帧数据的第一个字节是 8 位的地址区,是在"一对多"通信时用来指定接收器的。地址区最多能容纳 255 个独立地址(00000000~11111110)。11111111 为通用地址,用于对所有站广播信息。接收地址匹配可以激活或禁止。如果接收地址匹配激活,收到的地址将和"地址匹配值"比较,如果两个值相等或输入地址是通用地址,所有的数据字节(包括地址字节)都将存储在接收 FIFO 中。如果不相符,则任何数据都不能存储到接收 FIFO,这样,系统将忽略帧的余下部分,并开始寻找下一个引导标志。

一帧的第二个数据字节可能包括一个由用户定义的 8 位可选控制区,它必须由软件解码,因为在 HSSP 中它被视为普通的数据。一帧数据可以包含不大于 2 047 字节的任何多个 8 位数据(包括地址数据字节的能力),其数据长度不超过 CRC 校验能检测传输中所有错误时的最大数据量。

7.3.4 ARM-Linux-IrDA 软件实现实例

这里列举的项目基于 Intel 的 PXA255 微处理器的 Sitsang 平台,开发了 ARM-Linux 嵌入式操作系统下红外无线遥控通信的驱动程序,并设计了与之配套的基于 MC68HC908AP64 微控制器的红外发射部件,对于广泛应用的 ARM 系列微处理器平台及其嵌入式操作系统下 IrDA 红外无线遥控通信的软硬件开发设计具有很大的参考价值。

1. ARM-Linux 下 IrDA 模块的驱动程序设计

Linux 等主流操作系统为应用方便把硬件设备作为文件进行操作,即所谓的"设备文件"。应用程序通过设备文件来与实际的硬件打交道。Linux 操作系统支持 3 种不同类型的设备:字符设备、块型设备和网络设备,相应地有 3 种类型的设备驱动程序。嵌入式应用系统下的大部分设备都可以作为字符型设备加以驱动,IrDA 红外无线遥控通信部件也是一样。字符型设备驱动程序设计需要定义关键的"文件接口"数据结构 file_operations 并实现其中的应用程序必须使用的操作函数。

本项目的设计思想是 Sitsang 板只作为接收端,而基于 MC68HC908AP64 的红外发射器只作为发送端,以 file_operations 结构中的 ioctl()函数作为可以进行发送或接收的状态切换。原 Sitsang 板载 Linux 系统所带的 IrDA 驱动程序是作为网络部分编写的,使用过于复杂,且在处理数据收发时需要做一些自己的处理和验证规则,所以使用标准串口在 Linux 下特别编写了一个 IrDA 的设备驱动程序。这样在使用时,可以根据实际需要做相应的更改,比较灵活。

在 IrDA 驱动程序中,主要实现了 sir_read()、sir_write()、sir_open()、sir_close()、sir_ioctl()及 sir_handle_irq()中断处理程序 6 个函数。相应的文件接口结构如下所示:

```
static struct file_operations siLfops =
{   ioctl:    sir_ioctl,
    read:     sir_read,
    write:    sir_write,
    open:     slr_open,
    release:  sir_close
}
```

1) sir_handle_irq 函数

用户空间进程通过接口函数进入到内核,内核进而调用驱动程序相应的 I/O 函数。IrDA 驱动程序是字符类型的驱动程序,用中断的方式实现内核与设备之间的数据传输。驱动程序启动后设备就挂起本身,直到串口完成操作并发出一个中断请求 IRQ。IRQ 产生时,注册的中断处理程序 sir_handle_irq 得以运行。sir_handle_irq 中,程序通过相应的寄存器操作得到接收的数据,并将数据存入一个内部数据缓冲区中。

2) sir_open 和 sir_close 函数

sir_open 函数的主要功能就是递增使用计数和设备初始化操作。这里把设置并初始化 Sitsang 板上红外设备的操作放在了 sir_open 函数中,这样在每次打开 IrDA 设备时,红外设备都会被正确地设置,确保了红外硬件的正常工作。另外,把申请设备中断号的工作也放到了 sir_open 函数中,这样 IrDA 设备所占用的中断号在没有使用 IrDA 设备时也可以被其他设备共享。sir_open 函数的框架代码如下:

```
static int sir sopen(struct inode * inode,struet * filp)
{
    计数器加 1;
    申请设备中断号;
    设置 Sitsang 板上的红外设备并初始化;
}
```

sir_close() 函数所做的工作与 sir_open() 的正好相反,计数器减 1,注销设备中断号。

3) sir_ioctl 函数

由于使用的红外收发器 HSDL-3200 只能以半双工方式进行红外通信,所以就需要命令进行接收和发送状态的转换。sir_ioctl 函数的框架代码如下:

```
static int siLioctl(stmctiTlode * inode,structfile * mp,unsigned_int cmd,unsignedlogarg)
{   swltell(cmd)
     {   case 接收:设置接收寄存器;
             break;
         case 发送:设置发送寄存器;
             break;
         default: break;
     }
}
```

4) sir_read 和 sir_write 函数

这两个函数主要完成读取应用程序传送给内核设备文件的数据和回送应用程序请求的数据,并把数据从内核传送到硬件和从硬件读取数据的通信过程。这也是在整个驱动程序中最重要的部分。

当用户调用 read() 函数时,内核相应地调用 sir_read() 函数。在 sir_read() 中,通过判断硬件寄存器是否有新数据到来而决定是否从设备读取数据,然后使用内核提供的 copy_to_user(void * to,const void * from,unsigned long count) 函数将数据返回应用程序。write() 函数的实现与 read() 函数的实现过程正好相反。在 sir_write() 中,通过调用 copy_form_user(void * to, const void * from,unsigned long count,) 函数来完成把数据从用户的应用程序传送给硬件设备。

5) IrDA 驱动的实现

完成了设备驱动程序的主体之后,需要把驱动程序嵌入内核。实现 Linux 下 IrDA 设备驱动功能主要有两种形式:一是通过内核来进行加载,需要用户在 ./etc/rc.d/目录定义的初始启动脚本中写入命令,当内核启动的时候,就开始加载 IrDA 设备驱动程序,内核启动完成之后,IrDA 驱动功能也随即实现了,但是增大了内核;第二是通过模块加载的形式。比较两者,第二种形式更加灵活,在此着重对模块加载形式进行讨论。模块设计是 Linux 中特有的技术,它使 Linux 内核功能更容易扩展。

先简要概述一下基于模块加载的设备驱动程序的设计步骤。首先每一个可装配的设备驱动程序都必需有 init_module 和 cleanup_module 两个函数,装载和卸载设备时内核自动调用这两个函数。前者在 insmod 的时候执行,后者在 rmmod 的时候执行。通过模块加载命令 insmod 来把 IrDA 设备驱动程序插入到内核之中。在 init_module 中,除可以对硬件设备进行检查和初始化外,还必须调用 register_* 函数将设备登记到系统中。本例是通过 register_chrdev 来登记的,如果是"块设备"或网络设备,则应该用 reglstei_blkdev 和 register_netdev 来登记。register_chrdev 的主要功能是将设备名和结构 flle operatioons 登记到系统的设备控制块中。最后可以通过执行模块卸载命令 rmmod,调用 IrDA 驱动程序中的 cleanup_module()函数,来对 IrDA 驱动程序模块卸载,具体实现过程如图 7.22(a)所示。

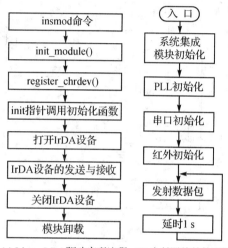

(a) Linux-IrDA驱动实现流程 (b) 发射器的软件流程

图 7.22　ARM-Linux 下 IrDA 驱动的实现与发射器软件的流程图

2. 基于 MC68HC908AP64 的红外发射器设计

(1) 红外发射器的硬件设计

为了可以检测 Sitsang 板端的 IrDA 设备能否正常工作,设计了一个 IrDA 发射器。发射器的体积为 13 cm×10 cm,安装灵活方便。在发射器上设计有一个"拨位"开关,可以用来设置发射不同的码值。红外收发器选用具有半双工功能的 HSDL-3200。

MC68HC908AP64 单片机内部集成有 UART 单元及其接口,支持 IrDA 标准,有红外接口可以直接与红外收发体系连接。它可以直接驱动 HSDL_3200,其片上的其他资源包含了发射器的全部需要,并且廉价低功耗。整个发射器的硬件电路如图 7.23 所示。

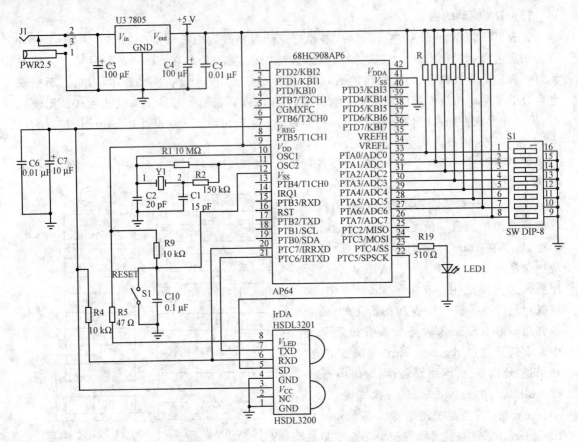

图 7.23 MC68HC908AP64 为核心的 IrDA 发射器的硬件电路示意图

(2) 红外发射器的软件实现流程

发射器的软件编程对产品的可靠性有很大影响。由于 IrDA 是异步半双工的通信方式，在某一个时刻，IrDA 收发器只可能呈现一种状态。鉴于这种情况，设置 IrDA 收发器始终处于发射状态，而 SitSang 板上的 IrDA 收发器始终处于接收状态，这样就不用切换收发状态，保证了系统的稳定性。发射器和接收器之间的通信需要制定一套合理的通信协议来协调总通信。这里采用数据包通信方式。通信波特率为 9 600 bps，通信数据是成帧发送的，每帧数据都可以设置自己的引导码和数据。其中，引导码用于同步每一帧数据；数据是 IrDA 发射器拨位开关的值，可以自己随意设定。当红外发射器和 Sitsang 板"调通"以后，也可以通过 sir_ioctl 函数来切换收发状态，达到双方通信的目的。发射器的软件流程如图 7.22(b) 所示。

第8章 嵌入式信号卫星通信

利用导航卫星快速进行物体定位、时钟授时与同步数据采集控制，可以达到传统测量控制手段所不及的精确程度。这种卫星定位-授时-同步技术在航空航海、陆上交通、科学考察、极地探险、地理测量、气象预报、设备巡检、系统监控等方面的应用日益广泛，特别是随着手机等便携式移动终端的个人持有与日俱增，卫星定位、授时、同步已经与人们日常的生产生活息息相关了。

近年来，很多半导体厂商如 Atmel、ST、Freescale、Mixim、NEC、Fijitsu、Conexant 等相继推出了许多相关卫星定位-授时-同步的芯片组与模块，为设计出稳定可靠、简捷便携的移动终端产品和检测仪表仪器提供了更多有效的便捷途径。

本章以现有的卫星信号接收芯片组或模块如何构成各种结构紧凑、成本低廉、简单易用、性能优良的卫星信号接收通道，怎样嵌入到不同的实际应用系统中实现精确的物体定位、时钟授时或同步数据采集控制的各种类型设计进行综合阐述，并列举具体的项目研发实例加以说明。

8.1 信号卫星通信基础

信号卫星通信的基础知识很多，涉及嵌入式应用系统设计，主要是其应用的3个方面：导航定位、时钟授时和数据采集控制。

8.1.1 卫星定位-授时-同步概述

卫星定位-授时-同步技术中的关键部件是人造地球导航卫星组。目前，主要的导航卫星组有美国的全球卫星定位系统 GPS(Global Positioning System)、俄罗斯的全球导航卫星系统 GLONASS(Global Navigation Satellite System)、中国的北斗导航系统，还有欧盟的伽利略全球导航系统 Galileo。这几种导航卫星系统的特征与应用状况如图 8.1 所示。

卫星导航系统通常由3部分组成：导航卫星、地面监测校正维护系统和用户接收机或收发机。对于北斗局域卫星导航系统，地面监测中心还要帮助用户一起完成定位-授时-同步。嵌入式信号卫星通信主要关注的是用户接收或收发部分的硬软件应用设计。

在民用方面，GPS、GLONASS 和北斗的定位精度是米级，卫星授时时钟精度是毫秒级，数

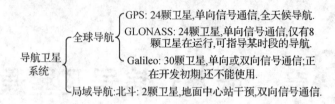

图 8.1　现存导航卫星系统的特征与状况

据同步能力在 1 μs 以下。未来 Galileo 导航卫星系统的民用定位-授时-同步精度是 GPS 的 10 倍左右。上述几种导航卫星系统中，GPS 是能够进行全方位、全天候、长时期卫星定位-授时-同步的最好卫星导航设备，目前美国与俄罗斯正在维护 GLONASS，共同构成 GPS + GLONASS 系统。卫星数目倍增，卫星定位-授时-同步的精度、范围、效率和可靠性将会得到更进一步的提高。

图 8.2 给出了 GPS 卫星导航系统和北斗局域卫星授时的示意图。

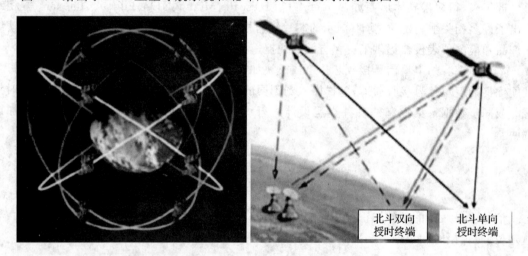

图 8.2　GPS 卫星导航系统和北斗局域卫星授时的示意图

8.1.2　卫星定位-授时-同步原理

(1) 卫星导航基础

卫星导航基于多普勒效应的多普勒频移规律：

$$f_\Delta = \lambda/\nu$$

式中，f_Δ 为运行物体之间的电磁波信号频率变化，λ 是其信号电磁波的波长，ν 是其相对速度。该式说明所接收卫星信号的多普勒频移曲线与卫星轨道有一一对应关系。也就是说，只要获得卫星的多普勒频移曲线，就可确定卫星的轨道。反之，已知卫星运行轨道，根据所接收到的多普勒频移曲线,便能确定接收体的地面位置。

(2) GPS 导航的基本原理

全球卫星导航系统的基本原理是:卫星发射导航电文,其中包括测距精度因子、开普勒参数、轨道摄动参数、卫星钟差参数 ν_{ti}、大气传播延迟修正参数等。地面接收机根据码分多址 CDMA(Code Division Multiple Access)或频分多址 FDMA(Frequency Division Multiple Access)的特点区分各导航卫星,接收并识别相应的导航电文,测量发来信号的传播时间 Δt_i,利用导航电文中的一系列参数逐步计算出卫星的位置 $(x_i,\ y_i,\ z_i)$。设接收机所在待测点位置为 (x, y, z),接收机时钟钟差为 ν_{t0},接收机只要能接收到至少 4 颗卫星信号,就可确定其位置和钟差:

$$\begin{cases} \sqrt{(x_1-x)^2+(y_1-y)^2+(z_1-z)^2}+c(\nu_{t1}-\nu_{t0})=c\cdot\Delta t_1 \\ \sqrt{(x_2-x)^2+(y_2-y)^2+(z_2-z)^2}+c(\nu_{t2}-\nu_{t0})=c\cdot\Delta t_2 \\ \sqrt{(x_3-x)^2+(y_3-y)^2+(z_3-z)^2}+c(\nu_{t3}-\nu_{t0})=c\cdot\Delta t_3 \\ \sqrt{(x_4-x)^2+(y_4-y)^2+(z_4-z)^2}+c(\nu_{t4}-\nu_{t0})=c\cdot\Delta t_4 \end{cases}$$

式中,c 为电磁波的空中传播速度,即光速。

在全球导航系统下,用户接收机,根据卫星导航电文不断地核准其时钟钟差,就可以得到很高的时钟精度,这就是精确的卫星授时;根据导航电文规律性的时序特征,通过计数器可以得到高精度的同步"秒脉冲"PPS(Pulse Per Second)信号,用于同/异地多通道数据采集与控制的同步操作。

(3) 北斗局域卫星导航的基本原理

北斗局域卫星导航的基本原理是:以 2 颗位置已知的卫星为圆心,各以测定的该卫星至用户机的距离为半径构成 2 个球面。地面控制中心通过电子高程地图提供一个以地心为球心、球心至地球表面高度为半径的非均匀球面。三球面的交点即是用户位置。具体的定位过程是:首先由地面中心发出信号,分别经 2 颗卫星反射传至用户接收机,再由接收机反射 2 颗卫星分别传回地面中心,地面中心站计算出两种途径所需时间 t_1、t_2,设卫星的位置为 $(x_i,\ y_i,\ z_i)$,地面中心到卫星的距离为 R_i,$(x_i,\ y_i,\ z_i)$、R_i 可由地面中心确定,通过下列方程组就可以计算待测点的位置 (x, y, z):

$$\begin{cases} c\cdot t_1 = 2(\sqrt{(x_1-x)^2+(y_1-y)^2+(z_1-z)^2}+R_1) \\ c\cdot t_2 = 2(\sqrt{(x_2-x)^2+(y_2-y)^2+(z_2-z)^2}+R_2) \end{cases}$$

式中,c 为电磁波的空中传播速度,即光速。

上述一系列复杂的运算,对全球导航系统来说,在用户接收侧进行;对北斗局域导航系统来说,是在地面中心进行的,地面中心确定用户位置后,再把定位与时钟信息,通过卫星传给用户。

8.2 基本软/硬件体系设计

8.2.1 全球卫星导航的接收端设计

1. 卫星信号接收端的基本构成

全球导航卫星信号接收端主要由以下几部分组成:卫星接收天线、低噪声放大器 LNA(Lower Noise Amplifier)、前端射频下变换器 End-Front RF(End - Front Radio Frequency Down Converter)、信号通道相关器、数字信号运算处理控制器 DSP(Digital Signal Processor)、实时时钟 RTC(Real Time Clock)、数据存储器 Memory 与输入输出 I/O 接口(Input/Output)组成。整个体系如图 8.3 所示。

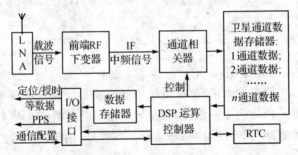

图 8.3　全球导航卫星信号的接收端的结构框图

可以看出:卫星信号接收端的核心是 DSP 运算控制器,从导航电文到卫星位置的确定,再到接收端所处待测点位置与接收端时钟钟差的确定,及其卫星通道数据的整定控制等都是该 DSP 完成的。在实际应用中,常常选用 32 位的通用数字信号处理器件或 ARM7 内核的单片机来执行这一系列复杂的运算与控制。

接收端向外输出精确的定位/授时数据结果和 PPS"秒脉冲"信号,并且可以接收外界的通信配置。

2. 选择适当的卫星信号收发天线

卫星信号接收天线是卫星接收端的关键部件。

选择卫星信号接收天线,既要其具有适当的信号增益,又要视其形状和大小。固定场合使用的卫星信号接收天线可以选用高增益大体积的冠状天线,便携式移动设备的卫星接收天线可以选用微型的平板式天线和四臂螺旋式天线。常见的微型平板天线是陶瓷微波瓷介质天线。陶瓷微波瓷介质天线经济实用,既可以作为无源天线近距离直接连接到前端 RF 下变换器,也可以与 LNA 一起构成有源长馈线车载天线。四臂螺旋天线性能比平板天线好,无方位要求,但价格高,杆长度大,应用不多。

接收的卫星信号是右旋圆极化波,发给卫星的信号要求是左旋圆极化波。使用北斗局域导航卫星的用户接收机,虽然不需要复杂的运算就能得到地面中心提供的准确定位-授时结果,但它既要接收卫星信号又要向卫星发射信号,其天线的理想选择是微型笔杆状无源、双频带、螺旋式卫星收发天线。

3. 选用集成组件构建卫星信号接收端

选用合适的 CPU 及其外围器件,按照图 8.3 可以很容易地设计出卫星信号接收端的硬件电路,但是由于涉及大量复杂繁琐的运算,CPU 软件设计任务十分繁重。

设计卫星信号接收端常选用集成组件来搭建。可选的 LNA 组件很多,如 Atmel 的 ATR0610、Maxim 的 MAX2641/2654/2655 等。可选的前端 RF 下变频器很多,如 Atmel 的 ATR0600、Maxim 的 MAX2742/4/5、ST 的 STB5600、µNav 的 µN1005/8021C、NEC 的 µPB1029R、Fujitsu 的 MB15H156 等。

很多半导体厂商把通道相关器、DSP 运算控制器、数据存储器等集成到一个芯片内,内含通道相关算法、卫星位置确定算法、待测点定位-授时算法,对外通过 RS232 串口每秒输出一次定位-授时等信息和 PPS"秒脉冲",并且可通过 RS232 串口接收用户的 RS232 通信配置信息,这种芯片就是基带处理器(base band processor)。基带处理器含有 8~16 个卫星通道数,工作稳定可靠,价格低廉。使用这种芯片可以免除用户选用高速 DSP 数字信号处理器或 ARM7 单片机构建电路与设计卫星信号运算处理软件的麻烦。常见的卫星信号基带处理器有 Atmel 的 ATR0620、Sony 的 CXD2932、ST 的 ST20GP6、µNav 的 µN8031B、NEC 的 µPD77538、Fujitsu 的 MB87Q2040 等。

图 8.4 是 ATR0610、ATR0600 和 ATR0620 构成的 GPS 卫星信号接收端,为了便于理解,该图显示了器件的部分内部构成。

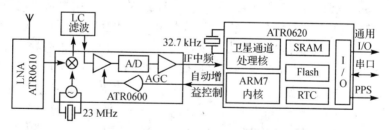

图 8.4 集成组件构建的卫星信号的接收端框图

选用 LNA、前端 RF 下变频器及基带处理器构建卫星信号接收端的时候,应注意尽可能选用一个厂商的器件;如果做不到,则应该选用成熟搭配的不同厂商的器件。表 8.1 列出了几种常用的工作稳定可靠的器件搭配组合。

表 8.1 集成卫星信号接收组件的最佳搭配组合

方案	LNA 器件	RF 下变频器	基带处理器
1	ATR0610	ATR0600	ATR0620
2	MAX2654/5	MAX2742/4/5	CXD2932
3	MAX2654/5	STB5600	ST20GP6
4	MAX2654/5	μN8021C	μN8031B
5	MAX2654/5	μPB1029R	μPD77538
6	MAX2654/5	MB15H156	MB87Q2040

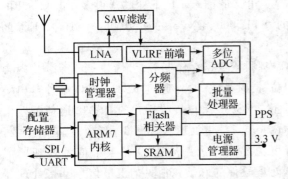

还有一些半导体厂商则进一步集成,如 ST 把 RF 下变频器与基带处理器集成在一起推出的多功能单芯片 STB2056,Freescale 把 LNA、RF 下变频器与基带处理器集成在一起推出了模块化多功能单芯片 MG4000/MG4100/MG4200。图 8.5 展示了 MG4200 构成的卫星信号接收端及其 MG4200 的内部构造。卫星信号接收端芯片功能集成度的逐步提高,为简化设计提供了有效的捷径。

图 8.5 MG4200 设计的卫星信号接收端

4. 使用集成模块构建卫星信号接收端

使用集成组件构建卫星信号接收端简捷明了,但是如果射频电路设计经验不足,在 PCB (Print Circuit Board)制板时,布局、布线不合理,往往会因噪音干扰严重引起卫星定位-授时-同步数据或信号的浮动,造成过大的偏差。因此,在初次设计卫星信号接收端或射频电路设计经验不足的情况下,设计卫星信号接收端的最好途径就是使用卫星信号接收 OEM(Original Equipment Manufacturer)板或接收模块。卫星信号接收 OEM 板或模块是一些半导体设计厂商利用集成组件设计的模块化卫星信号接收端,工作稳定可靠,精确程度高,接口规范标准。OEM 板如 μBlox 的 RCB-LJ、SBR-LS,Conexant 的 Jupiter Receiver,古野的 GN77 等。接收模块如 μBlox 的 TIM-LP、TIM-LS,Motorola 的 FS Oncore,Koden 的 GSU-16,Rackwell 的 TU-30,TastraX 的 Trax02 等。接收模块形体小巧,有很多是低功耗产品,特别适合便携设备的嵌入式体系设计开发。这些卫星信号接收 OEM 板或模块,配上适当的无源或有源天线就可以构成性能稳定的野外型或车载式便携接收端。还有天线与接收模块集成在一起的小尺寸一体化接收模块,如 μBlox 的 SAM-LS,应用设计起来更加方便。图 8.6 是用 TIM-LP 构成的卫星信号接收端,既可使用随机携带的无源天线直接在野外使用,也可外插有源车载天线在行进中使用。

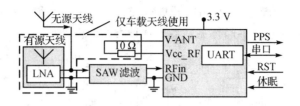

图 8.6 "天线+接收模块"构成的卫星信号接收端

5. 仅用卫星信号同步时的特殊设计

在实际应用中使用导航卫星信号,如果仅为了异地或同地多通道数据采集与控制的精确同步,诸如电力系统中的故障录波、相位测量、故障判距、继电保护等,则可以不使用价格昂贵的卫星信号接收组件、OEM 板或接收模块,而选用常规器件构建接收电路,结合软件对信号的识别和脉冲计数,直接得到精确的同步 PPS 脉冲信号。图 8.7 是这种构思的一个典型实例。

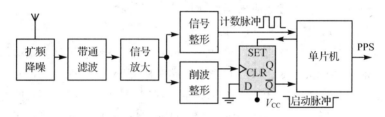

图 8.7 简易卫星信号秒脉冲发生原理图

图 8.7 所示体系的主要工作原理:整形电路取得最强的一个卫星信号,整形削波部分捕获导航电文的传播帧头,启动单片机中的计数器对另一路整形脉冲计数,单片机根据导航电文传播的速度特征计算并产生精确的 PPS "秒脉冲"信号。该圆主要器件选型如下:扩频降噪——NE570/571,带通滤波或信号放大——LM1450,信号整形或削波整形——LM311,单片机——MCS51。

8.2.2 卫星定位-授时-同步应用设计

(1) 应用卫星信号的同步数据采集与控制

应用卫星导航信号进行精确的异地或同地多通道工业数据的采集与控制,主要是直接使用由卫星信号接收端得到的 PPS "秒脉冲"信号或使用再由此 PPS 信号得到 PPM(Pulse Per Minute)、100PPS、PPH(Pulse Per Hour)脉冲信号,同步启动多通道的数据采集模/数转换器 ADC(Analog Digital Converter)、数字控制数/模转换器(Digital Analog Converter),同步打开或关闭各个通道开关;还有用于测量判断的,制作精确时间标签的,如电力系统中的故障定位、功角测量等,除需要使用同步脉冲启动判断测量外,还需要得到精确的测量时间值,这时需用高分辨率的定时器对 PPS 间的时间间隔进行细分以供 CPU 捕获使用。为得到精确的 clk (clock)时钟,还要选用高频恒温晶体振荡器。这种类型的模型如图 8.8 所示。

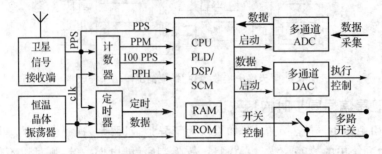

图 8.8　应用卫星信号的同步数据采集与控制的模型框图

图 8.8 中,CPU 可以选择使用可编程逻辑器件 PLD(Programmable Logic Device)、数字信号处理器 DSP(Digital Signal Processor)或单片机 SCM(Single Chip Micomputer),CPU、ADC、DAC 等的速度、类型、规格等应根据实际设计系统的状况决定。

(2)应用卫星信号进行物体定位与时钟授时

应用卫星信号进行物体定位与时钟授时的一般过程是:设计卫星信号接收端,从中取得的待测点三维位置信息(经度、纬度、海拔)和国际标准时间 UTC(Universal Time Coordinate)存储、显示,通过授时通道(RS232、RS485、CAN 等)向外广播时钟或通过无线通信技术 GSM (Global System for Mobile Communications)/ CDMA(Code Division Multiple Access)向外传播该时刻物体的实际位置。

得到的定位/时钟精度分辨值:经/纬度的"分"单位值可达小数点后 5 位,海拔的"米"单位值可达小数点后 2 位,时钟的"秒"单位值可达小数点后 2 位。

对于应用卫星信号接收芯片组、OEM 板或接收模块设计的接收端,串行外输的数据格式通常使用美国国家海洋电子协会 NMEA(National Marine Electronics Association)的 NMEA-0183 标准,即接收端每秒钟向外发出一个 PPS"秒脉冲"和一串定位、时钟等信息,PPS "秒脉冲"与外传数据信息有严格的时间关系,扣准 PPS"秒脉冲"时序的"跳变沿"读取时钟数据可以得到更精确的时钟值。使用中,需要把得到的 UTC 时间转换成北京时间。

进行物体定位与时钟授时的模型如图 8.9 所示。

(3)软件体系设计

嵌入式信号卫星通信应用体系开发设计通常采用卫星信号收发模块实现卫星定位-授时-同步。卫星信号收发模块对外提供 UART、I^2C、SPI 或 USB 接口,以连接系统的核心微处理器。系统相关的软件设计首先是对这些 UART、I^2C、SPI 或 USB 接口的驱动,然后通过这些接口卫星信号信息的收发对卫星信号收发模块的驱动。卫星信号收发模块的驱动主要包括初始配置、数据信息收发和工作状况监控等部分。一般情况下,完成初始配置后,卫星信号收发

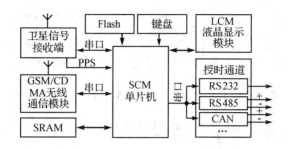

图 8.9　应用卫星信号的物体定位与时钟授时的模型框图

模块会定时源源不断地把收到的卫星信息主动送出来,以供外部系统使用。

(4) 设计注意事项

卫星信号的接收失步考虑:设计体系应用于山区、极地等不开阔或易受太阳风暴等影响的地域时,应在设计中加入防止卫星信号接收失步的软/硬件措施。具体做法常常是设计本地精密的 PPS 产生电路、实时时钟 RTC 电路,当从接收端获得的 NMEA 格式信息中识别出所传定位/时钟信息无效时,立即启用本地 PPS 信号、RTC 时间,并根据前面正常情况下物体的位置特征推断当前物体的位置;卫星信号接收恢复正常时转而使用卫星定位-时钟-同步,同时清除本地 PPS 发生计数器、校正 RTC 时钟。图 8.10 展示了这种典型的防失步方案。

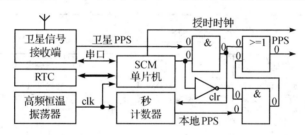

图 8.10　卫星信号监测失步时的同步/时钟处理

系统电源管理的考虑:卫星信号定位-授时-同步体系,特别是嵌入式便携设备,涉及不同的电源供给,如 5 V 的液晶显示模块、3.3 V 的主系统、1.8 V 的 CPU 核,需要从 1.2～4.3 V 的电池得到各种供电电压。电源管理设计时,不要直接从电池电压同时变换得到 1.8 V、3.3 V、5 V,而应先升压得到最大的供电电压,再逐级降压得到所需各级供电电压,否则系统不能正常工作。操作过程如图 8.11 所示。

PCB 制板的考虑:需要重点考虑的是卫星信号接收部分的设计。为减少干扰、获得最好的接收效果,接收天线要尽可能靠近集成芯片的接收引脚;天线接口到芯片接收脚的微带线要尽可能短,宽度要 2 倍于 PCB 板厚,走斜切线,避免锐角、直角。要有独立的电源、地层,电源、地层要靠近顶/底层,大面积铺地,PCB 边缘处的电源层面积要小于地层;地层边缘要加一圈密密的过孔,顶层要有大量过孔和大面积地。尽可能使用金属罩屏蔽全部接收部分。

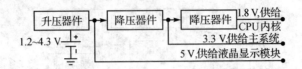

图 8.11 便携式卫星信号定位仪器的系统电源规划

8.2.3 通信协议与测试软件工具应用

通信协议规范的使用和卫星信息数据的分析监控,是嵌入式信号卫星通信的重要环节,下面着重说明。

1. NMEA 协议及其使用

通信协议规范是卫星信号收发部件与外部系统交互的基本标准,卫星信号收发部件普遍采用国际通用的 NMEA-0183,此外不少厂商还推出自己的简化协议规范,这里重点说明 NMEA-0183 协议规范。

NMEA-0183 协议定义的语句非常多,其信息格式以"＄"开始,常用的语句只有＄GPGGA、＄GPGSA、＄GPGSV、＄GPRMC、＄GPVTG、＄GPGLL 等。NMEA-0183 语句的格式如图 8.12 所示。

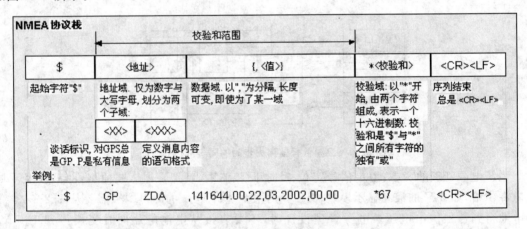

图 8.12 NMEA-0183 语句的基本格式

下面是常用的 GGA、RMC 和 GLL 语句的字段定义解释。

(1) GPS 定位信息 GGA(Global Positioning System Fix Data)

＄GPGGA,<1>,<2>,<3>,<4>,<5>,<6>,<7>,<8>,<9>,M,<10>,M,<11>,<12>＊hh<CR><LF>

<1> UTC 时间,hhmmss(时分秒)格式;

<2>纬度 ddmm.mmmm(度分)格式(前面的 0 也将被传输);

<3>纬度半球 N(北半球)或 S(南半球);

<4>经度 dddmm.mmmm(度分)格式(前面的 0 也将被传输);

<5>经度半球 E(东经)或 W(西经);

<6> GPS 状态:0=未定位,1=非差分定位,2=差分定位,6=正在估算;

<7>正在使用解算位置的卫星数量(00~12)(前面的 0 也将被传输);

<8> HDOP 水平精度因子(0.5~99.9);

<9>海拔高度(−9 999.9~99 999.9);

<10>地球椭球面相对大地水准面的高度;

<11>差分时间(从最近一次接收到差分信号开始的秒数,如果不是差分定位将为空);

<12>差分站 ID 号 0000~1023(前面的 0 也将被传输,如果不是差分定位将为空);

(2) 推荐定位信息 RMC(Recommended Minimum Specific GPS/TRANSIT Data)

$GPRMC,<1>,<2>,<3>,<4>,<5>,<6>,<7>,<8>,<9>,<10>,<11>,<12>*hh<CR><LF>

<1> UTC 时间,hhmmss(时分秒)格式;

<2>定位状态,A=有效定位,V=无效定位;

<3>纬度 ddmm.mmmm(度分)格式(前面的 0 也将被传输);

<4>纬度半球 N(北半球)或 S(南半球);

<5>经度 dddmm.mmmm(度分)格式(前面的 0 也将被传输);

<6>经度半球 E(东经)或 W(西经);

<7>地面速率(000.0~999.9 节,前面的 0 也将被传输);

<8>地面航向(000.0~359.9 度,以真北为参考基准,前面的 0 也将被传输);

<9> UTC 日期,ddmmyy(日月年)格式;

<10>磁偏角(000.0~180.0 度,前面的 0 也将被传输);

<11>磁偏角方向,E(东)或 W(西);

<12>模式指示(仅 NMEA0183 3.00 版本输出,A=自主定位,D=差分,E=估算,N=数据无效);

(3) 定位地理信息 GLL(Geographic Position)

$GPGLL,<1>,<2>,<3>,<4>,<5>,<6>,<7>*hh<CR><LF>

<1>纬度 ddmm.mmmm(度分)格式(前面的 0 也将被传输);

<2>纬度半球 N(北半球)或 S(南半球);

<3>经度 dddmm.mmmm(度分)格式(前面的 0 也将被传输);

<4>经度半球 E(东经)或 W(西经);

<5> UTC 时间,hhmmss(时分秒)格式;

＜6＞定位状态，A＝有效定位，V＝无效定位；

＜7＞模式指示（仅 NMEA0183 3.00 版本输出，A＝自主定位，D＝差分，E＝估算，N＝数据无效）。

2. 测试软件工具及其使用

嵌入式卫星通信应用体系设计过程中，对卫星信号收发部件的测试和性能评估十分重要，特别是初始开发没有任何设计效果的时候。很多卫星信号收发部件厂商提供了这方面的综合性能测试与评估软件工具，如 Atmel 和 μBlox 联合开发的可以直接使用的 ANTARIS 评估器。

ANTARIS 通过 PC 机串口连接 GPS 接收模块或接收板，以软件工具 μ-CenterAE 监控各项性能指标，可以用于方便快捷地对 GPS 接收模块或接收板进行测试和性能评估，使用户对 GPS 的定位-授时-同步获得直观感受。它提供了应用中尽可能多的评估、测试和设置 GPS 接收模块或接收板时所需要的东西，也同样适用于野外实时测量和实验室的静态测量。可以用 μ-CenterAE 轻松设置 GPS 接收模块或接收板，可以即时分析数据并存储成数据文件，可以在地图上观察定位轨线以直观地得到 GPS 接收模块或接收板的性能，可以计算一系列的统计值并以柱状图或表格的形式进行显示等。图 8.13 给出了 ANTARIS 及其 μ-CenterAE 软件的典型监测应用显示界面。

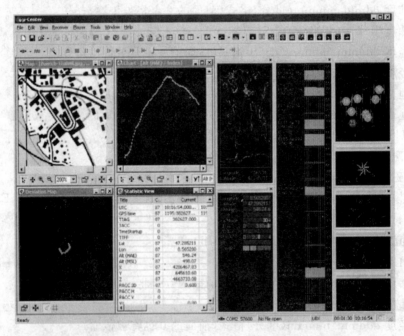

图 8.13　ANTARIS 及其 μ-CenterAE 软件的典型监测应用显示界面

卫星导航技术深入日常生产、生活的各个领域,设计稳定可靠、便携低耗。成本低廉的现代卫星信号接收体系能实现精确的物体定位、时钟授时和同步数据采集控制,具有广阔的前景。

8.3 卫星定位授时应用实例

下面列举两个项目开发实例,综合说明如何实现具体的嵌入式信号卫星通信应用体系的开发设计。各个例子中,将重点说明卫星信号收发模块、收发板的接口驱动与 NMEA 协议格式卫星信号的定位-授时-同步数据信息的实时获取、显示、存储及其应用等关键性实现环节。

8.3.1 铁路路况 GPS 巡检实例

1. 整体方案的规划

这里介绍了一个基于 GPS 卫星信号的便携式巡检系统,用于对铁路设备的运行状况进行巡检监控;其核心设备便携式手持巡检仪既可以用于步行的人工巡检,也可以用于在高速运动的列车上进行巡检。对于 GPS 接收部件输出信息的速率要求,步行使用的手持巡检仪采用常规速率(如 1 次/秒)的 GPS 接收部件即可,高速列车的手持巡检仪则需要采用 4~8 次/秒速率的 GPS 接收部件。这里以步行使用的手持巡检系统为例,加以说明。

便携式手持巡检仪用于对铁路沿线设备的巡检,需要实现的主要功能如下:

➢ 相关设备的位置和记录时刻信息——可以通过 GPS(Global Position System)卫星信号的接收得到精确的定位/授时信息;

➢ 常见故障类型的预存及其故障记录——可以采用快速的大容量非易失数据存储器实现;

➢ 便携、耐用、操作方便、人机界面友好——可以快速定位,故障对比记录,能长时间工作;

➢ 方便的层层数据统计分析机制——具有良好而简易的数据通信。

巡检系统的工作过程示意图如图 8.14 所示。

根据上述设想,可以得到的如图 8.15 所示的基本方案规划示意图。其中,搜索算法用于人工的适当选择干预下通过现在定位点坐标与预存定位设备坐标的简易对比而快速找到要检查设备的情况。

详细的系统规划图因设备巡检及层数据管理机制而异,图 8.16 给出了一种由巡检工、工区、领工区,一直到数据管理中心的整个体系框图。

图 8.14 巡检系统工作过程示意图

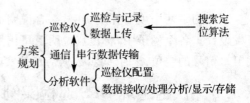

图 8.15 巡检系统的基本方案规划示意图

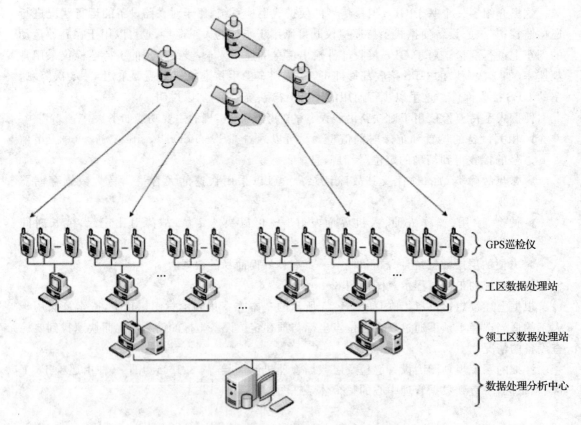

图 8.16 铁路某系统沿线设备巡检体系构成示意图

2. 硬件电路的设计

系统的硬件体系设计主要是巡检仪的主体硬件体系构造和电路设计。

(1) 硬件体系构造

根据巡检仪的功能需求和应用特征,构造其硬件体系如图 8.17 所示。

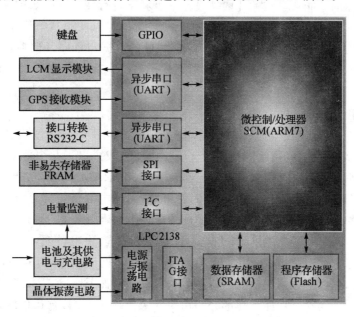

图 8.17 手持巡检的硬件体系构造设计框图

其中,核心微控制/处理器选用 NXP 的 ARM7TDMI-S 单片机——LPC2138,卫星信号的接收部分选用 μ-Blox 的一体化 GPS 接收模块——TIM_LP,人机界面选用海谊的多灰度等级的 128×64 点阵的 LCM(Liquid Crystal Module)——HZ128-64-D20-C,非易失性数据存储器选用高速度、大容量的 Ramtron 的 FRAM(Ferroelectric RAM)——FM25L256 或 Saifun 的 Quad NROM 技术的 EEPROM(Electrically Erasable Programmable ROM)——SA25C020,电池选用大容量、小体积的可充电锂离子电池 ICR16850-200,电量监测器件选用 Maxim-Dallas 的一线制器件 DS2482。

LPC2138 是基于 16/32 位 ARM7TDMI-S 内核的单片机,具有实时仿真和跟踪功能,带有 32 KB SRAM 和 512 KB 闪存,可以进行 ISP(In System Program)和 IAP(In Application Program)编程,含有的片内外设有:二个 UART(Universal Asynchronous Receiver Transmitter)、二个 I^2C(Inter Integrated Circuit)、二个 SPI(Serial Peripheral Interface)、二个 8 路 10 位 ADC(Anolog Digital Convertor)、二个 32 位带 8 路捕获与 8 路比较的定时器、一个 10 位 DAC(Digital Anolog Convertor)、一个 6 路输出的 PWM(Pulse Width Modulation)、一个

RTC(Real Timer Clock)、一个WDT(Watch Dog Timer),片内PLL(Phase Locked Logic)最大倍频可达60 MHz,47个GPIO(General Programmable I/O),22个中断源,16级向量中断,4个外中断,具有空闲与掉电低功耗模式,可以掉电检测,单3.3 V电源供电,超小LQFP64/HVQFN64封装。

LPC2138优良的性能和丰富的片内外设非常有利于进行便携式仪表的简捷可靠设计,可使用其UART接口连接GPS模块、LCM模块和通用计算机,使用其SPI接口连接非易失存储器,通过其GPIO口外扩键盘。LPC2138内含大量的数据和程序存储器,可免去外扩必要的存储器。LPC2138没有一线制数据接口,可以使用其I^2C接口通过Maxim-Dallas的接口转换器件DS2438进而连接电池电量测量器件。

(2) 硬件电路设计

根据硬件体系构造展开电路原理图设计,则可以得到如图8.18所示的巡检仪硬件体系电路图。图中,按照功能及其电路原理把巡检仪硬件电路分成了以下几个部分:GPS接收部分、LCM显示部分、非易失数据存储NVRAM(None Volitale RAM)部分、功能选择部分、电池应用及其监测部分、键盘扫描编码部分、CPU时钟部分、系统电源供给部分、仿真测试接口部分和通信接口部分。键盘形式为操作简便的线反转式扫描编码矩阵键盘。供电部分先升压得到5 V以供给LCM,再降为3.3 V供给整个系统;同时完成充/供电转换,电池供应状况由系统监视并在LCM上显示。一个UART口用于和外界通信,同时完成程序下载,由功能选择部分完成系统工作和程序下载两种模式的切换。系统设计两种工作形式:设备原始定位和巡检,由功能选择部分实现切换。功能选择部分的切换开关仅偶尔使用,设在机内。接收天线有两种:内置无源天线和车载有源天线,二者通过插口部分自动完成切换。

图8.19给出了巡检仪硬件体系的PCB(Prined Circuit Board)设计版图及其3D造型图。PCB设计的关键是GPS接收部分,高频天线信号的布线要尽可能粗大、短小、在同一平面、不走直角,整个GPS部分则要做好屏蔽敷铜。

3. 软件体系的架构

巡检系统软件主要是巡检仪的嵌入式软件和通用计算机上的分析软件,实际应用中常把前者称为下位软件,后者称为上位软件。

(1) 下位软件初步规划

下位软件采用以C语言为主、辅以汇编语言的混合编程形式。根据硬件特点及其功能需求,初步规划下位软件的构造如图8.20所示。

(2) 下位软件体系架构

下位软件体系框架包括能够在硬件基础上运行的最小软件体系和必需的外设/接口的驱动及其基本的应用程序框架。这里采用本书作者开发设计的"PhilipsNXP-ARM7系列微处理器软件体系架构工具",以可视化的友好界面快速得到包括启动汇编文件、片内外设驱动文件

嵌入式信号卫星通信 8

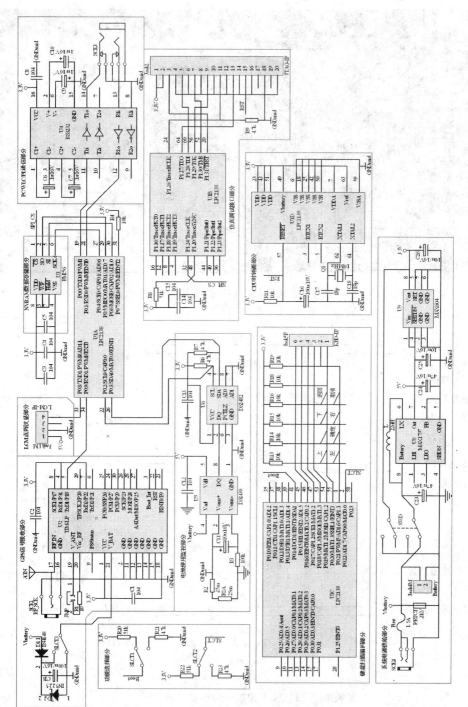

图 8.18 巡检仪硬件体系电路原理图

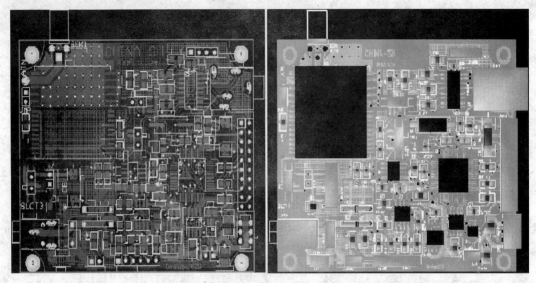

图 8.19　巡检仪硬件体系的 PCB 版图及其 3D 造型图

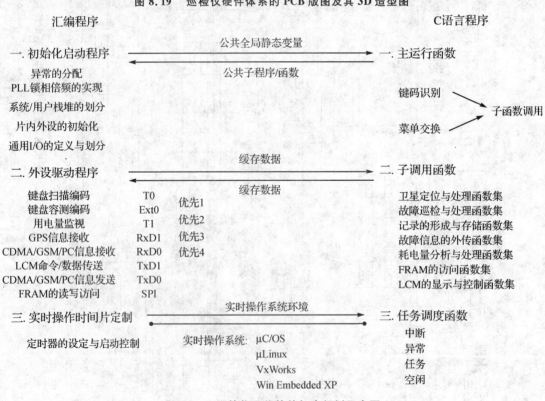

图 8.20　巡检仪下位软件初步规划示意图

等在内的适合微处理器工作机制或在某种嵌入式实时操作系统之下的应用程序架构。图 8.21 是软件体系架构的主选择界面。图 8.22 是 UART 接口驱动的代码架构界面。

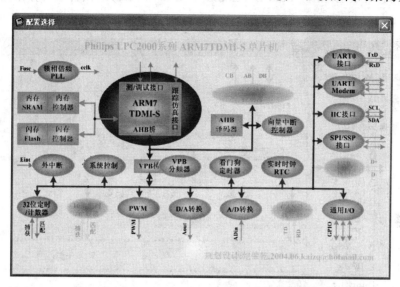

图 8.21 "PhilipsNXP-ARM7 系列微处理器软件体系架构工具"的主选择界面

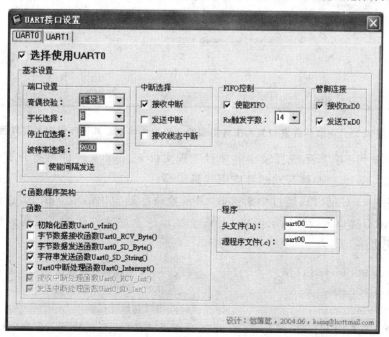

图 8.22 "PhilipsNXP-ARM7 系列微处理器软件体系架构工具"UART 接口驱动的代码架构界面

通过人机交互设置完所需项目后,单击相关操作按钮即可得到如图 8.23 所示的是针对常用 RealView-MDK IDE(Integrated Development Enviroment)的项目软件体系及其相关代码浏览界面。

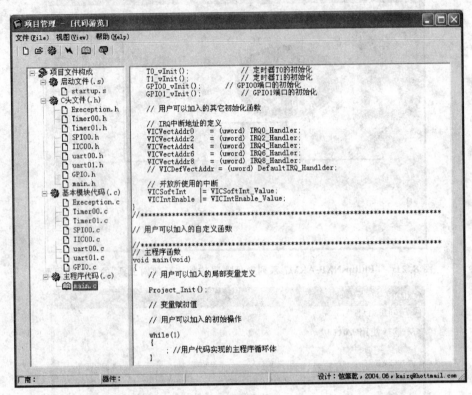

图 8.23　由软件开发包架构工具得到的项目软件体系及其程序代码浏览界面

单击软件架构工具所生成目录中的项目工程文件 *.uv2 文件即可打开 RealView-MDK IDE,如图 8.24 所示,进而展开功能性应用代码编写。

设计采用串口 UART1,通过中断接收 GPS 模块主动发出的卫星信息,查询方式把相关信息送到 UART 接口的液晶显示模块 LCM 上显示。上述软件架构工具得到的相关程序头文件主要代码如下:

```
ubyte Uart1_RCV_Buffer[14];              //UART1 数据接收缓冲区
ubyte Uart1_RCV_Num;                     //UART1 接收新数据数目
void Uart1_vInit(void);                  //串口初始化函数
void Uart1_SD_Byte(ubyte);               //字节数据发送函数(等待发完)
void Uart1_SD_String0(ubyte const *);    //字符串数据发送函数(等待发完)
ubyte Uart1_SD_String1(char *, uhword);  //字节块发送函数
```

嵌入式信号卫星通信

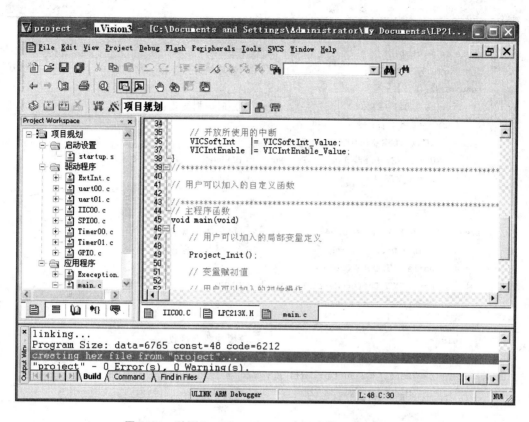

图 8.24 利用 RealView-MDK IDE 开发嵌入式系统软件

```
void Uart1_Interrupt(void);          //串口中断处理函数
void Uart1_RCV_Int(void);            //串口接收中断处理函数
```

其中关键的中断接收程序代码如下：

```
//------------------------------------------------------------
ubyte Uart1_RCV_BFSZ(void)           //缓冲数据接收深度的确定函数
{   ubyte temp = (U1FCR & 0xc0)>>6;
    switch (temp)
    {   case 0: temp = 1;break;      //1 字节接收深度设置
        case 1: temp = 4;break;      //4 字节接收深度设置
        case 2: temp = 8;break;      //8 字节接收深度设置
        default: temp = 14;break;    //14 字节接收深度设置
    }
    return (temp);
}
```

```c
//----------------------------------------------------------------------------------
void Uart1_RCV_Int(void)                        //串口接收中断处理函数
{   ubyte i, j, temp;
    j = Uart1_RCV_BFSZ();                       //计算缓冲区深度
    temp = U1IIR;
    if ((temp & 0x0c) == 0x0c)                  //超时数据接收
    {   for (i = 0; i<j; i++)
        {   if ((U1LSR & 0x01) == 0) break;
            Uart1_RCV_Buffer[Uart1_RCV_Num] = U1RBR;
            Uart1_RCV_Num ++;
        }
    }
    else if ((temp & 0x04) == 0x04)             //可用数据接收
    {   if ((temp & 0xc0) != 0xc0)              //非缓冲数据接收
        {   while ((U1LSR & 0x01) == 0) ;
            Uart1_RCV_Buffer[Uart1_RCV_Num] = U1RBR;
            Uart1_RCV_Num ++;
        }
        else                                    //缓冲数据接收
        {   for(i = 0; i<j; i++)
            {   Uart1_RCV_Buffer[Uart1_RCV_Num] = U1RBR;
                Uart1_RCV_Num ++;
            }
        }
    }
    if(Uart1_RCV_Num>200) Uart1_RCV_Num = 0;
}
//----------------------------------------------------------------------------------
```

4. 卫星信息的接收

主要是在UART1中断接收程序中添加识别有效定位信息的NMEA之RMC语句,从中找到所需位置和时间信息并转存。UART1添加程序的头文件主要代码如下:

```c
ubyte Uart1_RCV_Buffer_1[14];                   //UART1数据接收缓冲区
ubyte Uart1_RCV_Num;                            //UART1接收新数据数目
void Uart1_vInit(void);                         //串口初始化函数
void Uart1_SD_Byte(ubyte);                      //字节数据发送函数(等待发完)
void Uart1_SD_String0(ubyte const *);           //字符串数据发送函数(等待发完)
ubyte Uart1_SD_String1(char *, uhword);         //字节块发送函数
void Uart1_Interrupt(void);                     //串口中断处理函数
```

```c
void Uart1_RCV_Int(void);                        //串口接收中断处理函数
ubyte Uart1_RCV_Buffer_1[14];                    //UART1 数据接收缓冲区 1
ubyte Uart1_RCV_Buffer_2[80];                    //UART1 数据接收缓冲区 2---有效数据转存区
ubyte Uart1_RCV_Num;                             //UART1 缓冲区 1 接收新数据数目
ubyte Uart1_RCV_Num_2;                           //UART1 缓冲区 2 接收新数据数目
ubyte Uart1_RCV_END;                             //UART1 接收一条信息结束标志
ubyte Uart1_SD_BEG;                              //UART1 发送数据标志
ubyte Gps_rec_valid;                             //GPS 接收信息
void Uart1_vInit(void);                          //串口初始化函数
void Uart1_SD_Byte(ubyte);                       //字节数据发送函数(等待发完)
void Uart1_SD_String0(const ubyte *);            //字符串数据发送函数(等待发完)
ubyte Uart1_SD_String1(char *, uhword);          //字节块发送函数
void Uart1_Interrupt(void);                      //串口中断处理函数
void Uart1_RCV_Int(void);                        //串口接收中断处理函数
```

其中，UART1 接收中断处理及其添加的程序代码如下：

```c
//---------------------------------------------------------------------------------
void Uart1_RCV_Int(void)                         //串口接收中断处理函数
{   ubyte i, j, k, m, n, temp;
    j = Uart1_RCV_BFSZ();                        //计算缓冲区深度
    temp = U1IIR;
    if ((temp & 0x0c) == 0x0c)                   //超时数据接收
    {   for (i = 0; i<j; i++)
        {   if ((U1LSR & 0x01) == 0) break;
            Uart1_RCV_Buffer_1[Uart1_RCV_Num] = U1RBR;
            Uart1_RCV_Num ++;
        }
    }
    else if((temp&0x04) == 0x04)                 //可用数据接收
    {   if ((temp & 0xc0)!= 0xc0)                //非缓冲数据接收
        {   while ((U1LSR & 0x01) == 0);
            Uart1_RCV_Buffer_1[Uart1_RCV_Num] = U1RBR;
            Uart1_RCV_Num ++;
        }
        else                                     //缓冲数据接收
        {   for(i = 0; i<j; i++)
            {   Uart1_RCV_Buffer_1[Uart1_RCV_Num] = U1RBR;
                Uart1_RCV_Num ++;
            }
```

```
            }
        }
        if(Uart1_RCV_END == 0)                    //所需有效信息识别并整理
        {   if(Uart1_SD_BEG == 0)                  //所需有效信息 RMC 语句识别与数据整理
            {    for(m = 0;m<14;m + +)
                {   if(Uart1_RCV_Buffer_1[m] == R)
                    {   if(m == 11&&Uart1_RCV_Buffer_1[m + 1] == M
                            &&Uart1_RCV_Buffer_1[m + 2] == C)
                        Uart1_SD_BEG = 1;
                        else if(m == 12&&Uart1_RCV_Buffer_1[m + 1] == M)
                        Uart1_SD_BEG = 2;
                        else if(m == 13) Uart1_SD_BEG = 3;
                        else if(m<11&&Uart1_RCV_Buffer_1[m + 1] == M
                            &&Uart1_RCV_Buffer_1[m + 2] == C)
                        {   for(n = m + 3;n<14;n + +)
                            {   Uart1_RCV_Buffer_2[Uart1_RCV_Num_2]
                                    = Uart1_RCV_Buffer_1[n];
                                Uart1_RCV_Num_2 + +;
                            }
                            Uart1_SD_BEG = 4;
                        }
                    }
                }
            }
            else if(Uart1_SD_BEG!= 0)
            {   if(Uart1_SD_BEG == 2&&
                    Uart1_RCV_Buffer_1[0] == C)
                {   for(k = 1;k<14;k + +)
                    {   Uart1_RCV_Buffer_2[Uart1_RCV_Num_2]
                            = Uart1_RCV_Buffer_1[k];
                        Uart1_RCV_Num_2 + +;
                    }
                    Uart1_SD_BEG = 4;
                }
                else if(Uart1_SD_BEG == 3&&
                    Uart1_RCV_Buffer_1[0] == M&&
                    Uart1_RCV_Buffer_1[1] == C)
                {   for(k = 2;k<14;k + +)
                    {   Uart1_RCV_Buffer_2[Uart1_RCV_Num_2]
```

```c
                = Uart1_RCV_Buffer_1[k];
            Uart1_RCV_Num_2 + + ;
        }
        Uart1_SD_BEG = 4;
    }
    else if(Uart1_SD_BEG == 4              //接收有效数据转存与处理
        ||Uart1_SD_BEG == 1)
    {   for(k = 0;k<14;k + +)
        {   if(((Uart1_RCV_Buffer_1[k]^0x0D)!= 0)&&
            ((Uart1_RCV_Buffer_1[k]^0x0A)!= 0)
            &&(Uart1_RCV_Num_2<66))//接收有效数据转存
            {   Uart1_RCV_Buffer_2[Uart1_RCV_Num_2]
                    = Uart1_RCV_Buffer_1[k];
                Uart1_RCV_Num_2 + + ;
            }
            else                           //接收数据处理
            {   k = 0;
                for(i = 0;i<Uart1_RCV_Num_2;i + +)  //找到一帧数据的开始
                {   if(Uart1_RCV_Buffer_2[i] ==',')
                    k + = 1;
                    if(k == 2) break;
                }
                if(Uart1_RCV_Buffer_2[i + 1] =='A')  //确定定位信息的有效性
                {   Uart1_RCV_END = 1;
                    Uart1_SD_BEG = 0;
                    Gps_rec_valid = 1;
                }
                else if((Uart1_RCV_Buffer_2[i + 1]!='A)
                    &&(Uart1_RCV_Buffer_2[i-1]!=','))
                {   Uart1_SD_BEG = 0;
                    Uart1_RCV_END = 1;
                    Gps_rec_valid = 0;
                }
                else                       //转存缓冲区的清除操作
                {   for(i = 0;i<Uart1_RCV_Num_2;i + +)
                        Uart1_RCV_Buffer_2[i] = 0;
                    Uart1_RCV_Num_2 = 0;
                    Uart1_SD_BEG = 0;
                }
```

嵌入式网络通信开发应用

```
                    break;
                }
            }
        }
    }
    for(i = 0;i<Uart1_RCV_Num;i++)      //清空 UART 接收缓冲区
        Uart1_RCV_Buffer_1[i] = 0;
    Uart1_RCV_Num = 0;
}
//------------------------------------------------------------------------
```

5. 卫星信息的处理

主要是从收到的有效卫星信息中找到纬度、经度、日期和时间数据,并把这些数据转换成 LCM 可以显示的数据格式。相关的软件实现代码如下:

```
//------------------------------------------------------------------------
typedef struct                                  //所需卫星信息数据结构
{   ubyte Latitude[11];                         //纬度
    ubyte Longitude[12];                        //经度
    ubyte Date[11];                             //日期
    ubyte Time[11];                             //时间
} GpsInfo;
//------------------------------------------------------------------------
GpsInfo * gps_rec_change(ubyte * string,ubyte len)  //GPS 数据接收、转换函数
{   ubyte i, j, k, m, n, s, t;
    ubyte carry = 0;uhword year;
    ubyte year_0, year_1, year_2, year_3;
    GpsInfo gpsinfo;
    memset(&gpsinfo, 0, sizeof(GpsInfo));
    for(i = 0;i<len;i++)if( *(string + i) ==',') break;   //时间:位置查找
    for(j = i+1; *(string+j)!=',';j++)                    //数据提取
        gpsinfo.Time[j-i-1] = *(string + j);
    for(i = 8;i>3;i--) gpsinfo.Time[i + 2] = gpsinfo.Time[i]; //LCM 显示数据变换与准备
    gpsinfo.Time[5] = ':';
    for(i = 3;i>1;i--) gpsinfo.Time[i + 1] = gpsinfo.Time[i];
    gpsinfo.Time[2] = ':';
    gpsinfo.Time[0] = gpsinfo.Time[0]&0x0f;
    gpsinfo.Time[1] = gpsinfo.Time[1]&0x0f;
    psinfo.Time[0] = gpsinfo.Time[0] * 10 + gpsinfo.Time[1];
```

```
gpsinfo.Time[0]+ = 8;
if(gpsinfo.Time[0]>23)
{    gpsinfo.Time[0]- = 24;
     carry+ = 1;
}
gpsinfo.Time[1] = gpsinfo.Time[0]%10;
gpsinfo.Time[1]| = 0x30;
gpsinfo.Time[0]/ = 10;
gpsinfo.Time[0]| = 0x30;
    for(k = j+1;k<len;k++)                          //纬度:位置查找
        if(*(string+k) ==',) break;
for(m = k+1;*(string+m)!=',;m++)                    //数据提取
    gpsinfo.Latitude[m-k-1] = *(string+m);
for(i = 8;i>1;i--)                                  //LCM 显示数据变换与准备
    gpsinfo.Latitude[i+1] = gpsinfo.Latitude[i];
gpsinfo.Latitude[2] =~;
gpsinfo.Latitude[10] = 0x27;
for(n = m+1;n<len;n++)                              //经度:位置查找
    if(*(string+n) ==',) break;
for(s = n+1;*(string+s)!=',;s++)                    //数据提取
    gpsinfo.Longitude[s-n-1] = *(string+s);
for(i = 9;i>2;i--)                                  //LCM 显示数据变换与准备
    gpsinfo.Longitude[i+1] = gpsinfo.Longitude[i];
gpsinfo.Longitude[3] =~;
gpsinfo.Longitude[11] = 0x27;
j = 0;
for(i = s+1;i<len;i++)                              //日期:位置查找
{   if(*(string+i) ==',) j+ = 1;
    if(j == 3) break;
}
for(t = i+1;*(string+t)!=',;t++)                    //数据提取
    gpsinfo.Date[t-i-1] = *(string+t);
for(i = 0;i<2;i++)                                  //数据顺序变换
{   gpsinfo.Date[i+8] = gpsinfo.Date[i];
    gpsinfo.Date[i]   = gpsinfo.Date[i+4];
    gpsinfo.Date[i+4] = gpsinfo.Date[i+8];
}
for(i = 5;i>3;i--) gpsinfo.Date[i+4] = gpsinfo.Date[i];  //LCM 显示格式准备
gpsinfo.Date[7] =',;
```

嵌入式网络通信开发应用

```
        for(i = 3;i>1;i--) gpsinfo.Date[i + 3] = gpsinfo.Date[i];
        gpsinfo.Date[4] = '.';
        gpsinfo.Date[3] = gpsinfo.Date[1];
        gpsinfo.Date[2] = gpsinfo.Date[0];
        gpsinfo.Date[1] = 0;
        gpsinfo.Date[0] = 2;
        gpsinfo.Date[10] = '.';
        gpsinfo.Date[8]& = 0x0f;                                //显示数据准备:日期
        gpsinfo.Date[9]& = 0x0f;
        gpsinfo.Date[8] = gpsinfo.Date[8] * 10 + gpsinfo.Date[9];
        if(carry == 1)                                          //时间进位
        {    gpsinfo.Date[8] + = 1;
             carry = 0;
        }
        gpsinfo.Date[5]& = 0x0f;                                //月份
        gpsinfo.Date[6]& = 0x0f;
        gpsinfo.Date[5] = gpsinfo.Date[5] * 10 + gpsinfo.Date[6];
        if(gpsinfo.Date[5] == 2)
        {    year_0 = gpsinfo.Date[0]&0x0f;
             year_1 = gpsinfo.Date[1]&0x0f;
             year_2 = gpsinfo.Date[2]&0x0f;
             year_3 = gpsinfo.Date[3]&0x0f;
             year = year_0 * 1000 + year_1 * 100 + year_2 * 10 + year_3;
             if(((year % 4 == 0&&year % 100!= 0)||year % 400 == 0)   //闰年2月
                  &&gpsinfo.Date[8]>29)
             {    gpsinfo.Date[5] + = 1;
                  gpsinfo.Date[8]- = 29;
                  carry = 1;
             }
             else if((!  ((year % 4 == 0&&year % 100!= 0)||year % 400 == 0))  //非闰年2月
                  &&gpsinfo.Date[8]>28)
             {    gpsinfo.Date[5] + = 1;
                  gpsinfo.Date[8]- = 28;
                  carry = 1;
             }
        };
        if(((gpsinfo.Date[5] == 4)||(gpsinfo.Date[5] == 6)||     //30天小月
             (gpsinfo.Date[5] == 8)||(gpsinfo.Date[5] == 10))
             &&gpsinfo.Date[8]>30)
```

```c
    {   gpsinfo.Date[5] + = 1;
        gpsinfo.Date[8]- = 30;
        carry = 1;
    }
    if(gpsinfo.Date[8]>31)                          //31天大月
    {   gpsinfo.Date[5] + = 1;
        gpsinfo.Date[8]- = 31;
        carry = 1;
    }
    if(carry == 1)                                  //进位
    {   if(gpsinfo.Date[5] < 13) carry = 0;
        else gpsinfo.Date[5] - = 12;
    }
    gpsinfo.Date[9] = gpsinfo.Date[8] % 10;         //显示数据准备:日
    gpsinfo.Date[9] | = 0x30;
    gpsinfo.Date[8] / = 10;
    gpsinfo.Date[8] | = 0x30;
    gpsinfo.Date[6] = gpsinfo.Date[5] % 10;         //月
    gpsinfo.Date[6] | = 0x30;
    gpsinfo.Date[5] / = 10;
    gpsinfo.Date[5] | = 0x30;
    gpsinfo.Date[2]& = 0x0f;
    gpsinfo.Date[3]& = 0x0f;
    gpsinfo.Date[2] = gpsinfo.Date[2] * 10 + gpsinfo.Date[3];
    if(carry == 1) gpsinfo.Date[2] + = 1;
    gpsinfo.Date[3] = gpsinfo.Date[2] % 10;         //年
    gpsinfo.Date[3] | = 0x30;
    gpsinfo.Date[2] / = 10;
    gpsinfo.Date[2] | = 0x30;
    for(i = 0;i<80;i + + ) * (string + i) = 0;      //清空接收 GPS 信息数据
    return &gpsinfo;
}
//-------------------------------------------------------------------------------
```

6. 具体应用的实现

按照巡检仪的功能需求,手动或自动检查设备运行状况,通过 GPS 卫星信息的接收,取得设备的位置和检查的日期、时间,进行记录、存储或即时报告,这就是便携式手持巡检仪。其外形及其部分工作显示界面如图 8.25 所示。

图 8.26 是从巡检仪获取存储数据的上位软件界面,其中还给出了高速列车上的同类更多

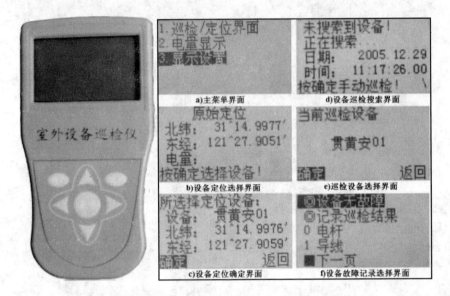

图 8.25　巡检仪外形及其部分工作显示界面

功能和性能的应用"便携式添乘记录仪"的外形及其显示界面。"添乘记录仪"采用高输出速率的 GPS 接收模块,列车以 200 km/h 运行时,定位误差不超过 20 m。

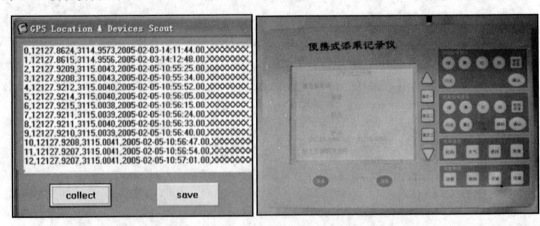

图 8.26　上位软件与高性能"添乘仪"的运行显示界面

8.3.2　北头卫星授时应用实例

精密时间是科学研究、科学实验和工程技术诸方面的基本物理参量,为一切动力学系统和时序过程的测量和定量研究提供了必不可少的时基坐标。精密授时在通信、电力、控制等工业领域和国防领域有着广泛和重要的应用。现代武器实(试)验、战争需要它保障,智能化交通运输系统的建立和数字化地球的实现更需要它支持。现代通信网和电力网建设也越来越增强了对精度时间和频率的依赖。这里举例说明北斗卫星授时同步技术在电力系统的典型应用。

1. 北斗授时原理及特点

(1) 北斗一号授时原理

授时是指接收机通过某种方式获得本地时间与北斗标准时间的钟差,然后调整本地时钟使时差控制在一定的精度范围内。时间同步是指网络各个节点时钟以及通过网络连接的各个应用界面时钟的时刻、时间间隔与协调世界时(UTC)同步。

对于北斗一号局域卫星系统,地面检测中心要帮助用户一起完成定位授时同步。图8.2右半部分给出了北斗授时的示意图。在北斗导航系统中,授时用户根据卫星的广播或定位信息不断地核准其钟差,可以得到很高的时钟精度;根据通播或导航电文的时序特征,通过计数器可以得到高精度的同步"秒脉冲"1PPS信号,用于同/异地多通道数据采集与控制的同步操作。"北斗一号"为用户机提供两种授时方式:单向授时和双向授时。单向授时的精度为100 ns,双向授时的精度为20 ns。在单向授时模式下,用户机不需要与地面中心站交互信息,只须接收北斗广播电文信号,自主获得本地时间与北斗标准时间的时差,实现时间同步;双向授时模式下,用户机与中心站交互信息,向中心站发射授时申请信号,由中心站计算用户机的时差,再通过出站信号经卫星转发给用户,用户按此时间调整本地时钟与标准时间信号对齐。

1) 单向授时

北斗时间为中心控制站精确保持的标准时间,用户钟时间为用户钟的钟面时间,若两者不同步存在钟差,则北斗时间和用户钟时间虽然读数相同其出现时刻却是不同的。出站广播信号的每一帧单向授时就是用户机通过接收北斗广播电文信息,由用户机自主计算出钟差并修正本地时间,使本地时间和北斗时间同步。周期内的第一帧数据段发送标准北斗时间(天、时、分信号与时间修正数据)和卫星的位置信息,同时把时标信息通过一种特殊的方式调制在出站信号中,经过中心站到卫星的传输延时、卫星到用户机的延时以及其他各种延时(如对流层、电离层、Sagnac效应等)之后传送到用户机,也就是说用户机在本地钟面时间为观测到卫星时间。用户机测量接收信号和本地信号的时标之间的延时,可由导航电文中的卫星位置信息、延时修正信息以及接收机事先获取的自身位置信息计算。

一般来说,对已知精密坐标的固定用户,观测1颗卫星就可以实现精密的时间测量或者同步。若观测2颗卫星或者更多卫星,则提供了更多的观测量,提高了定时的稳健性。

2) 双向授时

双向授时的所有信息处理都在中心控制站进行,用户机只需把接收的时标信号返回即可。为了说明方便,给出简化模型:中心站系统在 T0 时刻发送时标信号 ST0,该时标信号经过延迟后到达卫星,卫星转发器转发后到达授时用户机,用户机对接收到的信号进行的处理也可看作信号转发,经过空间的传播延时到达卫星,卫星把接收的信号转发,经过空间的传播延时传送回中心站系统。即表示时间 T0 的时标信号 ST0 最终在 T0＋＋＋＋时刻重新回到中心站系统。中心站系统把接收时标信号的时间与发射时刻相差,得到双向传播延时＋＋＋＋,再除以 2 得到从中心站到用户机的单向传播延时。中心站把这个单向传播延时发送给用户机,定时用户机接收到的时标信号及单向传播延时计算出本地钟与中心控制系统时间的差值修正本地钟,使之与中心控制系统的时间同步。

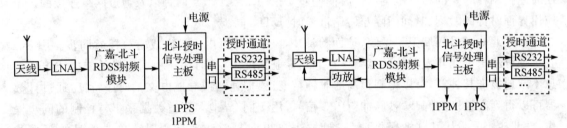

图 8.27　北斗一号单向授时机原理框图　　图 8.28　北斗一号双向授时机原理框图

3) 双向和单向授时的对比

从双向授时和单向授时的原理中可以看出,主要差别在于从中心站系统到用户机传播延时的获取方式:单向授时用系统广播的卫星位置信息按照一定的计算模型由用户机自主计算单向传播延时,卫星位置误差、建模误差(对流层模型、电离层模型等)都会影响该延时的估计精度,从而影响最终的定时精度;双向授时无需知道用户机位置和卫星位置,通过来回双向传播时间除以 2 的方式获取,更精确地反映了各种延时信息,因此其估计精度较高。在北斗系统中单向授时精度的系统设计值为 100 ns,双向授时为 20 ns,实际授时用户机的性能通常优于该指标。

单向授时需要事先计算用户机的位置,若位置未知,则需先发送定位请求来获得位置信息。双向授时无需知道用户机的位置,所有处理都有中心站系统完成。

单向授时由于采用被动方式进行,不占用系统容量(需要获取定位位置信息)。而双向授时是通过与中心站交互的方式来进行定时,因此会占用系统容量,受到一定的限制。

(2) 北斗授时的特点

➢ 北斗授时精度优于 20～100 ns,精确程度高;
➢ 授时系统及设备工作稳定可靠,干扰小;
➢ 多种输出方式,简洁便携,功耗低;
➢ 应用范围:航空航海、陆上交通、科学考察、极地探险、设备巡检、系统监控等。

2. 北斗授时在电力系统中的应用

目前电力系统内部各个发送端、接收端的分布广泛而分散,自动化装置内部都带有实时时钟,其固有误差难以避免;随着运行时间的增加,积累误差会越来越大,失去正确的时间计量作用。如何实现实时时钟的时间同步、达到全网的时间统一,一直是电力系统追求的目标。若在各个收发端安装1台北斗授时机,则北斗授时机的高精度就能保证各地时间信号与UTC的相对误差都不超过20~100 ns。这种卫星覆盖范围内的高精度时间同步在电力系统检测和测量中具有极高的利用价值。

在实际应用中,使用卫星授时信号进行精确的异地或同地多通道数据采集与控制的精确同步,主要是使用卫星信号接收端得到PPS的秒脉冲信号或者使用由此信号得到PPM、PPH脉冲信号,同步启动多通道的模/数转换器ADC、数字控制模/数转换器,同步打开或关闭各个通道开关;还用于测量判断,制作精确时间标签,如电力系统中种的故障定位等。在授时设备中,接收端每秒钟向外发送PPS秒脉冲和定位、时钟信息。PPS秒脉冲信号与外传数据信息有严格的时间关系,在使用中还可能实现时间转换。图8.29给出了北斗一号授时技术在电力系统中的应用原理框图。表8.2给出了电力系统时间同步需求的项目列表。

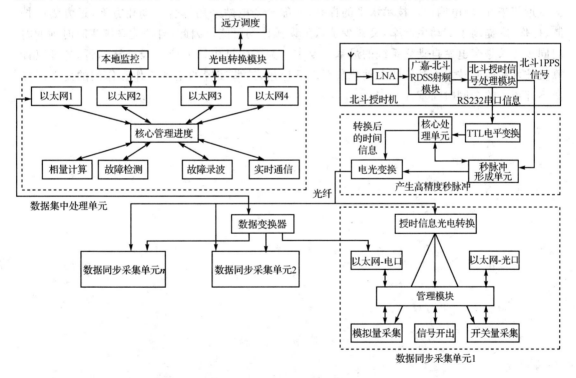

图8.29 北斗一号授时技术在电力系统中的应用原理框图

表 8.2　电力系统时间同步需求项目列表

业务系统	信号类型	信号精度	信号接口
线路行波故障测距装置	秒脉冲及时间报文	1 μs	静态空接点
雷电定位装置	秒脉冲及时间报文	1 μs	RS232
功角测量系统	秒脉冲及时间报文	40 μs	RS232
故障录波器	IRIG-B 或分脉冲及时间报文	1 ms	RS422
事件顺序记录装置	IRIG-B 或分脉冲及时间报文	1 ms	RS422
微机保护装置	IRIG-B 或分脉冲及时间报文	10 ms	RS232
RTU(Remote Terminal Unit)	IRIG-B 或分脉冲及时间报文	1 ms	RS422
各级调度自动化系统	IRIG-B 或分脉冲及时间报文	1 ms	RS232
变电站监控系统	IRIG-B 或分脉冲及时间报文	1 ms	RS422
自动记录仪表	IRIG-B 或分脉冲及时间报文	10 ms	RS232
负荷监控系统	时间报文	0.5 s	RS422

近年来,随着电网运行技术水平的提高,大部分变电站采用综合自动化方案,远方集中控制、操作,既提高了劳动生产率,又减少了认为误操作的可能。因此,自动化系统实时时钟的时间同步要求是变电站自动化系统的最基本要求。为了保证电网安全以及经济运行,各种以计算机技术和通信技术为基础的自动化装置广泛应用,这些装置的正常工作和作用的发挥同样离不开统一的全网时间基准。

第9章 嵌入式 GPRS/CDMA/3G 移动通信

GSM/GPRS/CDMA/3G 移动通信无处不在,因此,嵌入式工程技术人员不得不精通这部分内容。

GSM/GPRS/CDMA/3G 网络全球覆盖,数据收发速度快,传输距离远,连接迅速,通信质量高,收费合理,安全方便灵活,可直接与 Internet 网互联,实现高品质的音像实时无线传输;除了日常生活随处可见的各种手机应用外,还广泛应用在远程抄表、金融证券、智能交通、无线上网、环境监测、交通监控、移动办公、工农业生产、航空航海、军事武器、安全监护、消防援救等行业或领域中。

各类无线移动通信有什么实用特征?嵌入式移动通信的体系框架是怎样构成的?如何通过 AT 指令和 TCP/IP 协议规范控制和操作无线移动通信?如何选择 GPRS/CDMA/3G 无线移动通信部件,快速进行高性价比的嵌入式无线移动通信应用体系的开发应用?本章将针对这些展开全面阐述。

9.1 无线移动通信应用基础

9.1.1 常见移动网络通信概述

1. GSM/GPRS 移动通信

全球移动通信系统 GSM(Global System for Mobile Communication),简称全球通,起源于欧洲,是第二代数字移动通信技术。中国的 GSM 网络覆盖之广泛,位居世界移动通信网络之首。

GSM 基于电路交换 CSD(Circuit-Switched Data)和时分多址 TDMA(Time Division Multiple Access)技术,用户通过轮流占用微小的时间片实现频谱共享,但是这限制了用户的急剧增多,于是又出现了通用无线分组业务 GPRS(General Packer Radio Service)技术,即整合封包无线服务技术。GPRS 架构于现有的 GSM 系统上,通过重新规划原有 GSM 系统的信道(channel)与时槽(time slot)的分配方式,以封包交换技术即分组的形式,提高了数据传输速率,基本上消除了用户数量急剧增多的限制。GPRS 技术得到了更为广泛的普遍应用,现有的 GSM/GPRS 移动通信差不多都是 GPRS 形式。

增强型数据速率 GSM 演进技术 EDGE(Enhanced Data Rate for GSM Evolution)是一种从 GSM 到 3G 的过渡技术,相当于 GPRS 技术的升级版,在 GSM 系统中采用了最先进的多时隙操作和 8PSK 调制技术,从而使信息量大幅度提高。EDG 技术通常应用在博物馆、发达城市等局部区域,能够充分利用现有的 GSM 资源,有效提高 GPRS 信道编码效率及其高速移动数据标准,还能够与 WCDMA 制式共存。

对于无线数据传输速度,GSM 形式可以达到 10 kbps,GPRS 形式在 40~120 kbps,最高可以达到 175 kbps,EDGE 最高速率可达 384 kbps。

GSM/GPRS 工作的载波频段有 850 MHz、900 MHz、1 800 MHz 和 1 900 MHz,通常是 GSM900、DCS1800 和 PCN1900 这 3 个频段。一般的双频手机就是在 GSM900 和 DCS1800 频段切换的手机。PCN1900 是一些西方国家使用的频段。GSM900/1800 的是工作频率范围是 890~960 MHz 和 1 710~1 880 MHz。GSM900 的手机最大功率是 2~8 W。DCS1800 的手机的最大功率是 1 W。

2. CDMA 移动通信

码分多址 CDMA(Code-Division Multiple Access)分组数据传输技术,是第 2.5 代移动通信技术,以传输速度高、发射功率低、抗噪声干扰强、话音清晰、保密性强、系统容量大、建网成本低等特点而著称。与 GPRS 技术一样,CDMA 技术也没有用户数量的限制。CDMA 手机的发射功率只有 GSM 手机发射功率的 1/60,称为绿色手机。更重要的是,基于宽带技术的 CDMA 技术使得移动通信中视频的传输与显示应用成为可能。

CDMA 技术是通过分组业务、带宽扩频、时分同步 TD-S(Time DivisionSync)等技术实现高性能的无线移动通信的。CDMA 的无线数据传输速度一般在 50~240 kbps,最高可达 371 kbps,甚至可以达到 2 Mbps。CDMA 技术包括 CDMA 1X、宽带码分多工存取 WCDMA (Wideband CDMA)、多载波分/复用扩频调制 CDMA2000、时分同步码分多址 TD-SCDMA (Time Division-Synchronous Code Division Multiple Access)。

GSM/GPRS 工作的载波频段有 450 MHz、800 MHz、1 800 MHz、2 100 MHz 和 2 200 MHz,通常是 800 MHz、1 800 MHz 和 2 100 MHz 这 3 个频段,一般所说的 3 频手机就是可以工作在这 3 个频段之一的手机。

CDMA 技术是移动通信技术的主要发展方向。

3. 3G 移动通信

第三代移动通信 3G(Third Generation Mobile Communication)技术,以 CDMA 为主要通信形式,也包括一些高性能的 GSM/GPRS 技术,是能够将无线移动通信与国际互联网等多媒体通信相结合的新一代移动通信系统。3G 技术在传输声音和数据的速度上有很大提升,能够处理图像、音乐、视频流等多种媒体信息,提供包括网页浏览、电话会议、电子商务等在内的多种信息服务,满足了与日俱增的图像、视频、语音等大量数字信号要求的传输需求。

3G 无线移动通信中的 CDMA 技术主要包括 WCDMA、CDMA2000 和 TD-SCDMA,特别是 TD-CDMA。W-CDMA 技术采用 MC-FDD 的"直扩全双工"模式,与 GSM/GPRS 网络有良好的兼容性和互操作性,能够在现有的 GSM/GPRS 网络上进行使用,可以支持 384 kbps~2 Mbps 不等的数据传输速率,便于移动通信系统的轻易过渡;WCDMA 还可以提供电路交换和分包交换的服务,使消费者能够以交换方式接听电话的同时以分包交换方式访问因特网,提高移动电话的使用效率,超越在同一时间只能做语音或数据传输的服务限制。CDMA2000 的建设成本相对低廉,便于推广应用。TD-SCDMA 采用智能天线、联合检测、接力切换、同步 CDMA、软件无线电、低"码片"速率、多时隙、可变扩频系统、自适应功率调整等技术,集 CDMA、TDMA、FDMA 技术优势于一体,系统容量大,频谱利用率高,抗干扰能力强。而且,TD-SCDMA 通过最佳自适应资源的分配和最佳频谱效率,可支持速率从 8 kbps~2 Mbps 的语音、互联网等所有的 3G 业务。中国第一次提出并在无线传输技术 RTT(Radio Transmission Technology)的基础上与国际合作,完成了 TD-SCDMA 标准,是中国移动通信界的一次创举,也是中国对第三代移动通信发展的贡献,中国在移动通信领域已经进入世界领先之列。

3G 的无线数据传输速度,一般为 144~384 kbps,最高可以达到 2 Mbps。

3G 工作的载波频段通常有 900 MHz、1 800 MHz、1 900 MHz 和 2 100 MHz。

9.1.2 移动通信技术的总体特征

无线移动通信是一个复杂的网络系统,包括了庞大的监控数据中心、广泛分布的地面基站和无以计数的手机等便携式移动终端。这里仅从嵌入式应用的角度探讨无线移动通信。9.1.1小节已经简要介绍了常见的 GSM/GPRS、CDMA 和 3G 无线移动通信,分别说明了它们的工作原理、传输速度和载波频段等特点,下面从整体角度概括一下无线移动通信的开发应用特征。

(1) 传输的主要内容

▶ 音像信息:语音数据、图像数据、动态视频数据;
▶ 工农业生产的现场采集或控制的数据信息。

(2) 数字信号形式

▶ 短信息服务 SMS(Short Message Service),每"帧"信息的最大数据长度 140 字节;
▶ TCP/IP/PPP 格式的 Internet 数据信息,每"帧"信息的数据长度在 6~1 460 字节。

(3) 移动通信的距离

无线移动通信的距离取决于移动通信网络地面基站的覆盖范围,地面基站越高覆盖范围越大,地面基站的高度通常在 15~55 m。地面基站大致分为 3 类:宏蜂窝(MacroCell)站、微蜂窝(MicroCell)站与微微蜂窝(PicoCell)站。其中,宏蜂窝站主要用于实现大面积的覆盖,基站天线置于相对高的地方,发射功率较强,覆盖半径可达 25 km 左右,一般情况下,这种类型的基站大多部署于城区之外,距离居民区较远。微蜂窝站主要用于解决热点或盲点问题,基站天线置于相对低的地方,发射功率较小,一般在 1～2 W 之间,覆盖半径大多在 300 m 以内。微微蜂窝站实际上是发射功率与覆盖范围更小的一种微蜂窝,覆盖半径一般只有几十米。

部署于居民区的 3G 基站主要为微蜂窝与微微蜂窝,基站的密度大,但发射功率小,辐射强度相对较低。3G 基站覆盖范围小,发射功率低,比 GSM/GPRS 基站更健康、更安全。

9.1.3 嵌入式移动通信体系框架

1. 嵌入式移动通信体系框架

嵌入式移动通信系统的基本框架结构如图 9.1 所示。嵌入式应用系统通过其无线移动通信模块接入移动通信网络,通过其内置的网关支持节点 GSN(Gateway Support Node)从 Internet 网络获得 IP 地址,进而接入公共网络的计算机系统,这样嵌入式应用系统就可以实现移动通信网络地面基站覆盖范围内的无线移动通信了。

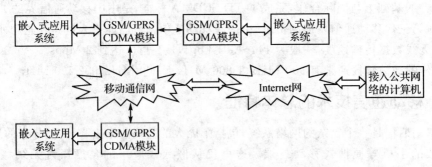

图 9.1　嵌入式移动通信系统的基本框架结构图

嵌入式应用系统实现无线移动通信有两种方式:

① 使用微处理器控制无线移动通信模块在移动通信网络内进行点对点的无线数据传输,如图 9.1 左上部分所示,这需要收发双方都包含无线移动通信模块。首先要求接收方使用 AT 命令登录无线移动通信网络内服务器,登录成功后服务器返回该模块分配到的 IP 地址。同时模块打开一个端口(socket)在网络上监听与这个端口相关的信息,接着接收方使用 AT 指令呼叫使用 SIM(Subscriber Identity Module)卡的手机号并通过短信方式告知发送方所分配到的无线移动通信专用 IP 地址;发送方收到短息后也登录无线移动通信网络内服务器,同时获得分配到的 IP 地址。有了对方 IP 地址后,双方就可使用传送 AT 指令互发数据了。经无线移动通信网络传送数据的过程在收发双方来看是透明的,无须知道网络具体工作细节,建立连接后只需往 UART 等数字接口发送数据即可。发送完毕后再使用 AT 指令关闭网络连接。

② 通过无线移动通信模块登录无线网关 GSN 连接到 Internet 实现上网,传送的数据可

为任何接入 Internet 的具有公网 IP 的终端所接收,如图 9.1 左半部分所示。这种方式需要 TCP/IP 协议栈的支持,TCP/IP 协议栈可以是无线移动通信模块自带的,也可以是所选嵌入式操作系统内含的;否则,需要进行 TCP/IP 协议栈的移植或设计。完成无线网络连接后,直接使用 TCP/IP 协议栈或嵌入式操作系统提供的 API 函数实现无线移动通信模块和 GSN 之间的协商通信。首先无线移动通信模块通过 AT 拨号指令连接 GSN,接下来与无线移动通信网关进行通信链路协商,协商过程遵守 LCP(Link Control Protocol)、PAP(Password Authentication Pro2tocol)和 IPCP(Internet Protocol Control Protocol)等协议。一旦协商完成,链路和 IP 地址已经分配后就可以按协商的标准进行 IP 报文传输了。软件编程的难点是微处理器登录 GSN 并与网关通过 LCP、PAP、IPCP 协议进行协商的过程。系统程序中只有处理请求(REQ)、同意(ACK)和拒绝(NAK)3 种帧,其他链路问题都通过程序重新拨号来解决。协商程序描述如下:在拨号连接成功后,GSN 首先返回一个 PAP REQ 数据帧,程序发送一个空 LCP REQ 帧,以强迫按协议进行"协商"。随后 GSN 发送 LCP 设置帧,程序拒绝所有的设置并请求验证模式。GSN 选择 CHAP 或 PAP 方式验证,程序接受 PAP 方式。然后,进行 PAP 验证用户名和密码过程,如果验证成功,则 GSN 返回 IPCP 报文,分配动态 IP 地址,这样就完成了无线移动通信模块与 GSN 的协商过程。协商完成后进入通信阶段,同时也开始按流量计费,这时微控制器向 GSN 发送的所有包含 IP 报文的数据报都会传送给 Internet 中相应的 IP 地址,而远端所有向微处理器 IP 地址发送的报文也都会经无线移动通信网传送到微处理器上,从而完成微处理器的无线上网数据传输。

2. 移动通信嵌入式应用接口

嵌入式应用系统的无线移动通信一般采用嵌入无线移动通信部件来实现。嵌入无线移动通信部件与嵌入式应用系统的微处理器接口通常是宜用的 UART 接口,也可以是常见的 SPI、USB 或以太网接口。嵌入式应用系统通过专门的 AT 指令集、BSD Socket 套接字或 TCP/IP 协议栈接口函数监控无线移动通信部件的行为,实现各种类型的无线移动数据传输。

3. TCP/IP 的移动通信应用

TCP/IP 协议栈的支持是嵌入式无线移动通信应用系统实现的关键环节。有 3 种类型的 TCP/IP 无线移动通信应用模型,如图 9.2 所示。

① 选用内含 TCP/IP 协议栈的无线移动通信部件,通过 AT 专用指令集的使用实现无线移动通信。现代的无线移动通信部件,无论 GPRS 类型、CDMA 类型或是 3G 类型,多数都含有 TCP/SP 协议栈。使用含有 TCP/IP 协议栈的无线移动通信部件能够加快开发、简化软件设计,是嵌入式无线移动通信应用系统开发设计的首选。一些厂家还为其内含 TCP/IP 协议栈的无线移动

TCP/IP无线移动通信应用模型 { 内嵌TCP/IP协议栈—AT专用指令 / BSD Socket—WinCE/E-Linux/Vxworks / 移植TCP/IP协议栈—μIP,μC/IP,lwIP库 }

图 9.2 TCP/IP 无线移动通信应用的模型框图

通信部件的快速应用提供了完整的应用软件开发工具,如 Sony-Ericsson 为 GR47/GR48 无线移动通信模块提供了基于 ANSI C 语言 M2mpower 开发工具,这样,其 TCP/IP 协议栈既可以通过 AT 命令进行访问,也可以通过嵌入式应用进行访问。

② 选用 BSD Socket 套接字是具有 Windows CE/Mobile/Embedded XP、μCLinux/ARM-Linux/Android、VxWorks 等嵌入式操作系统下实现嵌入式无线移动通信应用的必然选择。这种情况下,只要能够使用 Socket 套接字,就能轻松实现无线移动通信,软件的开发设计几乎没有难度。很多嵌入式 TCP/IP 协议栈都是根据 BSD 版的 TCP/IP 协议栈改写而成的。

③ 选择并移植嵌入式 TCP/IP 协议栈,主要是针对没有 TCP/IP 协议栈的无线移动通信部件或不采用嵌入式操作系统的情形。常见的嵌入式 TCP/IP 协议栈有 lwIP(light weight TCP/IP Stack)、μC/IP(TCP/IP Stack for μC/OS-II)、μIP 等,每一种嵌入式 TCP/IP 协议栈及其特点可以参阅本书第 4 章的简要介绍。

9.1.4 AT 监控指令及其应用简述

1. AT 指令及其使用

嵌入式应用系统实现无线移动通信主要是由微处理器通过 AT 指令对无线移动部件的行为监控和音像数据传输来实现的。AT 即 Attention,意思是"引起注意"。可以通过 AT 指令进行呼叫、短信、电话本、数据业务、传真等方面的控制,实现与无线移动通信网络的业务交互。众多的 AT 指令构成 AT 指令集,有通用的规范化 AT 指令集,也有移动通信部件厂商制定的特殊 AT 指令集。

AT 命令集是由一个特定的命令前缀开始,由一个命令结束标志结束。命令前缀通常由 AT 两个字符组合。命令结束标志是一个单字符,通常为回车符。AT 指令的响应数据包括在其中。每个指令执行成功与否都有相应的返回。

有 3 种类型的 AT 指令,其用法如下:

➤ 测试命令(Test Command):由 AT 指令加上"=?"构成,如"AT+CSCS=?"用于列举出所有支持的字符集。

➤ 读取命令(Read Command):由 AT 指令加上"?"构成。如"AT+CSCS?"用于列举出当前设置。

➤ 执行命令(Execute Command):由 AT 指令加上"="及命令参数构成。有些命令如 AT+CMGR 命令没有参数,直接就可以执行。

常用的 AT 指令有一般命令、呼叫控制命令、网络服务命令、安全命令、电话簿命令、短消息命令、追加服务命令等。

2. 短信息 AT 指令及其应用

嵌入式无线移动通信最常使用的是短信息 SMS(Short Message Set) AT 指令操作。与短消息收发有关的标准规范主要有 GSM03.38、GSM03.40、GSM07.05、GSM07.07 等,它们规定了 SMS 的技术实现(含编码方式)、数字接口实现标准(AT 命令集)等。

常用的短消息操作 AT 命令如下:

- AT+CMGF　选择短消息支持格式(TEXT or PDU);
- AT+WSCL　设置短消息组成的语言和编码方式;
- AT+CMGR　读取短消息;
- AT+CMGS　发送短消息;
- AT+CMGW　写短消息并保存在存储器中;
- AT+CMGD　删除保存的短消息。

对 SMS 的控制共有 3 种实现途径:Block 模式、Text 模式和 PDU 模式。Block 模式已经逐渐淡出。对于 GSM/GPRS 网络,Text 模式主要用于发送 ASCII 字符格式,不宜用于收发中文信息。发送和接收中文或中/英文混合的短信息必须采用 PDU 模式,短信息正文经过十六进制编码后传送。数据收发以数据帧为主要方式,一个完整的数据帧包括起始标志单元、命令单元、CRC 校验单元、结束标志单元 4 部分。PDU 模式是 GSM/GPRS 无线移动通信部件默认的控制方式。采用 PDU 模式时,一个数据帧能够包含 140 个字节(70 个汉字)的数据量,中文字符按照 UNICODE 进行编码。PDU 数据包由两部分构成:短信息服务中心地址(SMSC Address)和 PDU 数据包。

发送短信息的 PDU 的格式为:SMSC+PDU 类型+MR+DA+PID+DCS+VP+UDL+UD。

接收短信息的 PDU 的格式为:SMSC+PDU 类型+OA+PID+DCS+SCTS+UDL+UD。

其中,SMSC 为短消息业务中心地址,DA/OA 为源/目的地址,PID 为协议识别,DCS 为数据编码,UDL 为用户数据长度,UD 为用户数据,VP 为有效时间,MR 指明是发出信息,SCTS 指明短消息到达业务中心的时间。UDL 和 UD 外的所有数据采用压缩 BCD 码表示,低位在前,高位在后。

CDMA 发送短消息和 GSM/GPRS 有一些不同之处:

- GSM/GPRS 需要设置短消息中心号码,CDMA 的则不用;
- 发送中文短消息时,GSM 的采用 PDU 模式,CDMA 的则为 TEXT 模式;
- 还有一些细节区别于 GSM/GPRS,CDMA 发送短信号码时,必须加引号。如 AT+CMGS="133########"。

CDMA 发送英文数字短消息时,使用其相应 ASCII 码发送。如发送英文短信息"Hello",其相应 AT 命令过程为:

```
AT+WSCL=1,2              //设置为发英文短信
AT+CMGS="133########"
```

Hello

返回代码：+CMGS：N。表示成功发出，N 为序号。

CDMA 发送中文短消息时直接发送其 Unicode 代码。如发送中文短消息"您好"，其相应 Unicode 编码：0x60a80x597d，则其 AT 命令过程为：

```
AT+CMGF=1                      //设置为 TEXT 模式
AT+WSCL=6,4                    //设置短消息组成的语言及编码方式
AT+CMGS="133########",4        //("接收方号码",短消息长度。)
60A8597D
```

返回代码：+CMGS：N。表示成功发出，N 为序号。

3. 内嵌 TCP/IP 协议栈的 AT 指令及其应用

含有 TCP/IP 协议栈的无线移动通信部件非常便于建立 Socket 连接。相关的 AT 操作指令主要是开机初始化指令、建立 TCP/IP/UDP 连接的指令和进行数据传输的指令。下面以 GPRS 模块 LT8030 为例，说明 Socket 连接通信中要用到的一些 AT 命令。

(1) 基本设置

① GPRS ISP 码：AT+IISP1＝*99＊＊*1#   //全国通用
② 登录用户名：AT+IUSRN＝WAP   //GPRS 网络登录名
③ 登录密码：AT+IPWD＝WAP   //GPRS 网络登录密码
④ MODEM 类型：AT+IMTYP＝2   //定义 GPRS MODEM
⑤ 初始化命令：AT+IMIS＝"AT+CGDCONT＝1, ip, CMNET"
⑥ 域名服务器：AT+IDNS1＝211.136.18.171 //DNS 服务器地址，全国通用
⑦ 扩展码(XRC)：AT+IXRC＝0

(2) Socket 设置

① 建立一个 TCP 通信：AT+ISTCP：218.66.16.173, 1024<CR>

建立 Socket 连接，218.66.16.173 为应用服务中心计算机端 IP 地址（实际地址由实际情况决定），1024 为端口号（由中心 Socket 端口监听程序设置决定）。如果连接成功，LT8030 返回 I/xxx。xxx 为 LT8030 中本次 Socket 连接的句柄号。中心监听程序会显示连接的终端 IP 地址。如果连接失败，则 LT8030 返回 I/ERROR(xxx)。xxx 为错误代码。

② 发送数据：AT+ISSND%：xxx,<string Length>:<string>

发送数据，xxx 为句柄，<string Length>为要发送的字符长度，<string>为要发送的数据。发送成功后，在中心端可看到终端发送的数据。最多一次能够发送 5 KB 以下的数据。

③ 查询 Socket 状态：AT+ISST：xxx<CR>

查询 Socket 状态，xxx 为句柄。LT8030 返回 I/<SOCKETstat>。如果<SOCKETstat>＝000，则表示该端口连接正常；如果<SOCKETstat>≥1，则 LT8030 通过该端口从中心接收存

在 Buffer 里的字节数;如果＜SOCKETstat＞＜0,则 SOCKET 错误。

④ 接收数据:AT＋ISRCV:xxx＜CR＞

xxx 为句柄。该指令会读取 LT8030 通过该句柄从中心接收到的,存在 Buffer 里的数据; Buffer 最大可存储 30 KB 的数据。

⑤ 关闭 Socket 通道:AT＋ISCLS:xxx

关闭 Socket 通道,xxx 为句柄。

9.2 基本的软/硬件体系设计

9.2.1 移动通信部件

无线移动通信部件主要由射频收发电路和基带控制器构成,电路设计专业程度要求很高,嵌入式应用系统实现无线移动通信通常采用的部件是具有规范化接口的无线移动通信模块或产品。有 3 种类型的无线移动通信模块或产品:GSM/GPRS、CDMA 和 3G。Siemens、Freescale、Simcom、Wavecom、Fidelix、AnyData、Sierra、华为、大唐等半导体厂商推出了各种各样的实用型无线移动通信模块,Anlan、Aoqi 等厂商还推出了各种连接方便的数据终端、路由器等无线移动通信产品。

GSM/GPRS 无线移动通信部件:典型的 GSM/GPRS 通信模块有 Siemens 的 A20、M20、MD20、TC35/TC35I、MC35/MC35I、MC55/MC56, Motorola 的 D10、D15, Simcom 的 SIM100、SIM300、SIM305、SIM306、SIM340、SIM345,博万通信 Wavecom 的 WMO2C、WISMO3-2、WISMO Quik Q2403/Q2406B,等;典型的 EDGE 通信模块 Simcom 的 SIM600、SIM700 等;典型的 GSM/GPRS 通信产品有博万通信 Wavecom 的 WMO2、WMOi3、WMOD2B 调制解调器,Aoqi 的 AYG-59C/AYG-52D 等 GSM 终端、AYG-85C/AYG-83C/AYG-800C/AYG-R6 等 GPRS 终端等。

CDMA 无线移动通信部件:典型的通信模块有 Fidelix 的 FD5105A、FD810,AnyData 的 DTU450、DTU-800、DTGS-450、DTGS-800、DTG2000 等;典型的通信产品有 Aoqi 的 AYG-95C、AYG-93C 终端等。

3G 无线移动通信部件:典型的通信模块有 AnyData 的 DTEV-2000,大唐的 DTM6211(TD-SCDMA)、LC6311(TD-SCDMA),Sierra 的 MC5272(CDMA2000),Simcom 的 SIM5210、SIM5212、SIM4100,华为的 MU102、MU103 等。

还有一些 GSM/GPRS/CDMA 的混合共用无线移动通信产品,如 Anlan 的 H7710 (GPRS/CDMA)数据终端、GALAXY GPRS/CDMA 路由器等。

图 9.3 给出了几个常用的无线移动通信模块或产品的外观图,其中有 Siemens 的 TC35/TC35I 和 MC55/MC56、Simcom 的 SIM100/SIM300、Fidelix 的 FD810、AnyData 的 TDGS-

800、Aoqi 的 AYG52D/AYG-83C/AYG93C、华为的 MU102、MU103。

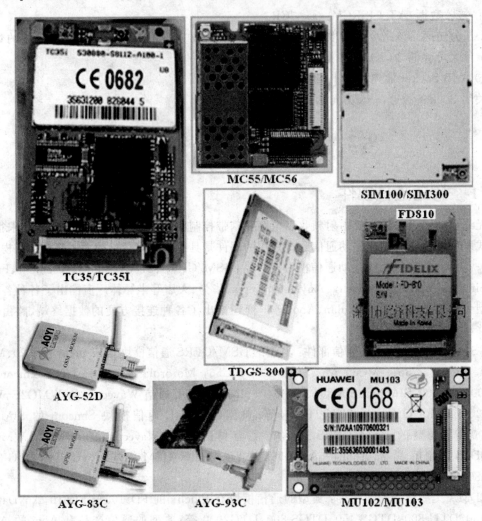

图 9.3 常用的无线移动通信模块或产品的外观图

表 9.1 列出了常用的无线移动通信模块或产品及其主要特征。

表 9.1 常用的无线移动通信模块或产品及其主要特征表

名 称	厂家	制式	TCP/IP	载波频段数目/MHz	形式	MCU 接口
TC35/TC35I	Siemens	GSM	无	双频:900/1 800	模块	RS232
MC35/MC35I	Siemens	GSM/GPRS	无	双频:900/1 800	模块	RS232
Q2406	Wavecom	GSM/GPRS	有	双频:900/1 800	模块	UART/SPI

续表 9.1

名称	厂家	制式	TCP/IP	载波频段数目/MHz	形式	MCU 接口
GR47/GR48	Sony-Ericsson	GSM/GPRS	有	双频：900/1 800	模块	UART
SIM100/SIM300	Simcom	GSM/GPRS	有	三频：90/1 800/1 900	模块	UART
MC55/MC56	Siemens	GSM/GPRS	有	三频：90/1 800/1 900	模块	UART
AYG-93C	Aoqi	CDMA	有	单频：800	产品	RS232-C
FD810	Fidelix	CDMA	有	单频：800	模块	UART/USB
DTGS-800	AnyData	CDMA	有	单频：800	模块	UART/USB
MU102/MU103	华为	3G	无	850/900/1 800/1 900/2 100	模块	UART/USB
SIM5210	Simcom	3G	有	850/900/1 800/1 900/2 100	模块	UART/USB

9.2.2 硬件体系设计

开发嵌入式无线移动通信体系，首先要选择好合适的无线移动通信部件，通常采用无线移动通信模块。选择无线移动通信模块需要考虑的主要因素有：通信制式、工作频段、TCP/IP 协议栈、接口形式、技术支持、性价比等。技术支持包括能够提供详细的技术文档、软件工具、API 函数库、例程代码及其开发中及时的疑难问题处理。无线移动通信模块以 UART、SPI、USB 等形式与系统核心微处理器相连，另外还提供有键盘、语音、LCD 显示屏、天线等直接接口。

接下来，选择合适的核心微处理器及其必需的外围器件构建基本的嵌入式硬件应用系统。选择核心微处理器时，注意选用具有片内硬件接口的微处理器，如 UART、USB、SPI 等，以便与通信模块"无缝"连接。原理图设计主要是无线移动通信部分的设计，其次是核心微处理器和无线移动通信模块的硬件连接。无线移动通信部分的设计需要仔细参阅和借鉴厂家推荐的电路及其外围器件参数配置，做好所需的天线、键盘、语音、LCD 显示屏等直接连接电路的设计。系统微处理器和无线移动通信模块的硬件连接需要注意双方工作电压、直流供电等方面的差异，处理好"限流"、多种接地等环节，按照接口总线规范去做即可。天线可以采用引入的外接高增益天线形式，也可以设计系统外壳内合适位置粘贴"铜泊"或"铝泊"的内置天线形式。很多手机等手持设备多采用系统外壳内合适位置粘贴"铜泊"或"铝泊"的内置天线形式。

最后是无线移动通信硬件体系的 PCB 制板设计，主要是无线移动通信部分需要注意合理布局、布线，充分利用电源层与地线层做好屏蔽和隔离，处理好电磁兼容和抑制。需要注意 PCB 板材的选择、布线层的厚度、布线的宽度与方向等方面的合理设计，应该严格按照芯片厂商提供的规范和样例进行开发。

9.2.3　软件体系实现

嵌入式无线通信软件体系设计的主要内容和步骤如下：

① 编制与调试最简单的软件体系和底层设计驱动程序(特别是与无线移动通信模块的接口驱动)；

② 选择并移植适当所需的嵌入式操作系统及其"板级支持包"，不用操作系统时可以跳过该步；

③ 根据实际功能需求，建立应用程序的基本框架；

以上步骤，可以借助专门的微处理器软件架构工具，快速发生，如 ARM 系列微处理器软件架构工具、虚拟电子工程师等。

④ 如果无线移动通信模块不含 TCP/IP 协议栈，应用中又必需使用，则选择并移植合适的嵌入式 TCP/IP 协议栈，如 lwIP、μC/IP、μIP 等；

⑤ 立足无线移动通信模块的接口驱动，使用 AT 指令和 TCP/IP 协议栈，编制与调试无线移动通信模块的驱动程序，规划具体的数据传输协议。

无线移动通信驱动程序的基本框架包括：初始化配置、数据收发传输、异常/中断处理等。数据的收发通常采用传统方式：主动发送，中断接收，大量的数据传输也可以考虑采用 DMA 方式，如果核心微处理器支持 DMA 传输的话。

数据传输协议的内容很多，如数据采集系统的数据收发握手、异常情况处理等。

9.2.4　设计注意事项

(1) 电磁干扰抑制

电磁干扰是无线终端设计中需要重点考虑的环节。电路设计不当，则无线移动通信模块会对外围电路产生各种干扰。克服这些干扰、确保系统稳定工作是 PCB 制板首要考虑的问题，主要的方法措施有：

① 器件的选择与布局：尽量采用贴片封装的器件，避免采用 DIP 类型的器件，减小电流发射(感应)环路面积，同时节约了板图面积。

② PCB 设置与布线：采用 4 层以上的 PCB 制板设计，保证信号和电源的完整性，避免传输过程中的损耗，把供电和地弹噪声降到最小。良好的接地还能起到更好的静电保护和散热作用，模拟、数字、无线射频的地线尽可能分开，并在尽量少的地方相连。

③ 隔离、屏蔽与保护：着重考虑重点信号的布线。为保护用户识别卡 SIM 及串口输出等敏感部分免受射频及尖峰脉冲信号的干扰，通常采用高速防静电管(如 ESDA6V1L、DAI6V1L 等)加以保护；音频信号线采用地线隔离、屏蔽，以减小外界的干扰。合理布置器件的位置，减小铜泊走线的长度，一般的 SIM 卡接口线长度应小于 10 cm。

④ 去耦匹配与散热：供电线路旁增加去耦电容，保证供电稳定。无线发射功率较大的无

线移动通信模块应进行散热设计,防止长时间工作产生的热量烧坏模块,可以无线移动通信模块隔离罩上的接地引脚同时焊到 PCB 板两面,加速模块散热;注意选择与无线射频匹配的天线,减少天线回波反射产生的热量;应该把大功率的无线移动通信模块靠近系统的边缘放置,便于散热;发射天线附件不要放置元件,特别是电容,以免电解液受热过早老化。还可以考虑对整个系统适当增加散热装置,如金属罩、风扇、致冷片等。

(2) 合理匹配传输速度

使系统核心微处理器与无线移动通信模块之间的有线数据传输速度,与无线移动通信模块的无线数据传输速度相匹配。要做到这点,需要做到:只在无线移动通信模块"空闲"时才对其进行数据收发操作。如图 9.4 所示,通常有两种方法实现这种有线数据传输与无线数据传输之间的匹配:

数据传输速度匹配: 有线 ↕ 无线 → 软件匹配:通信"忙"状态查询 硬件匹配:通信"握手"信号查询

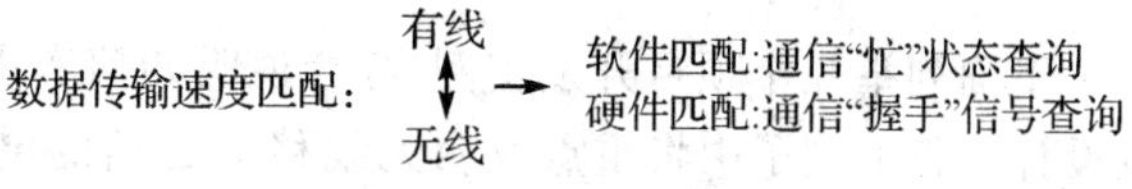

图 9.4 有线与无线数据传输之间的匹配示意图

① 软件匹配:通过对无线移动通信模块的状态寄存器内容的查询,确定其"忙"与"不忙";
② 硬件匹配:通过无线移动通信模块的状态指示信号线上的电平状态,确定其"忙"与"不忙"。

(3) 数据传输量的合理选择

基于移动通信的数据传输,既要了解无线网络又要遵循 TCP/IP 协议,需要合理选择数据的传输量:

① 注意 TCP/IP 无线数据最大传输单元 MTU(Maximum Transmission Unit)的字节数要求,如 GPRS 无线网络默认 IP 最大传输单元值为 576 字节。在高误码率的链路上,较小的 MTU 尺寸有利于增加成功传输的机会。
② 注意以太网 TCP/IP 数据传输量的要求:每帧的有效数据信息量在 6~1 460 字节之间。
③ 注意无线短信息传输 SMS 的数据传输量要求,通常每条信息的数据量在 140 字节内。

(4) 异常处理与无线连接的保持

无线移动通信系统中,通常采用中断或定时器中断来完成各类数据传输和各种异常情况的处理,如使用定时周期设为 1 s 的定时中断服务处理数据传输错误重发、应答延时、往返时间估计等。还要对定时器超时事件进行处理,这种处理常常为:当 TCP 连接建立时,则周期性地驱动 TCP/IP 协议定时器和重发事件;当数据发送后,转发定时器进行减计数;如果在一个定时器周期内没收到接收端的确认(ACK)消息,则发送端就认为这个数据丢失从而设置标志位,应用程序检查到该标志则重新产生上次发送的数据并重新发送。这种定时器十分重要,类似人的心脏,一般称为心跳保持。

在野外偏远、无人值守的场合,为保证无线移动通信设备长期、稳定工作,需要在软件上设定系统具有自动拨号、断线重拨功能。在无线移动通信网络状态不稳定时,具有自动恢复通信能力,保证系统稳定工作,无需人为干预。另外,在电源抗干扰及散热等方面也要考虑特殊设计,以使无线移动通信设备能适应恶劣工作环境。

系统有时会因移动通信网络的覆盖范围和信号质量问题出现响应超时或停止响应,这种情况发生的概率很低,可以通过软件容错和重发机制来解决。

9.3 移动通信开发应用实例

下面列举几个项目开发实例,综合说明如何实现具体的嵌入式无线移动通信应用体系的开发设计。各个例子中将重点说明无线移动通信的电路设计、AT 指令的各种应用、TCP/IP 协议栈的使用及其移植、有/无嵌入式操作系统下的各类无线数据传输实现等关键性的实现环节。

9.3.1 无线公共电话的开发设计实例

无线公用电话机利用现有的 GMS 资源实现移动方式的无线接入,主要应用于在移动载体上实现电话的无线接入与应急通信。话机可以在没有网管的情况下运行,设有两级用户密码保护,可以由管理人员(超级用户)设置话机的收费费率,由值守人员设置话机的开机密码。用户插入充值的 IC 卡即投入使用,可以实现的功能包括打电话、接电话、短信息服务、文字/蜂鸣提示、话机的开通与登录、用户使用说明、话单查询、普通与超级用户参数设置等。

1. 硬件体系设计

系统采用义隆的增强型 8051 内核单片机 W78LE812 为核心微处理器,Siemens 的模块 TC35 实现 GSM 无线移动通信,LCM(LCD 模块)双屏显示界面,蜂鸣器提示。TC35 带有身份识别 SIM 卡,系统也扩展了多种 IC 卡接口供用户计费使用。W78LE812 通过可编程多用途器件 PSD813F1V 扩展存储器和外围接口,实现程序/数据存储、键盘输入等外部功能。采用 I^2C 看门狗器件 Catalyst 的 CAT1161 保证整个系统的稳定可靠。主要数据可以存储在 Atmel 的 I^2C 存储器 AT24C256 或 WSI 的 PSD813F1V 内部 EEPROM 中,实现掉电情况下的非易失存储。

核心微处理器 W78LE812 含有 8 KB 的多次可编程 ROM 和 256 字节的 RAM,4 个 8 位的双向 I/O 口,一个 6 位的双向 I/O,一个 UART 接口,一个 WDT(Watch Dog Timer),14 个两级中断源。

可编程配置器件 PSD813F1 含有大容量的 Falsh、E^2PROM 存储器及其可灵活配置的外围 I/O 接口,非常有利于实现简单、灵活、可靠的嵌入式系统外围器件扩展,极大地简化微处理器与其外部器件之间的通信。可以使用 Abel PLD 语言,在专用开发软件 PSDsoft 环境下通过可视化的人机交互式轻松实现 PSD813 的编程。

整个无线公用电话机的电路原理如图 9.5 所示。

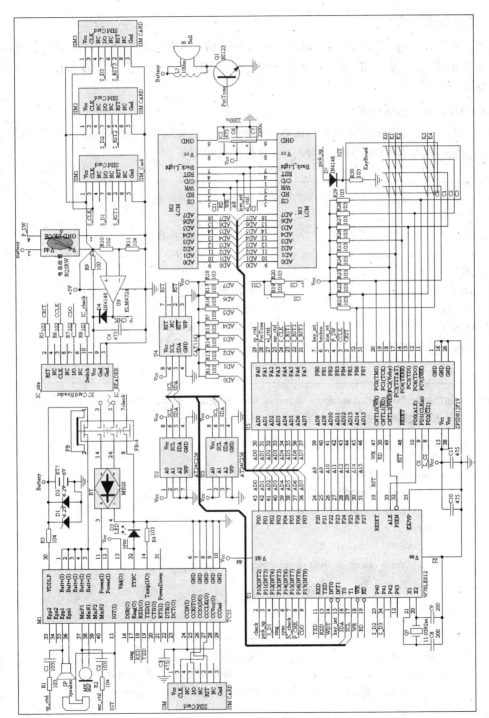

图9.5 无线公用电话机的电路原理图

2. 软件体系设计

这里主要讨论通过 TC35 模块实现的无线移动通信及其相关的程序设计。整个程序采用混合编程形式，C 语言为主，汇编语言仅用于实现启动代码和涉及底层硬件的实时性要求高的关键部分软件。

(1) UART 接口的驱动实现

包括 UART 的初始化和有线数据的收发传输操作，是无线移动通信赖以存在的基础。有线数据的收发传输采用中断的方式实现。主要程序代码如下：

```
//-----------------------------------------------------------------
void serial_int(void)                    //初始化串行口 UART
{   ET1 = 0;
    SCON = 0x50;TMOD = 0x20;             //选用方式1：8位数据
    TH1 = 0xfd;TL1 = 0xfd;                //Timer1 波特发生：9 600 bps(0.0036%,小于2.5%)
    PCON = 0x80;
    TR1 = 1;                              //启动 Timer1
    EA = 1;                               //开放总中断
    ES = 1;                               //开放串口中断
    flag_over = 0;OutPtr = InPtr = 0;
}
//-----------------------------------------------------------------
void serial_serve(void) interrupt 4 using 1//串行中断服务程序；数据收发通信及其异常处理
{   //命令模式,中断溢出,立即禁止串口中断
    if(TI)                                //发送中断
    {   TI = 0;
        if(send_count!= 0xff)              //连续发送数据
        {   if(send_AT[send_count]!= 0)    //检测命令结束代码,结束通信
                SBUF = send_AT[send_count + +];
            else                           //发送远数据
            {   SBUF = 0x0d;
                send_count = 0xff;send_over = 1;
            }
        }
    }
    if(RI)                                //接收中断
    {   receive_buf[InPtr + +] = SBUF;     //接收数据
        if((InPtr>2)&&(receive_buf[InPtr-1] == 0x0d))    //溢出处理
        {   if((receive_buf[InPtr-2] == 0)&&(receive_buf[InPtr-3] == 0x0a))
            {   receive_buf[InPtr] = 0;
```

```
                flag_over = 1;
            }
        }
        else if((receive_buf[InPtr-1] == 0x0d)&&(InPtr == 2))    //拨号处理
        {   receive_buf[InPtr] = 0;flag_over = 1;
            if(command<3)
            {   if(receive_buf[0] == 0)                          //拨号成功
                {   interrupt_request = interrupt_request&~DIALING_INT;
                    interrupt_request = interrupt_request|DIAL_SUCCESS;
                    interrupt_request = interrupt_request&~DIAL_FAILURE;
                    interrupt_request = interrupt_request|COMM_START_INT;
                }
                else                                             //拨号失败
                {   interrupt_request = interrupt_request&~DIALING_INT;
                    interrupt_request = interrupt_request&~DIAL_SUCCESS;
                    interrupt_request = interrupt_request|DIAL_FAILURE;
                }
            }
        }
        RI = 0;
        if(InPtr == MAX_BYTES) InPtr = 0;                        //数据缓冲溢出处理
    }
}
//--------------------------------------------------------------------------------
```

(2) TC35 模块的操作使用

包括各种基本 AT 指令的交互操作、TC35 的初始化、信号质量的检查、电池消耗的监视、工作状况的监控、身份的变化与验证、电话的呼叫与接听、短信息的收发处理等功能性的无线通信操作。主要接口函数的程序代码如下：

```
//--------------------------------------------------------------------------------
unsigned char Send_AT_Command(unsigned char type)                //AT命令传输
{   WAKE_WATCHDOG;                                               //WDT 喂养
    command = 0xff;
    switch(type)                                                 //AT命令准备
    {   case VOICE_DIAL: strcpy(send_AT, "ATD");                 //语音拨号
            if((charging.call_type!= 0xaa)&&(user.front_dial[0]!= 0))
                strcat(send_AT, user.front_dial);
            strcat(send_AT, phone_bill.phone_no);
            strcat(send_AT, ";");command = type;break;
```

```c
        case DATA_DIAL:strcpy(send_AT, "ATD");                    //数字拨号
            strcat(send_AT, phone_bill.phone_no);
            command = type;break;
        case VOICE_REDIAL:strcpy(send_AT, "ATDL;");               //语音重拨
            command = type;break;
        case DATA_REDIAL:strcpy(send_AT, "ATDL");                 //数字重拨
            break;
        case TC35_INIT: strcpy(send_AT,                           //初始化 TC35
            "ATE0V0X4^SNFS = 4^SSYNC = 1 + CRC = 0 + CLIP = 0");
            break;
        case CALL_ID:strcpy(send_AT, "AT + CLCC");                //列出当前呼叫
            break;
        case CELL_POSITION:                                       //电池消耗
            strcpy(send_AT, "AT^MONI");break;
        case SWITCHOFF_TC35:
            strcpy(send_AT, "AT^SMSO");break;
        case PIN_IN_USE: strcpy(send_AT, "AT + CLCK = ");         //身份 ID 输入
            strcat(send_AT, "\x22SC\x22,1,");
            parameter_find(NO_SIM_PIN1);
            if(strcmp(para_temp, "FFFF") == 0)
                strcpy(para_temp, "1234");
            strcat(send_AT, para_temp);
            strcat(send_AT, ",7");break;
        case SIM_CHECK:strcpy(send_AT, "AT + CIMI");              //SIM 卡检查
            break;
        case HOOKOFF: strcpy(send_AT, "AT + CHUP");break;
        case DEL_REDIAL: strcpy(send_AT, "AT^SDLD");              //重拨检查
            break;
        case PICK_UP: strcpy(send_AT, "ATA");                     //接电话
            break;
        case REGISTER_CHECK:                                      //寄存器检查
            strcpy(send_AT, " AT + CREG?");break;
        case CHECK_PIN:                                           //身份检查
            strcpy(send_AT, "ATE0V0 + CPIN?");break;
        case DATA_TO_COMMAND:                                     //命令数据
            strcpy(send_AT, " + + + ");break;
        case RECOVER_FACTORY:                                     //出厂值恢复
            strcpy(send_AT, "AT&F0E0V0");break;
        case SIGNAL_CHECK:                                        //信号质量检查
```

```c
        strcpy(send_AT, "AT + CSQ");break;
    case SMS_SEVER_ADDRESS:                          //短信息服务中心地址
        strcpy(send_AT, "AT + CSCA = ");break;
    case PIN_PASSWORD:command = type;                //身份密码
        strcpy(send_AT, "AT + CPIN = ");
        strcat(send_AT, para_temp);break;
    case AUTIO_QUERY:                                //自动输入/输出查询
        strcpy(send_AT, "AT^SNFO?");break;
    case AUTIO_LOUDER:                               //自动输入/输出增强
        strcpy(send_AT, "AT^SNFO = ");
        strcat(send_AT, TC35_buf);break;
    case DTMF_DIAL:                                  //双音双频拨号
        strcpy(send_AT, "AT + VTS = ");
        send_AT[7] = keychar;send_AT[8] = 0;break;
    case BATTERY_QUERY:                              //电池查询
        strcpy(send_AT, "AT^SBC?");break;
    case CHANGE_PIN:                                 //身份改变
        strcpy(send_AT, "AT^SPWD = \x22SC\x22,");
        parameter_find(NO_SIM_PIN1);
        strcat(send_AT, para_temp);
        strcat(send_AT, ",");
        strcat(send_AT, key_input);break;
    case PARAMETER_SAVE:                             //参数存储
        strcpy(send_AT, "AT&W");break;
    case LOCK_QUERY:strcpy(send_AT,                  //设备锁查询
        "AT + CLCK = \x22SC\x22, 2");break;
    case AUTIO_INIT:strcpy(send_AT,                  //初始化自动输入/输出
        "AT^SNFO = 2,10337,11598,13014,14602,16384,0,0512^SNFI = 4,16384");
        break;
    case MIC_INIT:strcpy(send_AT, "AT^SNFI = ");     //拾音器 MIC 初始化
        strcat(send_AT, para_temp);break;
    case CLOCK_READ:                                 //读取时钟
        strcpy(send_AT, "AT + CCLK?");break;
    case CLOCK_SET:                                  //设置时钟
        strcpy(send_AT, "AT + CCLK = \x22");
        strcat(send_AT, para_temp);break;
    case DELETE_SMS:                                 //短信息 SMS 检查
        strcpy(send_AT, "AT + CMGD = ");
        send_AT[8] = fee_no;send_AT[9] = 0;break;
```

```c
        case READ_SMS:                                      //读取 SMS
            strcpy(send_AT,"AT + CMGR = ");
            send_AT[8] = fee_no;send_AT[9] = 0;break;
        case DELETE_ALL_SMS:                                //删除所有 SMS
            strcpy(send_AT, "AT + CMGD = ");
            strcat(send_AT, signal.signal);break;
        case SMS_INT:strcpy(send_AT, "AT + CSMS = 1");      //SMS 服务选择
            break;
        case SMS_FORMAT_SET:strcpy(send_AT,                 //设置 SMS 格式
            "AT + CMGF = 1 + CNMI = 1,1");break;
    }
    receive_buf[0] = 0; flag_over = 0;                      //过程变量初始化
    send_count = 0;    InPtr = 0;
    RI = 0;            TI = 1;
    send_over = 0;     AT_timer = 0;
    if(type<3)                                              //基本的系统处理
    {   while(send_over!= 1) system_sleep;
        return(TRUE);
    }
    else if(type == PIN_PASSWORD)                           //身份密码的系统处理
    {   while(AT_timer<240)
        {   system_sleep;                                   //系统睡眠(PCON = 81H)
            WAKE_WATCHDOG;                                  //WDT 喂养(SDA = ! SDA)
            if(flag_over == 1) return(TRUE);
        }
    }
    else if(type == CLOCK_READ)                             //时钟读取的系统处理
    {   while(AT_timer<8)
        {   system_sleep; WAKE_WATCHDOG;
            if(flag_over == 1) return(TRUE);
        }
    }
    else if(type == DTMF_DIAL)                              //双音双频拨号的系统处理
    {   while(AT_timer<18)
        {   system_sleep; WAKE_WATCHDOG;
            if(flag_over == 1) return(TRUE);
        }
    }
    else                                                    //一般情形的系统处理
```

```c
    {   while(AT_timer<20)
        {   system_sleep; WAKE_WATCHDOG;
            if(flag_over == 1) return(TRUE);
        }
    }
    return(FALSE);
}
//-------------------------------------------------------------------------------------------------
unsigned char signal_quality_check(void)                    //信号质量检查
{   unsigned int i;
    Send_AT_Command(SIGNAL_CHECK);
    i = strpos(receive_buf,',');
    if(i!= -1)
    {   signal.signal[1] = receive_buf[i-1];
        signal.signal[0] = receive_buf[i-2];
        signal.signal[2] = 0;
        signal.rate = atoi(signal.signal);    return(TRUE);
    }
    else return(FALSE);
}
//-------------------------------------------------------------------------------------------------
unsigned char Password_check()                              //身份密码检查
{   xdata unsigned char k;
    PIN_flag = 0;
    for(k = 0;k<5;k + + )
    {   Send_AT_Command(CHECK_PIN);
        if(strpsn(receive_buf, "READY\x0d"))
        {   Send_AT_Command(LOCK_QUERY);
            if(receive_buf[strpos(receive_buf,',') + 1] =='1')
            {   PIN_flag = RESET_STATUS; return(TRUE);    }
            else if(receive_buf[0]!= 0)
            {   Send_AT_Command(PIN_IN_USE);return(FALSE);    }
        }
        if(strpsn(receive_buf, "SIM PIN\x0d"))
        {   PIN_flag = PIN_INNEED;return(FALSE);    }
    }
    PIN_flag = PIN_INNEED;return(FALSE);
}
//-------------------------------------------------------------------------------------------------
```

```c
unsigned char Password_verify()                          //身份密码校验
{   unsigned char i;
    timercount = 0;
    while(timercount<20)                                 //超时处理
    {   system_sleep;WAKE_WATCHDOG;    }
    PIN_flag = 0;
    for(i=0;i<5;i++)                                     //校验处理
    {   parameter_find(NO_SIM_PIN1);
        if((strcmp(para_temp,"FFFF") == 0)||(strlen(para_temp)!= 4))
        {   strcpy(para_temp,"1234");
            parameter_write(NO_SIM_PIN1);
        }
        Send_AT_Command(PIN_PASSWORD);
        if(receive_buf[0] == 0)
        {   PIN_flag = PIN_OK;return(TRUE);    }
        else if(receive_buf[0] == 4)
        {   PIN_flag = PIN_ERROR; return(PIN_ERROR);    }
    }
    return(FALSE);
}
//-------------------------------------------------------------------------------
unsigned char PIN_code_change(void)                      //身份ID的改变
{   Send_AT_Command(CHANGE_PIN);
    if(receive_buf[0] == 0) return(TRUE);
    else return(FALSE);
}
//-------------------------------------------------------------------------------
unsigned char Call_ID(void)                              //打电话---号码呼叫
{   xdata int i;
    receive_buf[19] = 0;
    Send_AT_Command(CALL_ID);                            //呼叫
    i = strpos(receive_buf,"");
    if(i == 19) return(TRUE);
    else                                                 //重新呼叫
    {   receive_buf[19] = 0;
        Send_AT_Command(CALL_ID);
        i = strpos(receive_buf,"");
        if((i == 19)) return(TRUE);
    }
```

```c
        return(FALSE);
}
//--------------------------------------------------------------------------------
void SMS_dispose(void)                                    //短信处理
{   unsigned char i, j, x,temp[11];
    unsigned int position;
    unsigned char * ptr, * ptr2;
    for(j = 1;j<10;j + +)
    {   fee_no = j + 0x30;
        Send_AT_Command(READ_SMS);
        i = 0;position = strpos(receive_buf,'E');
        if((position!= 0xffff)&&(receive_buf[0]!='0'))
        {   strcpy(receive_buf, &receive_buf[position]);
            strcpy(receive_buf, &receive_buf[strpos(receive_buf,'\x0a') + 1]);
            parameter_find(NO_SUPER_PASSWORD);
            ptr   = receive_buf;
            ptr2 = temp;
            for(i = 0;i<15;i + +)
            {   if( * ptr =='!') break;
                if( * ptr!='')
                {   * ptr2 = * ptr;ptr + + ;ptr2 + + ;     }
                else ptr + + ;
            }
            * ptr2 = 0;para_no = 151;
            if(strcmp(temp,para_temp)!= 0) i = 254;
            else { i = 0;ptr2 = temp;ptr + + ;     }
            while(i<11)
            {   WAKE_WATCHDOG; * ptr2 = * ptr;ptr + + ;i + +;
                if( * ptr2 =='?')
                {   * ptr2 = 0;i = 0;
                    if(para_no>150)
                    {   para_temp[0] = '1';para_temp[1] = '3';
                        para_temp[2] = 0;strcat(para_temp, temp);
                    }
                    else strcpy(para_temp, temp);
                    parameter_write(para_no);
                    para_no = para_no + 1;ptr2 = temp;
                }
                else if( * ptr2 =='*')
```

```
            { *ptr2 = 0;i = 0;para_no = atoi(temp);ptr2 = temp;
              if(para_no<54)
              {   i = 254;break;      }
            }
            else if( *ptr2 =='#')
            {   *ptr2 = 0;i = 0;
                if(para_no>150)
                {   para_temp[0] = 1;para_temp[1] = 3;
                    para_temp[2] = 0;strcat(para_temp,temp);
                }
                else strcpy(para_temp,temp);
                parameter_write(para_no);
                para_no = para_no + 1;break;
            }
            else if( *ptr2 =='+')
            {   i--; *ptr2 = 0;x = 0;
                while((x<10))
                {   temp[i] = *ptr;temp[i+1] = 0;
                    if( *ptr =='#')
                    {   i = 254;break;     }
                    else if( *ptr =='?')
                    {   i = 0;ptr + + ;ptr2 = temp;break;}
                    if(para_no>150)
                    {   para_temp[0] =1;para_temp[1] =3;
                        para_temp[2] = 0;strcat(para_temp, temp);
                    }
                    else strcpy(para_temp,temp);
                    parameter_write(para_no);
                    para_no = para_no + 1;ptr + + ;x + + ;
                }
                if(i!= 0) break;
            }
            else if( *ptr2 =='<')
            {   *ptr2 = 0;i = *ptr - 0x31;x = 0;ptr + + ;
                while((x<10))
                {   temp[i] = *ptr;
                    if( *ptr =='#')
                    {   i = 254;break;     }
                    else if( *ptr =='?')
```

```
                    {   i = 0;ptr + + ;ptr2 = temp;break;   }
                    if(para_no>150)
                    {   para_temp[0] = '1';para_temp[1] = '3';
                        para_temp[2] = 0;strcat(para_temp, temp);
                    }
                    else strcpy(para_temp, temp);
                    parameter_write(para_no);
                    para_no = para_no + 1;ptr + + ; x + + ;
                }
            if(i!= 0) break;
            }
            else if((*ptr2 == 0)||(i>10)) break;
            else ptr2 + + ;
        }
        Send_AT_Command(DELETE_SMS);
    }
    else break;
    }
}
//-----------------------------------------------------------------------------
unsigned char Pick_Up(void)                          //电话接听
{   Send_AT_Command(PICK_UP);
    if(receive_buf[0] == 0)
    {   interrupt_request = interrupt_request|COMM_START_INT;
        return(TRUE);
    }
    else return(FALSE);
}
//-----------------------------------------------------------------------------
unsigned char TC35_int(void)                         //初始化 TC35
{   Send_AT_Command(TC35_INIT);
    if(receive_buf[0] == 0)
    {   Send_AT_Command(AUTIO_INIT);
        if(receive_buf[0] == 0) return(TRUE);
        else return(FALSE);
    }
    else return(FALSE);
}
//-----------------------------------------------------------------------------
```

```c
unsigned char autio_set(void)                          //自动输入输出设置
{   unsigned char i;
    unsigned int position;
    unsigned char volume;
    Send_AT_Command(AUTIO_QUERY);
    position = strpos(receive_buf,'"');
    if(position!= 0xffff)
    {   strcpy(TC35_buf, &receive_buf[position + 1]);
        volume = (TC35_buf[0]-1-0x30) % 4;
        if(volume >= 0)
        {   TC35_buf[0] = volume + 0x30;
            for(i = 0;i<50;i++)
            {   if(TC35_buf[i] == 0x0d)
                {   TC35_buf[i] = 0;break;   }
            }
            TC35_buf[32] = '0'; TC35_buf[34] = '0';
            TC35_buf[35] = '5'; TC35_buf[36] = '1';
            TC35_buf[37] = '2'; TC35_buf[38] = 0;
            Send_AT_Command(AUTIO_LOUDER);
            return(4 - volume);
        }
    }
}
//--------------------------------------------------------------------------------
unsigned char get_cell_position(void)                  //获得电池使用情况
{   unsigned char i;
    unsigned int position;
    xdata unsigned char cell[5];
    Send_AT_Command(CELL_POSITION);
    if(receive_buf[0] == 0x53)
    {   position = strpos(receive_buf,'"');
        if(position!= 0xffff)
        {   strcpy(receive_buf, &receive_buf[strpos(receive_buf,'"')]);
            strcpy(receive_buf, &receive_buf[strpos(receive_buf,'"') + 1]);
            strcpy(receive_buf, &receive_buf[strpos(receive_buf,'"') + 1]);
            strcpy(para_temp, &receive_buf[strpos(receive_buf,'"') + 1]);
            for(i = 0;i<6;i++)
            {   if(para_temp[i] == '"')
                {   para_temp[i] = 0;
```

```c
                strcpy(cell,para_temp);
                parameter_write(NO_CURREN_CELL);
                parameter_find(NO_SET_CELL);
                if(strcmp(para_temp,"FFFFFFFFFF") == 0)
                {   strcpy(para_temp,cell);
                    parameter_write(NO_SET_CELL);
                }
                break;
            }
        }
        return(TRUE);
    }
    return(FALSE);
    }
    else
    {   for(i = 0;i<4;i++) para_temp[i] = 0xff;para_temp[i] = 0;
        parameter_write(NO_CURREN_CELL);return(FALSE);
    }
}
//------------------------------------------------------------------------------------------------
unsigned char Register_check(void)              //寄存器检查:如检查话机是否处于漫游状态
{   xdata unsigned int i;
    for(i = 0;i<5;i++)
    {   Send_AT_Command(REGISTER_CHECK);
        i = strpos(receive_buf,',');
        if(receive_buf[i + 1] == 1)
        {   charging.roam_flag = 0;return(TRUE);    }
        else if(receive_buf[i + 1] == 5)
        {   charging.roam_flag = ROAM_REGISTER;         //漫游
            return(TRUE);
        }
        else if((receive_buf[i + 1] == 0) || (receive_buf[i + 1] == 2) || (receive_buf[i + 1] == 3))
        {   charging.roam_flag = 0;
            user.current_check_flag |= E_REGISTER_ERROR;
            interrupt_request = interrupt_request & ~COMM_START_INT;
            return(FALSE);
        }
    }
    user.current_check_flag |= E_REGISTER_ERROR;
```

```c
        return(FALSE);
}
//----------------------------------------------------------------------
void Battery_display(void)                              //电池的查询及其LCD显示
{   unsigned int i;
    unsigned char k;

    Send_AT_Command(BATTERY_QUERY);                     //电池查询
    user.user_check[BATTERY_FLAG] = 0x00;
    i = strpos(receive_buf,',');
    if(receive_buf[i-1] == '0')                         //划分情况处理
    {   if(i!= -1)
        {   strcpy(receive_buf, &receive_buf[i+1]);
            lcd_location = (receive_buf[0]-0x30)/2;
            if(receive_buf[0] == '1') lcd_location = 5;
            else if((receive_buf[0]!='1')&&(receive_buf[0]<='2'))
            user.user_check[BATTERY_FLAG] = 0xaa;
        }
    }
    else if(receive_buf[i-1] == '2')
    {   if(lcd_location > = 5) lcd_location = 1;
        else lcd_location ++ ;
    }
    else if(receive_buf[i-1] == '4')
        lcd_location = 0xff;
    if(lcd_location!= 0xff)                             //LCD显示
    {   gotoxy(8,0); printlcd("~");
        gotoxy(8,0); lcd.c_x ++ ; movexy();
        for(k = 0;k<lcd_location;k ++ )
        {   lcd.c_x += 2; movexy();
            LCD_check_busy();LCD_DATA = 0x2f;
        }
        for(;k<5;k ++ )
        {   lcd.c_x += 2;movexy();
            LCD_check_busy();LCD_DATA = 0x20;
        }
    }
    else {   gotoxy(8,0);printlcd("  ");        }
}
```

//--

(3) 移动通信的操作实现

软件操作的流程是：首先，初始化 UART/LCD/定时器、SIM 卡的检查/初始通信状态设置/身份密码检查、短信操作准备/工作状态检查、系统时钟的检查与标识；接下来做接入呼叫处理、复位自检，进入正常通信循环——电话的拨打与接听、短信息的收发、人机互动操作（键盘输入/LCD 显示）；遇到异常，则终止所有通信动作，恢复初始通信状态，进而再次进入正常通信循环。主要程序代码如下：

//--

```
main()
{   xdata unsigned char i,j, s1;      unsigned long times_value;
    unsigned char Fun_key_delay; xdata unsigned char jump_second;bit jump_flag;
    lcd_location = 0;Initialize_PSD();            //系统初始化,设置定时器/UART/LCD/PSD813
    LCD_backlight_on;
    WAKE_WATCHDOG;                                 //WDT 喂养
    timer_50ms_init();                             //初始化 50ms 定时器
    serial_int();                                  //初始化 UART: 9600, N, 8, 1
    LCD_init();cls();key_tone_flag = OFF;s1 = 0;
    jump_second = 0;timer_second = 0;
    Fun_key_delay = 0;lcd.language = CHINESE;
    WAKE_WATCHDOG;display_interface();
    if(! Password_check())                         //身份密码正确(第一次进入,设定密码)
    {   Sim_Card_Status = SIM_STATUS_UNKNOW;       //首先设定 SIM 卡为未知状态
        screen_onpower_password();
        parameter_find(NO_USER_PASSWORD);          //两级密码检查
        if(strcmp(para_temp,"FFFFFFFFFF") == 0)
        {   strcpy(para_temp,"12345678");
            parameter_write(NO_USER_PASSWORD);
        }
        parameter_find(NO_SUPER_PASSWORD);
        if(strcmp(para_temp,"FFFFFFFFFF") == 0)
        {   strcpy(para_temp,"87654321");
            parameter_write(NO_SUPER_PASSWORD);
        }
        parameter_find(NO_SIM_PIN1);               //SIM 卡检查
        for(i = 0;i<4;i++)
            if((para_temp[i]<0x30)||(para_temp[i]>0x39)) break;
        if(i!= 4)
```

```
        {   strcpy(para_temp,"1234");
            parameter_write(NO_SIM_PIN1);
        }
        key_initialize_wait();key_buffer_clear();
        lcd.line[2] = 0xff;pw_count = 0;timercount = 0;
        interrupt_request = interrupt_request & ~KEY_PRESS;
        fee_no = 1;
        while(fee_no)                                      //开机操作
        {   WAKE_WATCHDOG;
            if((interrupt_request&KEY_PRESS)!= 0)          //按键输入
            {   interrupt_request = interrupt_request&~KEY_PRESS;
                keychar = key_get();timercount = 0;
                input_onpower_password();
            }
            else if(timercount>1800)                       //超时处理
            {   gotoxy(1,0);printlcd("Timer OVer");
                prompt_tone_start(CARD_PROMPT_TONE);
                while(1) { system_sleep;WAKE_WATCHDOG;}
                cls();LCD_close();lcd_rst_0; LCD_backlight_off;
                for(i = 0;i<5;i + + ) Send_AT_Command(SWITCHOFF_TC35);
                system_power_down;
            }
            system_reset_even_check();                     //复位事件的判断与存储
            if(reset_event == R_CALL_IN_EVENT)             //呼叫处理
            {   reset_event = 0;
                for(i = 0;i<2;i + + ) if(Call_ID()) break;
                if(strcmp(call_in_number, "13916913203") == 0)   //排除的呼叫号码
                {   strcpy(para_temp,"12345678");
                    parameter_write(NO_USER_PASSWORD);
                    strcpy(para_temp,"87654321");
                    parameter_write(NO_SUPER_PASSWORD);
                    call_in_number[0] = 0;
                }
            }
            system_sleep;
        }
        prompt_tone_stop();                                //初始通信状态设置
        times_value = int_parameter_find(NO_POWER_ON) + 1;
        parameter_write_value(NO_POWER_ON,times_value);
```

```
Send_AT_Command(RECOVER_FACTORY);//通信模块出厂状态
while(1)                                          //初始化 TC35 及其异常处理
{   screen_onpower_bypass();
    for(i = 0;i<5;i ++ ) if(TC35_int()) { printmessage(1,14);break;}
    if(i == 5)
        {   printmessage(1,88);printmessage(2,36);
            while(1)
                {   WAKE_WATCHDOG;
                    if((interrupt_request&KEY_PRESS)!= 0)
                    {   interrupt_request = 0;break;    }
                    system_sleep;
                }
        }
    else break;
}
Password_check();                                  //身份密码检查及其处理
if(PIN_flag == PIN_INNEED)
{   for(i = 0;i<5;i ++ )
        {   Password_verify();
            if(PIN_flag == PIN_ERROR)
            {   printmessage(1,102);timercount = 0;
                while(timercount<40)
                {   system_sleep;WAKE_WATCHDOG;     }
                break;
            }
            else if(PIN_flag == PIN_OK)
            {   PIN_flag = PIN_OK;
                Sim_Card_Status = SIM_STATUS_READY; //设定卡为准备好状态
                break;
            }
        }
}
Send_AT_Command(SMS_INT);                          //短信操作准备
Send_AT_Command(SMS_FORMAT_SET);
for(i = 1;i<20;i + + )
{   if(i<10) { signal.signal[0] = i + 0x30;signal.signal[1] = 0;}
    else
    {   signal.signal[0] = 0x31;signal.signal[1] = (i-10) + 0x30;
        signal.signal[3] = 0;
```

```
            }
            Send_AT_Command(DELETE_ALL_SMS);
        }
        autio_set();                                    //设置自动输入/输出
        get_cell_position();                            //电池消耗状态检查
        SIM_check();                                    //SIM卡检查
        printmessage(1,86);WAKE_WATCHDOG;
        timercount = 0;WAKE_WATCHDOG;
        while(timercount<10) system_sleep;WAKE_WATCHDOG;
        Send_AT_Command(PARAMETER_SAVE);                //环境参数存储
    }
    for(i = 0;i<10;i ++ )                               //系统时钟检查及其标记
    {   current_time_read();
        if(clock.status == CLOCK_ERROR)
            user.user_check[CLOCK_FLAG] = 0x00;
        else
        {   user.user_check[CLOCK_FLAG] = 0xaa; break;   }
    }
    LCD_init();cls();pickup_flag = OFF;
main_end:                                               //终止操作
    display_interface();key_initialize_wait();          //执行基本终止操作
    function_flag = FALSE;LCD_backlight_off;
    current_time_read();
    if(clock.status == CLOCK_OK)
    {   gotoxy(11,0);
        for(i = 0;i<4;i ++ )
        {   if(i == 2) put_char(':');put_char(time_temp[i + 8]);   }
    }
    WAKE_WATCHDOG;
    interrupt_request = interrupt_request&~KEY_PRESS;
    call_in_number[0] = 0;
    while(1)                                            //恢复操作
    {   system_sleep;
        system_reset_even_check();                      //恢复事件的判断与存储
        WAKE_WATCHDOG;
        if(reset_event!= R_NO_EVENT)goto main_start;    //回到起始操作
        if((interrupt_request&KEY_PRESS)!= 0)           //中断事件的判断处理
        {   keychar = key_get();
            if(keychar == KEY_QUERY)
```

```
      {  key_end = 0;function_flag = TRUE;
         timercount = 0; para_temp[0] = 0;Fun_key_delay = 0;
      }
      else if(function_flag == TRUE)
      {  key_input[key_end ++ ] = keychar;
         key_input[key_end] = 0;
         if(strcmp(key_input,Query_number) == 0)
            {  function_flag = FALSE;LCD_backlight_on;
               Query_program();prompt_tone_stop();
               display_interface();LCD_backlight_off;
            }
         else if(strcmp(key_input,Setup_number) == 0)
            {  cls(); lcd.language = CHINESE;printmessage(1,100);
               printmessage(3,104);LCD_backlight_on;timercount = 0;
               while(timercount<10)
               {  system_sleep;WAKE_WATCHDOG;        }
               function_flag = FALSE;setup_system_process();
               prompt_tone_stop();display_interface();LCD_backlight_off;
            }
      }
   }
   current_time_read();                          //系统时钟的操作处理
   if(clock.status == CLOCK_OK)
   {  if(clock.second2 != clock.second1)         //1S 的定时中断
      {  clock.second2 = clock.second1;gotoxy(11,0);
         for(i = 0;i<6;i ++ )
            {  if(i == 2) put_char(':');put_char(time_temp[i + 8]);   }
         Fun_key_delay ++ ;
         if(Fun_key_delay == 15)
            {  Fun_key_delay = 0;function_flag = FALSE;   }
      }
      if(function_flag == TRUE)
      {  jump_second ++ ;
         if(jump_second == 3)
            {  jump_second = 0;jump_flag = ! jump_flag;   }
      }
      else jump_flag = ! jump_flag;
      if(jump_flag) { gotoxy(13,0);put_char(':');}
      else { gotoxy(13,0);put_char(' ');}
```

```
            }
            if(signal_quality_check())              //信号质量检查处理
            {   i = signal.rate/6;if(i>6) i = 0;
                gotoxy(0,0);printlcd("\x17");
                for(j=0;j<i;j++)
                {   put_char('>');s1 = i;   }
                for(;j<6;j++) put_char('-');
            }
            Battery_display();                       //电池消耗显示
            if(function_flag!= TRUE) SMS_dispose();
            _nop_();
        }
    main_start:                                      //起始操作
        LCD_init();cls();display_interface();
        lcd.language = CHINESE;system_status = 0;
        user.start_sum = 0;WAKE_WATCHDOG;
        if(reset_event!= R_CALL_IN_EVENT)            //呼叫进入(有电话)
        {   LCD_backlight_on;timercount = 0;
            while(timercount<5) system_sleep; WAKE_WATCHDOG;
            for(i=0;i<5;i++)if(Register_check()) break; //通信状态检查
            if(i == 5)                               //通信异常处理
            {   cls();printmessage(1,4);             //显示系统有问题
                printmessage(2,8);                   //显示挂机提示
                WAKE_WATCHDOG;timercount = 0;
                while(timercount<10) system_sleep;WAKE_WATCHDOG;
                system_status = SYS_MAIN_ONLY_INSTANCY;
            }
        }
        system_check_self_read_parameter();          //复位TC35并使其进入掉电状态:系统自检
        user.start_sum = int_parameter_find(NO_BILL_SUM);
        charging.total_charging = 0;
        call_process = CALL_FIRST_ENTRY;
        while(system_run_status!= SYS_EXIT_ALL)      //正常通信操作
        {   switch(system_run_status)
            {   case SYS_MAIN_CALL:                  //主叫(打电话)
                  case SYS_MAIN_ONLY_INSTANCY:
                    tele_call_mode_main_program();   //主叫程序
                    Send_AT_Command(HOOKOFF);
                    tenor_tone_stop();
```

```
        key_tone_flag = OFF;
        break;
case SYS_RING_IN_DISABLE_USE:                    //被叫(接电话)
case SYS_RING_IN_AND_WAIT:
        tele_answer_mode_main_program();         //被叫程序
        Send_AT_Command(HOOKOFF);
        key_tone_flag = OFF;
        tenor_tone_stop();
        if(system_run_status == SYS_EXIT_ALL)
            goto main_end;                       //被叫没摘机,马上退出
        break;
case SYS_WAIT_RESET_KEY:                         //等待复位按键
        parameter_find(NO_SCREEN_LOCK);          //读出原来的数值
        user.screen_lock_second = atol(para_temp);
        if(user.screen_lock_second>999)
        {   user.screen_lock_second-= 1000;
                prompt_tone_start(CARD_PROMPT_TONE);
        }
        if((user.screen_lock_second = 999)||(user.screen_lock_second<5))
            user.screen_lock_second = 0xffff;
        else user.screen_lock_second = user.screen_lock_second * 20;
        key_initialize_wait();key_buffer_clear();
        if(user.bill_sum>0) display_phone_bill_1(user.bill_sum-1);
        else break;
        bill_sum = user.bill_sum-1;timercount = 0;
        while(1)                                 //人机互动
        {   system_sleep; WAKE_WATCHDOG;
            if((interrupt_request&KEY_PRESS)!= 0)
            {   keychar = key_get();
                if(keychar == KEY_QUERY)         //暂存系统状态,按F2复原
                {   prompt_tone_stop();
                    system_run_status = system_status;break;
                }
                if(keychar == KEY_UP)            //上移键操作
                {   fee_no = 0xff;               //用于中英文切换
                    if(bill_sum<(user.bill_sum-1))
                    {   bill_sum + + ;display_phone_bill_1(bill_sum);    }
                    else
                    {   bill_sum = user.start_sum;
```

```
                    display_phone_bill_1(bill_sum);
                }
            }
            else if(keychar == KEY_DOWN)           //下移键操作
            {   if((bill_sum>user.start_sum)&&
                    ((user.bill_sum-bill_sum)<PHONE_BILL_MAX))
                {   bill_sum--;display_phone_bill_1(bill_sum);   }
                else
                {   bill_sum = user.bill_sum - 1;
                    display_phone_bill_1(bill_sum);
                }
            }
            if(keychar == 1)                       //"1"键操作
            {   fee_no = 0xff;                     //用于中英文切换
                display_phone_bill_1(bill_sum);
            }
            else if(keychar == 3)                  //"3"键操作
            {   fee_no = 0xff;                     //用于中英文切换
                display_phone_bill_2(bill_sum);printmessage(3,112);
                gotoxy(7,3);put_money(charging.total_charging,1);
                lcd.line[0] = 0xff;lcd.line[1] = 0xff;
            }
            else if(timercount>user.screen_lock_second)   //超时处理
            {   if(user.screen_lock_second == 0xffff) timercount = 0;
                else
                {   prompt_tone_stop();
                    system_run_status = system_status;break;
                }
            }
        }
        break;
    case SYS_SETUP_FOR_KEY_IN:                     //键入的系统设置
        {   //没有按特定的键,进入主叫程序
            reset_event = R_PICK_UP_EVENT;
            system_run_status_set();               //重新确定摘机的事件
            call_process = CALL_FIRST_ENTRY;       //首次呼叫标识
            continue;
        }
```

```c
            break;
        case SYS_MAIN_DISABLE_USE:                              //禁止使用
            screen_system_accident();                           //系统的故障处理
            timercount = 0;
            while(timercount<60)
            {   system_sleep;WAKE_WATCHDOG;   }
            system_run_status = SYS_CHECK_CALL_APMS;break;
        case SYS_SETUP_FOR_DOOR_OPEN:                           //"门开"处理
            //没有正确进入设置程序,显示话机故障
            system_run_status = SYS_MAIN_DISABLE_USE;
            if(DOOROPEN == 0)user.current_fault_flag|= E_DOOR_OPEN;//门还开着,告警
            break;
        case SYS_CLOCK_EVENT:                                   //时钟事件处理,呼叫网管中心
            if(timer_event_process_and_call_apms())
                system_run_status = SYS_EXIT_ALL;
        case SYS_CHECK_CALL_APMS:                               //系统呼叫参数检查
            system_run_status = SYS_EXIT_ALL;
            break;
    }
    if((system_run_status == SYS_MAIN_CALL)||                   //主叫或被叫摘机以后进行的挂机操作
        (system_run_status == SYS_RING_USEING)||
        (system_run_status == SYS_MAIN_ONLY_INSTANCY))
    {   if(DOOROPEN == 0)                                       //"门开"情形
            system_run_status = SYS_SETUP_FOR_DOOR_OPEN;
        else if(PICKUP == 0)                                    //已挂机
        {   interrupt_request = interrupt_request&~HANGOFF_INT;
            screen_wellcome_and_move_card();
            call_process = CALL_CLEAR_ENTRY;
            if(display_wellcome_wait_next_operation())          //重新摘机
                call_process = CALL_CLEAR_ENTRY;
            else system_run_status = SYS_CHECK_CALL_APMS;       //正常挂机
        }
        if(system_run_status == SYS_RING_USEING)                //已摘机
        {   system_run_status = SYS_MAIN_CALL;
            call_process = CALL_FIRST_ENTRY;
        }
    }
}
Send_AT_Command(HOOKOFF);
```

```
        Send_AT_Command(26);get_cell_position();
        Send_AT_Command(CHECK_PIN);                      //检查PIN码状态,没准备好,认为
                                                          //SIM卡掉电,再次认证
    if(receive_buf[0]!= 0)                               //如有收到回应进行分析收到的信息
    {   if(strsearch(receive_buf, "SIM PIN\0d")!= 0)     //要进行SIM卡的重新登录
        {   if (Sim_Card_Status == SIM_STATUS_READY)     //有过一次密码验证,才验证第二次
            {   gotoxy(3,0);printlcd("Check PIN Again!");
                parameter_find(NO_SIM_PIN1);
                for(i = 0;i<4;i++)
                    if((para_temp[i]<0)||(para_temp[i]>9)) para_temp[0] = 0;
                para_temp[i] = 0;
                if (para_temp[0]!= 0) Send_AT_Command(PIN_PASSWORD);
                if(receive_buf[0]!= 0)                   //PIN的校验不正确
                Sim_Card_Status = SIM_STATUS_UNKNOW;
            }
        }
        else if(strsearch(receive_buf,                   //SIM卡正常
            "READY\x0d")!= 0) _nop_();
        else                                             //显示请检查SIM卡
        {   cls(); printmessage(1,106);
            printmessage(2,106);gotoxy(0,0);
            printlcd(receive_buf);timercount = 0;
            while(timercount<60)
            {   system_sleep;WAKE_WATCHDOG;   }
        }
        tenor_tone_stop();                               //停止语音提示
    }
    goto main_end;                                       //回到终止操作
}
//------------------------------------------------------------------------------
```

9.3.2 短信息形式的无线传输实例

利用 GSM/GPRS/CDMA 短信息 SMS 进行远程监控及其现场数据采集,投资少、成本低、可靠性高,在一些对操作和监控的实时性要求不高的情况下具有很高的性价比。下面举例说明具体应用。

1. 基于 TC35T 模块的无线远程监控

1) 无线移动通信模块 TC35T

TC35T 是 Siemens 推出的 GSM 专用调制解调器,主要由 GSM 基带处理器、GSM 无线

射频模块、供电模块、闪存、ZIF(Zero Insertion Force)连接器、天线接口 6 部分组成,可完成语音、数据、短消息以及传真的传送。TC35T 具有标准的工业接口和完整的 SIM 卡阅读器,使用非常简单。

2) 无线远程监控原理和实现

整个无线远程监控系统由控制端和受控端两部分组成,如图 9.6 所示,控制端可以是手机,也可以用 TC35T 模块和 PC 机组成。受控端由单片机 SCM、TC35T 模块、检测部分、控制部分组成。其中,PC 用于监视与控制,主控程序通过 TC35T 模块对受控设备发出短信息。受控端的 GSM 模块 TC35T 接收短信息后,通过串行口 UART 传给单片机,单片机根据接收到的短信息进行处理,即从中提取控制命令,再对被控设备进行相应的操作控制。受控设备的状态信息也是以短信息的形式通过 TC35T 模块发送给短信息服务中心 SMSC,再由短信息服务中心发送给 PC 机。PC 机收到短信息后,根据短信息的内容回发短信息进行控制。选择 PDU 格式的短信息形式。

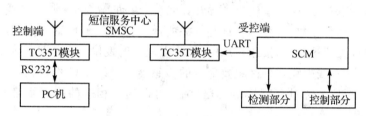

图 9.6 短信形式的无线监控体系框图

3) 软件编程

软件编程分为控制端(PC 和 TC35T)编程和受控端(单片 ATMEGA128 和 TC35T)编程。PC 机端的软件采用 VC 编程,主要包括控制界面、接收/发送短信息、数据处理。PC 机以十六进制发送数据,TC35T 再以短信息的格式通过 SMSC 短信息中心发给受控端的 TC35T。控制端的 TC35T 接收短信息后,PC 机只要发送一条"AT+CMGL=0 0D 0A"查询命令即可,其中,0D 与 0A 分别是回车、换行。

受控端采用实时嵌入式操作系统 μC/OS-II,按照所实现的功能可以分为 7 个任务,其优先级从高到低依次为建立任务的任务、初始化任务、监控任务、异常情况处理任务、短消息接收任务、短消息处理任务、短消息发送任务;再加上两个系统本身所固有的空闲任务、统计任务(空闲任务的优先级最低,其次为统计任务),系统的任务总数为 9 个。主程序的任务主要是初始化操作系统和建立一个建立任务的任务,启动多任务。

2. 车辆报警与控制系统设计

现代很多车辆都安装了 GPS 导航/定位系统,可以设计一套基于 GPRS 移动通信的车辆报警与控制系统,利用手机短信和单片机控制技术实现对车辆的远程控制,并利用车载 GPS 定位系统对远程移动或固定目标信息进行定位查询、自动求助报警等。类似系统不但可以应用于车辆、舰船等移动目标的远程遥控、远程防盗、状态查询等，也可用于家庭、单位和场所等固定目标的防盗报警、自动信息处理，以及家用电器的远程遥控。

1) 系统的组成

车辆报警与控制系统设计的目标是：

➤ 当远程车辆遇到险情或异常情况时，能够及时地启动车载系统，将当前车辆的有关信息（方位、速度、状态等）通过 GPRS 无线通信链路实时发送到用户手机上，以便及时采取措施；

➤ 用户通过向车载系统发送手机短信控制车辆的行为，如切断车载电源、锁上车门等；

➤ 用户通过向车载系统发送手机短信查询当前车辆的状况。

2) 硬件电路设计

传感及控制线路的设计：要实现自动报警，首先要收集车辆的异常信息，然后再通过相应的设备将这些信息发送给远程用户。车辆在正常使用时有一定的状态，当用户远离车辆时应该设定一些正常状态参数，而当车辆出现异常，如剧烈震动、异常开锁、坐垫受压等情况时，应该能及时地检测出这些参数。为此，在这些有关的部位都安装了传感器，一旦出现异常情况，则对应的继电器开关即被合上，接通对应的电路，以便及时发出报警信号。该部分的设计采用标准总线结构，通过总线电缆将外围主要部位的传感器与系统 I/O 模块相连。当车辆出现异常情况时，要通过短信系统对车辆实施远程控制，可以通过相应的控制线路来控制车辆的点火、门锁和空调等。

模块及接口电路的设计：GPRS 通信模块主要用于建立无线信道，接收、发送车载系统的短消息。其内部含有一块已开通 GPRS 服务的移动手机卡，通过相应的接口电路实现与单片机的数据通信。

单片机模块主要用于对车载信号的数据处理以及实时控制，可对接收到的短消息进行解释并执行，同时还可对外部信息进行处理并对外部设备实施控制。

GPS 接收模块主要包括 GPS 接收机和 GPS 接口电路两大部分。GPS 接收机接收当前车辆位置的 GPS 卫星定位信号，通过与之配套的接口电路实现与单片机的连接。

I/O 模块主要用于对外部设备进行数据采集以及向外部设备传送控制信号。

3) 软件系统设计

主要是采用第四代 GPS 卫星定位技术与 GPRS 移动通信技术，并利用单片机控制程序，实现对远程车辆的自动短消息报警、自动功能控制、自动信息查询等。

自动短消息报警：正常情况下，车辆有一个初始状态，而当有异常情况发生时，系统应当立即启动报警装置。例如，当车辆门锁或后备厢异常打开、座椅异常受压、车辆有剧烈振动等情况能时，相应部位的传感器开关闭合，电路接通，产生一定的电流，通过 I/O 控制模块检测到异常信号的来源，将对应信号传输到单片机模块，由单片机内部程序对异常信号进行分析，判断并记录下异常或故障部位；然后通过软件向 GPS 接收模块发送请求命令，及时调取当前车辆所处位置的 GPS 定位信息,按照程序设定的固定格式编写短信,将当前车辆的故障/异常现象、所处的方位、速度、方向等信息传送到 GPRS 通信模块,继而通过 GPRS 通信网发送到用户(车主、亲属、朋友等)手机上。报警原理如图 9.7(a)所示。整个报警过程都是在系统控制下自动完成的,不需任何人工干预,而且由于采用的是 GPRS 短信方式,因此几乎不受任何时间、地域的限制,报警准确,成功率高。

自动短消息控制:其原理是利用现有的 GPRS 公共数字通信网,通过用户手机向车载系统发送短信指令,当车载 GPRS 通信模块接收到短信指令后,由车载单片机控制系统对来信指令进行分析、识别,并根据指令代码,通过 I/O 模块驱动相应的控制电路,从而实现对远程车辆动作、行为的控制。短消息接收与控制的原理如图 9.7(b)所示。冬季车主想在用车前打开车内空调进行预热时,便可在家里、办公室里或任何一个地方,通过自己的手机向车载系统发送一条开启空调的控制指令,实现远程遥控空调。同样的方法,可以通过用户指令遥控启动车载电源、遥控断电、遥控开/上锁等,因此该功能可以用于防盗。一旦车辆丢失,无论车辆处于静止还是运行状态,随时可以遥控车辆断电,使其无法启动并上好门锁。

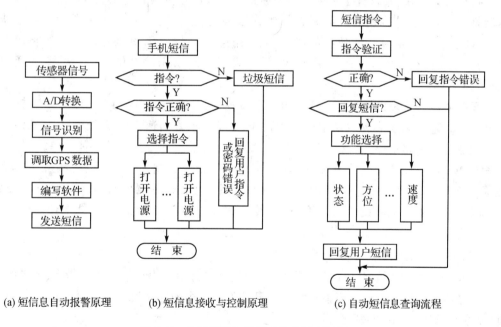

(a) 短信息自动报警原理　　(b) 短信息接收与控制原理　　(c) 自动短信息查询流程

图 9.7　车辆报警与控制系统的原理框图

自动短消息查询:当用户需要查询自己车辆当前的状态、方位、速度等信息时,可以通过自己的手机向车载系统发送查询指令,车载 GPRS 通信模块接收到该指令后便通过接口电路将该指令传送到单片机模块,由相应的单片机控制程序对指令进行身份验证、指令验证等;如果指令正确,并且要求系统回复用户当前车辆的有关信息,如当前车辆的方位信息,则由单片机系统向GPS模块发出请求指令,调取当前车辆的GPS方位信息,然后按照固定的格式自动编写短消息,通过GPRS通信模块发送到用户手机上。自动短消息查询的功能流程如图9.7(c)所示。

3. GSM/GPRS无线数据采集系统设计

(1) 远程通信方案

该系统为一个点到多点的远程无线双向数据通信和控制系统,由数据采集终端和监控中心两部分组成,数据监控指挥中心由计算机网络、数据库和GSM/GPRS通信接口组成,主要负责各种信息、数据的收发和整理工作:一方面接收各个监控点上传的信息和数据,并把它们放入相应的数据库并分发给相应的监控计算机,以实现对各个监控点的监控和管理;另一方面,监控中心响应监控计算机发出的对各个监控点的控制信息,并且把这些信息下发到相应的监控点上,从而达到对监控点设备进行控制的目的。

(2) 系统硬件设计

数据采集模块:其目标是将传感器采集到的模拟信号转换成单片机可以处理的数字信号,然后将数据处理,等待发送。系统拟定对16路信号进行采集,其中,8路信号精度要求为10位A/D采集、8路信号精度要求为16位A/D采集。10位A/D转换选用内部自带10位ADC的单片机,因而选择AVR的高端单片机ATmeag128L,16位A/D转换选用Maxim的MAX1132。

无线通信模块硬件设计:GSM/GPRS引擎模块采用Siemens的MC35I,它支持GSM900和GSM1800双频网络,接收速率可以达到86.20 kbps,发送速率可以达到21.5 kbps。

数据通信电路主要完成与PC机通信、短消息收发、软件流控制等功能。串行接口是控制单元和MC35I模块进行连接的通道,也是利用AT指令控制MC35i及进行通信数据传输的关键。从系统的总体方案分析,终端和监控中心具有不同的控制单元,需要考虑两种用户通信环境及相应的硬件电路设计与选择。监控中心采用MAX232,数据采集终端使用SP3238,作为接口电路芯片,实现电平转换及串口通信功能。

(3) 终端的通信软件设计

在整个终端软件设计中工作量最大,从初始化串行通信模块设计到与带SIM卡的GSM/GPRS终端电路板的通信流程设计需要兼顾软件的各个功能模块,包括参数设置、自动接收数据、请求数据以及信号判断等。

1) 通信命令处理

主要是针对需要发送的数据和接收到的信息进行相关处理,主要涉及AT指令的分析和控制命令。通信标准中给出的AT指令都是以ASCII字符提供的,采用单片机编程,需要提供相关的十六进制代码。下面将部分测试中接收和发送的指令用十六进制数表示在括号中。如无特殊说明,AT指令都以0DH为发送结尾命令。

a. AT 测试命令

发送：AT(41 54 0D)

返回：AT OK(41 54 0D 0D 0A 4F 4B 0D 0A)

b. 短消息读取命令

Ⓐ 读取一条空的消息

发送：AT+CMGR=2

返回：AT+CMGR:2+CMGR:0,,0 OK

说明：AT+CMGR=＊＊,其中,＊＊为整数类型,表示消息的条数范围。若超过了范围,则返回 ERROR。返回"AT+CM GR=2+CMGR:0,,0 OK"说明第2条消息为空。

Ⓑ 若读取一条有内容的消息

发送：AT+CMGR=1

返回：AT+CMGR=1+CMGR:"REC UNREAD","+8613811314845","04/09/23,23:20:07+32"abc OK

c. 删除短消息

发送：AT+CMGD=1(41 54 2B 43 4D 47 44 3D 31 0D)

返回：AT+CMGD=1 OK (41 54 2B 43 4D 47 44 3D 31 0D 0D 0A 4F 4B 0D 0A)

d. 短消息发送命令

发送 AT+CMGS=1381 1314845(41 54 2B 43 4D 47 53 3D 31 33 38 31 31 33 31 34 38 34 35 0D)。其中,"13811314845"为手机号。

返回：＞(0D 0A 3E 20)

发送：testing (74 65 73 74 69 6E 67 1A 0D)

返回：+CMGS:89 OK

2）串口初始化及功能说明

在系统开始运行前,首先检验 MCU 与 GSM/GPRS 模块的连接是否正确,这包括 AT 指令测试、信号检查并设置新消息到来的提示功能。其次,为了使新的数据信息能够及时收到,在系统开始运行前,要对 SIM 卡中的短消息进行处理。最后将 SIM 卡中的数据读取一遍,若有消息,则读出并通知主程序处理；处理完毕则删除。初始化完成后,确保 SIM 卡中消息都被读出,并将所有消息删除。状态位 SMS-AT_NO-STATUS=08H 说明 SMS 初始化完毕,可正常读/写。

3）接收数据方式

采用的是串口中断方式。采用这种方式时,无论系统工作在何种情况下,都能接收上位机发来的包含控制指令的短信并予以响应。这样既从软件设计上保证了通信过程的通畅,又节约了处理通信数据的时间,可以把数据流以单个字节的形式接收。在通信处理程序中集中分析,从而使通信程序更符合模块化的设计要求。

4)数据收发程序设计

采用自动数据接收,MCU 一直循环检测串口数据区的状态;如果有数据到达,则根据不同的数据信息采取不同的操作。若是新消息,则把新消息代码直接存入相应的数据区;若是正常消息,则在读取完成后设置标志,供主程序分析并应答,若"数据"超出正常范围,则放弃处理。

9.3.3 内置 TCP/IP 的无线传输实例

内置 TCP/IP 协议栈的无线移动通信十分便于软件设计,建立无线 Internet 连接后即可循环地进行各类数据的无线远程收发传输。下面是这种类型的一些开发应用实例。

1. AT 指令控制 SIM100 模块接入 GPRS

这里采用 Simcom 的 SIM100 模块设计简易的嵌入式无线移动通信系统,通过 Internet 接入来实现远程无线监控。SIM100 是内嵌 TCP/IP 协议的 GPRS 模块,为用户提供了功能完备的系统接口,在较短的研发周期内就可以集成实际的应用系统,使用户的工作主要集中在控制系统和人机界面方面。SIM100 模块与应用系统的连接接口主要提供外部电源、RS232 串口、SIM 卡接口和音频接口。

(1) GPRS 网络的连接

1) 建立 GPRS 连接

需要利用 TCP/UDP 协议来完成 GPRS 业务数据的装帧和拆帧。SIM100 模块内置 TCP/UDP 协议,系统核心微处理器向其直接发送 AT 指令即可建立 TCP/IP 连接,实现数据传输。下面是对 SIM100 模块的一些初始设置。

- 置通信波特率。可以使用"AT+IPR=115200"命令把波特率设为 115 200 bps 或者其他速率。
- 置接入网关。通过"AT+CGDCONT=1"、"IP"、"CMNET"命令设置 GPRS 接入网关。
- 设置移动终端的类别。通过 AT+CGCLASS="B"设置移动终端的类别为 B 类,即同时监控多种业务,但只能运行一种业务。即同一时间只能使用 GPRS 上网或者使用 GSM 的语音通信。
- 测试 GPRS 服务是否开通。使用"AT+CGACT=1,1"命令激活 GPRS 功能。如果返回 OK,则表示 GPRS 连接成功;如果返回 ERROR,则意味着 GPRS 失败,应检查一下 SIM 卡的 GPRS 业务是否已开通,GPRS 模块天线是否安装正确等问题。

2) TCP/UDP 连接举例

a. 通过 TCP 的连接

命令:AT+CIPSTART="TCP","61.135.48.9","2020"

返回：OK   //连接成功
命令：AT+CIPSEND＞Hello every one!   //向服务器发送数据"Hello every one!"
返回：OK
命令：AT+CIPCLOSE   //关闭连接
返回：OK
命令：AT+CIPSHUT   //关闭移动场景
返回：OK

b. 通过 UDP 连接

命令：AT+CIPSTART="UDP"，"61.135.48.9"，"3030"
                                          //连接服务器(IP=61.135.48.9,端口 3030)
返回：OK   //连接成功
命令：AT+CIPSEND＞Hello every one!   //向服务器发送数据"Hello every one!"
返回：OK
命令：AT+CIPCLOSE   //关闭连接
返回：OK

发送数据程序流程如图 9.8(a)所示。

(2) SIM100 的典型应用

SIM100 模块可以应用于很多的远程监控系统中,下面的例子是其在远程家居电器控制中的应用。此系统的控制思路是客户机通过 SIM100 接收来自 Internet 的控制数据,通过串口传送给 8 位单片机 AT89C51;单片机分析数据来源,如果合法(包括来源合法和数据结构合法),则驱动执行机构来控制家中电器或反馈电器的状态信息,整个系统的结构框图如图 9.8(b)所示。接收执行程序流程如图 9.8(c)所示。整个系统由于采用了 SIM100 模块,大大减小了系统资源的开销,可以根据应用的实际要求来构建系统,而不必为实现 TCP/IP 协议选用性能和价格都更高的微处理器甚至是存储器。软件部分的工作重心就转移到了控制部分,从而缩短研发周期。

2. 基于 AT 指令的 Socket 无线移动通信

这里以 8 位单片机 AT89C52 作为微控制器,利用其 UART 异步串口与电平转换芯片 MAX232 和 GPRS 模块连接,使用 AT 命令对 GPRS 模块 LT8030 进行控制,从而实现 Socket 通信。

"利事达"的 GPRS 模块 LT8030 内嵌了完整的 TCP/IP 协议栈,包括 TCP、UDP、FTP、SOCKET、Telnet、POP3、SMTP、HTTP 等,为用户提供了更简单的网络接口。LT8030 采用标准的 RS232 接口,用户可以通过单片机或其他 CPU 的 UART 口使用相应的 AT 命令对

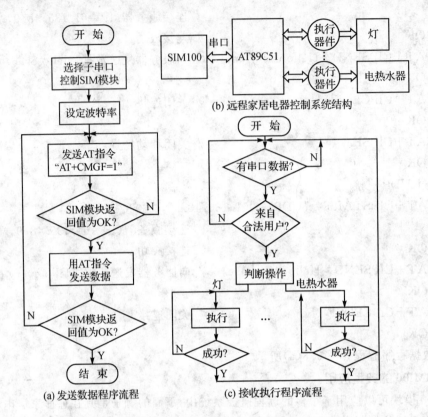

图 9.8 SIM100 的 GPRS 应用及其程序流程图

LT8030 模块进行控制,达到轻松进入 GPRS 网络的目的。

建立 Socket 连接必须具有公网的 IP 地址,应该保证服务器中心计算机连接到 Internet 并且取得公网 IP 地址。在单片机对 GPRS 模块控制之前,服务器端须运行 Socket 端口监听程序(此监听程序一般是现成的),并且设为监听状态,端口号也要设定,如 Port:1024。

(1) 建立 Socket 连接的 AT 命令

1) 基本设置

① GPRS ISP 码:AT+IISP1=*99***1#　　　　　//全国通用
② 登录用户名:AT+IUSRN=WAP　　　　　　//GPRS 网络登录名
③ 登录密码:AT+IPWD=WAP　　　　　　　//GPRS 网络登录密码
④ MODEM 类型:AT+IMTYP=2　　　　　　//定义 GPRS Modem
⑤ 初始化命令:AT+IMIS="AT+CGDCONT=1, ip, CMNET"
⑥ 域名服务器:AT+IDNS1=211.136.18.171　　//DNS 服务器地址,全国通用
⑦ 扩展码(XRC):AT+IXRC=0

2) Socket 设置

① 建立一个 TCP 通信。AT+ISTCP:218.66.16.173,1024<CR>

建立 Socket 连接,218.66.16.173 为应用服务中心计算机端 IP 地址(实际地址由实际情况决定),1024 为端口号(端口号由中心 SOCKET 端口监听程序设置决定)。如果连接成功,则 LT8030 返回 I/xxx。xxx 为 LT8030 中本次 SOCKET 连接的句柄号。中心监听程序会显示连接的终端 IP 地址。如果连接失败,则 LT8030 返回 I/ERROR(xxx)。xxx 为错误代码。

② 发送数据。AT+ISSND%:xxx,<string Length>:<string>

发送数据,xxx 为句柄,<string Length>为要发送的字符长度,<string>为要发送的数据。发送成功后,在中心端可看到终端发送的数据。最多一次能够发送 5 KB 以下的数据。

③ 查询 Socket 状态。AT+ISST:xxx<CR>

查询 Socket 状态,xxx 为句柄。LT8030 返回 I/<SOCKETstat>。如果<SOCKETstat>=000,则表示该端口连接正常;如果<SOCKETstat>≥1,则 LT8030 通过该端口从中心接收存在缓冲区 Buffer 里的字节数;如果<SOCKETstat><0,则 SOCKET 错误。

④ 接收数据。AT+ISRCV:xxx<CR>

xxx 为句柄。该指令会读取 LT8030 通过该句柄从中心接收到的、存在 Buffer 里的数据;Buffer 最大可存储 30 KB 的数据。

⑤ 关闭 SOCKET 通道。AT+ISCLS:xxx

关闭 SOCKET 通道,xxx 为句柄。

(2) 程序的设计

根据单片机与 GPRS 模块通信协议的约定,单片机串行口设为方式 1,波特率为 9 600 bps,8 位 UART,1 位起始位,1 位停止位,无奇偶校验。上电后,首先向 GPRS 模块发送基本设置命令,即 ISP 码、用户名及用户密码帧等。其中,ISP 必须为"*99***1#",用户名和用户密码可以任意设置,但不能为空。在使用 LT8030 GPRS 上网功能之前,必须正确设置这些参数。参数一旦设置即永久保存,以后无需重新再设。然后向 GPRS 模块发送 Socket 设置帧,如成功,则点和点通信环境已建立,接着就调用发送数据帧。开机上电后,程序在主函数中运行,单片机进行初始化。初始化包括设置串口工作方式、波特率,并初始化变量参数和标志位。实现 Socket 通信的完整程序如下:

```
//-----------------------------------------------------------------
#include <REG52.H>        //特殊寄存器的头文件,专供 8051 扩展系列的单片机使用
#include <stdio.h>        //I/O 库文件原型声明
void initial(void);       //初始化子程序的声明
void send(char *,int);    //发送子程序的声明
int  rev(int);            //接收子程序的声明
char xdata doc1[19] = "AT+IISP1 = *99***1#\r\n";              //以下为基本设置
```

```c
char xdata doc2[25] = "AT + IDNS1 = 211.136.18.171\r\n";
char xdata doc3[14] = "AT + IUSRN = WAP\r\n";
char xdata doc4[13] = "AT + IPWD = WAP\r\n";
char xdata doc5[33] = "AT + IMIS = \"AT + CGDCONT = 1,IP,CMNET\"\r\n";
char xdata doc6[11] = "AT + IXRC = 0\r\n";
char xdata doc7[12] = "AT + IMTYP = 2\r\n";
char xdata doc8[30] = "AT + ISTCP:221.232.81.195,2024\r\n";    //以下为 SOCKET 设置
char xdata doc9[22] = "AT + ISSND%:xxx,6:socket ";
char xdata doc10[13] = "AT + ISST:xxx\r\n";
char xdata doc11[14] = "AT + ISRCV:xxx\r\n";
char xdata doc12[12] = "AT + ISCLS:xxx ";
char mes[44] = "AT + ISTCP:221.232.81.195,2024\r\nI/000\r\n", temp;
int i;
//------------------------------------------------------------------
void delay(int s)                                //延时子程序
{   int i;    for (i = s;i>0;i--) ;   }
void sok()                                       //接收返回的句柄子程序
{   int i;
    for (i = 0;i<3;i + +)
    {   doc9[10 + i] = mes[32 + i]; doc10[8 + i] = mes[32 + i];
        doc11[9 + i] = mes[32 + i]; doc12[9 + i] = mes[32 + i];
    }
}
//------------------------------------------------------------------
void main(void)                                  //主程序
{   initial();
    while (1)
    {   do send(doc1,19);
        while(! rev(28));P1 = 0x00;              //发送 ISP 码
        do send(doc2,25);
        while(! rev(35));                        //发送 DNS 服务器地址码
        do send(doc3,14);
        while(! rev(24));                        //发送用户名
        do send(doc4,13);
        while(! rev(20));                        //发送用户密码帧
        do send(doc5,33);
        while(! rev(42));                        //发送初始化命令
        do send(doc6,11);
        while(! rev(20));                        //发送扩展码
```

```
            do send(doc7,12);                        //发送 GPRS Modem 类型
            while(! rev(20));
            do                                       //建立 SOCKET 连接
            {   send(doc8,30);delay(10000);    }
                while(rev(37));
                for (i = 0;i<1000;i++);
                delay(1000);sok();
                send(doc9,22);                       //发送数据
                while(1) if(flag == 1) send(doc9,22);
                send(doc10,13);                      //查询 SOCKET 状态
                send(doc11,14);                      //接收数据
                send(doc12,12);                      //关闭 SOCKET 通道
            }
}
//-----------------------------------------------------------------------------
void initial()                                       //初始化子程序
{   EA = 0;                                          //关中断
    SCON = 0X50;                                     //串口工作方式:模式 1,8 位 UART,数据传输率可变
    TMOD| = 0X20;                                    //定时器 1 为模式 2,8 位自动装入方式
    TH1 = 253;                                       //数据传输率设置:9600bps(晶振为 11.0592MHz)
    TR1 = 1;                                         //启动定时器 1
    TI = 1;                                          //设置为 1,以发送第一个字节
    EA = 1;
}
//-----------------------------------------------------------------------------
void send(char * temp2, int j)                       //发送子程序
{   int i;
    EA = 0;
    for(i = 0;i<j;i++)                               //按发送数据的长度来发送数据
    {   ACC = *(temp2 + i);
        SBUF = ACC;                                  //发送数据
        delay(100);
        while (TI == 0)                              //发送数据完毕,TI 会自动置高
        TI = 0;                                      //发送数据完毕,将 TI 清零,准备下一次发送
    }
    EA = 1;
}
//-----------------------------------------------------------------------------
int rev(int  n)                                      //接收子程序
```

```
{    int i = 0;char temp1;
     do
     {    temp1 = ´a´;while(! RI);RI = 0;
          temp1 = SBUF;mes[i + +] = temp1;
     } while (i<n&&((temp1!=´K´)||(temp1!=´R´)));
       if (temp1 == ´K´) return 1;
       else return 0;
}
//--------------------------------------------------------------------------------------------------------------------------
```

3. WinCE CSocket 无线远程视频监控实现

(1) 系统的结构组成

整个系统主要分为两个部分:监控中心和远程监控终端。远程监控终端主要由 Samsung ARM9 微处理器 S3C2410、极目 W718LC 视频图像压缩模块、Siemens MC55 GPRS Modem 和 CCD 摄像头组成。监控终端与监控中心之间使用 GPRS 网络进行通信。监控终端通过拨号登录 GPRS 网络,然后通过网关服务器接入 Internet 网。CCD 摄像头采集到的视频图像数据输入极目 W718LC 视频图像压缩模块,W718LC 输出 JPEG 编码帧的子数据帧,将子数据帧在 GPRS 网络中发送,监控中心收到数据后显示图像。极目 W718LC 视频图像压缩模块独立完成从模拟视频信号输入到数字压缩码流输出的全过程,可靠、方便地为嵌入式设计增加视频图像压缩功能。

(2) 系统软件设计

该系统软件由 3 部分组成:监控中心管理软件、监控终端获取视频数据软件和网络通信软件。监控中心软件在 VC++在 Windows XP 系统下编写,监控终端软件采用 EVC 在 Windows CE 系统下编写。监控中心管理软件主要实现系统与用户对话的功能。在这部分软件中可以检查 GPRS 网络的状态(网络是否连通),发送初始化终端设备命令,当收到终端发回的"准备就绪"命令反馈后,中心发送数据传输命令,通知终端发送数据到中心;当收到"视频显示"命令反馈后,则中心进行图像显示。这里主要介绍网络通信软件的设计。

监控中心与监控终端使用 Socket 套接字通信,采用使用客户机/服务器模型。程序中监控中心作为服务器,监控终端作为客户端。由于无线视频监控终端一般都处在工业现场,没有对话界面,所以套接字在程序启动时就要完成创建,而且服务器程序必须先于客户端程序启动。

监控中心与监控终端的网络通信要负责完成两项工作,一项是负责中心与终端之间的命令及命令反馈的传送。程序中使用"数据流套接字"完成这部分通信工作,这样就能确保命令正确到达终端,终端反馈信息也能正确到达中心。整个通信过程如图 9.9 所示。

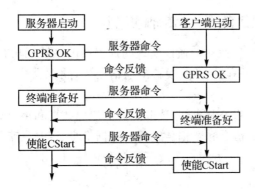

图 9.9 远程 GPRS 视频监控的命令及其反馈的传送示意图

监控中心向监控终端传送的命令定义以及中心和终端创建的 CSocket 继承类声明如下：

```
#define GPRSOK        0x1111;    //如终端返回同样的命令,则说明 GPRS 已连接好
#define TERMREADY     0x2222;    //使终端准备好命令,终端返回 TERMREADY,说明其准备好
#define ENCSTART      0x3333;    //让终端进行编码操作
#define CLOSEALL      0x4444;    //关闭终端已打开的串口和新建线程的命令
class CTCPSocket : publicCSocket       //中心 CSocket 的继承类声明
{   public:
    CTCP Socket();
    Virtual ~CTCPSocket();
    virtual void OnAccept(int nErrorCode);    //接收终端连接
    virtual void OnReceive(int nIDEvent);     //连接后,终端发送数据到中心,触发数据接收
    UINT showstate;                           //主界面显示状态代码
};
class CTCPSocket : publicCSocket       //终端 CSocket 的继承类声明
{   public:
    CTCP Socket();
    virtual ~CTCPSocket();
    virtual void OnReceive(int nIDEvent);     //连接后,终端发送数据到中心,触发数据接收
};
```

监控中心与监控终端的网络通信要完成的另一项重要工作是视频数据的网络传输。在 TCP 和 UDP 两种网络协议中,UDP 更适合于网络环境中的视频传输。当监控中心接收到数据后,经过处理最终在主窗口中显示视频图像。

9.3.4 移植 TCP/IP 的无线传输实例

这里是一个通过 GPRS 无线移动通信实现的远程供电系统无功补偿控制的例子,为了节约成本采用了没有 TCP/IP 协议栈的无线移动通信模块,软件设计时选择并移植了免费精简的嵌入式 μIP 协议栈。

需要监控的项目包括远程控制投切、读取实时的历史数据和接收故障报警信号等,上位机和无功补偿终端之间通信的命令和数据传输具有数据量小、定时或非定时及实时发送等特点,一方面须实现数据的上传,另一方面也需要下达各种传输、控制指令,即实现双向的数据、指令传输。

传统的数据传输方式(如数传电台、无线射频、电力载波等)存在覆盖范围、实时性、投资及运行维护费用等问题,同时对电网终端的无人值守运行存在较大困难。由于采用 GPRS 无线网络远程数据通信,系统具有了连接方便、扩充性好、成本低、维护工作量小等传统方式无法比拟的特点。系统有时会因移动通信网络的覆盖范围和信号质量问题而出现响应超时或停止响应,但这种情况发生的概率很低,可以通过软件容错和重发机制解决。为了保证数据的安全性,可以申请建立虚拟拨号专网 VPDN(Virtual Private Dial-up Network),利用其专用的网络加密和通信协议来实现。在电力系统电网自动化管理和实时监控中使用 GPRS 无线网络通过 Internet 传输数据具有很好的应用前景。

1. 系统的结构组成

该系统由现场无功补偿控制器、单片机控制 GPRS 通信管理模块和服务器上位机 3 部分构成。终端使用基于数字信号处理器 DSP 的无功补偿控制器,控制器安装在电网现场,对电网的电气参数进行采集监测、记录、分析并计算采集数据,自动进行电容投切操作。出现异常时主动发出报警信息,同时存储运行数据信息。基于 MSP430 单片机的 GPRS 通信管理模块是服务器与现场控制器之间数据传输的桥梁,它使控制器获得的电网参数通过 GPRS 网络能够及时传送到服务器计算机;上位机服务器主要完成对终端传来的数据、报警信息进行处理并对各终端的历史数据进行管理,是主要的人机接口。

通信管理模块主要由 TI 的 16 位低功耗单片机 MSP430F448 及其外围电路构成,GPRS 模块使用 Siemens 公司的 MC35。终端的 GPRS 无线上网主要通过单片机控制 MC35 来实现。F448 单片机具有 2 个可编程串行通信口,其中,UART0 工作在同步通信方式和 DSP 的 SPI 接口相连,DSP 工作在主机模式,MSP430F448 工作在从机模式。UART1 通过 MAX232 电平转换芯片和 MC35 的串行数据口相连,作为 AT 指令和数据的传输通道。单片机通过串口中断程序及时处理 GPRS 终端收到的上位机指令,并及时传送给 DSP。整个硬件体系结构如图 9.10 所示。

MSP430F448 带有液晶驱动模块,外接一个液晶显示器和键盘就可以在现场手动进行参数设置,并查看电网实时数据、电容的"投切"状态和各种故障报警信息。外接 Flash 型数据存

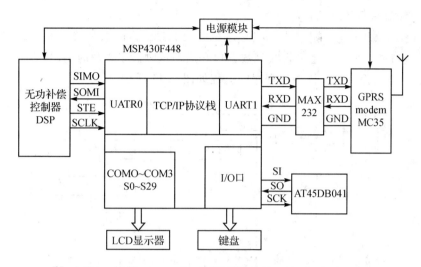

图 9.10　GPRS 远程无功补偿控制终端的结构框图

储器 AT45DB041 存储容量为 528 KB,主要作为收发数据的暂存器。

2. TCP/IP 协议的实现

该系统需要利用 TCP/IP 协议来完成 GPRS 业务数据的"装帧"和"拆帧",这里采用在 MSP430F448 中软件嵌入 TCP/IP 协议栈 μIP 的方法来实现 TCP/IP 协议。使用 TCP/IP 协议进行数据通信分为 3 个阶段:

> 建立连接阶段:使用 OPEN 命令帧控制 MC35 主动向服务器发起连接请求,服务器在本地侦听一个端口,收到终端的请求后进行回应并最终握手"建链"成功,进入数据状态。

> 当链接建立后,就可以在这条连接上进行数据收发。使用 SEND 命令帧控制 MC35 发送数据时要指定连接号(由本地端口、目的 IP 地址和端口唯一确定)。

> 数据发送完成后不再需要这条连接时,就可以把连接挂断。

μIP 是一种免费公开源代码的小型 TCP/IP 协议栈,专门为 8 位和 16 位 MCU 编写,完全用 C 语言编写,采用了一个事件驱动接口,通过调用应用程序响应事件。虽然 μIP 的源代码只有几 KB,RAM 占用仅几百字节,但 μIP 实现了 TCP/IP 协议集的 4 个基本协议:ARP 地址解析协议、IP 网际互联协议、ICMP 网络控制报文协议和 TCP 传输控制协议。用户可以方便地调用接口函数来实现 TCP/IP 协议。

μIP 可以简单方便地移植到多个嵌入式操作系统和适应多种嵌入式处理器。移植的时候需要对 uip_arch.h、uipopt.h、tapdev.c 这 3 个文件进行修改。其中,uip_arch.h 包含了用 C 语言实现的 32 位加法、校验和算法;uipopt.h 是 μIP 的配置文件,其中不仅包含了诸如 μIP 网点的 IP 地址和同时可连接的最大值等设置选项,而且还有系统结构和 C 编译器的特殊选项;

tapdev.c 为串口编写的驱动程序。

μIP 与系统底层的接口包括与设备驱动的接口和系统定时器的接口两类。在程序的主循环中,底层接口程序循环检查是否收到数据包和周期定时器是否超时溢出。

TCP/IP 协议程序中主控循环程序的流程如图 9.11 所示。

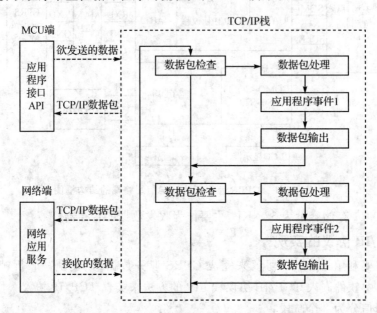

图 9.11 GPRS 远程无功补偿控制终端的 TCP/IP 协议程序流程框图

μIP 通过函数 uip_input()和全局变量 uip_buf、uip_len 来实现与设备驱动的接口、收发 IP 数据包时触发应用程序接口事件。应用程序事件 1 主要是对数据包的处理:当数据来自 MCU 时则进行 TCP/IP 打包,然后将 GPRS 模块发送到 Internet 网络;当收到来自 GPRS 模块的数据时则进行相应的解包处理,抽出数据,按发送前的顺序还原并加以校验,若发现错误, TCP/IP 栈会要求重发,然后将数据通过串口送到控制器。μIP 协议栈提供了一系列接口函数供用户程序调用,这样不需要了解数据的具体处理过程,只需要调用相应的接口函数把数据送上层应用程序即可。

系统定时器使用 MSP430F448 的 16 位定时器 Timer_B 作为时钟基准,定时周期设为 1 s。定时器主要用于处理数据传输错误重发、应答延时、往返时间 RTT 估计等。应用程序事件 2 主要是对定时器超时事件的处理:当 TCP 连接建立时,μIP 周期性调用函数 uip_periodic ()来驱动 TCP/IP 协议定时器和重发事件。当数据发送后,转发定时器进行减计数,如果在一个定时器周期内没收到接收端的确认(ACK)消息,则发送端就认为这个数据丢失而设置标志位,应用程序检查标志则产生上次发送的数据并重发。

协议栈的初始化过程如下:

```
timer_set(&periodic_timer, CLOCK_SECOND / 2);      //设置定时器
timer_set(&arp_timer, CLOCK_SECOND * 10);
tapdev_init();                                      //初始化无线移动通信模块和 μIP
uip_init();
uip_ipaddr(ipaddr, 192,168,0,2);
uip_sethostaddr(ipaddr);                            //设置主机地址
uip_ipaddr(ipaddr, 192,168,0,1);
uip_setdraddr(ipaddr);                              //设置 IP 地址
uip_ipaddr(ipaddr, 255,255,255,0);
uip_setnetmask(ipaddr);                             //设置 Mask 地址
httpd_init();                                       //初始化 HTTP
```

为保证无功补偿控制的实时性要求,对于对方主动发起 TCP 链接、对方发来数据、对方主动释放 TCP 链接、GPRS 断线和重链成功等事件都可以通过中断通知给 MSP430F448 单片机,以便单片机进行相应处理和操作。对于这些事件必须及时进行处理,以便及时反映通信情况并且避免相关的事件缓冲区、数据缓冲区的溢出。

电力系统无功补偿测控终端一般都安装在野外环境中,地点偏远,无人值守,设备必须能够在特殊的环境下长期、稳定工作,因此在软件上设定系统具有自动拨号、断线重拨功能,在 GPRS 网络状态不稳定时具有自动恢复通信能力。

3. 服务器软件设计

主要是为用户提供一个可视化的监测界面,以便直观、方便、快捷地了解电网和控制器的运行状态,及时发现处理异常和故障情况。软件采用图形化编程界面软件 Borland C++ Builder 开发,根据不同的功能分为用户界面子系统、数据管理子系统和网络通信服务子系统。主要完成的功能有无线通信处理,数据处理,报表分析统计等。

第10章 嵌入式 BlueTooth 无线网络通信

BlueTooth 无线近距离网络通信运行在 2.4 GHz ISM 免费频段,能够自适应调频抗干扰,通信协议规范完备,传输快速高效,数据收发稳定可靠,功率消耗低,易于网络组建,软/硬件开发手段齐备,是办公室、家用、实验室、公共场所等环境的电子周边设备各类有线电缆的理想替代实现方式;在各种类型的短距离无线网络通信中独具特色,得到了广泛的应用,推动着无线公文包、电子商务、家庭/办公自动化等各类数字电子的长远发展。

BlueTooth 无线网络通信具有哪些特征?它是怎样组网工作的?其规范的协议标准是如何通过软/硬件实现的?如何选择 BlueTooth 无线通信部件,快速进行高性价比的嵌入式 BlueTooth 通信应用体系实现?本章将全面阐述这些内容。

10.1 BlueTooth 网络通信基础

10.1.1 BlueTooth 通信网络及其特征

BlueTooth 音译为"蓝牙",是"电缆替代"迫切需求的发展产物。电脑、手提笔记本、监测仪器、手机、便携机、家用电器等电子设备的外围设备,如鼠标、键盘、打印机、扫描仪、话筒、扩音器等,各式各样的连接电缆引线越来越多,强烈需要一种快速、可靠、廉价、无害的短距离无线通信的微型网络技术去替代这些连接电缆。于是,BlueTooth 无线网络通信技术应时而生,并且获得了快速发展,出现了一系列的技术规范标准和性价比越来越高的产品。

BlueTooth 技术是一种工作在 2.4 GHz 免费频段附近、能够自适应调频 AFH(Adaptive Frequency Hopping)抗干扰、在近距离范围内廉价高效地将各种外围电子设备无形地联系起来的科学技术。该技术是由 Ericsson、Nokia、Intel、IBM 和 Toshiba 等公司提出并推广的,是个人局域网 PAN(Personal Area Network)中的一种主流技术。

概括起来,BlueTooth 无线网络通信技术的主要特征如下:

- 传输速度:一般为 723.2 kbps,增强速率扩展 EDR 可达 3~4 Mbps;
- 通信距离:100 m@ClassⅠ,10 m@ClassⅡ,2~3 m@ClassⅢ;
- 功率消耗:100 mW@ClassⅠ,2.5 mW@ClassⅡ,1 mW@ClassⅢ;

- ▶ 频率调制,正向纠错编码 FEC,验证标识,加密服务;
- ▶ 载波频率:2.42←2.45→2.48 GHz 频段,79 个 1 MHz 带宽的子频段,1 600 hop/s(625 μs)时隙,跳频扩谱 FHSS;
- ▶ 通信机制:时分双工 TDD,电路分组与交换,面向连接的同步 SCO(对称)或面向无连接的 ACL(对称或不对称)。

BlueTooth 技术是个人局域网各类短距离无线通信技术中的亮点,尽管其数据传输速率不是很高,而且还有硬件兼容性、相同设备识别等一些有待解决的技术问题,但是其传输协议规范、通信稳定可靠的优点十分突出,并且很多电子厂商都在生产各种规格的 BlueTooth 集成芯片、模块及其微型产品。BlueTooth 技术的发展前景十分广阔,嵌入式 BlueTooth 无线通信的开发应用方兴未艾。

10.1.2 BlueTooth 网络系统及拓扑构成

BlueTooth 无线网络系统及其拓扑的结构组织如图 10.1 所示。BlueTooth 网络体系中,具有 BlueTooth 通信能力的独立设备称为"节点",这样的点对点或点对多点无线通信,形成"微微网"(Piconet);微微网之间又通过无线相互关联,构成更大的"分布网"(Scatter Network),若干分布网及其他类型的无线通信网络就组成了更大的交织分布的"个人局域网 PAN",即"个域网"。

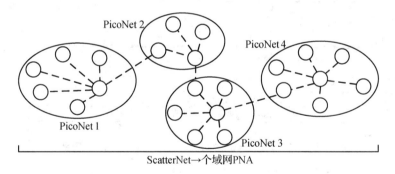

图 10.1　BlueTooth 网络系统及其拓扑构成示意图

微微网是 BlueTooth 无线网络系统的基本组成单元。一个微微网可以包含 256 个 BlueTooth 节点,但是只能有 8 个 BlueTooth 节点处于活跃状态。微微网建立时,只有一个设备节点的时钟和跳频序列用来使其他设备节点同步,该设备节点称为主设备(Master Unit),其他被同步的设备节点称为从设备(Slave Unit)。微微网中的设备具有唯一的媒介访问控制 MAC(Medium Access Control)地址,用于相互区分和标识;MAC 地址以 3 个二进制位表示。微微网中的设备节点可以处于以下 3 种状态之一:休眠状态(Parket state)、监听(SniffState)状态或保持(HodeState)状态。处于休眠状态的设备节点无 MAC 地址。构成分布式网络的各个微微网是独立的、非同步的。

个人局域网实质上是一个更大的分布式网络,它以无线方式实现个人信息终端的智能化互联,构造着未来信息化家居和办公环境。个域网的实现技术有多种,有 ZigBee、BlueTooth、IrDA、WiFi、Home RF 及 UWB(Ultra WideBand Radio)等,其中 BlueTooth 技术是其发展势头强劲的主流技术之一。个域网是因特网、移动通信网、卫星通信等大型网络的有力补充。

概括起来,Bluetooth 无线通信网络体系及其拓扑,就是:微微网 PicoNet(256 节点,8 个活跃,1 主 7 从)→分布网 ScatterNet→个域网 PAN。

10.1.3 BlueTooth 功能单元与协议体系

BlueTooth 无线通信的功能单元与协议体系可以用图 10.2 做简要的形象描述。

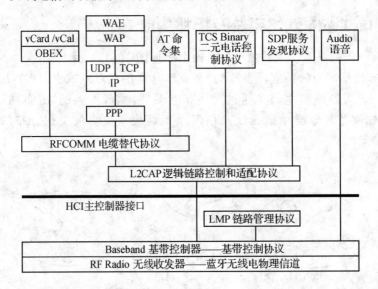

图 10.2　BlueTooth 的功能单元与协议体系示意图

1. Bluetooth 技术的功能单元

BlueTooth 无线通信的功能单元有 4 个层次:无线射频、基带控制、链路管理和软件实现。

(1) 无线射频单元

无线射频单元即无线收发器 RF Radio,BlueTooth 无线电物理信道。BlueTooth 系统采用全向天线,支持点到多点的通信,可以使多台 BlueTooth 设备分享局域网 LAN(Local Area Network)资源,支持终端的移动性,更容易查询和发现设备。BlueTooth 信号传输不受视距的影响,易于组建网络。天线的发射功率按 0 dBm 设计,符合 ISM 波段的要求。发射功率可达 100 mW,系统在 2.402~2.480 GHz 之间,采用 79 个 1 MHz 的频点进行跳频。设计通信距离为 10 cm~10 m,增大发射功率可以达到 100 m。

(2) 基带控制单元

BlueTooth 基带控制单元即基带(Baseband)控制器,实现基带协议和其他底层连接协议,具体完成3方面功能:网络建立、差错控制、验证与加密。

1) 网络建立

微微网建立之前,所有 BlueTooth 设备均处于等待状态,在此状态下设备每隔 1.28 s 监听一次信息,设备一旦被唤醒则在预先设定的 32 个跳频频率上监听信息。连接进程由主设备初始化,若一个设备的 MAC 地址已知,则用寻呼信息建立连接;若 MAC 地址未知,则用寻呼查询信息建立连接。在初始寻呼状态,主设备在 16 个跳频频率上发送一串相同的寻呼信息给从设备;若未收到应答,则主设备就在其他的 16 个跳频频率上发送寻呼信息。所需从设备应答后即建立连接,网络便建立起来了。

BlueTooth 基带技术支持两种连接方式:

➤ 面向连接(SCO)的同步传输方式:主要用于话音传输;

➤ 面向无连接(ACL)的异步传输方式:主要用于分组数据的传输。

应当说明的是在同一微微网中,不同的主从设备可以采用不同的连接方式,而且在一次通信中连接方式可以改变。每一种连接方式支持 16 种不同的分组类型,其中控制分组 4 种,为 SCO 和 ACL 通用的分组。两种连接方式均采用时分双工 TDD(Time Division Duplex)通信。SCO(Synchronous Connection Oriented)为对称连接,支持实时语音传输,主从设备无须轮询即可发送数据。SCO 的分组既可以是语音也可以是数据。当发生中断时,只有数据部分需要重传。ACL(Asynchronous Connection-Less)是面向分组的连接,支持对称和非对称两种传输流量,同时还支持广播信息。在 ACL 方式下,主设备控制链路带宽并负责从设备带宽的分配,从设备按轮询发送数据。

2) 差错控制

基带控制器采用 3 种纠错方式:1/3 正向纠错编码 FEC(Forward Error Correction)、2/3 正向纠错编码和自动请求重传 ARQ(Automatic Retransmission Request)。采用 FEC 编码的目的是减少数据重发的次数,但在无差错环境下,FEC 校验位会失去作用而且降低数据吞吐量,因此业务数据是否加 FEC 校验应视具体情况而定。对于含有重要连接信息和纠错信息的分组报头应始终采用 1/3FEC 校验码进行保护传输。对于需在发送后的下一时隙给出确认的数据传输,使用 ARQ 方式。回送 ACK(ACKnowledge Character)意味着头信息校验及 CRC(Cyclic Redundancy Check)校验均正确;否则,回送 NACK。

3) 验证与加密

物理层提供验证与加密服务,验证与加密采用口令/应答方式。在连接过程中,可能需要一次验证或两次验证,也可能无须验证。验证对 BlueTooth 系统而言是一个重要的组成部分,允许用户自行添加可信任的 BlueTooth 设备。BlueTooth 系统采用流密码加密技术,便于硬件实现,密钥长度可以是 0、40、64 或 128 位。BlueTooth 设备在每次建立链路时都要核对密钥，通信时该密钥用于鉴权和加密。密钥由高层软件管理。BlueTooth 验证与加密的目的是提供适当级别的保护，如果用户有更高级别的保密要求，则应该使用传输层和应用层安全机制。

(3) 链路管理单元

链路管理单元实现通信链路的建立、验证、链路配置及其他通信协议。链路管理器可发现其他类型的链路管理器，并通过链路管理协议 LMP(Link Manager Protocol)建立通信联系。链路管理器利用链路控制器 LC(Link Controllor)提供的服务实现下述功能：接收和发送数据、设备号请求、链路地址查询、建立连接、验证、协商建立连接的方式、确定分组的帧类型、设置设备的工作方式(监听、休眠或保持)。

(4) 软件实现单元

BlueTooth 计划的目的是确保任何 BlueTooth 设备实现互通，因此 BlueTooth 设备必须能够彼此识别，并通过安装合适的软件识别出彼此支持的高层功能。互通性要求采用相同的应用层协议。软件的互通性指链路级"协议"的多路传输、设备和服务的发现以及分组的分段和重组。这些功能由 BlueTooth 技术的手机、手持设备及笔记本电脑来完成。BlueTooth 软件结构单元利用现有规范，如 OBEX、vCard/vCalendar、HID、WAP、PPP 及 TCP/IP 等协议规范，而不去开发新的协议。软件单元主要实现的功能有 BlueTooth 设备的发现、与外围设备的通信、音频通信及呼叫控制、交换名片和电话号码等。

2. Bluetooth 技术的协议体系

BlueTooth 协议众多，呈层次架构，从软件实现角度，常称为"协议栈"。完整的 BlueTooth 协议包括 BlueTooth 技术专用协议(如 LMP 和 L2CAP)和非专用协议(如对象交换协议 OBEX 和传输控制协议 TCP)。协议和协议栈的设计原则是充分利用现有的高层协议，保证现有协议与 BlueTooth 技术相融合及各种应用之间的互通性，充分利用兼容 BlueTooth 技术规范的软/硬件系统。

BlueTooth 协议体系可分为两大类：核心协议和应用协议，每一大类包含有若干子类。整个 BlueTooth 协议体系划分如图 10.3 所示。

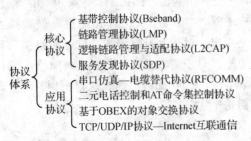

图 10.3 BlueTooth 协议体系的类型划分

(1) BlueTooth 核心协议

核心协议包括基带协议 Baseband、链路管理协议 LMP、逻辑链路控制和适配协议 L2CAP（Logic Link control Adepter Protocal)和服务发现协议 SDP(Server Detection Protocol)。

基带协议 Baseband：在网络建立之初发现 BlueTooth 设备，并同链路控制层 LMP 一起，保证微微网内各设备单元之间建立无线连接。语音编码数据直接通过基带协议传输，呼叫控制命令(TCS BIN 和 AT Commands)则建立在虚拟串口协议 RFCOMM 基础上，通过 L2CAP 处理后进入基带传输。

链路管理协议 LMP：负责 BlueTooth 设备间无线连接的建立与控制。通过连接的发起、交换、核实，进行身份验证和加密；并通过协商确定基带数据分组的大小，控制无线设备的电源模式、工作周期以及微微网中设备单元的连接状态。

逻辑链路控制和适配协议 L2CAP：当业务数据不经过 LMP 时，L2CAP 为上层提供服务。L2CAP 采用了多路技术、分割和重组技术、群提取技术，允许高层协议以 64 KB 为单位收发数据分组。需要注意的是 L2CAP 仅支持 ACL 连接。

服务发现协议 SDP：是所有用户模式的基础。使用 SDP 可以提供设备的信息和服务类型，从而在 BlueTooth 设备间建立连接。

(2) BlueTooth 应用协议

BlueTooth 技术的应用包括 3 种：基于 OBEX(Object Exchange)的对象交换、基于 PPP(Point-to-Point Protocol)的互联网应用和话音通信应用。相应的应用协议有：

① 电缆替代协议(RF Comm)：在 BlueTooth 基带协议上仿真 RS232 控制数据信号，为使用串行线传送数据的上层协议提供服务。

② 二元电话控制协议(TCS BIN)和 AT 命令集(AT Commands)电话控制协议：定义了 BlueTooth 设备间建立语音和数据呼叫的控制命令及控制多用户模式下移动电话、调制解调器等的命令集。

③ 基于 OBEX 的对象交换协议：类似于 HTTP(Hyper Text Transport Protocol)协议，采用客户机-服务器模式和独立于传输机制与应用程序的接口，完成电子名片交换(vCard)、电子日历及其交换(vCal)、电子笔记本(vNote)、电子信息(vMessage)等。

④ 可选用的应用协议：包括 TCP/UDP/IP 协议、WAP 协议等。TCP/UDP/IP 用于完成 BlueTooth 设备与 Internet 进行互联通信。移动协议标准 WAP(Wireless Application Protocol)将互联网信息和电话传送的业务传送到数字蜂窝电话或其他无线终端上。建立在 L2CAP 基础上，采用不同的协议栈组构成相应的协议栈可实现不同的用户模式，如文件传输模式、同步模式、局域网访问模式、"一机三用"电话模式、互联网网桥模式等。

3. BlueTooth 无线通信的规范标准

BlueTooth 无线通信技术的规范标准如图 10.4 所示。BlueTooth 技术标准版本的每一次颁布都是 BlueTooth 无线通信性价比的大幅度提升。新一代技术标准都在原有标准的基础上增强了数据传输速率，降低了功耗，并能够向下兼容低版本规范。具有 EDR 技术的 BlueTooth 无线通信的数据传输速度可以达到 2～3 Mbps。近期推出的 BlueTooth 器件，其数据手册资料特别指出采用了"BlueTooth X.X + EDR"版本的 BlueTooth 技术，以突出其优势技

BlueTooth规范标准 { 协议基础——IEEE802.15
技术规范——BlueTooth1.0/1.1/1.2/2.0/2.1/3.0
特别技术——增强数据比率EDR }

术性能。

BlueTooth技术规范中典型的是BlueTooth1.1、BlueTooth1.2和BlueTooth2.0,有很多基于这些标准的器件或模块,下面给予简要说明。

图10.4 BlueTooth无线技术的规范标准概括图

(1) BlueTooth1.1

BlueTooth1.1标准改善了BlueTooth1.0在设备互操作性方面的欠缺。如出于安全的考虑,BlueTooth1.0设备之间的通信都经过加密,当两台BlueTooth设备之间尝试建立起一条通信链路时,则会因为不同厂家设置的口令不匹配而无法正常通信;或如果从设备处理信息的速度高于主设备,随之而来的竞争态势会使两台设备都得出自己是通信主设备的计算结果等。BlueTooth1.1规范对这一问题进行了解决,它要求会话中的每一台设备都需要确认其在主/从设备关系中所扮演的角色。

此外,BlueTooth技术本将2.4 GHz的频带划分为79个子频段,而为了适应一些国家军用需要又重新定义了另一套子频段划分标准,将整个频带划分为23个子频段,以避免使用2.4 GHz频段中指定的区域。这造成了使用79个子频段的设备与那些设计为使用23个子频段的设备之间互不兼容。BlueTooth1.1标准取消了23子频段的副标准,规定所有设备都使用79个子频段在2.4 GHz的频谱范围之内进行相互通信。此外,BlueTooth1.1规范也修正了互不兼容的数据格式会引发BlueTooth1.0设备之间互操作性问题,允许从设备主动与主设备进行通信并告知主设备有关包尺寸方面的信息,且从设备可以在必要时通知主设备发送包含了多少slots的数据包。

(2) BlueTooth1.2

BlueTooth1.1标准的缺点与优点同样明显,如很容易受到主流IEEE802.11b设备干扰。而BlueTooth1.2标准则提供了更好的同频抗干扰能力,加强了语言识别能力,并向下兼容BlueTooth 1.1的设备。

BlueTooth1.2标准增加了3项新功能:

- 适应性跳频技术AFH(Adaptive Frequency Hopping),主要用来减少BlueTooth产品与其他无线通信装置之间所产生的干扰问题;
- 延伸同步连结导向信道技术ESCO(Extended Synchronous Connection-Oriented links),用于提供高度QoS(Quality of Service)的音讯传输,以进一步满足更高阶语音与音讯产品的需求;
- 快速连接(Faster Connection)技术,能够缩短重新搜索与再连接的时间,使连接的过程更稳定、更快速,从而使BlueTooth产品在使用上更为平顺。

(3) Bluetooth2.0

BlueTooth2.0规范提高了多任务处理和多种BlueTooth设备同时运行的能力,带宽的提升使得可以传输更大的文件,更低的电力消耗使得运行时间可以提高 2 倍,同时"BlueTooth2.0＋EDR"版本能够兼容所有以前的规范。"BlueTooth2.0＋EDR"的主要内容如下:

> 3 倍数据传输速率(最大可以达到 10 倍);
> 通过减少工作负载循环达到更低的电力消耗;
> 更多的带宽简化了多连接模式;
> 向后兼容早期 BlueTooth 设备;
> 降低了比特误差率 BER(Bit Error Rate)。

10.1.4 BlueTooth 的节点匹配及其应用

使用 BlueTooth 设备必须了解和遵守其标准技术规范。两个 BlueTooth 设备进行前必须将其匹配在一起,以保证其中一个设备发出的数据信息只会被经过允许的另一个设备所接收。

BlueTooth 主设备一般具有输入端。进行 BlueTooth 匹配操作时,用户通过输入端可输入随机的匹配密码来完成两个 BlueTooth 设备的匹配。BlueTooth 手机、安装有 BlueTooth 模块的 PC 机等都是主设备。如果将 BlueTooth 手机和 BlueTooth PC 机进行匹配,则可以在 BlueTooth 手机上任意输入一组数字,然后在 BlueTooth PC 上输入相同的一组数字,这样就完成了这两个设备之间的匹配。

BlueTooth 从设备一般不具备输入端。BlueTooth 从设备出厂时,其 BlueTooth 芯片中都固化有一个 4 位或 6 位数字的匹配密码。BlueTooth 耳机、输入笔等都是从设备。如果 BlueTooth PC 机与 BlueTooth 耳机匹配,则将 BlueTooth 耳机的 BlueTooth 匹配密码正确地输入到 BlueTooth 耳机 PC 机上就完成了二者之间的匹配。

主设备与主设备之间、主设备与从设备之间,可以互相匹配在一起;从设备与从设备是无法匹配的。例如,BlueTooth PC 机与 BlueTooth 手机可以匹配在一起,BlueTooth PC 机也可以与 BlueTooth 耳机匹配在一起,而 BlueTooth 耳机与 BlueTooth 耳机之间是不能匹配的。

一个主设备根据其类型的不同可匹配一个或多个其他设备。如一部 BlueTooth 手机一般只能匹配 7 个 BlueTooth 从设备,而一台 BlueTooth PC 机可以匹配十多个或数十个 BlueTooth 设备。在同一时间,BlueTooth 设备之间仅支持点对点的无线通信。

10.2 基本的软/硬件体系设计

10.2.1 BlueTooth 协议栈的结构体系分析

BlueTooth 技术的协议栈有 3 大组成部分:底层硬件模块、中间应用层和高端应用层,其体系结构如图 10.5 所示。

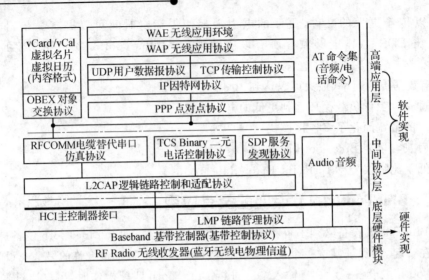

图 10.5 BlueTooth 技术的协议栈体结构示意图

(1) BlueTooth 底层模块

底层模块是 BlueTooth 技术的核心模块,所有嵌入 BlueTooth 技术的设备都必须包括底层模块。它主要由链路管理层 LMP、基带控制层和射频 RF(Rodio Fraquency)收发器 3 部分组成。其功能是:无线连接层 RF 通过 2.4 GHz 无需申请的 ISM 频段,实现数据流的过滤和传输;它主要定义了工作在此频段的 BlueTooth 接收机应满足的需求;基带控制层提供了两种不同的物理链路:同步面向连接的链路 SCO 和异步无连接的链路 ACL,负责"跳频"和 Blue-Tooth 数据及信息帧的传输,并且对所有类型的数据包提供了不同层次的前向纠错码 FEC 或循环沉余度差错校验 CRC;LMP 层则负责两个或多个设备链路的建立、拆除及链路的安全、控制,如"鉴权"和加密、控制和协商基带包的大小等,它为上层软件模块提供了不同的访问入口;BlueTooth 主机控制器接口 HCI(Host Cntroller Interface)由基带控制器、连接管理器、控制和事件寄存器等组成,是 BlueTooth 协议中软/硬件之间的接口,提供了一个调用下层基带、连接管理、状态和控制寄存器等硬件的统一命令,上、下两个模块接口之间的消息和数据的传递必须通过 HCI 的解释才能进行。传统制造,HCI 层以上的协议软件实体运行在主机上,而 HCI 以下的功能由 BlueTooth 设备来完成,二者之间通过传输层交互;近代的高集成度单芯片制造,HCI 上下部分则完全在一个 BlueTooth 器件上实现。

(2) BlueTooth 中间协议层

中间协议层由逻辑链路控制与适配协议 L2CAP、服务发现协议 SDP(Service Discovery Protocol)、串口仿真协议或称线缆替换协议(RFCOM)和二进制电话控制协议 TCS(Telephony Control protocol Spectocol)组成。L2CAP 是 BlueTooth 协议栈的核心组成部分,也是其他协议实现的基础。它位于基带之上,向上层提供面向连接和无连接的数据服务,主要完成数据的拆装、服务质量控制、协议的复用、分组的分割和重组(Segmentation And Reassembly)及组提取等功能。L2CAP 允许高达 64 KB 的数据分组。SDP 是一个基于客户/服务器结构的协议,工作在 L2CAP 层之上,为上层应用程序提供一种机制来发现可用的服务及其属性;服务属性包括服务的类型及该服务所需的机制或协议信息。RFCOMM 是一个仿真有线链路的无线数据仿真协议,符合 ETSI 标准的 TS 07.10 串口仿真协议。它在 BlueTooth 基带上仿真 RS232 的控制和数据信号,为原先使用串行连接的上层业务提供传送能力。TCS 是一个基于 ITU-TQ.931 建议的、采用面向比特的协议,定义了用于 BlueTooth 设备之间建立语音和数据呼叫的控制信令(Call Control Signalling),并负责处理 BlueTooth 设备组的移动管理过程。

(3) BlueTooth 高端应用层

高端应用层位于 BlueTooth 协议栈的最上部分,由选用协议层组成。选用协议层中的 PPP 是点到点协议,由封装、链路控制协议、网络控制协议组成,定义了串行点到点链路应当如何传输因特网协议数据,主要用于 LAN 接入、拨号网络及传真等应用规范;传输控制协议 TCP、因特网协议 IP、用户数据报协议 UDP(User Datagram Protocol)是 3 种已有的协议,定义了因特网与网络相关的通信及其他类型计算机设备和外围设备之间的通信。BlueTooth 采用或共享这些已有的协议去实现与连接因特网的设备通信,这样既可提高效率,又可在一定程度上保证 BlueTooth 技术和其他通信技术的互操作性;OBEX(Object Exchange Protocol)是对象交换协议,支持设备间的数据交换,采用客户/服务器模式提供与超文本传输协议 HTTP 相同的基本功能。该协议作为一个开放性标准还定义了可用于交换的电子商务卡(vCard)、电子个人日程表(vCalendar)、电子消息(vMessage)和电子便条(vNote)等格式;WAP 是无线应用协议,目的是要在数字蜂窝电话和其他小型无线设备上实现因特网业务。它支持移动电话浏览网页、收取电子邮件和其他基于因特网的协议。WAE(Wireless Application Environment)是无线应用环境,提供了用于 WAP 电话和个人数字助理 PDA 所需的各种应用软件。

一般地说,底层模块通过硬件实现,中间协议层和高端应用层则通过软件实现。

10.2.2 BlueTooth 技术的软/硬件实现分析

(1) BlueTooth 通信的实现分析

根据上述 BlueTooth 协议栈体系结构的分析可以得出,通过硬/软件设计实现的 BlueTooth 技术层次如图 10.6 所示。硬件实现的基带控制协议和链路管理协议连同全部的软件实现,构成 BlueTooth 协议栈。BlueTooth 协议栈通常有两种实现形式:固化到 BlueTooth 芯片的连接基带控制器的片内 Flash 中,或者做成便于连接 BlueTooth 部件的主微处理器进行调用的系列 API 函数构成的软件开发包 SDK(Software Development Kit)。基带控制协议和链路管理协议传统上由底层硬件逻辑电路实现,划归了硬件实现;随着科学技术的发展,Blue-Tooth 技术走向了单芯片实现方式,把更多的协议做到了芯片内的闪存中,基带控制协议和链路管理协议就转而由软件实现了,这样更便于各种协议的丰富完善和应用更新。

BlueTooth 通信部件的数字接口，通常是 UART 或 USB 接口，也可以是扩展的 SPI、I^2C、CAN、EPP/ECP、PCMCIA 等串并行接口，用于通过具体的 HCI 指令集实现数据的收发传输和通信过程管理。BlueTooth 通信部件厂商会提供详细的 HCI 指令集。

（2）BlueTooth 通信的硬件实现

BlueTooth 技术规范除了包括协议部分外，还包括 BlueTooth 的应用部分（即应用模型）。实现 BlueTooth 时，一般是 BlueTooth 分成两部分来考虑，其一是软件实现部分，位于 HCI 的上面，包括 BlueTooth 协议栈上层的 L2CAP、RFCOMM、SDP 和 TCS 以及 BlueTooth 的一些应用；其二是硬件实现部分，位于 HCI 的下面，即上文提到的底层硬件模块。

BlueTooth 硬件模块由 BlueTooth 协议栈的无线收发器、基带控制器和链路管理层组成。目前大多数生产厂家都利用片上系统技术 SOC（System-On-Chip）将这 3 层功能模块集嵌在同一块芯片上。图 10.7 给出了 BlueTooth 通信部件的单芯片实现框架。

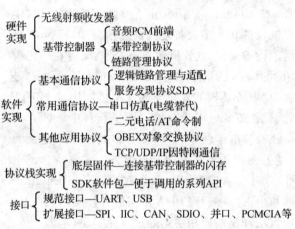

图 10.6 BlueTooth 通信的硬软件实现分析层次图

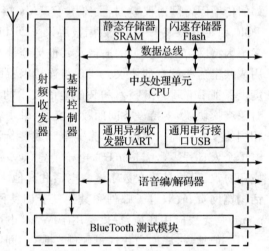

图 10.7 BlueTooth 通信部件的单芯片实现框架图

单芯片 BlueTooth 通信部件由微型中央处理单元 CPU、无线收发器、基带控制器、静态存储器 SRAM、闪速存储器 Flash、通用异步收发器 UART、通用串行接口 USB、语音编/解码器 CODEC 及 BlueTooth 测试模块组成。下面分别叙述各部分的组成及功能。

① 基带控制器：是 BlueTooth 硬件模块的关键模块，主要由链路控制序列发生器、可编程序列发生器、内部语音处理器、共享 RAM 仲裁器及定时链管理、加密/解密处理等功能单元组成。主要功能是：在微处理器模块控制下，实现 BlueTooth 基带部分的所有实时处理功能，包括对接收 bit 流进行符号定时提取的恢复、分组头及净负荷的循环沉余校验 CRC、分组头及净负荷的前向纠错码 FEC 处理和发送处理、加密和解密处理等。基带控制器能够提供到其他芯片的接口（如数据路径 RAM 接口、微处理器接口、脉冲编码调制接口 PCM 等）。

② 无线收发器：是 BlueTooth 设备的核心，是 BlueTooth 设备不可缺少的部分。它与用于广播的普通无线收发器的不同之处在于体积小、功率小。无线收发器由锁相环、发送模块和接收模块等组成。发送部分包括一个倍频器，并且直接使用压控振荡器 VCO 调制；接收部分包括混频器、中频器放大器、鉴频器以及低噪音放大器等。无线收发器的主要功能是调制/解调、帧定时恢复和跳频，同时完成发送和接收操作。发送操作包括载波的产生、载波调制、功率控制及自动增益控制 AGC；接收操作包括频率调谐至正确的载波频率及信号强度控制等。

③ 微处理器 CPU：负责 BlueTooth 比特流调制和解调的所有比特级处理，并且还负责控制收发器和专用的语言编码、解码器。

④ Flash 和 SRAM 存储器：Flash 存储器用于存放基带和链路管理层中的所有软件部分。SRAM 作为 CPU 的运行空间，并且在启动时把 Flash 中的软件调至 SRAM 中，以便程序的快速高效运行。

⑤ 语音编/解码器 CODEC：CODEC（Coder Decoder）由数/模转换器 DAC、模/数转换器 ADC、数字接口、编码模块等组成。主要功能：提供语音编码和解码功能，提供连续可变斜率增量调制 CVSD（Continuous Variable Slope Delta Modulation）与脉冲编码调制 PCM（Pulse Coded Modulation）两种编码方式。

⑥ 测试模块：由 DUT（Device Under Test）即被测试模块与测试设备及计量设备组成。一般测试设备与被测试设备构成一个微微网，测试设备是主节点，DUT 是从节点。测试设备对整个测试过程进行控制，主要功能是提供无线层、基带层的认证、一致性规范，同时还管理产品的生产和售后测试。

⑦ 通用异步收发器 UART 和通用串行接口 USB：提供到主机控制器接口 HCI 传输层的物理连接，是高层与物理模块进行通信的通道。

10.2.3　BlueTooth 无线通信部件及其构造

1. BlueTooth 通信部件及其特征

BlueTooth 无线通信部件有 3 种形式：芯片组合、单芯片和独立模块或产品。图 10.8 是典型 BlueTooth 无线通信部件及其归类示意图。

图 10.8　典型 BlueTooth 无线通信部件及其归类示意图

2. 芯片组 BlueTooth 通信部件

最早的芯片组 BlueTooth 通信部件是由 Mitel 的基带控制器 MT1020 和 Philsar 的无线收发器 PH2401 组合而成的,遵循 BlueTooth1.0 规范,提供高至 HCI 的功能。MT1020 含有 ARM7 内核的微处理器和音频编解码器的 BlueTooth 基带外设,ARM7 微处理器实现 BlueTooth 链路控制和管理协议;基带外设与 PH2401 串行连接,通过对 PH2401 内部寄存器的读/写实现跳频、调谐等控制,并且可通过其 UART 或 USB 接口连接外部微处理器。HCI 以上的协议栈功能需由连接该芯片组的微控制器来实现。

类似的芯片组合,还有 Atmel 的 AT76C551 + T2901 (+ T7024)、Silicon 的 SiW016 + SiW015、Lucent 的 W7400 + W7020 等。其中,AT76C551、SiW016、W7400 是基带控制器;T2901、SiW015、W7020 是无线射频收发器;T7024 是含有功率放大器和低噪声放大器的 BlueTooth 前端 IC,用于高接收灵敏度和大发射功率的无线通信应用。

芯片组合 BlueTooth 通信部件,是前些年的无线应用,已经渐渐被现代性价比越来越高的单芯片通信部件代替了。

3. 单芯片 BlueTooth 通信部件

单芯片 BlueTooth 通信部件将无线射频收发器和基带控制器集成在一起,极大方便了无线通信体系的开发设计。越来越多的单芯片 BlueTooth 器件,还把各种简化的协议栈集成在芯片内,做到可以升级刷新,并且留有更多的存储器、片内外设/接口等微处理器资源,使 BlueTooth 芯片还能够适合更多的单芯片应用需求、完成数据采集等诸多的实用功能。这样强大功能的单芯片 BlueTooth 器件,常常称为"单芯片 BlueTooth 片上系统 SOC(System On Chip)"绝大多数常用单芯片 BlueTooth 器件都是这种类型。有些芯片还在收发器前端了集成带通滤波器、平衡-不平衡转换器 BAlUN(BALanced to UNbalanced)等硬件,以进一步增强无线通信性能。为了增强无线通信的综合能力,一些芯片还将 BlueTooth、WiFi、FM(Frequence Modulation)、GPS 等手段集成在一起,以适合更多场合的需求。

单芯片 BlueTooth 半导体生产厂家有 CSR(Cambridge Silicon Radio)、博通 BroadCOM(Broad Communication)、TI(Texas Instruments)、RFMD(RF Micro Device)等,相继生产了一系列的单芯片 BlueTooth 器件。图 10.9 是这一些典型厂商的典型器件外形图。单芯片 BlueTooth 产品一代比一代性价比高:数据传输率越来越高,通信性能越来越强,存储空间越来

图 10.9 典型 BlueTooth 厂商及其器件外形图

越大,可用片内外设/接口越来越多,工作电压要求越来越低,功率消耗越来越低,芯片面积和体积越来越小,开发应用越来越容易。下面具体介绍一下常见的单芯片 BlueTooth 厂商及其器件。

CSR 是供应短距离无线通信单芯无线器件的领先厂商,提供了以 BlueCore 为基础的先进硬/软件解决方案、完全整合的 2.4 GHz 无线电/基频及微控制器,有超过 60% 的 BlueTooth 用户在使用 BlueCore 系列器件。BlueCore 系列单芯片 BlueTooth 器件有 BlueCore1~7,每个系列中又有内外 ROM/Flash、Audio/Multimedia 类型之分。每个系列器件的性能因其遵循的协议规范而不同,BlueCore3x 对应 BlueTooth1.0,BlueCore2 对应 BlueTooth1.1,BlueCore3 对应 BlueTooth1.2,BlueCore4 对应 BlueTooth2.0＋EDR,BlueCore5 对应 BlueTooth2.0/2.1＋EDR,BlueCore6/7 对应 BlueTooth2.1＋EDR,另外 BlueCore3/4 还含有 Plug-n-Go(集成有"平衡-不平衡转换器"Balun、带通滤波器和匹配器)的类型,BlueCore6/7 还并存有 FM 无线通信能力。

博通 BroadCOM 提供了一系列 BlueTooth 单芯片器件和相应的软件解决方案,其 BlueTooth 器件通称为 RF 硅晶;在成本、性能和集成方面的有极大优势,能够轻松实现 Bluetooth 无线连接。常见的博通 BlueTooth RF 硅晶有:用于高通手持设备的 BCM2002/4(BlueTooth1.2)、应用无线鼠标、键盘等 HID 类的 BCM2042(BlueTooth2.0)、BCM2044(BlueTooth2.0＋EDR,低功耗,高接收灵敏度,内置 Balun)、BCM2044S(低噪声/回波)、BCM2045(BlueTooth2.0＋EDR)、BCM2046(BlueTooth2.1＋EDR)、BCM2047(BlueTooth2.1＋EDR,高接收灵敏度,内置 Balun)、BCM2048/9(BlueTooth2.1＋EDR＋FM)、BCM2070(BlueTooth3.0,低功耗,高接收灵敏度)、BCM2075(BlueTooth2.1＋EDR＋FM＋GPS)、BCM4345(BlueTooth2.1＋EDR＋FM＋IEEE802.11a/b/g WiFi)、BCM4345(BlueTooth2.1＋EDR＋FM＋IEEE802.11n WiFi)。其中低成本应用的 BCM2002/2004/2042 集成的是诸如 8051 的一般微控制器,而大多数器件都集成了高性能的 ARM7TDMI 内核,并在功率消耗、接收灵敏度、发射能力、降低噪声/回波等方面都做了不断的增强。

TI 推出了 BlueLink 系列 BlueTooth 单芯片器件,以高性能、小尺寸、低成本而见长,典型的有 BRF6150、BRF6300、BRF6350、BL6450 等,都是 ARM7TDMI 内核的 BlueToothSOC 架构。BRF6150,BlueTooth1.2 规范,130 nm 工艺。BRF6300,BlueLink™ 5.0 平台,"BlueTooth2.0＋EDR"规范,90nm 工艺。BRF6350,BlueLink™ 6.0 平台,"BlueTooth2.1＋EDR"规范,FM 接收器共存,90nm 工艺。BL6450,BlueLink™ 7.0 平台,"BlueTooth2.1＋EDR"规范,FM 接收器共存,65nm 工艺。

RFMD 生产的 BlueTooth 单芯片器件有 SiW3500、SiW4000 和 SiW4020,都是含有 ARM7TDMI 内核的 BlueToothSOC。SiW3500 是 BlueTooth2.0 协议规范。SiW4000 是"BlueTooth2.0＋EDR"规范器件,具有 IEE802.11 协同接口。SiW4020 是"BlueTooth2.1＋EDR"规范器件,具有 IEE802.11/2G-3G 移动电话/GPS 协同接口。这些器件曾经广泛应

用,如今 RFMD 正在逐渐淡出 BlueTooth 市场。

4. BlueTooth 通信模块或产品

为了更加方便 BlueTooth 无线通信的开发和应用,原 BlueTooth 芯片厂家及其一些第三方厂家使用 BlueTooth 芯片组,特别是单芯片 BlueTooth,设计了一系列独立的 BlueTooth 通信模块和产品。图 10.10 是一些采用 CSR 的单芯片 BlueTooth 器件为核心的典型 BlueTooth 通信模块和产品的外形图。图 10.10 中,BlueTooth 器件多为高性价比的 BlueCore4-Ext、BlueCore4 或 BlueCore5,采用 BlueCore4-Ext,外扩了 Flash 存储器,以存放 BlueTooth 协议栈代码;为了增强传输性能,这些 BlueTooth 通信模块或产品多数在天线前端增加了具有功率放大、低噪声放大和 Balun 平衡变换的前端 IC,如 T7024;右上角 BlueTooth 模块还特意显示了一个 1 元硬币,以对比说明模块的大小。

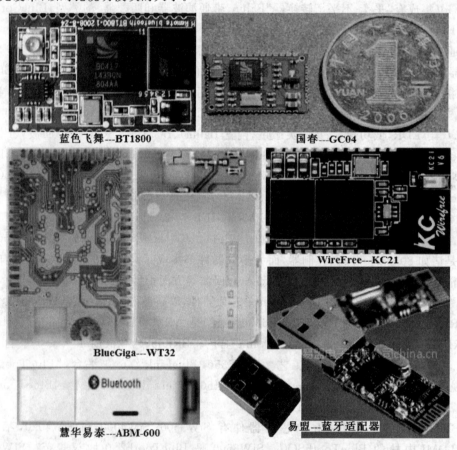

图 10.10　典型 BlueTooth 模块或产品外形图

BlueTooth 无线模块特别适合嵌入式无线通信的应用需求,生产厂家众多,如爱立信

(Ericsson)蓝色飞舞、国春、BlueGiga、WireFree、慧华易泰、金瓯、益光、金通联等。BlueTooth模块接口多为UART或USB,有些还提供了SPI、SDIO、CAN、PCMCIA等类型接口。BlueTooth模块有3种设计形式:直插型、表面贴装型和串口适配器。典型的BlueTooth无线模块,如蓝色飞舞的BT1800(无障碍通信距离可达1800m)、国春的GC04、BlueGiga的WT32、WireFree的KC21、慧华易泰的YTBC04-2等。爱立信推出的BlueTooth模块ROK101007,BlueTooth1.1协议规范,集成度高、功耗小,是早期广为选用的BlueTooth组合芯片模块。这些BlueTooth无线模块,形体小巧,连接方便,而且不少厂家为其产品的推广应用提供了很多精简AT指令集、软/硬件应用例程、测试工具和操作函数库。

BlueTooth无线产品多为USB或UART接口的外置袖珍形式,以便于各种计算机、便携式移动终端、交通车载设备等使用。典型的BlueTooth无线产品很多,如慧华易泰的ABM-600、易盟的各类BlueTooth无线产品适配器等。

10.2.4 BlueTooth技术的软/硬件实现形式

1. BlueTooth无线通信硬件设计

开发嵌入式BlueTooth无线通信体系首先要选择好合适的BlueTooth通信部件,可以直接使用BlueTooth芯片组或BlueTooth单芯片,也可以采用BlueTooth模块。选择BlueTooth通信部件需要考虑的主要因素有:通信速率、传输距离、接口形式、技术支持、性价比等。通信速率取决于BlueTooth核心器件遵循的协议规范,传输距离取决于BlueTooth部件的接收灵敏度和发送功率。技术支持包括能够提供详细的技术文档、软件工具、API函数库、例程代码及其开发中及时的疑难问题处理。

接下来,进行BlueTooth无线通信硬件体系的原理设计,主要是射频收发部分的设计,其次是系统微处理器和BlueTooth的硬件连接。射频收发部分的设计需要仔细参阅厂家推荐的电路及其外围器件参数配置。系统微处理器和BlueTooth的硬件连接需要注意双方工作电压、直流供电等方面的差异,处理好"限流"、多种接地等环节,按照接口总线规范去做即可。典型的BlueTooth无线通信应用体系框图如图10.11所示。

最后是BlueTooth无线通信硬件体系的PCB制板设计,与ZigBee短距离无线通信一样,需要注意合理布局、布线,充分利用电源层与地线层的排布做好屏蔽和隔离,处理好电磁兼容和抑制,必要时对整个无线通信部件做完全的金属屏蔽。

采用BlueTooth模块的PCB制板设计相对简单些,只要对模块所占部分做好屏蔽和隔离即可。

直接采用BlueTooth芯片组或单芯片进行电路设计与PCB制板时,需要注意PCB板材的选择、布线层的厚度、布线的宽度与方向等方面的合理设计,应该严格按照芯片厂商提供的规范和样例进行开发,特别是天线部分电路。图10.12是采用WT32无线模块的嵌入式通信应用系统的PCB设计。厂家建议:"模拟地"和"数字地"严格分开,无线模块周围至少7 mm

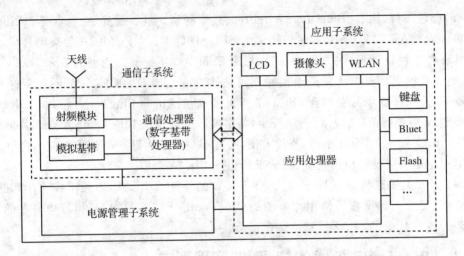

图 10.11 典型的 BlueTooth 无线通信应用体系框图

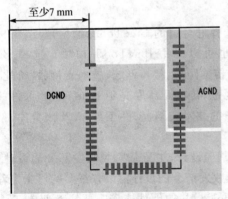

图 10.12 WT32 模块 BlueTooth 无线通信体系的 PCB 制板示意图

不要放置元器件,无线模块部分不要"过孔"布线,以免影响天线的接收灵敏度和 PCB 板之间发生短路。

2. BlueTooth 无线通信软件设计

(1) BlueTooth 通信软件概述

根据 10.2.2 小节可以得到 BlueTooth 通信软件的一般体系架构与操作流程,如图 10.13 所示。其中,HCI 底层与链路控制部分软件大多数已经固化在 BlueTooth 部件中且可以升级刷新,需要编写的关键程序是高层驱动、HCI 驱动和硬件接口驱动。硬件接口驱动程序应该根据接口总线规范、具体的微处理器及其硬件接口特点来编写。高层驱动和 HCI 驱动应该根据 BlueTooth 部件的具体协议规范来编写,这一部分难度较大,通常 BlueTooth 部件供应商都会提供相应协议栈的函数库、程序代码或软件工具,现在大多数 BlueTooth 部件都把这两部分完全集成到了内部,这样应用程序就是直接操作硬件接口驱动了。

嵌入式应用系统中 BlueTooth 无线通信的一般软件流程如图 10.14 所示,其中的关键环节是 BlueTooth 部件的配置、BlueTooth 无线连接的建立和 BlueTooth 无线数据收发。BlueTooth 无线连接的建立包括重要的绑定(Banding)和对码(Pairing),涉及验证、加解密和识别。BlueToothd 无线数据收发通常采用查询式主动发送和中断式被动接收的形式,大量数据传输的情况下,如果核心微处理器支持 DMA 传输,则可以采用 DMA 方式进一步减轻微处理器的负担。

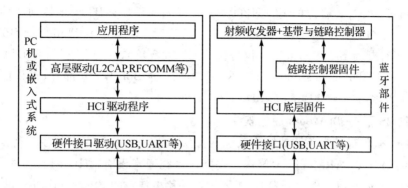

图 10.13 BlueTooth 通信软件的体系架构与操作流程图

(2) BlueTooth 软件开发工具

可以利用 BlueTooth 部件厂商提供的软件开发工具快速设计以高层驱动和 HCI 接口为核心的无线通信软件,如 CSR 的 BlueLab SDK、BroadCOM 的 Widcomm、Ericsson 的 EBDK 等,下面就这些典型工具软件加以简要说明。

BlueCore 系列单芯片的软件开发工具:CSR 提供有 Casira 通用开发系统、BlueLab SDK、BCHS 和 BlueICE,其中,Casira 通用开发系统是一般目的的开发系统,BlueLab SDK 用于单芯片无主机的应用情况,BCHS 用于上层 BlueTooth 协议栈及其分析,BlueICE 用于鼠标、键盘等 PC 机无线外设的快速开发。还有一些第三方工具软件,比较著名的是 LabPro,这是一套开发运行在 BlueCore 系列芯片上应用程序的嵌入式开发工具,能使所有的 BlueTooth 协

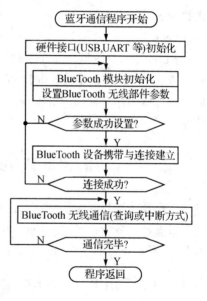

图 10.14 BlueTooth 通信软件的一般流程图

议和应用程序都以虚拟机方式运行在 BlueCore 系列单芯片内的精简指令集处理器 RISC 上,把整个系统减到最少就只有 BlueCore 芯片的程度;LabPro 支持电池管理、按钮、I^2C、消息、panic、sequence、scheduler、PIO、定时器等标准库和连接管理、框架、Headset/Handsfree、握手、HID、PAN 等应用库,提供 Headset、Handsfree、语音通道、串口替代、HID 鼠标/键盘、HTTP/TCP 个人局域网服务、点对点分组网桥、闪烁 LED 应用等大量的样例。

BlueTooth RF 硅晶的软件开发工具:BroadCOM 推出的 Widcomm 软件为其 BlueTooth RF 系列硅晶器件提供了高度可靠、连接方便、应用支持广泛的 Bluetooth 栈,主要功能有协议栈的选择与生成、通信配置、BlueTooth 器件的驱动、传输测试工具等。常用的 Widcomm 软件

有适合于 BlueTooth1.2 器件的 BCM1200-BTE(嵌入式系统)/BTEM(移动电话)和适合于 BlueTooth2.1 的 BCM100-BTW(Windows)/BTWM(Windows Mobile)/VPP(Windows Vista),另外还有专为 BlueTooth 音频设备设计的开发环境软件的 BCM1600-BTE。

Ericsson 的 EBDK：Ericsson 针对其 ROK101007 等 BlueTooth 部件,提供的 BlueTooth 开发软件是 EBDK(EricssonBluetoothDevelopmentsKit)。

(3) 常见 OS 下的 BlueTooth 通信软件

BlueTooth 软件通信在不同的操作系统下有独特的实现形式,需要区别对待。

Linux、μC/Linux、ARM-Linux 等嵌入式操作系统通常没有对 BlueTooth 协议栈的特别支持,进行 BlueTooth 通信软件开发时,需要选择并移植特定的 BlueTooth 协议栈。比较常用的 BlueTooth 协议栈软件是同济大学高性能计算中心 Dennis 设计的 BlueZ,移植了 BlueZ,就可正常操作 BlueTooth 部件了。

Windows XP、Windows CE、Windows Mobile 等嵌入式操作系统一般含有 BlueTooth 协议栈,进行 BlueTooth 通信软件开发时,有两种方法可以选择：WinSock 套接操作或虚拟串行口操作。WinSocket 套接字操作即使用网络编程服务器侦听客户端连接的方式来进行数据通信。虚拟串行口操作即使用 Windows 平台提供 API 函数集,像操作普通串口一样进行无线数据传输。

10.3　BlueTooth 无线通信应用

本节列举几个项目开发实例,综合说明如何实现具体的嵌入式 BlueTooth 网络通信应用体系的开发设计。各个例子中,将重点说明 BlueTooth 无线电路及其协议栈的选择使用、初始化参数配置、网内设备的搜索/连接、无线数据的收发传输等关键性的实现环节。

10.3.1　芯片组 BlueTooth 无线通信设计

最初的大多数 BlueTooth 应用电路都是 3 芯片结构：无线射频收发器 ASIC(Application Specific Integrated Circuit)、基带控制器 ASIC 和内含 Bluetooth 软件栈的 Flash 程序存储器。通过内外接口以及 UART/PCM 和 USB 与应用设备连接,构成 BlueTooth 无线通信体系。

1. PH2401 + MT1020 无线通信体系

BlueTooth 无线通信部分的电路如图 10.15 所示。PH2401 无线射频收发器与 MT1020 基带控制器之间经过内部接口,组成 BlueTooth 模块。

BlueTooth 模块内部接口过程由串行口、数据口、输入控制和输出控制口完成,其中,基带和射频 ASIC 之间的通信在串行口(SI)上实现,串行口由控制数据输入(SI-CDI)、控制模式选择(SI-CMS)、控制时钟(SI-CLK)以及控制数据输出(SI-CDO)等信号组成。基带控制器通过

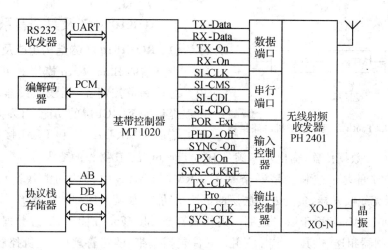

图 10.15　PH2401＋MT1020 组成的 BlueTooth 无线通信电路框图

串行口对无线射频收发器内部寄存器的读/写来实现跳频、调谐等控制,控制过程由 SI-CLK(4 MHz)上升沿时 SI-CMS 的输入值来决定,SI-CMS、SI-CDI 和 SI-CDO 的值将在 SI-CLK 的下降沿变化。指令寄存器(IR)的一个扫描周期在状态信息下传时开始,即捕获 IR。串行接口在 13 MHz 的系统时钟 SYS-CLK 及 POR-EXT 为高电平时操作有效。

　　BlueTooth 模块通过与电源控制、晶振、天线以及驻留协议栈的 Flash 程序存储器等的外部接口,即可向数据和语音设备提供完全兼容的 BlueTooth 接口。其中,Flash 存储器采用 Intel 公司的 28F800B3T120 与基带控制器的接口由地址总线(EXT-AB)、数据总线(EXT-DB)、读/写以及片选等控制总线(EXT-CB)实现。BlueTooth 模块通过 UART/PCM 和 USB 与应用设备进行连接。

　　该 BlueTooth 无线通信电路可以提供高至 HCI 层的功能,向数据和语音设备提供完全兼容的 BlueTooth 接口,很方便地构成 BlueTooth 设备——无绳电话。无绳电话的协议栈包括上层的服务发现协议、二元电话协议和下层的链路控制协议。子机通过服务发现协议 SDP 寻找通信范围内所有 BlueTooth 设备信息和服务类型,从而与无绳电话主机建立连接。语音呼叫的控制信令则在二元电话控制协议 TCS Binary 中定义。逻辑链路控制应用协议 L2CAP 向上层提供面向连接 SCO 和无连接 ACL 的逻辑链路,传输上层协议数据。语音流不经过逻辑链路控制应用协议 L2CAP,直接与基带控制器连接,使用连续可变斜率增益调制 CVSD 技术,以获得高质量的音频编码。BlueTooth 无绳电话子机的基本电路结构如图 10.16 所示,其中,MCU 不仅完成对键盘、显示器的控制,而且实现 TCS Binary、SDP 和 L2CAP 协议,受话器和送话器直接与 MT1020 基带控制器连接,系统简洁、可靠,具有较高的性价比。对于不具备主机控制器接口 HCI 设备的 BlueTooth 应用,如无线鼠标、无线耳机,可将 BlueTooth 上层协议 L2CAP 与低层协议 LMP 共用同一嵌入式处理器核直接集成到 BlueTooth 设备中去。

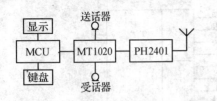

图 10.16　BlueTooth 无绳电话子机电路结构

2. ROK101007 及其语音系统应用

(1) ROK101007 的结构组成及其外部接口

爱立信的 BlueTooth 模块 ROK101007 主要由 3 芯片基带控制器、无线收发器和闪存构成，可以提供高至 HCI 层的功能，对外提供用于与主机通信的 USB、UART 和 PCM 接口，并且支持 BlueTooth 语音和数据传输，输出功率满足 BlueToothClassII 操作的要求。

ROK101007 的基带控制器是一个基于 ARM7TDMI-S 内核的功能块，通过 UART 或 USB 接口控制无线收发器，负责处理底层的链路层功能，如调频序列的选择等。

ROK101007 的闪存用于以二进制码的格式存放 BlueTooth 固件，通过数据、地址和控制信号与基带控制器相连，供其工作时使用。固件包括基带、链路管理层、主机控制接口软件以及一些 API 程序。链路管理器实现链路管理协议 LMP，负责处理底层链路控制，每个 BlueTooth 设备都可以通过 LMP 与另一个 BlueTooth 设备的链路管理器进行点对点的通信。使用时，基带控制器首先把存放在闪速存储器中的应用软件调到 RAM 中。在 ROK 101007/1 模块中，RAM 是基带控制器的运行基础。

HCI 为主机提供访问基带控制器、链路管理器、硬件状态和控制寄存器的命令接口。主机通过 HCI 驱动程序提供一系列命令控制 BlueTooth 接口；BlueTooth 固件的 HCI 收到命令后，会产生事件返回给主机，用来指示接口的状态变化。

主机和 BlueTooth 部件通过 HCI 传输的数据有 3 类：
- HCI 命令包：主机发往 BlueTooth 部件的 HCI 操作控制命令；
- HCI 事件包：BlueTooth 部件发往主机的状态指示或握手响应；
- HCI 数据包：双向传输，L2CAP 格式的数据，ACL 形式或 SCO 形式。

HCI 命令分为链路控制、链路策略、主控和基带等若干组，各组以操作码组段（OGF）区分，各组中又有若干种命令，仍以操作码命令段（OCF）相区分。基本的 HCI 指令一般包括 BlueTooth 模块的复位（Reset）、初始化、查询（Inquire）、建立连接、传送 SCO/ACL 数据等。

上述 3 类数据通过 HCI 传输层可在 BlueTooth 主机和 HCI 之间进行传输。HCI 传输层定义了每一类数据如何封装和通过接口硬件进行复用的规则。

ROK101007 支持两种 HCI 传输层：UART 传输层和 USB 传输层。

(2) BlueTooth 分布式室温监测体系

工农业生产的某些场合需要密切监控室内环境温度，采用 BlueTooth 技术实现分布式室温监测将十分便宜。图 10.17 给出了采用 ROK101007 模块的这样一个应用体系。

整个系统由中心监控器和各个分散的测量单元组成。ROK101007 模块相关的软件包括初始化、Flash 编程、建立物理链路、数据的传送和接收等。系统中传感器、执行机构与温室控

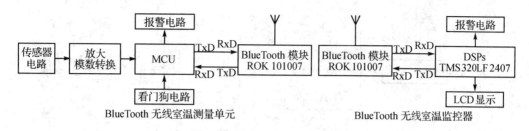

图 10.17 分布式 BlueTooth 室温监测系统框图

制器间的传输采用 RS232 协议，即温室控制器通过 RS232 接口向 ROK101007 模块发送 HCI 命令，并从 ROK101007 模块接收 HCI 事件。BlueTooth 无线数据传输采用 ACL 形式。

完整的 ACL 数据传输过程如下：首先，温室控制器、传感器以及执行机构各自对其模块做相同设置；然后主机发出查询命令 HCIInquiry，则收到该模块的命令完成事件包、从机模块的地址包以及响应从机数据事件包。收到从机模块的地址号响应后，主机就可以发出建立连接命令 Creat Connection，则收到本模块返回的命令完成事件包和从模块的连接完成事件包 Connection Complete。同时，从模块也收到主模块发来的 Connection Complete 事件包。至此，主/从机之间就成功建立了一条 ACL 传输链路，然后就可以在 ACL 链路按上述数据包格式传输异步数据了。

(3) 简易 BlueTooth 语音通信

这里利用 ROK101007 芯片开发了一套 BlueTooth 语音系统，它能使现有的各种通信设备（如手机、固定电话等）与 BlueTooth 耳机之间进行无线语音传输，从而实现 BlueTooth 技术向现有设备的后向兼容。

1) 系统构成

该系统由 BlueTooth 适配器和 BlueTooth 耳机两部分构成。BlueTooth 适配器与现有的通信设备相连，实现 BlueTooth 与手机之间的信号转换；BlueTooth 耳机上有 PTT 按钮，用于接听和挂断来电。BlueTooth 适配器和 BlueTooth 耳机彼此之间可建立 BlueTooth 无线链路，用于传输语音、数据或控制信号。

系统的工作流程如下：BlueTooth 适配器是主方，上电后进入查询模式，自动搜索周围的 BlueTooth 耳机。如果附近存在 BlueTooth 耳机，则主方发起连接请求，与之建立 BlueTooth 数据连接（ACL 连接）。然后主方和从方进入待机模式。当有来电或有电话拨出时，主方通知从方。若从方决定接通通话，则由主方建立主方与从方之间的语音链路（SCO 连接），并进入通话状态。

2) 硬件电路

BlueTooth 适配器和 BlueTooth 耳机的硬件结构基本相同，其电路框图如图 10.18 所示。该系统硬件电路主要由 3 个模块组成：

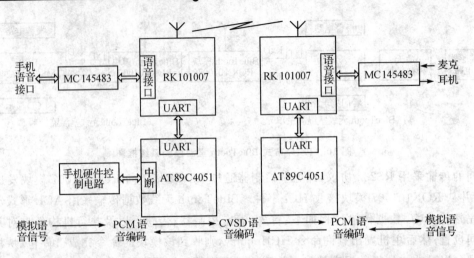

图 10.18 ROK101007 构成的 BlueTooth 语音系统的硬件电路框图

- 单片机控制模块:包括 AT89C4051 芯片和信号灯系统,完成系统的初始化、BlueTooth 通信链路建立和监测手机来电等功能。单片机通过串口与 ROK101007 连接。
- 语音模块:包括 MC145483 语音编解码电路和耳机、麦克语音输入/输出外围电路,完成语音的编解码功能。MC145483 是 13 位线性 PCM 编/解码滤波器,可完成语音信号的数字化和重构,与 ROK101007 的 PCM 语音接口连接。
- BlueTooth 模块:包括 BlueTooth 模块 ROK101007 和倒 F 天线。ROK101007 实现 BlueTooth 无线通信的核心功能。

3) 软件设计

采用直接对 HCI 层进行编程的方式。由主机向 HCI 发命令,HCI 收到命令后,会向下传递到 LM 层,由 LM 负责链路的建立、加密和鉴权;主机接收 HCI 发来的事件包,根据具体的事件采取相应的处理。链路建立成功后,语音流使用连续可变斜率增量调制(CVSD)技术,获得高质量的音频编码。

整个软件流程由 4 个功能模块组成,如图 10.19 所示。

- 初始化模块:初始化 BlueTooth 模块及各状态变量;
- 事务调度模块:根据返回的事件状态参数对系统事务调度,跳转到返回事件处理模块中;
- BlueTooth 返回事件处理模块:各个子程分别处理 BlueTooth 各个返回事件;
- 中断模块:包括外部中断模块和串口中断模块,外部中断模块判断手机是否有来电(仅主方需要),串口中断模块负责 BlueTooth 数据包和事件包的接收和发送。

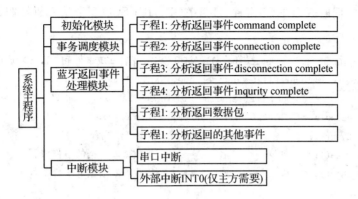

图 10.19　简易 ROK101007 语音系统的软件模块图

10.3.2　单芯片 BlueTooth 无线通信设计

这里选用 CSR 的单芯片 BlueCore4-ROM 开发一个基于 BlueTooth 的 USB Dongle,用于 PC 机一侧收发 BlueTooth 无线数据。BlueCore4-ROM 芯片,集成度高,高低层协议栈及其应用程序都可在其内部实现,仅用几个外围器件就可以构成整个 USB Dongle。

该项目需要设计的软件分为两部分:底层 BlueCore4-ROM 程序和 PC 机上的应用程序。通过 CSR 提供的 BlueLab SDK 软件工具进行协议栈的选择、BlueTooth 通信配置、USB 接口驱动的引用等操作,很快可以得到底层 BlueCore4-ROM 程序,并下载到 BlueCore4-ROM 芯片内部的 ROM 中。上层 PC 机应用程序需要使用 USB 接口驱动程序,通过 BlueTooth 技术的 HCI 传输实现 BlueTooth 设备之间的连接和数据通信。PC 机 USB 接口驱动可以采用 WinDriver、DriverStudio 或微软的 DDK 来开发,这里不再细述,只着重介绍通过 BlueTooth HCI 传输层 USB 的物理接口来实现 BlueTooth 连接和数据通信。以 VC++6.0 为软件开发平台,仅就点对点的 BlueTooth 连接和通信程序进行设计。点对点的 BlueTooth 无线通信软件流程框图如图 10.20 所示。

主要的程序代码如下:

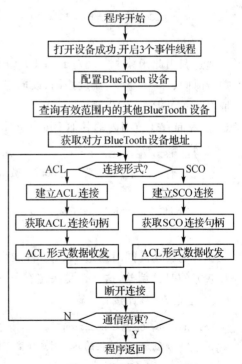

图 10.20　BlueCore4-ROM 单芯片 USB Dongle 的 BlueTooth 连接与传输流程图

① 打开设备,同时开启 HCI 事件、HCI ACL、HCI SCO 3 个从主机控制器返回到主机上的事件的线程:

```
boolHCIUSB::Open(char *device_name)  //打开设备,开启 HCI 事件和 ACL/SCO 通信线程
{
    DeviceHandle = CerateFile( *device_name, IOCTL_GENERAL_USB_ACCESS, 0,
                     0, OPEN_EXITING, IOCTL_GENERAL_USB_FILE_FLAG, 0);
    if(DeviceHandle == INVALID_HANDLE_VALUE) return false;
    Get_HCI_Event();              //HCI 事件线程
    Get_ACL_Data();               //接收 ACL 数据的事件线程
    Get_SCO_Data();               //接收 SCO 数据的事件线程
    return true;
}
```

② 对本地 BlueTooth 设备的配置:

```
void HCIUSB::OnInquiryUSB()       //配置本地 BlueTooth 设备
{   /*将查询指令和参数放在 Buffer 数组中,指令和参数的总长度赋给 Length*/
    ...
    SendHCICommand(Buffer, Length);
}
```

通过调用此函数来实现对 BlueTooth 设备的配置,包括连接建立最大的响应时间、寻呼最大响应时间、加密、鉴权、流量控制、读取本地 BlueTooth 设备的名字以及本地 BlueTooth 设备地址 BD_ADDR 等。

③ 查询有效范围内的其他 BlueTooth 设备:

```
void HCIUSB::OnInquiryUSB()       //查找 BlueTooth 从设备
{   /*将查询指令和参数放在 Buffer 数组中,指令和参数的总长度赋给 Length*/
    ...
    SendHCICommand(Buffer, Length);
}
```

在查询成功的同时通过 HCI 事件线程 Get_HCI_Event()获取对方 BlueTooth 设备的地址和双方的时钟偏差,这 2 个是决定在下一步是否能建立 ACL 连接的关键参数。

④ 建立 ACL 连接:

```
void HCIUSB::OnACLConnection()    //按查询时获得的地址进行 ACL 连接
{   /*将创建 ACL 连接的 HCI 指令和参数放在 Buffer 数组中,指令和参数的总长度赋给 Length*/
    ...
    SendHCICommand(Buffer, Length);
}
```

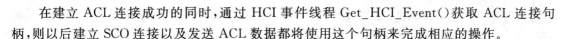

在建立 ACL 连接成功的同时,通过 HCI 事件线程 Get_HCI_Event()获取 ACL 连接句柄,则以后建立 SCO 连接以及发送 ACL 数据都将使用这个句柄来完成相应的操作。

⑤ 建立 SCO 连接:

```
void HCIUSB::OnSCOConnection()     //按建立 ACL 连接时获得的连接句柄进行 SCO 连接
{   /*将创建 SCO 连接的 HCI 指令和参数放在 Buffer 数组中,指令和参数的总长度赋给 Length*/
    …
    SendHCICommand(Buffer, Length);
}
```

在建立 SCO 连接成功的同时,通过 HCI 事件线程 Get_HCI_Event()获取 SCO 连接句柄,在以后进行发送 SCO 数据时要使用这个句柄来完成相应的操作。

⑥ 建立完 ACL 和 SCO 连接后,就可以进行 ACL 和 SCO 数据发送和接收,通过线程 Get_ACL_Data()、Get_SCO_Data()获取 ACL 和 SCO 数据。

```
void HCIUSB::OnSendACLData()     //发送 ACL 数据
{   /*把 ACL 数据长度及数据头赋给 Buffer 数组,总长度赋给 Length*/
    …
    SendHCICommand(Buffer, Length);
}
void HCIUSB::OnSendSCOData()     //发送 SCO 数据
{   /*把 SCO 数据长度及数据头赋给 Buffer 数组,总长度赋给 Length*/
    …
    SendHCICommand(Buffer, Length);
}
```

⑦ 断开连接:

```
void HCIUSB::OnDisconnection()     //断开连接
{   /*将断开连接的 HCI 指令和参数放在 Buffer 数组中,指令和参数的总长度赋给 Length*/
    …
    SendHCICommand(Buffer, Length);
}
```

10.3.3　E-Linux BlueTooth 无线通信实现

1. 基于 BlueTooth 的多生理参数监护仪设计

BlueTooth 技术应用于医疗设备,前景广阔。这里给出的多生理参数医疗监护仪采用嵌入式系统设计,用 BlueTooth 技术替代常规的有线电缆,实现与相关设备的无线通信,能够多路采集、实时显示、24 小时生理信息存储、生理参数统计分析与诊断、监督报警、实时检测人体心电信号/心率/血氧饱和度/血压/体温等多生理参数,是一种适用于基层医院、社区医疗以及面向家庭的新型多功能监护仪。

(1) 系统工作原理和总体设计

该监护仪克服了传统监护仪体积大、附件多、有线检测传输、组网不方便、检测参数单一、扩展交互能力差的不足,系统架构框图如图 10.21 所示。它的工作原理是:由人体心电信号(ECG)导联电极来检测反映心脏生理活动的心电信号,由温度传感器检测体温信号,由红外光谱血氧传感器检测血氧饱和度信号,由压力传感器检测血压信号;这些信号分别送到各自的生理信号模拟调理模块,针对各种信号的特点和要求进行放大、滤波等处理,并将信号放大调整到一定的幅度(此处为 0~2.5 V 之间);再经主控制处理器内含的 10 位 A/D 转换器把模拟信号转换成数字信号;主控制处理器模块运行 μC/Linux 嵌入式操作系统和片上生理信号分析应用软件对数据进行分析处理,和阈值比较并报警,同时由 LCD 显示模块以图形方式实时显示 ECG 图形和各参数测量分析结果,由 Flash 存储器模块完成对数据的压缩存储,通过 BlueTooth 无线传输模块功能,将数据实时发送到工作站,得出更详细的检测报告,以供医务人员在疾病诊断评价时参考。

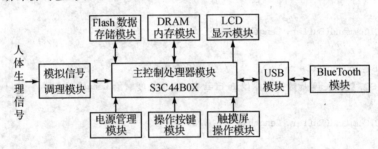

图 10.21　人体生理信号监护系统的架构框图

(2) 硬件体系设计

硬件体系包括生理信号模拟调理模块,采用 Samsung 的 ARM7TDMI-S 内核的 S3C44B0X 微处理芯片作为主控制处理器模块(66 MHz 主频),两片 AMD 的大容量、高速、3.3 V 电压、可快速擦除编程的 64 Mbps 和 256 Mbps 闪速存储器各一片作为存储模块,以 USB 芯片和 CSR 的单芯片 BlueCore2-Ext 为 BlueTooth 无线网络模块,16 MB DRAM 内存模块,分辨率为 320×240 的 LCD 液晶显示模块,四线电阻触摸屏模块,操作按键模块。各模块具体实现以下功能:

① 生理信号模拟调理模块实现对多生理信号的拾取,对低频、高频、工频等干扰信号进行滤波和抑制,对模拟量进行放大、零点调整和满量程调整。由于人体生理信号十分微弱(μV~mV 级),且信号源内阻很大(几十 Ω~几百 Ω),在检测生理信号的同时存在强大的干扰,如工频 50 Hz、极化电压、因皮肤接触电阻引起的伪差信号干扰等。因此,前置级放大采用运算放

大器组成并联型差动放大器模型,同时运用"多导电生理信号浮地跟踪"技术的双层屏蔽驱动与右脚驱动,后级电路采用廉价的仪器放大器,将双端信号转换为单端信号输出,能取得很高的共模抑制比和输入阻抗。

② 主控制处理器模块结合 μC/Linux 嵌入式操作系统和片上采样分析软件实现对模拟生理信号的 A/D 转换和控制、数字滤波和小波分析、数据计算分析,同时控制和管理硬件部分的每个模块。

③ 存储模块利用大容量高速闪速存储器实现各种生理数据的实时存储,可同时存储 24 小时的动态心电图 ECG 和心率、血氧饱和度和体温等综合生理参数。闪速存储器具有可擦除、可写入功能,即使系统电源关闭,其上的存储数据也不会丢失。

④ 无线网络模块实现生理数据的无线传输和 BlueTooth 无线网络服务,与 PC 或其他设备上的闪速存储器无线端口连接实现 BlueTooth 技术中的微微网(Piconet)。BlueTooth 模块采用 BlueTooth USB Dongle 的方式,即主控制处理器模块通过 USB 物理接口和协议与 BlueTooth 芯片 BlueCore2-Ext 相互通信。

⑤ LCD 液晶显示模块、触摸屏模块、操作按键模块共同实现人机界面,完成生理信号和参数的实时显示、应用软件操作界面的操作和按键信息的输入。

(3) 软件体系设计

1) 软件的层次构成

软件部分包括 μC/Linux 嵌入式操作系统、驱动程序及智能化的片上生理参数诊断分析应用软件,其整体层次如图 10.22 所示。

μC/Linux 嵌入式操作系统是面向微控制领域的嵌入式 Linux 操作系统,专为没有存储器管理单元 MMU 的微处理器(如 ARM7TDMI-S、Coldfire 等)而设计,具有开放源码、完全免费、可灵活裁减、网络支持完善、能将实时模块编译入内核等特点,因此将 μC/Linux 操作系统作为 BlueTooth 接入终端开发的软件平台。

HCI 驱动程序实现 BlueTooth 主机控制器接口协议。USB 驱动 LCD 液晶显示驱动等驱动程序,符合 μC/Linux 嵌入式操作系统设备驱动程序所需规范,实现对系统各种硬件资源的底层功能,能够面向较高软件层提供透明支持。

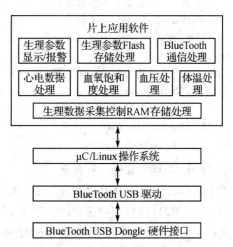

图 10.22 BlueTooth 生理参数监控仪软件层次框图

智能化的片上生理参数诊断分析应用软件,应用现代时域、频域及时频结合的小波分析方法,不仅使检测更精密、更准确,而且能对数据进行快速自动分析处理,并结合医学专家经验解决生物医学信号的自动检测、分析及显示。应用程序的开发在嵌入式软件开发环境下,利用 GNU 开发套件由 C/C++语言交叉编译完成。

2) 软件程序的实现

ⓐ μC/Linux 操作系统的加载

Flash 中依次固化有 BootLoader、μC/Linux 内核及其启动参数、根文件系统等压缩文件。BootLoader 是在 μC/Linux 操作系统内核运行之前运行的一段小程序,它初始化硬件设备、建立内存空间的映射图,将 μC/Linux 内核映像和根文件系统解压后加载到系统 RAM 中,然后跳转到内核的入口点运行。BootLoader 依赖于硬件而实现、依赖于 CPU 的体系结构和具体的嵌入式板级设备的配置。

ⓑ BlueTooth 主控制器接口协议 HCI 驱动的实现

该监护仪的 BlueTooth 无线模块采用 HCI 协议提供的标准 USB 接口来完成主机与 BlueTooth 模块的控制和通信。需要实现 USB 接口驱动,BlueTooth 协议采用的是已有的 USB V1.1 规范协议,限于篇幅,μC/Linux 系统下 USB 接口驱动程序不再详述。下面仅就 BlueTooth HCI 协议驱动程序给出 BlueTooth 通信步骤。主要程序代码如下:

```
void HCIUSB_Configure()         //配置本地 BlueTooth 设备
{    //将 HCI 配置指令,流量控制指令和参数放入 BUFFERS 中,打包后发送    }
void HCIUSB_Inquiry()           //查询有效范围内其他 BlueTooth 设备
{    //将 HCI 查询指令和参数放入 BUFFERS 中,打包后发送    }
void HCIUSB_ACLConnection()     //建立 ACL 连接
{    //将 HCI 查询指令返回的地址作为参数的 ACL 连接指令和参数放入 BUFFERS 中,打包后发送}
Void HCIUSB_SendACLData()       //ACL 数据发送
{    //将 ACL 数据分组放入 BUFFERS 中,打包后发送    }
Void HCIUSB_GetACLData()        //ACL 数据接收
{    //将 BUFFERS 中 ACL 数据分组,拆包后送给上层软件    }
Void HCIUSB_QuitACLConnection() //断开连接
{    //将 HCI 断开链路指令放入 BUFFERS 中,打包后发送    }
```

ⓒ Flash 片上应用软件的实现

片上应用软件程序全部由 GNU 开发套件编写及交叉编译。由于人体生理信号频带一般定为(0~100 Hz),信号采样速率为 250 Hz 或 500 Hz,所以应用程序同时运行多个进程,心电处理进程又分为数个线程和优化的中断处理程序来保证处理的实时性。由于 μC/Linux 操作系统没有 MMU 来管理存储器,在实现多个进程/线程时需要进行有效的数据保护。

2. 基于 BlueTooth 技术的无线显示屏设计

这里给出一种 BlueTooth 无线显示屏系统的设计方案:使用 BlueTooth 技术短距离无线

控制显示终端实现图像和字符数据的无线传输和显示,免去了有线连接带来的不便。

(1) 系统总体设计

该无线图形显示屏系统主要由两部分组成:主机部分和显示终端部分。主机负责控制命令以及需要显示数据的发送,显示终端部分负责接收和显示。系统结构组成如图10.23所示。

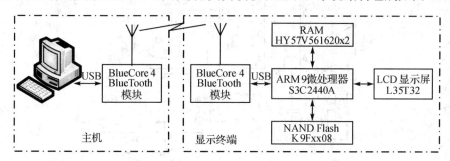

图 10.23 BlueTooth 无线显示屏的系统结构框图

主机部分由装有 Linux 操作系统的 PC 机和 BlueCore4 BlueTooth 模块通过 USB 接口连接组成。

显示终端由以 ARM9 内核的微处理器 S3C2440A 为核心的 ARM-Linux 平台加上 BlueCore4 BlueTooth 模块、LCD 液晶显示屏组成。ARM-Linux 操作系统安装在 Nand Flash 中,并连接了 64 MB 的外扩 RAM。由于 S3C2440A 接口比较丰富,所以系统硬件具有较好的扩展性能。

系统通过 BlueTooth 协议栈的 RFCOMM 协议层进行通信。RFCOMM 协议提供串行数据传输,并能在 2 台 BlueTooth 设备之间同时维持多达 60 个连接,可以同时支持遗留串行端口应用程序以及其他应用程序中的 OBEX 协议。

系统的工作过程为:系统初始化以后,主机和显示终端建立 BlueTooth 连接。连接成功以后,主机应用程序通过 BlueTooth 模块向显示终端发送显示的命令,显示终端根据对应命令进行接收图像数据或者字符数据等操作,然后通过 LCD 控制器将数据发送到 LCD 液晶显示屏。系统连接成功以后,显示终端可以根据收到的数据实时显示不同的图像和字符数据,直到主机发出退出命令后系统结束通信。

(2) 系统硬件设计

主机端和显示终端都使用了 CS 的 BlueCore4-ROM 芯片组成的 BlueTooth 无线收发模块。BlueCore4 系列符合 BlueTooth2.0 标准,具有很高的集成度,需要很少的外围元器件。它提供了 UART、USB2.0 等主机接口以及 PCM 音频接口、SPI 接口。BlueCore4 具有低功耗、能够和手机良好兼容、可以和 802.11 协议共存等优点。

PC 机使用 USB 接口和 BlueCore4 BlueTooth 模块连接,对应的 BlueTooth 模块同样通过 USB 接口和 S3C2440A 的 USB-HOST 接口连接。USB 接口具有即插即用的优点。通过

Linux 操作系统的支持,该模块还可以使用通用的 USB BlueTooth 适配器替代。BlueCore4 BlueTooth 模块部分参考电路原理如图 10.24 所示。

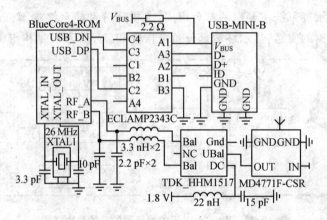

图 10.24　BlueCore4 BlueTooth 模块电路原理参考图

LCD 屏和 S3C2440A 微处理器之间通过 S3C2440A 内建的 LCD 控制器接口进行连接。LCD 屏采用 3.5 英寸的 L35T32,显示像素为 240×320,可显示 16 位色彩。

(3) 系统软件设计

系统软件同样分为主机部分和显示终端部分。这里主要分析显示终端部分软件的设计,主机部分与其类似。显示终端部分程序包括:LCD 液晶屏初始化、BlueTooth 设备的初始化、BlueTooth 连接的建立和图像字符数据的传输显示等几个部分。程序流程如图 10.25 所示。

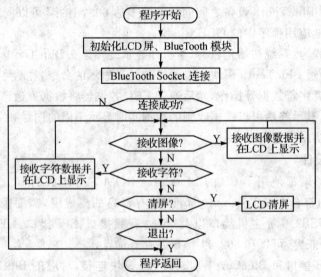

图 10.25　BlueTooth 显示终端程序流程图

用户程序以 Linux 操作系统上的 BluezBlueTooth 协议栈为平台进行开发。主机应用程序采用 GCC 编译器进行编译,显示终端应用程序采用 arm-linux-gcc 编译器进行交叉编译。

1) BlueTooth 部分程序设计

采用 BlueTooth Socket 编程。通过建立 BlueTooth RFCOMM 协议层的 socket 进行连接。连接建立成功之后可以调用函数 recv 或者 read 读取主机发来的数据,主机端则对应地采用函数 send 或者 write 发送数据。通信结束之后可以调用函数 close 结束连接。

主机和显示终端 BlueTooth 模块都有固定的 BlueTooth 地址,主机端直接和固定 BlueTooth 地址的显示终端设备进行连接。一台主机可以和多个显示终端通信,在不同的显示终端上显示图像和字符。

BlueTooth 初始化部分参考程序如下:

```
/*分配 BlueTooth Socket*/
s = socket(AF_BLUETOOTH, SOCK_STREAM, BTPROTO_RFCOMM);
/*绑定 BlueTooth Socket 到第一个可以使用的 BlueTooth 适配器通道 1*/
loc_addr.rc_family = AF_BLUETOOTH;
loc_addr.rf_bdaddr = *BDADDRANY;
loc_addr.rc_channel = 1;
/*将 BlueTooth Socket 置位监听模式*/
listen(s, 1);
/*接收连接*/
client = accept(s, (struct sockaddr*)&rem_addr, &opt);
ba2str(&rem_addr.rcbdaddr, buf);
fprintf(stderr, "accepted connection from %s\n", buf);
memset(buf, 0, sizeof(buf));
```

2) LCD 部分程序设计

采用 Linux 内核驱动程序的 FrameBuffer 编程接口。FrameBuffer 为图像硬件设备提供了一种抽象化处理,允许应用程序通过定义明确的界面来访问图像硬件设备。软件无须了解任何涉及硬件底层驱动的东西。通过 FrameBuffer,应用程序可以用 mmap 函数把显存映射到应用程序虚拟地址空间,将要显示的数据写入内存空间就可以在屏幕上显示出来。

LCD 显示屏初始化和"清屏"部分参考程序如下:

```
fd = open("/dev/fb0", O_RDWR);
if(fd<0) {    printf("open error\n");return -1;    }
if(ioctl(fd, FBIOGET_FSCREENINFO, &devinfo))
{    printf("error reading fix\n");return -1;    }
if(ioctl(fd, FBIOGET_VSCREENINFO, &usrinfo))
{    printf("error reading fix\n");return -1;    }
```

```
screensize = usrinfo.xres * usrinfo.yres * usrinfo.bits_per_pixel/8;
fdp = (char*)mmap(0, screensize, PORT_READ | PORT_WRITE, MAP_SHARED, fd, 0);
memset(fdp, 0, screensize);                    //清屏
munmap(fdp, screensize);
```

LCD 屏初始化和 BlueTooth Socket 初始化连接完成以后,便可以通过 BlueTooth 发送图像和字符数据。BlueTooth 接收显示图像和字符两个部分的程序类似,都是通过调用函数 recv 或者 read 读取主机发来的命令,经过程序判断然后以相同的方式接收数据。字符部分数据接收和显示参考程序如下:

```
bytes_read = read(client, buf, sizeof(buf));
if(bytes_read>0)
{   memset(buf, 0, bytes_read);                         //收到显示字符数据命令
    fbmeme = fb_mmap(fbdev, screensize);
    bytes_read = read(client, buf, sizeof(buf));        //读取字符数据
    if(bytes_read>0)
    {   String_displpay(buf, fbmem, fb_width, fb_height);   //显示字符
        Fb_munmap(fbmem, screensize);
    }
}
```

该段程序利用接收到的字符数据进而得到对应的显示字库数据,然后通过 FramBuffer 显示接口显示到 LCD 屏上面。源程序带有显示字库文件,该文件通过编译并嵌入可执行代码,然后下载到显示终端文件系统。图像部分程序则是将接收到的位图数据通过 FramBuffer 显示接口直接显示到 LCD 屏上。

为了在显示终端的 Linux 操作系统上使用 BlueTooth 协议栈,需要在交叉编译嵌入式 Linux 内核时将所需的 BlueTooth 支持项选上,并将所需的 BluezBlueTooth 库编译安装到终端文件系统中。用户应用程序同样通过交叉编译得到可执行代码,然后下载到终端文件系统上运行。

10.3.4 Windows CE BlueTooth 驱动与通信实现

1. Windows CE BlueTooth 串口驱动程序设计

这里介绍建立在 RFCOMM 协议上基于 OBEX 文件传输的 BlueTooth 虚拟仿真串口的驱动程序实现。

Windows CE 操作系统下的设备驱动程序多采用流接口(DDSI)分层体系结构,分层的驱动程序由两层组成:上层是模型设备驱动程序(MDD),下层是依赖平台的驱动程序(PDD);设备驱动程序接口(DDI)是在 MDD 中实现的函数集,设备驱动程序服务器接口(DDSI)是在

PDD 中实现的函数集并由 MDD 调用。BlueTooth 协议在无线技术下更多的是仿真串口,其中,OBEX 的许多应用正是基于 BlueTooth 仿真串口。BlueTooth 仿真串口的功能性更适合流接口驱动程序的结构,所以采用分层的驱动程序来连接 BlueTooth 硬件和上面的文件传输应用。

微软提供了所有与 MDD 相关的源代码,不用设计或改动这部分驱动,设计 BlueTooth 仿真串口驱动程序只须实现 BlueTooth 的 PDD 部分。PDD 程序包括 4 部分:第一部分是必须实现的所有 DDSI 接口;第二部分是 BlueTooth 协议栈包括 RFCOMM、SDP、L2CAP 以及 HCI 实体;第三部分是 HCI 传输层通过 UART 或者 USB 接口连接到 BlueTooth 硬件;最后一部分是为 BlueTooth 应用提供的图形界面接口和控制端口模块,用来对整个协议栈初始化、BlueTooth 硬件初始化、搜索附近的蓝牙设备以及发现指定设备上的服务。整个程序架构如图 10.26 所示。

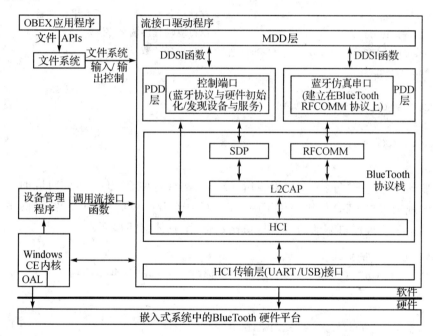

图 10.26 Windows CE 下 BlueTooth 串口驱动框架图

如图 10.26 所示的 BlueTooth 仿真串口驱动程序的系统结构中,设备管理程序是用户层的程序,在基于 Windows CE 的平台上不停运行。设备管理程序不是内核的一部分,但它是与内核、注册表和流接口驱动程序 DLL 有相互影响的单独部分。它主要执行以下任务:

```
HWOBJ BluetoothObj =                /*描述 BlueTooth 仿真串口特征*/
{   (PDEVICE_LIST)&SerDL,
    THREAD_IN_PDD,                  /*中断处理全部由 PDD 层处理*/
```

```
        0,NULL,
        (PHW_VTBL)&BluetoothVTbl     /*包含需要实现的所有标准串口 DDSI 函数的列表*/
};
HWOBJ BluetoothCTRLObj =             /*描述 BlueTooth 控制端口特征*/
{       (PDEVICE_LIST)&SerDL,
        THREAD_IN_PDD,
        0, NULL,
        (PHW_VTBL)&CTRLVTbl
};
PHWOBJ rgpHWObjects[] =              /*包含两个 PDD 实例的数组*/
{       &BluetoothObj,
        &BluetoothCTRLObj
};
DEVICE_LIST SerDL =                  /*存储设备驱动程序中所有串口设备*/
{       "CESerial.dll",              /*串口驱动程序的名字*/
        sizeof(rgpHWObjects)/sizeof(PHWOBJ), /*串口设备的数目*/
        regHWObjects
};
PDEVICE_LIST GetSerialObject(VOID)
{
        return (&SerDL);
}
```

串口驱动程序注册了两个串口设备后,接下来实现这两个 PDD 实例对应的流接口函数。微软为要实现的串口 PDD 模块提供了一个 HWOBJ(Haredware Object)类型的串行对象表,这个结构列出了实现串口驱动的所有接口函数指针,具体描述如下:

```
typedef struct _HW_VTBL
{    PVOID( * HWInit)(ULONG Identifier, PVOID pMDDCon-text, PHWOBJ pHWObj);
     …,
     …,
     BOOL( * HWIoct1)(PVOID pHead, DWORD dwCode,
                PBYTE pBufIn, DWORD dwLenIn, PBYTE pBufOut,
                DWORD DwLenOut, PDWORDpdwActualOut);
} HW_VTBL, * PHW_VTBL;
```

用户通过修改串行口 PDD 的串行对象表,改变函数集或函数名。下面的结构 BluetoothVTbl 定义了 BlueTooth 仿真串口 DDSI 函数的名称。

```
Const HW_VTBL BluetoothVTbl =
{       BluetoothInitSerial,
```

```
    …,
    …,
    BluetoothIoctl
};
```

同样用结构变量 CTRLVTbl 定义了控制端口的 DDSI 函数名列表。由于这个串口设备用作内部实现特殊的功能,下面只列出了需要关心的主要函数名。

```
Const HW_VTBL CTRLVTbl =
{   CTRLInitSerial,
    CTRLDeinit,
    CTRLOpen,
    CTRLClose,
    …,
    …,
    CTRLIoctl
};
```

2. 编程实现 Windows Mobile BlueTooth 设备的连接与通信

这里以 Windows Mobile5.0 为开发平台,使用 Windows 操作系统提供的 BlueTooth API,采用 WinSock 套接字和虚拟串口两种方式,在手机中编程实现周围 BlueTooth 设备的查找/连接及其 BlueTooth 无线通信。

(1) WinSock 方式 BlueTooth 无线通信

BlueTooth 通信的第一步是搜索 BlueTooth 设备。这里要用到 WSALookupServiceBegin()、WSALookupServiceNext()、WSALookupServiceEnd()这 3 个 API 函数。为了记录搜索到的所有周边 BlueTooth 设备信息,特地定义一个结构体和数组变量:

```
typedef struct _RemoteBthDevInfo            //远程蓝牙设备详细信息
{   _RemoteBthDevInfo()
    {   memset( szName, 0, sizeof(szName) );
        memset( &RemoteAddr, 0, sizeof(BT_ADDR) );
        memset ( &LocalAddr, 0, sizeof(BT_ADDR) );
    }
    TCHAR szName[64];
    BT_ADDR RemoteAddr;
    BT_ADDR LocalAddr;
} t_RemoteBthDevInfo;
typedef CArray<t_RemoteBthDevInfo, t_RemoteBthDevInfo&>t_Ary_RemoteBthDevInfo;
```

搜索周边 BlueTooth 设备的具体代码如下:

```cpp
//用Socket函数搜索附近的BlueTooth设备,成功时返回设备数,否则返回-1
int CBlueTooth_WM::ScanNearbyBthDev_Direct()
{
    m_Ary_RemoteBthDevInfo.RemoveAll();
    SetWaitCursor();
    WSAQUERYSET querySet;
    HANDLE hLookup;
    DWORD flags = LUP_RETURN_NAME | LUP_RETURN_ADDR;
    union
    {   CHAR buf[5000];
        double __unused;                //保证适当对齐
    };
    LPWSAQUERYSET pwsaResults = (LPWSAQUERYSET) buf;
    DWORD dwSize = sizeof(buf);
    BOOL bHaveName;
    ZeroMemory(&querySet, sizeof(querySet));
    querySet.dwSize = sizeof(querySet);
    querySet.dwNameSpace = NS_BTH;
    if ( ::WaitForSingleObject ( m_hEvtEndModule, 0 ) == WAIT_OBJECT_0 )
        return -1;
    if (ERROR_SUCCESS != WSALookupServiceBegin (&querySet,
        LUP_CONTAINERS, &hLookup))
    {   ResotreCursor();
        MsgBoxErr( _T("WSALookupServiceBegin failed") );
        return (-1);
    }
    ZeroMemory(pwsaResults, sizeof(WSAQUERYSET));
    pwsaResults->dwSize = sizeof(WSAQUERYSET);
    pwsaResults->dwNameSpace = NS_BTH;
    pwsaResults->lpBlob = NULL;
    BOOL bError = FALSE;
    while ( TRUE )
    {   if ( ::WaitForSingleObject ( m_hEvtEndModule, 0 ) == WAIT_OBJECT_0 )
            break;
        if (ERROR_SUCCESS == WSALookupServiceNext (hLookup, flags, &dwSize, pwsaResults))
        {   ASSERT (pwsaResults->dwNumberOfCsAddrs == 1);
            BT_ADDR b = ((SOCKADDR_BTH *)pwsaResults->lpcsaBuffer
                            ->RemoteAddr.lpSockaddr)->btAddr;
            bHaveName = pwsaResults->lpszServiceInstanceName &&
                            * (pwsaResults->lpszServiceInstanceName);
```

```
            t_RemoteBthDevInfo RemoteBthDevInfo;
            if ( bHaveName )
                hwSnprintf ( RemoteBthDevInfo.szName, sizeof(RemoteBthDevInfo.szName),
                        _T(" % s"), pwsaResults->lpszServiceInstanceName );
            RemoteBthDevInfo.RemoteAddr = b;
            CSADDR_INFO * pCSAddr = (CSADDR_INFO *)pwsaResults->lpcsaBuffer;
            RemoteBthDevInfo.LocalAddr = ((SOCKADDR_BTH *)pCSAddr
                                ->LocalAddr.lpSockaddr)->btAddr;
            TRACE(L" % s ( % 04x % 08x )\n", RemoteBthDevInfo.szName,
                    GET_NAP(b), GET_SAP(b) );
            Add_RemoteBthDevInfo ( RemoteBthDevInfo );
        }
        else
        {   if ( WSAGetLastError() != WSA_E_NO_MORE )
            {   bError = TRUE;
                ResotreCursor ();
                MsgBoxErr ( L"Lookup bluetooth device failed" );
            }
            break;
        }
    }
    WSALookupServiceEnd(hLookup);
    ResotreCursor ();
    if ( bError ) return (-1);
    return (int)m_Ary_RemoteBthDevInfo.GetSize();
}
```

搜索周边 BlueTooth 设备重要的是要得到它们的 BlueTooth 地址，这个地址是通信建立的关键；以上代码将搜索到的地址、设备名称等信息保存在 m_Ary_RemoteBthDevInfo 数组中了。接下来就是建立连接了，测试的是将 Windows Mobile 手机和一个装有 BlueTooth 芯片的心电仪设备建立连接。该设备提供的 BlueTooth 名称为"CONTRON"，连接过程的代码如下：

```
//连接到BlueTooth服务器中的某一个服务,成功返回,失败返回错误代码
int CBlueTooth_WM::ConnectToBlueToothServer(BT_ADDR ServerAddress,
                LPCTSTR lpszServiceGUID)
{   if ( m_socketClient == INVALID_SOCKET )
    {   GUID ServerGuid;
        if ( ! StringToGUID(lpszServiceGUID, &ServerGuid) ) return -1;
        m_socketClient = socket (AF_BT, SOCK_STREAM, BTHPROTO_RFCOMM);
```

```
        if (m_socketClient == INVALID_SOCKET) return WSAGetLastError();
        SOCKADDR_BTH sa;
        memset (&sa, 0, sizeof(sa));
        sa.addressFamily = AF_BT;
        sa.serviceClassId = ServerGuid;
        sa.btAddr = ServerAddress;
        if (connect (m_socketClient, (SOCKADDR *)&sa, sizeof(sa)) == SOCKET_ERROR)
        {   m_socketClient = INVALID_SOCKET;
            return WSAGetLastError();
        }
    }
    return 0;
}
```

SOCKET 连接一旦建立起来,就能像普通的网络通信套接字一样来访问 BlueTooth 设备的数据了,下面是数据通信代码:

```
//数据传输:成功返回传输的字节数,失败返回-1,连接断开返回-2,处理不能立即完成返回-3
int CBlueTooth_WM::Transmite ( LPVOID lpData, int nSize, BOOL bSend )
{   if ( m_socketClient == INVALID_SOCKET ) return -1;
    if ( ! lpData ) return -1;
    if ( nSize < 1 ) return 0;
    int iBytesTransmited = 0;
    if ( bSend ) iBytesTransmited = send (m_socketClient, (char *)lpData, nSize, 0);
    else iBytesTransmited = recv (m_socketClient, (char *)lpData, nSize, 0);
    if ( iBytesTransmited > 0 ) return iBytesTransmited;
    int nLastError = WSAGetLastError ();
    if ( nLastError == WSAENETDOWN || nLastError == WSAENOTCONN ||
        nLastError == WSAENOTSOCK || nLastError == WSAESHUTDOWN ||
        nLastError == WSAETIMEDOUT )
    {   Disconnect ();
        return -2;
    }
    if ( nLastError == WSAEWOULDBLOCK ) return -3;
    return -1;
}
```

(2) 虚拟串口方式 BlueTooth 通信

在 Windows Mobile 中使用如下代码虚拟出一个串口设备:

```
PORTEMUPortParams pp;
```

```
memset(&pp, 0, sizeof(pp));
pp.channel = 0;
pp.flocal = FALSE;
pp.device =
    reinterpret_cast<_SOCKADDR_BTH *>(pwsaResults->lpcsaBuffer->LocalAddr.lpSockaddr)->
btAddr;
memcpy(&pp.uuidService, &CLSID_NULL, sizeof(GUID));
pp.uiportflags = RFCOMM_PORT_FLAGS_REMOTE_DCB;
int port = 4;                    //1~9 中任何一个数
HANDLE bth = RegisterDevice??(L"COM", port, L"btd.dll", (DWORD)&pp);
```

串口创建好以后就可以直接使用 CreateFile()、WriteFile()、ReadFile()、DeviceIoControl() 等函数像操作普通串口一样来操作它了。例如：

```
HANDLE hCommPort = CreateFile(L"COM4:", GENERIC_READ | GENERIC_WRITE, 0, NULL, OPEN_EXISTING,
0, NULL);
```

(3) 应用图示

程序执行后，出现如图 10.27 左上所示界面；选择"Setting..."菜单，则打开图 10.27 右上所示画面；单击 Scan 按钮，则程序开始搜索周边的 BlueTooth 设备，并将所有找到的设备名称添加在下拉列表中。这里选择心电仪设备 CONTRON，并设置好将要使用的 BlueTooth 服务 GUID，然后单击 OK 按钮保存配置信息，回到前面的界面；选择菜单 "Connect Bluetooth Device"，如图 10.27 左下图所示，程序开始连接刚才配置的 BlueTooth 设备；连接成功后如图 10.27 右下图所示，之后便可选择菜单"Send Test Data"来进行收发数据的测试了。

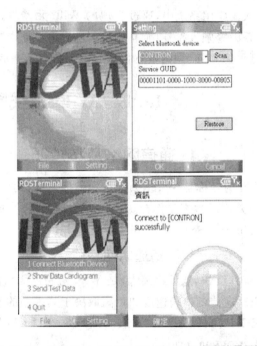

图 10.27　Windows Mobile BlueTooth 无线通信界面图

第 11 章 嵌入式 WiFi 无线网络通信

无线保真 WiFi 通信运行在 ISM 免费频段,遵循 TCP/IP 协议规范,射频收发技术成熟,传输速度快,安全保密,性价比低,网络配套设备丰富,组网简易,使用者接受程度高,在短距离无线通信中优势明显,已经渗透到生产生活的各个方面,成为当今无线领域最为热门的一种技术,特别是在电脑周边设备、移动笔记本、家庭电器电子、消费电子、工农业生产动态监控、探测探查仪表仪器等领域中存在广泛的应用。

WiFi 无线网络通信的特征和工作机制是怎样的?如何在资源极其有限、实时稳定性要求高的嵌入式应用系统中,通过合理的 WiFi 元器件选择和特殊的软/硬件设计开发,使嵌入式应用体系无缝融入 WiFi 通信系统,构成更为高效的嵌入式 WiFi 无线网络,实现快速、稳定、高效、低价的 WiFi 网络数据传输?本章将对这些展开全面阐述。

11.1 WiFi 无线网络通信基础

11.1.1 WiFi 通信网络及其特征

WiFi 的全称是 Wireless Fidelity,即无线保真技术,通常工作在 2.4 GHz 附近频段,近期的 WiFi 新产品也有工作在 5.8 GHz 附近频段的,这两个频段都是不用许可的工业-科学-医用 ISM(Industry- Science-Medicine)无线频段。

1. WiFi 无线网络通信的特点

传输速度快,通信距离大,是 WiFi 短距离无线网络通信技术的最大特点。

WiFi 通信的传输速度和距离取决于其遵循的不同协议标准。WiFi 遵循的通信协议主要有:IEEE802.11b、IEEE802.11a、IEEE802.11g 和 IEEE802.11n,下面分别加以简要介绍。

1) IEEE802.11b

IEEE802.11b 无线 WiFi 网络的最高传输速度(也称为带宽)为 11 Mbps,在信号较弱或者有干扰的情况下,带宽能够自动调整为 5.5 Mbps、2 Mbps 或者 1 Mbps,并且可以有效地保障网络的稳定性和可靠性。WiFi 网络在开放性区域的通信距离可达 305 m;在封闭性区域,通信距离为 76~122 m,十分方便与现有的有线以太网络整合,使组网的成本更低。

2) IEEE 802.11a/g

IEEE802.11a 和 IEEE802.11g 协议在继承与兼容 IEEE802.11b 协议的基础上,通过正交频分复用技术 OFDM(Orthogonal Frequency Division Mustiplexing)对多径干扰进行有力抵制,使最大带宽提到了 54 Mbps,传输距离也有所增加。通常情况下,IEEE802.11a 和 IEEE802.11g 协议无线 WiFi 网络可提供 6 Mbps~54 Mbps 的数据速率,IEEE 802.11a 协议无线 WiFi 网络工作在 5 GHz 频段。

3) IEEE 802.11n

IEEE802.11n 协议引入了多进多出 MIMO(Multiple Input Multiple Output)技术,通过多重智能天线构成的天线阵列同步收发,提高传输速度。同时,结合 OFDM 技术最大限度地降低了各种干扰,提高传输信号质量。IEEE802.11n 协议无线 WiFi 网络传输可以将无线局域网 WLAN(Wireless Local Area Network)传输速率由 IEEE802.11a/g 标准提供的 54 Mbps 提高到 300 Mbps 甚至高达 600 Mbps,传输距离可以增大到 IEEE802.11b/a/g 标准的两倍,覆盖范围可以扩大到数平方公里,使 WLAN 移动性极大提高。IEEE802.11n 协议还规定了最大原始数据传输速率的多种可选模式和配置,可以工作在 2.4 GHz 和 5 GHz 两个工作频段。

从 IEEE802.11b 协议到 IEEE802.11a/g 协议,再到 IEEE802.11n 协议,WiFi 无线网络通信,性能越来越强,价格趋于降低。反过来,高级的协议标准都很好地做到了与初期网络协议的完全兼容,保证了新旧产品的混合网络应用。

2. WiFi 无线网络技术的突出优势

WiFi 无线网络技术的具有如下突出优势:

① 电波覆盖范围广。BlueTooth 技术的电波覆盖范围通常只有 15 m 左右,WiFi 无线网络很容易可以达到 100 m,空旷范围甚至可以达到数公里。

② 传输速度快。虽然 WiFi 无线技术的通信质量不是很好,数据安全性能也比 BlueTooth 技术差一些,但是传输速度很快,非常符合个人和社会信息化的需求。

③ 进入门槛低。只要在机场、车站、咖啡店、图书馆等人员较密集的地方设置一些简易的"接入点",支持 WiFi 无线接入技术的笔记本电脑/移动手持消费电子在该区域内就可以轻松高速接入因特网。

④ 无需要布线。这是 WiFi 无线技术的突出优势,非常适合移动办公的需要,市场前景十分广阔。WiFi 无线技术已经从传统的医疗保健、库存控制和管理服务等特殊行业向更多行业拓展开去,甚至开始进入家庭以及教育机构等领域。

⑤ 健康安全。IEEE802.11 标准规定的发射功率不超过 100 mW,实际发射功率通常约 60~70 mW。一般地,手机的发射功率约 200~1 000 mW,手持式对讲机高达 5 W。因此,WiFi 无线技术是很安全的。

⑥ 组网简单。只要具有无线网卡及一台接入设备便能以无线的模式，配合既有的有线架构来分享网络资源，其费用和复杂程序远远低于传统的有线网络。如果只是几台电脑的对等联网，也可以不要接入设备，只要每台电脑配备无线网卡即可。

⑦ 可靠安全。能够进行数据校验、纠错和误码处理，具有认证和加密功能。

3. WiFi无线技术的发展和未来

WiFi无线网络的方便与高效使其能够得到迅速的普及。WiFi无线接入设备数量迅猛增长。除了一些公共场具有WiFi无线接入设备之外，国外已经有先例以无线标准来建设城域网。WiFi网络的无线通信的地位将会日益牢固，是目前无线接入的主流标准，它会走多远呢？已经出现了全面兼容现有WiFi的WiMAX。WiMAX的标准协议是IEEE802.16x，具有更远的传输距离、更宽的频段选择以及更高的接入速度，会在未来几年间成为无线网络的主流标准之一，是将来建设无线广域网络的重要力量。但这些并不影响WiFi技术的存在和发展：

① WiFi无线技术是高速有线接入技术的补充：WiFi无线技术具有为可移动性、价格低廉的优点，广泛应用于以太网、XDSL等有线接入需要无线延伸的领域，如临时会场等。由于数据速率、覆盖范围和可靠性的差异，WiFi无线技术在宽带应用上将作为高速有线接入技术的有力补充。关键技术决定着WiFi无线技术的补充力度，现在OFDM、MIMO、智能天线和软件无线电等都开始应用到无线局域网中以提升WiFi的性能，使数据传输速率成倍提高；另外，天线及传输技术的改进也使得无线局域网的传输距离大大增加，可以达到数公里。

② 移动通信是蜂窝移动通信技术的补充：蜂窝移动通信能够提供广泛的覆盖、高度的移动性和中低等数据传输速率，可以利用WiFi无线技术高速数据传输的特点弥补其数据传输速率受限的不足。而WiFi无线技术不仅可利用蜂窝移动通信网络完善的鉴权与计费机制，而且可结合蜂窝移动通信网络广覆盖的特点进行多接入切换功能。这样就可实现WiFi无线技术与蜂窝移动通信的融合，使蜂窝移动通信的运营锦上添花，进一步扩大其业务量。WiFi是现有通信系统的补充，也可以看作3G移动通信的一种重要补充。只有各种接入手段相互补充使用才能带来经济性、可靠性和有效性。WiFi无线技术与3G移动通信技术相结合具有广阔的发展前景。

11.1.2 WiFi网络系统及其拓扑

1. WiFi无线网络的基本结构

WiFi无线网络包括底层的工作站、接入点、基本服务集，一直到上层的分布系统服务、扩展服务集，是一个庞大而伸缩有序的系统，下面分别做以介绍：

① 工作站STA(Station)：是指接入无线媒介的部分，常被称为网络适配器或者网络接口卡。STA可以是移动的，也可以是固定的，形式上有内置与外置之分。每个STA都支持鉴权（authentication）、取消鉴权（deauthentication）、加密和数据传输。STA就是WiFi无线网络的

客户端。

② 基本服务集 BSS(Basic Service Set)：基本服务集是 WiFi 无线网络的基本构成单元，可以包含多个 STA。基本服务集都有一个覆盖范围。在该覆盖范围内的 STA 成员可以保持相互通信。每个 BSS 有一个基本服务集识别码 BSSID。

③ 独立的基本服务集 IBSS(Independent BSS)：是最基本的 WiFi 无线网络类型，一个最小的 WiFi 无线网络可以仅仅包含两个 STA。在这种模式下，STA 能够直接通信。因为这种类型的 WiFi 无线网络通常在需要的时候才安排，这种网络工作模式通常称为 Ad-hoc(拉丁语，可译为"自组网")模式。站点(STA)与基本服务集(BSS)之间的相互关系是动态的，STA 可以自由地开关与出入 BSS 的覆盖范围。

④ 分布系统服务 DSS(Distribution System Service)，用于连接多个 BSS。物理层覆盖范围的限制决定了所能支持的 STA 与 STA 之间的直接通信距离。为了解决这个问题，引入 DS(Distribution System)，它可以把多个 BSS 构成一个扩展的网络。

⑤ 接入点 AP(Access Point)：也称为"无线访问节点"或"桥接器"，扮演无线工作站及有线局域网络的桥梁。AP 就像一般有线网络的 Hub，使无线工作站可以快速且轻易地与网络相连。

⑥ 扩展服务集 ESS(Extended Service Set)：DS 和多个 BSS 构成一个任意大小和复杂的无线网络。IEEE802.11b 把这种网络称为扩展服务集网络。同样，ESS 也有一个标识的名称，即 ESSID。

2. WiFi 无线网络的组织构造

WiFi 无线网络有以下几种组织架构：

➤ 多个 STA 和一个 AP 构成一个 BSS 或 IBSS，这是常见的基本组网形式，如图 11.1 所示。图 11.1 的左图还给出了普遍使用的普联 TP-Link 出品的 USB/SD 接口形式的微型外置 STA 和接入器 AP 的外形图。

➤ 多个 BSS 互相连接构成 DSS。

➤ 多个 DSS 和 BSS 连接构成 ESS。

3. WiFi 网络客户端工作模式

WiFi 无线网络客户端有两种工作模式：Ad-Hoc 和 Infra-Structure 模式。IEEE 标准以 IBSS 来定义 Ad-Hoc 模式工作的客户端集合，以 BSS 来定义以 Infra-Structure 模式工作的客户端集合。

在 Ad-hoc 模式中，客户端不能直接和网络外其他的客户端通信。Ad-Hoc 模式的设计目的是使在同一个频谱覆盖范围内的客户间能够互相通信。如果一个 Ad-Hoc 网络模式中的客户想要和该网络外的客户通信，则该网络中必须有一个客户做网关并执行路由功能。

而在 Infra-Structure 模式中，每一个客户将其通信报文发向 AP。AP 转发所有的通信报文。这些报文可以是发往以太网的，也可以是发往无线网络的。这是一种整合以太网和无线

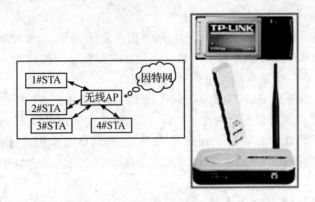

图 11.1　基本 WiFi 网络及其构成

网络架构的应用模式。无线访问节点负责频段管理及漫游等指挥工作。一个 AP 最多可连接 1 024 个 STA。

11.1.3　WiFi 网络通信及其实现

WiFi 无线网络通信功能的实现主要有 4 个层次：射频收发、调制解调层、介质访问控制层和协议栈控制。整个框架体系结构如图 11.2 所示，其中，调制解调层和介质访问控制层是重心；调制解调层是 WiFi 无线通信的基带(Baseband)，是物理层 PHY(Physics)。基带即基本频带，是信源发出的没有经过调制的原始电信号所固有的频率带宽。物理层为数据链路提供物理连接，实现比特(Bit)流的透明传输，定义通信设备与接口硬件的机械、电气功能和过程的特性，用以建立、维持和释放物理连接。介质访问控制层 MAC(Medium Access Control)提供对共享无线介质的竞争使用和无竞争使用，具有无线介质访问、网络连接、数据验证和保密等功能。

图 11.2　实现 WiFi 通信功能的框架结构图

1. 射频收发及其实现

WiFi 无线通信的射频部分一般由 5 大部分组成：无线收发器、功率放大器、低噪声放大器、收发切换器和天线，如图 11.3 所示，其中虚线框内的部分视为功率放大器。无线收发器是核心部件。发送信号时，收发器本身会直接输出小功率的微弱射频信号，送至功率放大器 PA(Power Amplifier)进行功率放大，然后通过收发切换器经由天线辐射至空间。接收信号时，天线会感应空中的电波信号,通过切换器之后送至低噪声放大器 LNA(Low Noise Amplifier)进行放大,放大后的信号可以直接送给收发器处理。

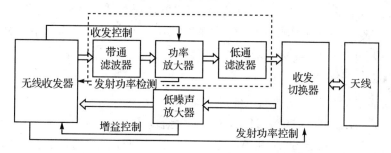

图 11.3　WiFi 射频收发电路的一般结构组成图

2. 调制解调及其实现

WiFi 无线通信的调制解调关键技术大致有 3 种:直序列扩频调制技术 DSSS(Direct Sequence Spread Spectrum)及补码键控 CCK(Complementary Code Keying)技术、包二进制卷积 PBCC(Packet Binary Convolutional Code)和正交频分复用技术 OFDM(Orthogonal Frequency Division Mustiplexing)。

(1) DSSS 调制技术

DSSS 的调制技术有 3 种:1 Mbps 速率的差分二相相移键控技术 DBPSK(DifferentialBinary Phase Shift Keying)、2 Mbps 速率的差分正交相移键控 DQPSK(Differential Quadrature PSK)和基于 CCK 的 QPSK。IEEE802.11b 标准采用的就是最后一种,这种补码序列与直序列扩频的单载波调制技术,通过相移键控 PSK 方式传输数据,速率可为 1、2、5.5 和 11 Mbps。但是当速率超过 11 Mbps 时,CCK 为了对抗多径干扰,需要更复杂的均衡及调制,实现起来就困难了。

(2) PBCC 调制技术

PBCC 调制技术已作为 IEEE802.11g 的可选项被采纳,也是单载波调制,与 CCK 不同,采用了更多复杂的信号星座图。PBCC 采用 8PSK,而 CCK 使用 BPSK/QPSK;另外,PBCC 使用卷积码,而 CCK 使用区块码。因此,它们的解调过程不同。PBCC 可以完成更高速率的数据传输,其速率可为 11、22、33 Mbps。

(3) OFDM 技术

OFDM 技术是多载波调制,将信道分成许多正交子信道,在每个子信道上进行窄带调制和传输,大大减少子信道之间的相互干扰,而各个子信道中的这种正交调制和解调可以采用易于实现的反向快速傅里叶变换 IFFT 和快速傅里叶变换 FFT 来实现。OFDM 结合时空编码、分集、干扰抑制以及智能天线技术,可以最大程度地提高物理层的可靠性;如果再结合自适应调制、自适应编码以及动态子载波分配、动态比特分配算法等技术,还可以使其性能得到进一步优化。OFDM 技术是现代移动通信的核心技术，IEEE802.11a/g/n 标准为了支持高速数据传输都采用了这种技术。

高层次的协议标准（如 IEEE802.11g）规定有"可选项"与"必选项"，为了保障与初期的协议标准 IEEE802.11b 兼容而采用 CCK/OFDM 和 CCK/PBCC 的可选调制方式；为了实现其最佳性能而采用 OFDM/OFDM 的必选调制方式。

3. 物理帧的结构组成

WiFi 无线通信的物理帧结构的一般形式如下：

前导信号(Preamble) + 信头(Header) + 数据负载(Payload)

前导信号主要用于确定 STA 和 AP 之间何时发送和接收数据，在传输进行时告知其他 STA 以免冲突，同时传送同步信号及其帧间隔。前导信号完成，接收方才开始接收数据。信头在前导信号之后用来传输一些重要的数据（比如负载长度、传输速率、服务等）信息。由于数据率及要传送字节的数量不同，数据负载的包长变化很大，可以很短也可以很长。在一帧信号的传输过程中，前导信号和信头占的传输时间越多，数据负载用的传输时间就越少，传输的效率越低。

不同协议标准依其调制解调方式和兼容要求，对前导信号、信头和数据负载有不同的规定，形成了 OFDM/OFDM、CCK/OFDM 或 CCK/PBCC 的帧结构形式。

4. 通信认证及其实现

WiFi 无线通信的认证种类有：WPA(Wi-Fi Protected Access)/WPA2、WMM(WiFi MultiMedia)/WMMPowerSave、WPS(Wi-Fi Protected Setup)、ASD(Application Specific Device)、CWG(Converged Wireless Group)等。其中，WPA/WPA2 是普遍使用的 WiFi 无线通信认证规范，含有通信协定的验证、无线网络安全性机制的检验、网络传输表现与相容性测试等内容。

典型的 WPA 认证过程是这样的：无线客户端向 AP 发一个 EAP(Extensible Authentication Protocol)启动包，提出认证请求，AP 收到后会向无线客户端做出回应(EAPRequest/Identity 包)，之后两者之间就会开始更多的 EAP 交互。这个过程中 AP 基本上是一个透明的转发者，它把从无线客户端收到的 EAP 包，翻译并封装成 RADIUS(Remote Authentication Dialin User Service)包转发给 RADIUS 服务器。RADIUS 服务器回的包同样也会被翻译回 EAP 包传送给客户端。整个交互完成后，AP 会最终从 RADIUS 学到认证是否成功，从而决定是否给予无线客户端以访问权限。认证之外还会让客户端和认证之间动态产生一个叫 PMK(Pair-wiseMasterKey)的预共享密钥，用于数据安全加密及其他一些功能的密钥产生。

还有其他认证类型，如 WMM/WMMPowerSave 用于音/视频多媒体传输及其电池节能，WPS 用于使消费者通过更简单的方式来安全设定无线网络装置，ASD 针对除了 AT 及 STA 之外的 DVD 播放器、投影机等其他特殊无线网络应用，CWG 针对移动聚合设备的 RF 测试。

5. 可靠安全通信及其实现

WiFi 无线网络安全技术规范有：服务集标识符 SSID（Service Set Identifaction）、物理地址过滤 MAC、连线对等保密 WEP（Wireless Equivalent Privacy）、WiFi 保护接入 WPA、无线局域网鉴别与保密基础 WAPI（WLAN Authenticationand Privacy Infrastructure）、端口访问控制技术（802.1x）等。SSID 是 AP 的标识，相当于一个简单的口令，如果 AP 不向外广播其 SSID，则可以提供一定的安全。物理地址过滤通过在 AP 中维护一组允许访问的 STA 的 MAC 地址列表，实现低级的授权认证。WEP 通过在物理链路层采用 RC4 对称加密技术（STA 与 AP 具有相同的 64/128 位密钥才能联网），从而防止非授权用户的监听与非法访问。WPA 继承了 WEP 基本原理并采用动态加密密钥的算法进一步加强网络安全。WAPI 采用基于公钥密码体系的证书机制，实现了移动 STA 与 AP 之间的双向鉴别。适用于 IEEE802.1x 的端口访问控制技术通过上文介绍的增强性网络安全认证机制提供端口访问控制能力及其基于用户的认证系统及计费等服务。WPA/WPA2 采用的加密协议是 AES（AdvancedEncryptionStandard），这是一个更强的加密体系，一般需要专门的硬件支持，现有的 WiFi 产品应该都已支持 AES 加密。

为了确保 WiFi 无线网络可靠安全应该做到：采用强力的密码，严禁广播 SSID，使用有效的无线加密方式，尽可能采用不同类型的加密方式控制 MAC 地址，关闭不使用的网络，关闭无线访问接口，实时监控网络入侵者，运行有效的防火墙确保核心部件安全。

6. 软件实现的框架构造

根据以上 WiFi 网络通信的基本原理，可以得到如图 11.4 所示的层次结构的嵌入式 WiFi 通信实现的基本软件体系框架。WiFi 通信实现的基本软件体系是层次架构的，最底层是 WiFi 网络驱动程序，中间层是与以太网有线通信相同的 TCP/IP 协议栈实现层，上层是应用程序接口层。WiFi 网络驱动程序通常为二级驱动，首先是连接 WiFi 部件的 SPI、SDIO（Secure Digital Input and Output，SD 卡接口扩展）、USB、UART、PCIe、PCI 或 PCMCIA 等串行或并行接口的驱动，接下来才是对 WiFi 网络通信的驱动。TCP/IP 协议栈层用于实现 TCP/IP 及其相关的 UDP、ICMP、ARP 协议，这部分内容已经在第 4 章详细阐述，可以采用 μIP、lwIP 等嵌入式软件库缩短软件开发。应用程序接口不用嵌入式操作系统 E-OS（Embedded Operation System）或选用 RTX、μC/OS-II 等微型 E-OS 时由中间软件层直接提供，使用 WinCE/Mobile、ARM-Linux/μC-Linux/Android 等 E-OS 时就是系统提供的"Socket 套接字"函数集。

图 11.4 嵌入式 WiFi 通信实现的基本软件体系框架图

11.2 基本的软/硬件体系设计

11.2.1 WiFi 部件及其选择

1. WiFi 部件形态

WiFi 无线通信部件以集成电路芯片及其组合的模块或小型产品形式存在,通过串行或并行总线接口形式融入控制器或微处理器体系。图 11.5 给出了详细的 WiFi 部件形态构成与接口形式。

图 11.5 WiFi 部件的形态构成与接口形式框图

2. 常见 WiFi 芯片

Marmell、Broadcom、CSR、GainSpan 等半导体厂商推出了一系列的 WiFi 无线通信 IC,其中,大部分都是集成 RF 收发器、基带处理器、MAC 控制器和 TCP/IP 协议栈于一体的单芯片器件(称为 WiFi 收发器);这些器件大多采用 2.4 GHz 载波,也有不少是同时具有高速 5 GHz 双频段载波的,并且具有 BlueTooth 无线接口,应用起来十分方便。WiFi 无线通信 IC 的基带处理和协议拆装操作多采用高性能、低成本的双核 ARM7TDMI-S 微处理器来完成。这些半导体厂商提供 WiFi 无线通信 IC 的同时也提供有简易丰富的协议转换处理和应用程序接口函数库,进一步方便 WiFi 无线通信的开发应用。

对于 Marvell 的无线 IC 器件,有初期的芯片组"88W8366 + 88W8063"和普遍使用的单芯片 88W8686、88W8688、88W8786 或 88W8786u。88W8366 是 PCI 接口,88W8686 和 88W8688 是 SPI 和 SDIO 接口,88W8786 是 SDIO 接口,88W8786u 是 USB 接口。88W8786 和 88W8786u 是 2.4 GHz 单频载波,88W8686、88W8688 和 88W8366 是双频载波,这些器件都是集成 MAC 和基带的片上系统 SoC(System on Chip),并且具有 Bluetooth 共存接口,除 88W8366 都含有 RF 收发器。88W8366 需要结合 RF 收发器 88W8063 一起使用。88W8366 是 IEEE802.11n 芯片,88W8686 和 88W8688 是 IEEE802.11a/g/b 芯片,88W8786 和 88W8786u 是 IEEE802.11n/g/b 芯片。很多 WiFi 模块都是采用 Marvell 的 WiFi 无线通信 IC 做成的。

Broadcom 无线 IC 更多,并且具有增强 WiFi 性能的多项专利技术,其主要器件有 Intensi-fi IEEE802.11n 双频 RF 收发器 BCM2055、SDIO 和 PCIe 接口的 IEEE802.11a/g/b 收发器 BCM4312,具有 InConcert WiFi 和 Bluetooth 共存接口的 BCM4313、BroadRange 技术的 IEEE802.11b/g 收发器 BCM4318E、Intensi-fi 单芯片 IEEE802.11n 收发器 BCM4322、Intensi-fi XLR 单芯片 USB 接口 IEEE802.11n 收发器 BCM4323、Intensi-fi XLR 多媒体系列 BCM4323x,具有"BluetoothR2.1＋EDR"和 FM(Frequency Modulation)的低功耗 IEEE802.11a/g/b 收发器 BCM4325/29、低功耗 IEEE802.11g/b 收发器 BCM4326、低功耗 IEEE802.11a/g/b 收发器 BCM4328、Intensi-fi 单芯片 IEEE802.11n 企业方案 BCM4342、Intensi-fi IEEE802.11n 10/100 处理器 BCM4703(低成本)/BCM4704(全功能)、Intensi-fi IEEE802.11n GbE 处理器 BCM4705、Intensi-fiXLR IEEE802.11n 路由器 BCM4716(2.4 GHz 单频)/BCM4717(双频)/BCM4718(双频)/BCM47186(双频)/BCM5357(双频)/BCM5358(双频)、BroadRange 技术 IEEE802.11n 路由器 BCM5354/BCM5356(2.4 GHz 单频)。

CSR 无线 IC 有单芯片 UF1050、UF1052、CSR6026 和 CSR6027,2.4GHz 载波,SPI 和 SDIO 接口,集 MAC、调制解调和 RF 收发器于一体,具有 Bluetooth 共存接口。UF1050 和 UF1052 是 IEEE802.11g/b 芯片,CSR6026 和 CSR6027 是 IEEE802.11n 芯片。

GainSpan 无线 IC 有 SPI 等常用接口的 IEEE802.11g/b 单芯片 GS1010 和 GS1011,2.4 GHz 单频载波,因其接口库函数丰富实用,被不少 WiFi 模块采用。

3. 常见 WiFi 模块

WiFi 无线通信模块由 WiFi 无线通信 IC 和少量外围"阻容感"器件组合而成,或再增加单片机完成协议简化和接口转换而成,前者称为"WiFi IC 组合模块",后者称为"WiFi IC 组合变换模块"。WiFi 无线通信电路设计与 PCB 制板要求高,不直接选用 WiFi IC 而选用 WiFi 模块,能够快速展开 WiFi 无线通信的开发应用,特别是可以利用模块厂商提供的应用接口函数库进一步加快软件开发。

常见的 WiFi IC 组合模块有海华科技的 AW-HG320/380、ZComax 的 XG-182M、NXP 的 BW200、无线龙的 GS1010 套件等,其外形如图 11.6 所示。这些模块多是采用 Marvell、GainSpan 等 WiFi 加芯片无线 IC 做成的,具有常用的 SPI、SDIO 等硬件接口。

常见的 WiFi IC 组合变换模块有文胜鼎的 CG-WiFi-1000(UART 接口),沁科的 EWM380C(UART 接口)、EWM381I1(SPI 接口)、EWM382I1(CAN 接口)等,其外形如图 11.7 所示。WiFi IC 组合变换模块,外形面积稍大,但应用更加简便,特别是软/硬件设计。

4. 常用 WiFi 产品

常见的 WiFi 无线产品是电脑或笔记本的内置无线网卡、PCMCIA/USB/SD 接口形式的外置无线 Dongle、小型接入器或路由器等。提供 WiFi 无线通信就很容易想到"奔腾-迅驰","奔腾-迅驰"是指 Intel 增加了 WiFi 无线网卡的高性价比双核处理器。典型的 Intel 无线网网

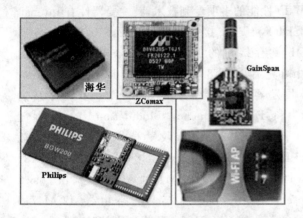

图 11.6 典型 WiFi 组合的模块形状图

图 11.7 WiFi IC 组合与接口转换的模块外形图

卡，如 PCMCIA 接口的 C5004、Minicard 接口的 4965AGN、PCI 接口的 5300 等。普联 TP-Link 也推出了一系列各式各样的 STA、AP 或路由器产品，如 TL-WR740N 路由、TL-WN821N/WA811N 微型 USB/SD-Dongle、共享上网一体机 W89541G 等。图 11.8 给出了常见 WiFi 无线网卡及其微型产品的外形图。

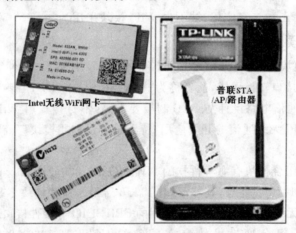

图 11.8 典型 WiFi 无线网卡及其微型产品外形图

11.2.2 WiFi 硬件体系设计

WiFi 无线通信硬件体系设计遵循嵌入式系统硬件体系设计的一般方法规律，主要有两个方面：

(1) 通信接口连接

按照 WiFi 无线芯片或模块的特定接口,把 WiFi 无线芯片或模块连接到嵌入式微处理器应用系统相应的总线上,如 SPI 总线、SD 卡接口、存储器并行总线等。若接口规范不一致,则可使用微处理器的通用 I/O 口,并用逻辑器件做相应信号变换,如把 PCMCIA 网卡连接到微处理器体系的存储器总线,图 11.9 给出了一种这种连接的硬件实现。PCMCIA 网卡包括 Memory 和 I/O 两个空间,需要两个片选通过"或门"控制读/写空间的选择;地址线仅使用 A0~A9,其他地址线全部接地。对于总线不开放的微处理器,可以使用 I/O 口线模拟的方式进行读/写。

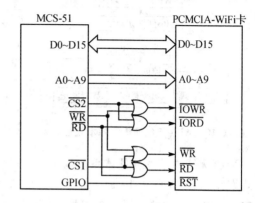

图 11.9 嵌入式 WiFi 通信体系的硬件连接实现

(2) PCB 制板设计

PCB 制板设计是嵌入式 WiFi 通信体系开发的关键,不但决定着 WiFi 通信是否能够可靠地正常实现,而且还直接影响着整个嵌入式应用系统的稳定可靠性。设计时,要合理布局、布线,对 WiFi 通信部件要充分利用电源层与地线层做好屏蔽和隔离,注意电磁兼容和抑制。如果直接采用 WiFi 芯片,则还要注意 PCB 板材的选择、布线层的厚度、布线的宽度与方向等方面的合理设计,必要时使用相关算法或模拟软件进行全面的评估和测试。天线及其引入部分的布线宽度与方向变换,需要特别注意严格按照厂商提供的规范和样例进行设计。必要时对整个 WiFi 通信部件做完全的金属屏蔽。

11.2.3 WiFi 软件体系设计

(1) WiFi 无线通信的基本软件流程

WiFi 通信软件包括初期的设备探测、信息查询、初始化和连接建立部分,及其通信过程中的数据收发与管理,主要是设备初始化、数据的收发和通信管理。设备初始化部分完成工作模式与环境设置、协议栈建立等基本操作。数据的收发通常采用查询式发送和中断式接收的方法。通信管理用以连接通断处理、载波调整、误码纠错等操作。WiFi 无线通信的基本软件流程如图 11.10 所示。

(2) WiFi 无线通信的基本软件架构

WiFi 无线通信的软件体系,呈现层次架构,如图 11.11 所示。

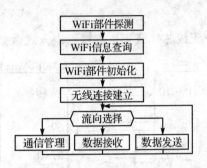

图 11.10　WiFi 无线通信的基本软件流程图

图 11.11　WiFi 无线通信的基本软件构成图

WiFi 无线通信的软件体系架构中，最下层是 WiFi 接口驱动层，常见的 WiFi 接口是 SPI、SDIO、USB、UART、PCIe、PCI 或 PCMCIA 等串行或并行总线体系，WiFi 接口驱动直接与具体的嵌入式微处理器应用系统相关；向上是 WiFi 部件驱动层，实现无线数据传输及其通信管理；再向上是协议栈实现层，主要是 TCP/IP 协议，实现传输数据的打包和拆包操作，厂商通常提供相关的操作代码库，也可以使用通用的 μIP、lwIP 等嵌入式软件库，以缩短软件开发；次上层是应用程序接口 API 层，不用 E-OS 或选用 RTX、μC/OS-II 等微型 E-OS 时由下层软件库直接提供，使用 Windows CE/Mobile、ARM-Linux/μC-Linux/Android 等 E-OS 时就是系统提供的"Socket 套接字"函数集；最上层是应用程序，应用程序通过 API 函数实现具体的应用功能，如因特网浏览、数据采集与控制、工农业生产监控等。

两级底层驱动程序的设计是开发应用的关键环节，WiFi 部件的驱动更是重中之重，WiFi 无线通信的软件基本上就是 WiFi 部件的驱动程序设计与调试。厂商通常会提供详尽的 WiFi 部件驱动程序，应该充分利用这部分宝贵资源。

11.3　WiFi 网络通信开发应用实则

下面列举几个项目开发实例，综合说明如何实现具体的嵌入式 WiFi 无线网络通信开发应用。各个例子中，将重点说明关键的实现环节。

11.3.1　ARMLinux-ARM9-88W8686 体系实则

WiFi 无线通信普遍采用 Marvell 的 88W8686 单芯片或其构成的模块。Marvell 提供有 SPI 接口的 WiFi 驱动源程序 src_gspi8686，主要是针对 ARM-X scale 内核的 PXA270 微处理器，可以从其网站上免费申请下载使用，非常方便嵌入式开发应用。ARM-ARM9T 内核的 S3C2440 微处理器是常用的嵌入式应用平台，很容易就把 88W8686 接入 S3C2440，移植 src_gspi8686 驱动程序，实现 WiFi 无线联网通信。应用在嵌入式 ARM-Linux 操作系统下的具体开发步骤如下：

① 按照 src_gspi8686/io 文件夹下的 gspi.c 和 gspi.h 文件的结构体系，针对各个具体函数，根据 S3C2440 SPI 总线控制器的时序特征编写新的 SPI 驱动程序，然后用得到新文件代替这两个文件。

② 进行软件编译，通过交叉开发环境加载 SPI 驱动，终端窗口操作命令为：insmod gspi.ko。

③ 进而通过交叉开发环境加载 WiFi 驱动，终端窗口操作命令为：

insmod gspi8686.kohelper_name = /lib/firmware/mrvl/helper_gspi.bin \
fw_name = /lib/firmware/mrvl/gspi8xxxmfg.bin

④ 读 WiFi 芯片或模块，得到 WiFi 芯片的 ID 编号，如 0xb。

⑤ 加载厂商提供的协议固件微码，直到成功。

⑥ 设置 WiFi 芯片或模块的 IP 地址，终端窗口操作命令为：

ifconfig eth1 192.168.1.8 netmask 255.255.255.0

⑦ 连接服务器，，终端窗口操作命令为：ping 192.168.1.5。成功，则 WiFi 驱动无线对码（Porting）成功。

本类"嵌入式应用系统开发应用"的关键是 SPI 接口驱动程序的实例化，针对 ARM 系列微处理器，可以用相应的软件架构工具快速得到具体的 SPI 总线控制器驱动程序。下面给出了用本书作者开发的"Samsung-ARM9 系列微处理器软件体系架构工具"得到的 S3C2440-SPI 总线控制器的主要驱动程序代码：

```
//-------------------------------------------------------------------------
#define SPI_WR              1           //收发形式：发送（写）
#define SPI_RD              2           //收发形式：接收（读）
#define SPI0_BufSize        128         //SPI 收发数据区大小
#define SPCON0_Value        0xe         //由软件架构工具得到的寄存器配置值：控制寄存器
#define SPPIN0_Value        0x0         //引脚控制寄存器
#define SPPRE0_Value        0x32        //SPI 速率:f9--100K, 0xb--2M, 0x32--500K
unsigned char SPI_Buf0[SPI_BufSize];    //SPI 收发数据区
int    SPI0_DtaPrt;                     //收发数据指针
int    SPI0_DataCount;                  //收发数据计数器
char SPI0_Mode;                         //收发形式
//-------------------------------------------------------------------------
void SPI0_vInit(void)                   //SPI0 控制器初始化
{   SPCON0   = SPCON0_Value;            //操作模式设置
    SPPIN0   = SPPIN0_Value;            //引脚功能设置
    SPPRE0   = SPPRE0_Value;            //传输速率设置
}
```

```c
//---------------------------------------------------------------------
void SPI0_Data_Send(unsigned int count)        //SPI0 数据发送(指定数据数量)
{   SPI0_Mode        = SPI_WR;                 //初始设置
    SPI0_DtaPrt      = 0;
    SPI0_DataCount   = count - 1;
    SPCON0 &= ~1;
    SPCON0 |= 1 << 4;
    //使选定的 GPIO 产生低有效的从机选择信号
    while(!(SPSTA0&0x1));
    SPTDAT0 = SPI0_Buf[SPI0_DtaPrt++];         //启动发送
    while(SPI0_DataCount!=-1) SPI0_Process();  //等待数据发送完成
    //使选定的 GPIO 产生高电平从而无效从机选择信号
    SPCON0 &= ~(1<<4);
}
//---------------------------------------------------------------------
void SPI0_Data_RCV(unsigned int count)         //SPI0 数据接收(指定数据数量)
{   SPI0_Mode = SPI_RD;                        //初始设置
    SPI0_DtaPrt = 0;
    SPI0_DataCount = count;
    SPCON0 |= 1;                               //设置自动虚拟数据发送
    SPCON0 |= 1 << 4;
    //使选定的 GPIO 产生低有效的从机选择信号
    while(SPI0_DataCount!=-1) SPI0_Process();  //等待数据接收完成
    SPCON0 &= ~1;                              //停止接收,恢复初态
    SPCON0 |= 1 << 4;
    //使选定的 GPIO 产生高电平从而无效从机选择信号
}
//---------------------------------------------------------------------
void SPI0_Process(void)                        //SPI0 数据收发处理
{   if(SPSTA0&0x06)                            //总线数据冲突或多主机出现的异常处理
    {   SPCON0 = 0x00;
        SPI0_vInit();return;
    }
    while(!(SPSTA0&0x1));
    switch(SPI0_Mode)                          //数据收发
    {   case SPI_RD: SPI0_DataCount--;         //数据接收
            //if(SPI0_DataCount == -1) break;
            SPI0_Buf[SPI0_DtaPrt++] = SPRDAT0;
            break;
```

```
        case SPI_WR:SPIO_DataCount--;          //数据发送
            if(SPIO_DataCount == -1) break;
            SPTDAT0 = SPIO_Buf[SPIO_DtaPrt + +];
                break;
        default:break;
    }
}
//------------------------------------------------------------------------------------
```

11.3.2　μCLinux-ARM7-BWG200 体系实例

这里开发的是一个具有 WiFi 无线通信功能的便携式移动设备。为了做到更长时间的移动应用,通过合理的设计系统硬件、WiFi 底层驱动、节点管理模式等手段实现了低功耗 WiFi 应用。

1. WiFi 硬件与射频电路设计

微处理器选用了 NXP 的 ARM7TDMI-S 内核的 LPC2220。WiFi 部件采用的是 NXP 的 BGW 无线模块。BGW200 是一款 WiFi 低功耗系统化封装芯片组,具备"主机零负荷"性能。MAC 通信协议通过内置嵌入的 ARM7 核来执行,不会对主处理器 Host 造成任何负荷。只有当 BGW200 接收到有效数据封包时,才会触发主处理器工作。

图 11.12 给出了为实现低功耗目标的 WiFi 硬件电路设计框图,主要包括 BGW200、系统时钟、低频睡眠时钟、1.8 V/3.0 V 电源供应、带通滤波器、天线和"与门"电路。其中,用虚线标注的低频睡眠时钟和辅助 RF 电路在设计中属于可选项。

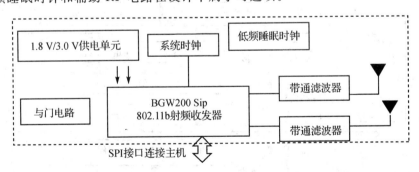

图 11.12　低功耗 WiFi 通信电路设计框图

考虑到 SDIO 接口资源消耗较大,WiFi 部件而采用 SPI 接口连接。BGW200 有两个 SPI,选用其中的 66 MHz"高速从接口",3.3 V I/O 接口供电(2.7~3.6 V)。

供电单元设计采用 LDO 降压芯片。BGW200 分两种电压:射频部分 2.7~3.6 V,基带内核 1.65~1.95 V。考虑到芯片的成本、电平值和最大电流负荷、电源输入输出效率和噪声、输入电压范围、输出电压精度以及保护特性,采用了 TPS73630(3.0 V,400 mA)和 TPS73218(1.8 V,250 mA)。设计中采用陶瓷电容匹配 LDO 芯片,因为它具有最优的等效串联电阻特性,能够过滤脉动电压抖动。用 LPC2220 的一个 GPIO 口来控制 BGW200 的"开/关",以进一步降低功耗。

BGW200 需要两个时钟:44 MHz/10 ppm 主系统时钟和 32 kHz 的睡眠时钟,与主处理器 LPC2220 共用,BGW200 的 GPIO4 通过并联电容直接连到睡眠时钟。

理想状态下 BGW200 的 RF 端口已经是 50 Ω 的标准阻抗,2.45 GHz 的天线能够通过 50 Ω 的微带线直接连接到 BGW200 的天线端口。开发中借助网络分析仪工具,设计了 LC 匹配电路以达到更高带宽性能的射频信号接收性能和最佳的驻波比(回波损耗),具体的 LC 参数值取决于 PCB(FR4)介质特性和电子元器件的布局。天线采用了 Johanson 的 2450AT45A100(最大输入功率 500 mW,天线峰值增益 0.5 dB,回波损耗 9.5 dB)。

2. WiFi 底层驱动及其移植实现

NXP 为 BGW200 无线模块提供有 Windows CE5.0 和 Linux2.4 嵌入式操作系统下的驱动程序代码,分别基于 TI 的 OMAP 和 Intel 的 Bulverde 嵌入式开发平台,其底层软件架构分主机(Host)和从机(Target)两个部分,其中 Target 部分用以操作 BGW200 的 MAC 层,相关的 MAC 协议已经固化在芯片内部。

(1)底层驱动架构分析

Host 部分的组成及其主要功能模块如图 11.13 所示。

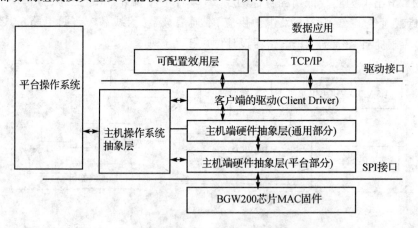

图 11.13 BGW200 的驱动软件架构及其功能模块

客户机端驱动(Client Driver):主要提供主机操作系统、上层运行程序以及主机端硬件抽象层 HHAL(Host Hardware Abstraction Layer)之间的连接,需要调用 HHAL 层的 API 参数。对于不同的操作系统,该部分驱动需要进行重新移植。

主机端硬件抽象层 HHAL:该层是服务于 SPI/SDIO 接口的主机端抽象接口,分为两个部分,通用部分(Common)和平台(Platform)相关部分。通用部分对所有的平台都是相同的,提供高层次的数据处理。平台相关部分需要根据具体的硬件平台而定,提供底层对通信接口(SPI)的读、写等操作,应该通过编程设计具体的硬件相关资源,如硬件中断、DMA 通道等。

可配置效用层(Configuration Utilities):该层针对不同的平台,为无线局域网提供相应配置工具,如 Windows CE 下的 ZeroConfig、ARM-Linux 下 Wireless Extension 包等。

主机操作系统抽象层(HOSAL):是一个主机侧操作系统的抽象接口,使 HHAL 的通用部分与操作系统无关。该层以统一的接口支持不同的具体操作系统,当前主要有 Linux 和 Windows CE 两类。该模块主要包含支持 HHAL 运行的相关操作系统的 API,具体包括操作系统相关的结构体初始化、内存管理、定时器、队列、中断、线程、事件和互斥锁。

(2) WiFi 软件驱动实现

该项目设计采用 ARM-Linux2.4 嵌入式操作系统,WiFi 软件驱动的具体实现主要有以下几个部分:

1) 初始化

首先,在驱动装载的过程中,由 HostDriver 调用函数 PhgOsalRegInit(),请求 HOSAL 层执行 initialize 任务来完成内存的分配,然后执行回调函数。在回调函数中传递硬件相关的资源,并且注册事件入口,创建事务线程。准备工作一旦就绪就通过调用函数 PhgHhalInitialize() 立刻转入 HHAL 通用层的处理。在通用层中调用函数 HhalPlatformInitPreBoot() 执行硬件相关的代码,如平台资源初始化、注册中断处理函数、创建直接内存访问 DMA 通道等。这样 HHAL 通用层就具备了同 Target 进行数据交换的能力。然后将固件(Firmware)下载到 Target 中,并向 Target 的内部寄存器写入 START 指令,等待 Target 的 ACK 确认信息,初始化工作即宣告完成。

2) 建立连接

在 HHAL 通用层中已经定义了大量 MIB 命令字来与 Target 的固件执行相匹配,Host 通过函数 PhgHhalQueueMgmtReq() 给 TargetT 发起一个请求;对于简单的命令与回应,通过设置和读取 Target 的内部寄存器来完成。如果有数据需要传输,则 Target 向 Host 请求中断,并通过通道 DMA 把数据传输到 Host,再由 Host 提交给操作系统上层。建立连接的过程 Host 向 Target 发起 SCAN、JOIN、AUTH、ASSOC 等请求,等待 Target 执行完成并返回确认,Host 收到确认后转入在初始化阶段注册的相应事件入口,通知上层系统已经完成连接的建立。

3) 数据通信

数据通信通过 M2S 和 S2M 两个 DMA 通道来完成。发送数据同样是调用函数 PhgHhalQueueMgmtReq() 发起请求,Target 准备就绪后,调用函数 HhalPlatformM2SDma() 将数据发送到 Target 中,再由 Target 转换为 RF 信号向无线连接点 AP 发送。接收数据则是 Target 由连接点收到 RF 信号,解析为 MAC 数据包,向 Host 发出中断请求,Host 准备就绪后,调用函数 HhalPlatformS2MDma()从 Target 中接收数据。

3. 用电管理及其软件设计

根据移动终端的具体运用场景,底层驱动中开发了 ACTIVE、Max POWER_SAVE、Fast POWER_SAVE 及 POWER_SLEEP 这 4 种电源管理模式。正常工作模式(Active Mode)时,电源管理关闭,芯片处于完全上电状态。最大功耗节电模式(Max POWER_SAVE)时,满足在用户可以选择的侦听时间间隔最大的程度内,达到功耗节省最优。快速功耗节电模式(Fast POWER_SAVE)时,满足在用户固定的侦听时间间隔,达到良好的功耗节省最优。睡眠模式(POWER_SLEEP)时,WiFi 模块处于关机状态,用户需要人工操作重新回到工作状态。驱动装载后默认的设计工作模式是 ACTIVE,同时在事务线程中对电源模式进行检测。当上层软件需要转换为 POWER_SAVE,驱动仍然通过函数 PhgHhalQueueMgmtReq()向 Target 发起请求,使得 Target 切换到 POWER_SAVE 工作模式。在这种模式下,BGW200 模块只消耗很少的电能,同时仍进行 MAC 层的操作处理,上层软件可以根据数据传输的需求来实时切换 Target 的工作模式,以达到有效节能的目标。

4. 设计性能测试

使用 Linksys 的无线 AP—WRT54G,软件设置到最大发射功率＋16 dBm。按照 IEEE802.11b 协议规范要求,分别对 1 Mbps、2 Mbps、5.5 Mbps 和 11 Mbps 这 4 种不同速率测量发射和接收功耗。测试结果如下:WiFi 系统的待机功耗为 6.36 mW(100 ms 信标间隔)和 2.23 mW(300 ms 信标间隔),包括 LPC2220 微控制器的整个系统平均待机电流为 15 mA,平均工作电流为 300 mA。通常设备电池能耗为 650 mA,系统的待机时间可以达到 48 小时,连续工作时间为 3 小时。

11.3.3 μC/OS-ARM7-NC5004 体系实例

列举的项目在 ARM7TDMI-S 及其 μC/OS-II 硬软件平台上接入 PCMCIA 无线 WiFi 模块,实现图像数据的收发传输:PC 机通过无线网卡向嵌入式终端发送彩色图片,嵌入式终端恢复数据后在其彩色 LCD 屏幕上实时显示。

1. 嵌入式终端的系统构造

(1) 硬件体系

该嵌入式终端的硬件体系组成如图 11.14 所示。核心微处理器采用 NXP 的 LPC2210,ARM 的 ARM7TDMI-S 类型的 CPU 内核,具有开放的数据和地址总线,片内集成了 16 KB 的 RAM 存储器。由于需要较大存储空间运行实时操作操作系统、TCP/IP 协议、图形用户界面、串口驱动程序、WiFi 驱动程序、英文及汉字字库等,因此在外部扩展了一片容量为 256 KB×16 的静态 RAM(1S61LV25616)及一片容量为 1 MB×16 的 Flash 存储器(39VF160)。调试程序使用 LPC2210 的串口诊断程序的运行结果。

系统中选择了使用 Prism 2 芯片的网卡,型号为 COMPAQ NC5004,支持 IEEE802.11b 协议,网卡的接口为并行的 PCMCIA,供电电压为 3.3 V。LPC2210 没有 PCMCIA 控制器,需要使用 LPC2210 的通用端口连接,总线时序通过软件仿真来完成,即 PCMCIA 接口的驱动程序。

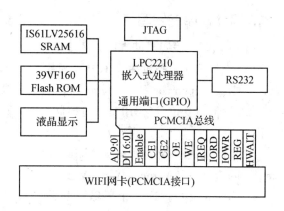

图 11.14 嵌入式移动终端的硬件体系构成示意图

PCMCIA 总线有控制线、数据线、地址线、电源线。其中,数据线宽度可选为 16 位或 8 位,NC5004 的数据线宽度是 16 位,即 D15~D0。PCMCIA 的地址线宽度为 26 位,WiFi 网卡中只须使用 10 位地址线 A9~A0。网卡的 PCMCIA 控制线有 10 根,其中,RESET 为复位信号,该线为低电平时网卡回到初始状态。CE1、CE2 为卡的地址控制,当 CE1、CE2 为低时,分别表示偶地址和奇地址的字节有效。OE、WE 分别为 Memory 空间的读/写控制线,IORD、IOWR 为 I/O 空间的读/写控制线,均为低电平有效。REG 用于选择地址访问空间,包括 I/O 空间和存储器空间。IREQ 提示处理器处理网卡的内部事件,可以不用。在对网卡进行读/写时,WAIT 信号变高表示读或写的数据进入存储器,此时才能进行下一步总线操作。

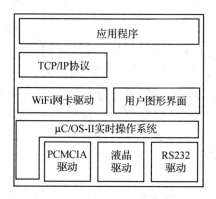

图 11.15 嵌入式移动终端的软件体系构成示意图

(2) 软件体系

该嵌入式终端的软件体系如图 11.15 所示,包括实时操作系统 E-RTOS(Embedded Real Time OS)、PCMCIA 接口驱动程序、WiFi 网卡驱动程序、TCP/IP 协议、串口驱动程序、图形界面等。E-RTOS 采用 μC/OS-II,移植 μC/OS-II 需要改写文件:OS_CPU.H、OS_CPU_A.S 及 OS_CPU_C.C。对于 LPC2210 嵌入式处理器,厂家的技术支持提供有这 3 个移植文件,将这 3 个文件代替原文件即可使用。

μC/OS-II 缺少对外围设备和接口的支持,如没有文件系统、网络协议、图形界面。厂家提供的开发资料中有其自行开发的 TCP/IP 协议和串口驱动程序。但该 TCP/IP 协议是与以太网卡驱动程序接口的,因此需要修改与网卡接口的 API 函数。其余的 PCMCIA 驱动程序、WiFi 网卡驱动程序需要自行编写。

2. 驱动程序的编写

(1) PCMCIA 接口驱动程序

PCMCIA 驱动程序包括 5 个主要函数：initPCMCIAPorts()、pcmcia_WriteMem()、pcmcia_WriteReg()、pcmcia_ReadMem() 和 pcmcia_Read_Reg()。initPCMCIAPorts() 函数用于 PCMCIA 设备的复位，其作用是通过控制 RESET 复位线为低电平，延时一段时间以后，再恢复为高电平。

PCMCIA 设备内部空间分为 Memory 空间和 I/O 空间，对 Memory 空间读/写函数为 pcmcia_ReadMem() 和 pcmcia_WriteMem()，对 I/O 空间的读写函数为 pcmcia_ReadReg() 和 pcmcia_WriteReg()。这几个函数的区别在于控制线 WE、OE、IORD、IOWR 的操作时序不同。

PCMCIA 驱动程序函数按照 PCMCIA 接口操作时序设置 LPC2210 相应的通用端口：首先在地址线上设置数据地址，并将 CE1、CE2 设为低电平，然后 REG 设为低电平将地址锁存；接下来进行读或写操作，读操作中，Memory 空间和 I/O 空间的读操作分别将 OE、IORD 设为低电平，然后等待 HWAIT 变为高电平。HWAIT 变为高电平后，将数据线上的状态读入；写操作中，首先按照待写数据设置数据线上的状态，然后 Memory 空间的写操作和 I/O 空间的写操作分别将 WE、IOWE 设置为低电平。接下来，HWAIT 变为高电平后说明数据已经写入。在读/写操作完成以后，依次将 OE 或者 IORD(读操作)、WE 或者 IOWR(写操作)、CE2、CE1、REG 恢复为高电平。

(2) WiFi 网卡驱动程序

Prism2 网卡的内部操作是封闭的，外部对其操作都是通过存储器操作来完成的，Memory 空间的存储器有 COR(Configuration Option Register) 寄存器，I/O 空间的存储器有 BAP(Baffuer Access Path) 寄存器、命令/状态寄存器、FID 管理寄存器、事件寄存器、控制寄存器、主机软件寄存器、辅助端口寄存器等。微处理器 LPC2210 管理、配置网卡的数据项是通过加载一个特定的 RID(Resource IDentifiers) 到 BAP 寄存器、读取或者写入一个特定的缓冲区来完成的。WiFi 网卡驱动程序中的函数功能是通过访问上述存储器来完成的。下面将介绍这些 API 函数的功能。

wlandrv_ProbeDevice() 函数用于检测网卡是否存在，函数首先访问 COR 寄存器，设置网卡进入 I/O 模式，设置操作属于 Memory 空间的读/写行为。然后，使用 pcmcia_WriteReg() 函数写一个值到地址为 0x28 的寄存器中，再用 pcmcia_ReadReg() 函数读取这个寄存器的值，与原来的值相比较，如果值相同，则说明网卡是存在的。

```
wlandrv_ProbeDevice(void)
{    pcmcia_WriteMem(WI_COR_OFFSET,WI_COR_VALUE);        //进入 I/O 模式
     pcmcia_WriteReg(WI_HFA384X_SWSUP_PORT0_OFF,WI_PRISM2STA_MAGIC);
```

```
            Value = pcmcia_ReadReg(WI_HFA384X_SWSUPPORT0_OFF);
            if(Value == WI_PRISM2STA_MAGIC)
            {
                //已找到网卡,此处做相应处理
            }
}
```

wlandrv_Attach()函数用于读取网卡内部的一些参数,这些操作都是通过向 BAP 设定相应的 RID,读取相应缓冲区完成的:

```
wlandrv_Attach (void)
{       wi_read_rid(WI_RID_MAC_NODE,ic.ic_myaddr,&buflen);      //读取网卡地址
        //……类似地读取 NIC ID,可用信道,WEP 加密支持,网络速率支持
}
```

wlandrv_Init()函数用于网络参数的初始化设置:

```
wlandrv_Init()
{       wi_write_val(WI_RID_PORTTYPE,WI_PORTTYPE_BSS);           //配制为站点
        wi_write_ssid(WI_RID_DESIRED_SSID,ic_des_essid,7);       //设置 SSID
        wi_write_txrate();                                       //设置速率
        wi_cmd(WI_CMD_ENABLE | WI_PORT0,0,0,0);                  //启动网卡
}
```

wlandrv_PutPacket()是被 TCP/IP 协议调用的函数,即 IP 协议将发送的数据打成 IP 包以后,把包传递给该函数。该函数的工作首先是计算需要发送的字节总长度;然后在 IP 包前添加逻辑链路控制层的帧头,帧头为 4 个双字,分别表示访问点地址、控制类型以及帧头类型;最后将 IEEE802.3 的帧头改成 WiFi 的帧头。最后,将打好的包送入网卡的发送缓冲区。发送缓冲区的地址通过设置 FID 管理寄存器后获得。

```
wlandrv_PutPacket(struct pkst * TxdData)
{       //TxdData 为指向发送的 IP 包的指针
        struct wi_frame frmhdr;
        LLCS_SNAP_HEADER LLCSSNAPHeader;
        ETHERHDR * pMAC8023Header;
        /* 计算发送数据长度,添加格式为 LLCS_SNAP_HEADER 的逻辑链路控制层包头 */
        wi_write_bap(rid,off,TxdData,len);                       //发送数据包
)
```

wlandrv_Event()函数主要查询 3 个事件,即管理消息、接收数据、发送数据。通过查询消息代码,可知网卡是否已经找到 AP 并关联起来以及何时脱离关联。响应接收数据事件可以接收数据帧,去掉逻辑链路控制层的帧头,然后将 IP 包传递给 IP 协议层。对于发送数据事件

可以不做响应。这些操作都是先查询 FID 寄存器后,获取事件数据的缓冲区地址,然后访问该地址的缓冲区获取相应数据的。

```
wlandrv_Event()
{    EventStatus = pcmcia_ReadReg (WI_EVENT_STAT);        //读取事件代码
    if(EventStatus&WI_EV_INFO)
        wi_info_intr();                                    //处理信息时间
    else if(EventStatus& WI_EV_RX)
    {   wi_rx_intr();   }
//处理接收事件
    else if(EventStatus& WI_EV_TX_EXC) { }
}
```

(3) 驱动程序的使用

驱动程序写好以后,是通过 TCP/IP 程序调用这些 API 函数的,其调用过程如图 11.16 所示。

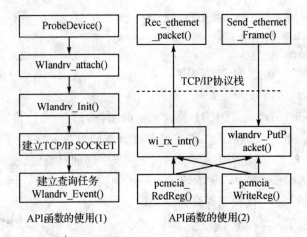

图 11.16　PCMCIA-WiFi 驱动程序的调用流程图

11.3.4　NEOS-ARM7-CG-1000 体系实例

选用 WiFi IC 组合变换模块进行嵌入式 WiFi 无线通信应用体系设计,硬/软件开发简便快捷,研发门槛低,特别适合于没有 E-OS 的实时无线数据传输实现。这里列举的项目实例采用 NXP 的 ARM7TDMI-S 内核微处理器 LPC2138 和文胜鼎的 UART 串行接口 WiFi IC 组合变换模块 CG-WiFi-1000,在没有 E-OS 环境下,很容易就实现了现场数据的无线收发传输。

1. CG-WiFi-1000 模块及其特点

CG-WiFi-1000 模块采用 Marvell 的 WiFi 芯片和单片机设计,内置 WiFi 协议栈和 UART

串口传输协议,不需要操作系统支持,其主要性能特征如下:
- UART 接口,波特率:19.2k/38.4k/57.6k /115.2k bps;
- 无线数据速率支持 IEEE802.11b,最高速率 11 Mbps;
- 内置 IEEE802.11 MAC 协议软件,支持基础网络中的 STA 应用;
- 支持 OPEN/WEP 方式的鉴权,支持共享密钥方式的 WEP64/WEP128 数据安全加密传输;
- 具有两种联网模式:自动联网和手动联网;
  在自动联网模式下,模块能自动扫描目标网络,断线自动重连;
  在手动联网模式下,通过命令触发连接和断开,用户控制灵活;
- 支持 3 种网络数据传输格式:RAW(原始数据格式)、UDP(用户数据报格式)和 TCP(面向连接的传输控制协议格式);
- 支持 7 组基本参数设置,最多可以连接 7 个目标网络,产品功耗 160~200 mA;
- 支持通过用户接口进行参数配置,支持固件程序通过网络在线升级;
- 支持外接天线,UFL 接口,发射功率最大 100 mW,接收灵敏度 −90 dBm。

使用 WiFi 无线模块,参数管理是关键。CG-WiFi-1000 模块的参数有两类:

1)系统参数

用于控制模块各种工作模式的参数设置,包括:
- 联网模式:用于自动联网和手动联网的配置。
- 透明传输模式:串口数据透明传输,该模式仅在自动联网且链路层使用 UDP 协议时有效。
- TCP 监听模式:支持在链路层使用 TCP 协议时的 TCP 监听模式,使能该模式后 WLAN 模块能作为 TCP 服务器使用,等待客户端的连接请求。
- 串口波特率:支持 19 200 bps、38 400 bps、57 600 bps、115 200 bps 这 4 种波特率。
- 设备物理地址:模块自身的 MAC 地址。

2)网络参数

用于连接目标网络,可以设置最多 7 组网络参数,每组网络参数包括:
- 目标的网络的 BSSID:其值为目标 AP 的 MAC 地址。每个 AP 的都拥有唯一不重复的 MAC 地址,可以用 BSSID 作为区分不同网络的标识。
- 目标网络的信道号:支持 1~14 信道。
- 目标网络使用的 SSID。
- 目标网络所使用的加密类型,包括不加密、WEP64、WEP128。
- 对于目标网络所使用的密钥,加密类型的不同,密钥的格式也不相同。
- 链路层数据格式:RAW、UDP 或 TCP 类型。
- 服务器物理地址:数据中心服务器的 MAC 地址,仅用于使用 RAW 格式。

- 设备 IP 地址：即模块自身的 IP 地址，仅用于 UDP/TCP 格式。
- 服务器 IP 地址：即数据中心服务器 IP 地址，仅用于 UDP/TCP 格式。
- 服务端口号：仅用于 UDP/TCP 格式。

2. WiFi 驱动实现及其应用程序架构

(1) 主要数据结构定义

用于存放模块所处的网络状况、参数配置组合和缓冲收到的数据。

```
typedef struct NetWorkBuffer                //网络状况缓冲
{   unsigned char gcIdx;
    unsigned char gcChanle;
    unsigned char gcBssId[6];
    unsigned char gcLeg;
    unsigned char gcSsid[20];
} NetWorkBuffer;
typedef struct NetParaBuffer                //网络参数缓冲
{   unsigned char M_id;
    unsigned char cLength;
    unsigned char cInfo[64];
}NetParaBuffer;
typedef struct Buffer2                      //接收数据缓冲
{   unsigned char gcATReceData[1040];
    unsigned int gcATReceCount;
} Buffer2;
```

(2) WiFi 驱动程序设计

WiFi 驱动程序实现无线网络扫描、工作参数配置与查询、指定 AP 的连接与断开、数据的收发传输、通信过程管理等，相关的操作函数如下：

```
void ScanNetWork(unsigned int cChannel);            //扫描模块周围的 AP，寻找之 SSID
void WIFIReset(void);                               //复位 WiFi 模块
void WIFIRequerNetPara(unsigned char cPb,           //查询 WiFi 模块的工作参数
    unsigned char cMidNum, unsigned char * cM_id);
void WIFIJoinAp(unsigned char cIdx);                //加入希望的 AP 网络
void WIFICloseAp(unsigned char cRes);               //退出加入的 AP 网络
void WIFISetNetPara(unsigned char cPb,              //配置 WiFi 模块的工作参数
    struct NetParaBuffer * cNetParaBuffer, unsigned char cParaNum);
void WIFILinkOrCloseServer(unsigned char cType);    //TCP 方式连接或断开服务器
void SendDataToWifi(unsigned char cCtl,             //基本数据帧发送操作
    unsigned char cCommand, unsigned char * cCommandPara, unsigned int iLength);
```

```c
void WIFISendData(unsigned char * cData,unsigned int cLength);      //数据块无线发送
void ProcessWIFIData(void);                    //WIFI通信(控制/数据帧)处理
```

其中,主要的操作函数代码如下:

```c
//-----------------------------------------------------------------------------------------------------------
//功能：发送WIFI帧到WIFI模块    参数：cCtl--控制字[0x00-控制帧,0x10-数据帧]
//参数：cCommand--命令字,cCommandPara--参数,iLength--参数长度
void SendDataToWifi(unsigned char cCtl, unsigned char cCommand,
                    unsigned char * cCommandPara, unsigned int iLength)
{   unsigned char cBuf[1000];
    cBuf[0] = 0xaa;                             //同步字段
    cBuf[1] = cCtl|gcSN;                        //控制字段
    gcSN + + ;                                  //gcSN序号,序号为0-15
    if(gcSN>= 0x10) gcSN = 0;
    cBuf[2] = (iLength + 1)>>8;     cBuf[3] = (iLength + 1)&0x00ff;
    cBuf[4] = GetCrc8(&cBuf[1],3);  cBuf[5] = cCommand;
    memcpy(&cBuf[6],cCommandPara,iLength);
    memset(&cBuf[6 + iLength],0x00,6);
    UARTn_SendData(1,(unsigned char * )cBuf,iLength + 12);
}
//-----------------------------------------------------------------------------------------------------------
//功能：扫描网络AP点(连接网络第一步,扫描网络,发现WIFI网络中存在的所有SSID网络)
//参数：cChannel--信道掩码,2字节代表1-14信道,Bit0-1信道,Bit1-2信道,依次类推;0x3fff,则
//全部扫描
void ScanNetWork(unsigned int cChannel)
{   unsigned char cBuf[2];
    cBuf[0] = cChannel&0x00ff;      cBuf[1] = cChannel>>8 ;
    gcServerStatus = S_NET_SCANNETING;
    gnPrevGetRecTime = 0;
    SendDataToWifi(CTL_DATA,SCANNETWORK_DATA,cBuf,2);
}
//-----------------------------------------------------------------------------------------------------------
//查询参数(参数：cPb--网络参数组号,cMidNum--参数ID号的数量, * cM_id--参数ID)
void WIFIRequerNetPara(unsigned char cPb, unsigned char cMidNum, unsigned char * cM_id)
{   unsigned char cBuf[30];
    cBuf[0] = cPb;
    memcpy(&cBuf[1],cM_id,cMidNum);
    gcParaNum = cMidNum;
    SendDataToWifi(CTL_DATA,QUERYNETPARA_DATA,cBuf,1 + cMidNum);
```

```
}
//------------------------------------------------------------------------------
//设置参数(参数：cPb--网络参数组号，cNetParaBuffer--参数列表，cParaNum--参数数目)
void WIFISetNetPara(unsigned char cPb, struct NetParaBuffer * cNetParaBuffer, unsigned char
cParaNum)
    {   unsigned char cBuf[300], i, cLength;
        cBuf[0] = cPb;         cLength = 0;
        for(i = 0;i<cParaNum;i++)
        {   cBuf[1 + cLength] = cNetParaBuffer[i].M_id;
            cBuf[2 + cLength] = cNetParaBuffer[i].cLength;
            memcpy(&cBuf[3 + cLength],cNetParaBuffer[i].cInfo,cBuf[2 + cLength]);
            cLength = cLength + cBuf[2 + cLength] + 2;
        }
        SendDataToWifi(CTL_DATA,SETNETPARA_DATA,cBuf,1 + cLength);
    }
//------------------------------------------------------------------------------
void WIFIJoinAp(unsigned char cIdx)     //加入AP点网络(cIdx--预入序号,0为默认组即第一组)
    {   unsigned char cBuf[1];
        cBuf[0] = cIdx;
        SendDataToWifi(CTL_DATA,LINKNETWORK_DATA,cBuf,1);
    }
//------------------------------------------------------------------------------
void WIFICloseAp(unsigned char cRes)  //断开AP点网络(cRes--断开方式,0正常,其他值则异常断开)
    {   unsigned char cBuf[2];
        cBuf[0] = cRes;
        SendDataToWifi(CTL_DATA,CLOSENETWORK_DATA,cBuf,1);
    }
//------------------------------------------------------------------------------
void WIFISendData(unsigned char * cData,unsigned int cLength)  //数据发送(参数为数据指针及长度)
    {   SendDataToWifi(NOA_DATA,cData[0],&cData[1],cLength-1);    }
//------------------------------------------------------------------------------
void WIFILinkOrCloseServer(unsigned char cType)  //TCP方式连/断服务器(cType--0连接,1断开)
    {   unsigned char cBuf[1];
        cBuf[0] = cType;
        gnPrevGetRecTime = 0;
        SendDataToWifi(CTL_DATA,TCPLINK_DATA,cBuf,1);
    }
//------------------------------------------------------------------------------
void ProcessWIFIData(void)           //WIFI控制帧处理
```

嵌入式 WiFi 无线网络通信

```c
{   unsigned char i, cLength, cBuf[64], cBuf1[64];
    if((gcWIFICTL&NOA_DATA) == NOA_DATA)        //普通数据帧处理
    {   ProcessCommand(&ATReceBuffer[0].gcATReceData[0]);    //数据帧处理
        return;
    }
    cLength = 0;                                //控制帧数据处理
    switch(ATReceBuffer[0].gcATReceData[0])
    {   case 0x40: cLength = 0;                 //扫描网络结果
            if(gcWIFILength == 1)
            {   LcdPrint(0,0,"未扫描到任何网络");
                LcdPrint(0,1,"请稍后重试......");
            }
            else
            {   SF_Read(FPA_CFGS,FLA_BSSID,cBuf1,40);   //从存储器中读出设定的参数
                if(cBuf1[7]>33) cBuf1[7] = 0;
                for(i = 0;i<10;i++)             //读出 SSID 号码
                {   gcNetWorkBuffer[i].gcIdx    //序号
                        = ATReceBuffer[ATReceBufferRead].gcATReceData[1 + cLength];
                    gcNetWorkBuffer[i].gcChanle //通道号
                        = ATReceBuffer[ATReceBufferRead].gcATReceData[2 + cLength];
                    memcpy(&gcNetWorkBuffer[i].gcBssId[0],   //BSSID 号
                        &ATReceBuffer[ATReceBufferRead].gcATReceData[3 + cLength],6);
                    gcNetWorkBuffer[i].gcLeg    //SSID 号长度
                        = ATReceBuffer[ATReceBufferRead].gcATReceData[9 + cLength];
                    if(gcNetWorkBuffer[i].gcLeg>20)
                                                //SSID 号超长处理(20B)
                        gcNetWorkBuffer[i].gcLeg = 20;
                    memcpy(&gcNetWorkBuffer[i].gcSsid[0],    //提取 SSID 号
                        &ATReceBuffer[ATReceBufferRead].gcATReceData[10 + cLength],
                        gcNetWorkBuffer[i].gcLeg);
                    memcpy(cBuf,&(gcNetWorkBuffer[i].gcSsid[0]),gcNetWorkBuffer[i].gcLeg);
                    if(memcmp(&cBuf1[8],cBuf,cBuf1[7]) == 0)    //确定 SSID 是所需 AP
                    {   if((memcmp(&cBuf1[0],&gcNetWorkBuffer[i].gcBssId[0],6)!= 0)
                            ||(cBuf1[6]!= gcNetWorkBuffer[i].gcChanle))     //扫描完整
                        {   memcpy(cBuf1, &gcNetWorkBuffer[i].gcBssId[0],6);
                            cBuf1[6] = gcNetWorkBuffer[i].gcChanle;
                            SF_Write(FPA_CFGS, FLA_BSSID, cBuf1, 7,1);
                            DownLoadWifiPara();             //重载参数
                            ScanNetWork(0xff3f);            //扫描 AP
                        }
```

```
                    else                                    //异常
                    {   LcdPrint(0,0,"扫描到无线点");
                        LcdPrint(0,1,"请稍后...\0");
                        SetTimer(3, 1000);
                        gcServerStatus = S_NET_SCANNETED;
                    }
                    return;
                }
                cLength = cLength + 9 + gcNetWorkBuffer[i].gcLeg;
                if((cLength + 1) == gcWIFILength)           //比较完,未找到所需SSID
                {   CLS();
                    LcdLightOnOff(TRUE);
                    {   LcdPrint(0,0,"未扫描到网络:");      //提示
                        if(cBuf1[7]>32) cBuf1[7] = 0;
                        cBuf1[8 + cBuf1[7]] = '\0';
                        LcdPrint(0,1,(char * )&cBuf1[8]);
                        LcdPrint(0,2,"请检查网络后重试\0");
                    }
                    break;
                }
            }
        }
        break;
    case 0x41:                                              //加入AP点
        if(ATReceBuffer[0].gcATReceData[1] == 0x00)
        {   LcdPrint(0,0,"成功连接到网络:");
            gcNetWorkBuffer[0].gcLeg = ATReceBuffer[0].gcATReceData[9];
            memcpy(&gcNetWorkBuffer[0].gcSsid[0],
                    &ATReceBuffer[0].gcATReceData[10],gcNetWorkBuffer[0].gcLeg);
            gcNetWorkBuffer[0].gcSsid[gcNetWorkBuffer[0].gcLeg] = '\0';
            LcdPrint(0,1,(char * )&(gcNetWorkBuffer[0].gcSsid[0]));//显示加入网络SSID
            gcServerStatus = S_NET_ADDAPED;
        }
        else LcdPrint(0,0,"连接AP点失败");
        break;
    case 0x42:                                              //断开网络
        if(ATReceBuffer[0].gcATReceData[1] == 0x00)
        {   LcdPrint(0,0,"已经断开网络");
            WIFIRese();
```

```
                ScanNetWork(0xff3f);
            }
            break;
        case 0x43:                                          //设置参数成功
            if(ATReceBuffer[0].gcATReceData[1] == 0x00)
                LcdPrint(0,0,"设置参数成功");
            break;
        case 0x44:                                          //查询参数
            if(ATReceBuffer[0].gcATReceData[1] == 0x00)
            {   for(i = 0;i<gcParaNum;i + +)
                {   gcNetParaBuffer[i].M_id
                        = ATReceBuffer[0].gcATReceData[2 + cLength];
                    gcNetParaBuffer[i].cLength
                        = ATReceBuffer[0].gcATReceData[3 + cLength];
                    memcpy(&gcNetParaBuffer[i].cInfo,
                        &ATReceBuffer[0].gcATReceData[4 + cLength],
                        gcNetParaBuffer[i].cLength);
                    cLength = cLength + gcNetParaBuffer[i].cLength + 2;
                }
            }
            break;
        case 0x45:                                          //复位
            LcdPrint(0,0,"WIFI 复位成功");
            LcdPrint(0,1,(char *)&ATReceBuffer[0].gcATReceData[3]);   //显示复位信息
            ScanNetWork(0xff3f);                            //扫描网络 AP 点
            break;
        case 0x46:                                          //链接服务器
            switch(ATReceBuffer[0].gcATReceData[1])
            {   case 0: break;                              //成功链接
                case 1: break;                              //断开成功
                case 2: break;                              //链接忙
                case 3: ScanNetWork(0x3ff);break;           //未加入无线网络
                case 4: LcdPrint(0,0,"命令不支持");break;    //命令不支持
            }
            break;
        default: break;
    }
}
//--------------------------------------------------------------------
```

(3) 应用程序架构实现

基本设计思想:工作参数设计,无线网络扫描与连接,主动数据发送,中断数据接收与通信管理,主程序的后台具体数据处理及其通信事务处理。主要程序框架代码如下:

```
//-----------------------------------------------------------------------
//TCP方式如下:设置参数-->扫描网络-->加入网络-->连接服务器(WIFI_DATATYPE 要为 TCP 方式)
//UDP方式如下:设置参数-->扫描网络-->加入网络
//如果订做的通信协议已经有了应答机制,建议用 UDP 模式,这样传输速度快
//使用中断收发串口模式
void main(void)
{   WIFISetNetPara(...,...,...);            //设置网络参数
    ScanNetWork(0x3ff);                     //扫描所有的网络
    WIFIJoinAp(0);                          //网络连接
    while(1)
    {   if(gcReceComm1OK)                   //接收数据
        {   ProcessWIFIData();              //WIFI 数据处理
            gcReceComm1OK = 0;
        }
    }
}
//-----------------------------------------------------------------------
void __irq IRQ_UART1 (void)                 //串口 1 接收中断服务程序
{   uint8 volatile cFlag = 0;    uint8 cBuf;
    cFlag = (U1IIR & 0x0F);      cBuf = U1RBR;
    if ((cFlag == 0x04)&&(gcReceComm1OK == 0))
    {   switch (gcWifiCommunState)
        {   case WIFI_WAIT_SYN:             //接收等待简单处理
                if(cBuf == WIFI_SYN)
                gcWifiCommunState = WIFI_WAIT_CTL;
                memset(&ATReceBuffer[0].gcATReceData[0],0x00,1100);
                break;
            case WIFI_WAIT_CTL:             //控制字段简单处理
                gcWIFICTL = cBuf;
                gcWifiCommunState = WIFI_LENGTH1;
                break;
            case WIFI_LENGTH1:              //数据长度 1 简单处理
                gcWIFILength = cBuf;
                gcWifiCommunState = WIFI_LENGTH2;
                break;
```

```c
        case WIFI_LENGTH2:                              //数据长度2简单处理
            gcWIFILength = (gcWIFILength<<8)+cBuf;
            if(gcWIFILength>1040)
                gcWifiCommunState = WIFI_WAIT_SYN;
            else gcWifiCommunState = WIFI_CHCK;
            break;
        case WIFI_CHCK:                                 //检测简单处理
            gcWifiCommunState = WIFI_RECEDATA;
            if(gcWIFILength == 0)
                gcWifiCommunState = WIFI_WAITPADDING;
            ATReceBuffer[0].gcATReceCount = 0;
            break;
        case WIFI_RECEDATA:                             //数据接收处理
            ATReceBuffer[0].gcATReceData[ATReceBuffer[0].gcATReceCount]    = cBuf;
            ATReceBuffer[0].gcATReceCount ++;
            if(ATReceBuffer[0].gcATReceCount == gcWIFILength)
                gcWifiCommunState = WIFI_WAITPADDING;
            else if(ATReceBuffer[0].gcATReceCount > gcWIFILength)
            gcWifiCommunState = WIFI_WAIT_SYN;
            break;
        case WIFI_WAITPADDING:                          //等待填充处理
            if(cBuf == 0)
            {   ATReceBuffer[0].gcATReceCount ++;
                if(ATReceBuffer[0].gcATReceCount>1100)
                {    ATReceBuffer[0].gcATReceCount = 0;
                    gcWifiCommunState = WIFI_WAIT_SYN;
                }
                if(ATReceBuffer[0].gcATReceCount-gcWIFILength == 6)
                {    gcWifiCommunState = WIFI_WAIT_SYN;
                    gcReceComm1OK = 1;
                }
            }
            else gcWifiCommunState = WIFI_WAIT_SYN;
            break;
        }
    }
    VICVectAddr = 0x00;                                 //中断处理结束,标志清除
}
//-------------------------------------------------------------------------------
```

11.3.5 WinCE-ARM9-VNUWCL5 体系实例

Windows CE/Mobile 下适合嵌入式应用系统的实际需要,进行了大幅度的移植裁减,可能无法使用自带无线网卡的配置和连接程序,此时要实现 WiFi 无线联网通信就得自行开发设计了。这里特别给出一个这样的项目开发实例。

具体的开发环境是:S3C2440 + Windows CE 5.0 + VNUWCL5(威盛无线网卡)及驱动程序。

程序设计使用了 Windows CE 含有的自动配置函数集:Automatic Configuration Functions API。

主要的软件开发设计过程如下:

1. 枚举系统中可用的无线网络设备

下面的函数可以枚举出系统中所有可用的无线网卡设备的 GUID,简化起见,特地选择第一块可用的无线网卡来操作:

```
BOOL GetFirstWirelessCard(PTCHAR pCard)
{   if (!pCard) return FALSE;
    INTFS_KEY_TABLE IntfsTable;
    IntfsTable.dwNumIntfs = 0;
    IntfsTable.pIntfs = NULL;
    _tcscpy(pCard, TEXT(""));
    //枚举系统中可用的无线网卡
    DWORD dwStatus = WZCEnumInterfaces(NULL, &IntfsTable);
    if (dwStatus != ERROR_SUCCESS)
    {   RETAILMSG(DBG_MSG, (TEXT("WZCEnumInterfaces() error 0x%08X\n"),dwStatus));
        return FALSE;
    }
    // 判断无线网卡的数量,可以根据无线网卡的数量来枚举出所有可用的无线网卡
    if (! IntfsTable.dwNumIntfs)
    {   RETAILMSG(DBG_MSG, (TEXT("System has no wireless card.\n")));
        return FALSE;
    }
    _tcscpy(pCard, IntfsTable.pIntfs[0].wszGuid);
    LocalFree(IntfsTable.pIntfs);
    return TRUE;
}
```

2. 获取无线网络信息

获取到系统可用的无线网卡后,就可以利用它的 GUID 号来进一步的操作了,首先要做

的是得到该无线网卡的信息以及该无线网卡扫描到的 WiFi 网关信息。

下面的函数可以获取到该无线网卡及扫描到的无线 AP 信息，参数 pCard 表示无线网卡的 GUID，pIntf 表示无线网卡的配置信息体，pOutFlags 表示网卡配置信息的掩码标志：

```
BOOL GetWirelessCardInfo(PTCHAR pCard, PINTF_ENTRY_EX pIntf, PDWORD pOutFlags)
{
    TCHAR * szWiFiCard = NULL;
    if (! pCard || ! pIntf || ! pOutFlags)              //参数校验
    {   RETAILMSG(DBG_MSG, (TEXT("Param Error.\n")));
        return FALSE;
    }
    szWiFiCard = pCard;
    * pOutFlags = 0;
    ZeroMemory(pIntf, sizeof(INTF_ENTRY_EX));           //初始化无线网卡信息
    pIntf->wszGuid = szWiFiCard;                        //设置 GUID 号
    //查询无线网卡信息
    DWORD dwStatus = WZCQueryInterfaceEx(NULL, INTF_ALL, pIntf, pOutFlags);
    if (dwStatus != ERROR_SUCCESS)
    {   RETAILMSG(DBG_MSG, (TEXT("WZCQueryInterfaceEx() error 0x % 08X\n"), dwStatus));
        return FALSE;
    }
    return TRUE;
}
```

3. 判断连接状态

可以通过无线网卡的状态来判断当前无线网卡是否已经和无线 AP 建立了连接，函数代码如下：

```
BOOL IsAssociated(const INTF_ENTRY_EX Intf, const DWORD dwOutFlags)
{   if (dwOutFlags & INTF_BSSID)
    {   PRAW_DATA prdMAC = (PRAW_DATA)(&Intf.rdBSSID);
        //判断 BSSID 的 MAC 地址是否有效从而判断是否和无线 AP 建立了连接
        if (prdMAC == NULL || prdMAC->dwDataLen == 0 ||
            (! prdMAC->pData[0] && ! prdMAC->pData[1] && ! prdMAC->pData[2] &
            ! prdMAC->pData[3] && ! prdMAC->pData[4] && ! prdMAC->pData[5]))
        {   RETAILMSG(DBG_MSG, (TEXT("(This wifi card is not associated to any)\n")));
            return FALSE;
        }
        else
        {   RETAILMSG(DBG_MSG, (TEXT("(This wifi card is associated state)\n")));
            return TRUE;
```

```
            }
        }
        else return FALSE;
}
```

4. 获取无线 AP 信息

获取了无线网卡的信息后,进而通过无线网卡枚举出当前所有可用无线 AP 的 SSID 名称以及加密模式等所有可用信息。实现该功能的函数代码如下:

```
void GetWirelseeListSSID(const PRAW_DATA prdBSSIDList, HWND hListCtlWnd)
{
    if (prdBSSIDList == NULL || prdBSSIDList->dwDataLen == 0)
        RETAILMSG(DBG_MSG, (TEXT("<null> entry.\n")));
    else
    {
        PWZC_802_11_CONFIG_LIST pConfigList =
            (PWZC_802_11_CONFIG_LIST)prdBSSIDList->pData;
        //RETAILMSG(DBG_MSG, (TEXT("[%d] entries.\n"), pConfigList->NumberOfItems));
        uint i;
        //枚举所有无线 AP
        for (i = 0; i < pConfigList->NumberOfItems; i++)
        {
            PWZC_WLAN_CONFIG pConfig = &(pConfigList->Config[i]);
            RAW_DATA rdBuffer;
            rdBuffer.dwDataLen = pConfig->Ssid.SsidLength;
            rdBuffer.pData = pConfig->Ssid.Ssid;
            TCHAR tSsid[MAX_PATH];
            PrintSSID(&rdBuffer, tSsid);           //将 SSID 的 ASCII 码转化成字符串
            if (hListCtlWnd)
                if (ListBox_FindString(hListCtlWnd, 0, tSsid) == LB_ERR)
                    ListBox_AddString(hListCtlWnd, tSsid);
            //RETAILMSG(DBG_MSG, (TEXT("\n")));
        }
    }
}
```

5. 连接到指定的无线 AP

操作函数的程序代码如下,需要传入的参数:pCard 表示无线网卡 GUID;pSSID 表示无线 AP SSID 号;bAdhoc 表示是否点对点的 WIFI 连接;ulPrivacy 表示加密模式(WEP/WPA....);ndisMode 表示认证模式(Open/Share);iKeyIndex 表示密钥索引(1-4);pKey 表示密码;iEapType 表示 IEEE802.11 认证模式。

```
BOOL WirelessConnect(PTCHAR pCard, PTCHAR pSSID, BOOL bAdhoc,
    ULONG ulPrivacy, NDIS_802_11_AUTHENTICATION_MODE ndisMode,
```

```
            int iKeyIndex, PTCHAR pKey, int iEapType)
{   BOOL bRet = FALSE;
    if (! pSSID)
    {   RETAILMSG(DBG_MSG, (TEXT("Param Error.\n")));
        return FALSE;
    }
    else
    {   WZC_WLAN_CONFIG wzcConfig;
        ZeroMemory(&wzcConfig, sizeof(WZC_WLAN_CONFIG));
        wzcConfig.Length = sizeof(WZC_WLAN_CONFIG);
        wzcConfig.dwCtlFlags = 0;
        wzcConfig.Ssid.SsidLength = _tcslen(pSSID);
        for (UINT i = 0;i < wzcConfig.Ssid.SsidLength;i++)
            wzcConfig.Ssid.Ssid[i] = (CHAR)pSSID[i];
        if (bAdhoc) wzcConfig.InfrastructureMode = Ndis802_11IBSS;
        else wzcConfig.InfrastructureMode = Ndis802_11Infrastructure;
        wzcConfig.AuthenticationMode = ndisMode;
        wzcConfig.Privacy = ulPrivacy;
        if (pKey == NULL || _tcslen(pKey) == 0)
        {   //对密钥进行转换
            bRet = InterpretEncryptionKeyValue(wzcConfig, 0, NULL, TRUE);
            wzcConfig.EapolParams.dwEapType = iEapType;
            wzcConfig.EapolParams.dwEapFlags = EAPOL_ENABLED;
            wzcConfig.EapolParams.bEnable8021x = TRUE;
            wzcConfig.EapolParams.dwAuthDataLen = 0;
            wzcConfig.EapolParams.pbAuthData = 0;
        }
        else
        {   RETAILMSG(DBG_MSG,
                (TEXT("WirelessConnect iKeyIndex = %d.\n"), iKeyIndex));
            bRet = InterpretEncryptionKeyValue(wzcConfig, iKeyIndex, pKey, FALSE);
        }
        //连接到指定的无线 AP,并将该 AP 添加到 AP 选择表中
        AddToPreferredNetworkList(pCard, wzcConfig, pSSID);
    }
    return bRet;
}
```

6. 密钥转换

输入的密钥需要通过加密方式进行一定的转化,完成该功能的函数代码如下:

```c
static void EncryptWepKMaterial(IN OUT WZC_WLAN_CONFIG * pwzcConfig)
{
    BYTE chFakeKeyMaterial[] =
        { 0x56, 0x09, 0x08, 0x98, 0x4D, 0x08, 0x11, 0x66, 0x42, 0x03, 0x01, 0x67, 0x66 };
    for (int i = 0;i < WZCCTL_MAX_WEPK_MATERIAL;i + +)
        pwzcConfig->KeyMaterial[i] ^= chFakeKeyMaterial[(7 * i) % 13];
}
BOOL InterpretEncryptionKeyValue(IN OUT WZC_WLAN_CONFIG& wzcConfig,
    IN int iKeyIndex, IN PTCHAR pKey, IN BOOL bNeed8021X)
{
    if(wzcConfig.Privacy == Ndis802_11WEPEnabled)
    {
        if(! bNeed8021X && pKey)
        {
            wzcConfig.KeyIndex = iKeyIndex;
            wzcConfig.KeyLength = _tcslen(pKey);
            if((wzcConfig.KeyLength == 5) || (wzcConfig.KeyLength == 13))
                for(UINT i = 0;i<wzcConfig.KeyLength;i + +)
                    wzcConfig.KeyMaterial[i] = (UCHAR)pKey[i];
            else
            {
                if((pKey[0] != TEXT('0')) || (pKey[1] != TEXT('x')))
                {
                    RETAILMSG(DBG_MSG, (TEXT("Invalid key value.\n")));
                    return FALSE;
                }
                pKey + = 2;
                wzcConfig.KeyLength = wcslen(pKey);
                if((wzcConfig.KeyLength != 10) && (wzcConfig.KeyLength != 26))
                {
                    RETAILMSG(DBG_MSG, (TEXT("Invalid key value.\n")));
                    return FALSE;
                }
                wzcConfig.KeyLength >>= 1;
                for(UINT i = 0;i<wzcConfig.KeyLength;i + +)
                    wzcConfig.KeyMaterial[i] = (HEX(pKey[2 * i]) << 4) | HEX(pKey[2 * i + 1]);
            }
            EncryptWepKMaterial(&wzcConfig);
            wzcConfig.dwCtlFlags |= WZCCTL_WEPK_PRESENT;
        }
    }
    else if(wzcConfig.Privacy == Ndis802_11Encryption2Enabled
        || wzcConfig.Privacy == Ndis802_11Encryption3Enabled)
    {
        if(! bNeed8021X)
        {
            wzcConfig.KeyLength = wcslen(pKey);
            if((wzcConfig.KeyLength < 8) || (wzcConfig.KeyLength > 63))
            {
                RETAILMSG(DBG_MSG,
```

```
                (TEXT("WPA-PSK/TKIP key should be 8-63 char long string.\n")));
            return FALSE;
        }
        char szEncryptionKeyValue8[64];//longest key is 63
        memset(szEncryptionKeyValue8, 0, sizeof(szEncryptionKeyValue8));
        WideCharToMultiByte(CP_ACP, 0, pKey, wzcConfig.KeyLength + 1,
            szEncryptionKeyValue8, wzcConfig.KeyLength + 1, NULL, NULL);
        WZCPassword2Key(&wzcConfig, szEncryptionKeyValue8);
        EncryptWepKMaterial(&wzcConfig);
        wzcConfig.dwCtlFlags |= WZCCTL_WEPK_XFORMAT
            | WZCCTL_WEPK_PRESENT | WZCCTL_ONEX_ENABLED;
    }
    wzcConfig.EapolParams.dwEapFlags = EAPOL_ENABLED;
    wzcConfig.EapolParams.dwEapType = DEFAULT_EAP_TYPE;
    wzcConfig.EapolParams.bEnable8021x = TRUE;
    wzcConfig.WPAMCastCipher = Ndis802_11Encryption2Enabled;
}
return TRUE;
}
```

第12章 嵌入式简易无线网络通信

简易无线网络通信运行在多种 ISM 免费频段，既具有规范性短距离无线通信的基本特点，又具有传输协议简单、使用方便、成本低廉、软件开发容易、组网随意、切合实际需要的实用特点，在各种短距离无线通信中独具特色，广泛应用于电脑周边设备、家庭电子电器、无线音像传输、监测/监控/遥控、工农业生产控制、航模玩具、医疗监护等方面。

简易无线网络通信是怎样做到"简易"的？其网络通信特征和工作机制是怎样的？如何选择简易无线网络通信元器件，通过恰到好处的软/硬件体系开发设计，快速进行高性价比的嵌入式简易无线通信应用体系实现？本章将针对这些展开全面阐述。

12.1 简易无线网络通信基础

12.1.1 简易无线网络通信综述

ZigBee、BlueTooth、WiFi 等短距离规范化无线网络通信，各具特色，性能优良，但是操作协议复杂，开发设计门槛高，嵌入式应用系统迫切需要的是更加精简易用、小规模的无线短距离网络通信，特别是成本更低、功耗更低、传输协议更简单、软件开发更简易。这样，在保持传统短距离无线网络通信基本性能的前提下，就出现并形成了一系列的简易无线网络通信部件及其开发设计产品。

简单、易用、切合实际需求、成本低廉是简易无线网络通信的最大特点。

概括起来，简易无线网络通信的主要特征如下：

➢ ISM 无线免费频段工作。经常工作的 ISM 载波频率有 315 MHz、433 MHz、868 MHz、915 MHz、2.4 GHz、5.8 GHz 等，315 MHz、433 MHz、868 MHz、915 MHz 频率常称为 1 GHz 载波频率。

➢ 无线传输速度适宜。通常在几十 kbps、几百 kbps 或 1 Mbps 左右，最大不超过 2 Mbps。一般地说，载波频率越低，传输传速率越低；载波频率越高，传输传速率也较高。

➢ 短距离无线传输。传输距离通常在几 m、几十 m、百余 m。特殊应用场合，传输距离也能做到近千 m。低载波频段，长距离传输；高载波频段，短距离传输。

➢ 传输协议尽量简单固化。协议栈简化，可以更新升级，大多固化在芯片内或初始下载摘要的协议微代码,再做一些简要的初始参数配置即可联网展开数据传输。
- 能够在载波频点附近一定带宽范围内以一定的频率变化量,自动或手动跳频,避免有干扰的载波频点。具有的这些跳频点,称为无线通道。这样的通道数通常在几十个、百余个。
- 易于小规模快速组网。网络组织可以是点对点的、星状的,也可以是菊花链形的。
- 高性能、低功耗设计。尽可能做到低发射功率、高接收灵敏度,多种节电保护模式。工作电压在 2.5~3.6 V,有些可以在 1.65 V 工作。工作电流为几至几十 mA,待机电流在为几至几十 μA。
- 按"包"传输数据,多种数据包格式,32 字节、64 字节、128 字节或 256 字节大小。收发数据 FIFO(First Input First Output)缓冲,配置字寄存器实现,大多具有 CRC(Cyclical Redundancy Check)硬件数据校验功能。

短距离简易无线网络通信的这些特点,使其在车辆监控、遥控/遥测、小型无线网络/数据终端、无线门禁、社区传呼、工业数据采集/控制、无线电子标签/身份识别、远距离非接触射频智能卡、安全防火防盗、生物信号采集、水文气象监控、机器人控制、无线数字音频/图像传输等方面获得了广泛应用,特别是无线音/视频传输、工农业生产监控、电脑周边产品、家庭电子电器、消费电子产品、医疗护理、航模玩具、无线 Skype 电话等领域。嵌入式简易无线网络通信体系开发设计意义重大。

12.1.2 基本通信功能及其实现

1. 通信体系的基本架构组成

简易无线网络通信功能的实现主要有 3 个层次:射频收发器、调制解调处理和微型数据引擎。整个框架体系结构如图 12.1 所示,其中,射频收发器和调制解调处理是关键组成部分。射频收发部分与 ZigBee、BlueTooth、WiFi 等短距离无线通信一样,由 5 大部分组成:无线收发器、功率放大器、低噪声放大器、收发切换器和天线。调制解调通常采用频移键控 FSK(Frequence Shift Key-control)的原理实现。

图 12.1 实现简易无线通信功能的结构组成框图

(2) 数据帧的结构组成形式

简易无线通信的物理帧结构或称为协议帧格式的一般形式如下:
前导信号(Preamble)+通信地址(Address)+数据包控制+数据负载(Payload)+校验字
前导信号主要用于确定传输的开始,通信地址即对方的地址标识,数据包控制说明数据包的大小等传输属性,校验形式一般采用 CRC 形式。不同厂商对前导信号、通信地址、包控制、CRC 校验字有不同的规定,但是大致格式基本如此。

(3) 微型数据引擎及其功能

微型数据引擎完成初始配置、数据格式的变换、工作状况的变化、通信过程的管理等功能。为了方便使用,厂商通常将其功能做成可升级更新的少量二进制代码,称为微码;固化在芯片内或在芯片启动后首先动态下载,从而大大降低设计门槛,使无线通信软件开发更加容易。

微码也留有一些可变配置接口,让使用者灵活选择,实现功耗控制和性能优化。

微型数据引擎在内部完成数据包格式的协议帧结构组织,留给使用者的只是简易的接口:收发数据的多少、标识、位置等。

(4) 无线通信的硬件接口

无线通信接口是数字形式的,数据接口通常是串行的 SPI 总线接口;另外还有中断信号线、状态信号线和复位控制信号线等,用于通信过程的硬件管理和收发状态的硬件标识。

12.2 基本的软/硬件体系设计

12.2.1 简易无线通信部件及其选择

1. 简易无线通信部件形态

简易无线通信部件以集成电路芯片及其组合的模块形式存在,通过串行 SPI 总线等接口形式融入嵌入式微控制/处理器体系。图 12.2 给出了详细的简易无线通信部件形态构成与硬件接口形式。

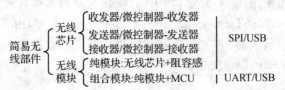

图 12.2 简易无线通信部件的形态构成与接口形式

2. 常见简易无线通信芯片

无线通信 IC 芯片是简易无线通信部件的核心,Axsem、Silicon-Integration、Nordic、TI-Chipcon、Atmel、Cypress 等半导体厂商推出了一系列的简易无线通信 IC 芯片,有单向的无线发送器或接收器,也有双向的无线收发器;载波频率有 1 GHz 以下的,有 2.4 GHz 的,也有 5.8 GHz 的,多数芯片都是小体积封装、少连接引脚和少外围"阻/容/感"元件需求。其中,也有一些厂家推出了含有收发器的高性价比的 8 位通用单片机。图 12.3 给出了常见的简易无线通信厂商及其无线射频 IC 芯片。

图 12.3　简易无线通信厂商及其射频 IC 芯片

　　Axsem 的简易无线收发器分为 3 种：高性能窄带宽器件、通用器件和低成本器件,有收发器、接收器和发送器 3 类,ASK/FSK/PAK(Phase Shift Key-control)调制解调,收发器芯片型号有 AX5042/5051/5151 和 AX6042,接收器芯片型号有 AX50424,发送器芯片型号有 AX5031/5131。其中,AX6042 为 2.4 GHz 载波,其余均为 433/868/915 MHz 载波;AX5042/50424/6042 高性能窄带宽器件,AX5031/5051 为通用器件,AX5131/5151 为低成本器件。高性能器件收发性能优良,接收灵敏度高,发射功率高,数据 FIFO 缓冲能力强,但价格也高。低成本器件,价格低,但收发性能低,FIFO 缓冲区小。

　　Silicon-Integration 的简易无线收发器分为两个系列:EzRadio 和 EzRadioPro,有收发器、接收器和发送器 3 类,属于 1 GHz 载波产品。EzRadio 系列器件,FSK 调制解调,高集成度,低功耗,低成本,易于设计,适合 OEM 厂商开发各类无线网中网(Mesh)应用,芯片型号有 Si4020/1/2、Si4320/2、Si4420/1,Si4x20 为 315/433/868/915MHz 载波,Si4x21 为 433/868/915MHz 载波,Si4x22 为 868/915MHz 载波;Si4021/2 和 Si4421 传输速率可达 115 kbps,其余器件可达 256 kbps。EzRadioPro 系列器件具有 EzRadio 系列器件的性能外,还具有 240～960 MHz 的连续频率覆盖、高达 20 dBm 的输出功率、定时唤醒、低电池检测、多 FIFO 缓冲、多 I/O 接口等增强性能。FSK/GFSK(Gaussian FSK)调制解调,适合高尖端应用,芯片型号有 Si4030/1/2、Si4330、Si4430/1/2,传输速率可达 256 kbps,Si4030/4430 为 900～960 MHz 载波,其余器件为 240～960 MHz 载波。这些器件中,收发器芯片型号有 Si4420/1、Si4431/2。接收器芯片型号有 Si4320/2、Si4330。发送器芯片型号有 Si4020/1/2、Si4430/1/2。嵌入式应

用体系多采用其低成本的 Si4420、Si4320 和 Si4420 器件。

Nordic(瑞士 Switzerland)的简易无线收发器有 4 类：微控收发器、微控发送器、收发器、发送器，FSK/GFSK 调制解调。微控收发/发送器含有 8 位微控制器 MCU(Micro Controller Unit)内核，有的还集成有 ADC、USB、PWM、Flash 等片内外设或接口。微控收发器芯片型号有 nRF24LE1、nRF24LU1、nRF9E5，微控发送器芯片型号有 nRF24E2。收发器芯片型号有 nRF24AP2、nRF24LU1+、nRF24L01+、nRF24L01、nRF24AP1、nRF24Z1、nRF905。发送器芯片型号有 nRF2402、nRF2401A、nRF401/3。这些芯片多提供 SPI 数字接口，例外的是 nRF24LU1/LU1+ 为 USB 接口，nRF24AP1 为 UART 或同步串口；芯片名称中含有"24"的都是 2.4 GHz 载波，传输速率可达 2 Mbps；nRF9E5/905/903 是 433/868/915 MHz 载波，nRF401 是 433 MHz 载波，nRF403 是 315/433 MHz 载波；nRF24Z1 专用于音频通信，还有 I^2S、S/PDIF 接口和 QoS 引擎。Nordic 无线器件以低电压操作和低功耗而著称，引领着无线 IC。嵌入式应用体系多选用其 nRF2401/1+ 芯片，实现简易无线通信开发。

Ti-Chipcon 的简易无线收发器按载波频段分为两个系列：1 GHz 器件和 2.4 GHz，有微控收发器、收发器和发送器 3 个类型，FSK/GFSK 调制解调。1 GHz 系列芯片型号有 CC1000、CC1010、CC1020、CC1021、CC1050、CC1070、CC1100 和 CC1150，其中，C1050/1070/CC1150 为发送器，CC1010 为微控收发器(含有微控制器)，其余均为收发器；可编程载波频率，CC1000/1010/1050 为 300～1 000 MHz，CC1020/1021/1070 为 402～470/804～940 MHz，CC1100/1150 为 300～348/400～464/800～928 MHz；最高传输速率，CC1000/1010/1050 为 76.8 kbps，CC1020/1021/1070 为 153.6 kbps，CC1100/1150 为 500 kbps；最低工作电压可为 2.5 V 左右，CC1100/1150 还可为 1.8 V。2.4 GHz 系列芯片型号有 CC2400、CC2420、CC2500 和 CC2550，32/64/128 字节 FIFO 数据缓冲，多用于低电压操作和低功耗场合，传输速率分别为 1 Mbps、250 kbps、500 kbps、500 kbps，前 3 个为收发器，后者为发送器，CC2420 还可兼容 ZigBee 应用。很多嵌入式无线通信应用体系采用 Ti-Chipcon 的 CC1100 进行设计，很好地满足了低功耗需求。

Atmel 的简易无线收发器有 4 类：微控发送器、多通道收发器、接收器和发送器。微控发送器集高性价比的 AVR 单片机和发送器于一体，幅频键控 ASK(Amplitude Shift Key-control)/FSK 调制解调，典型芯片型号有 ATA8741(315 MHz 载波)、ATA8742(433 MHz 载波)和 ATA8743(868 MHz 载波)。多通道收发器芯片型号有超高频 UHF(Ultra High Frequence) ASK/FSK 调制解调的 ATA5423(315 MHz 载波)、ATA5425(345 MHz 载波)、ATA5428(433/868 MHz 载波)、ATA5429(915 MHz 载波)，有 2.4 GHz 载波、3 dBm 发送功率、93 dBm 接收灵敏度的 ATR2406，更有 5.8 GHz 载波的 ATR2820。接收器芯片型号有 ATA8201/3(315 MHz 载波)、ATA8202/4(433 MHz 载波)、ATA8205(686 MHz 载波)，UHF ASK/FSK 调制解调，ATA8201/2 传输速度可达 20 kbps，灵敏度可达 −114 dBm；ATA8203/4/5 具有增强灵敏度和接收信号强度指示 RSSI(Receive Signal Strength Instruction)功能。发送器芯片型号有 ATA8401/2/3/4/5,载波频率分别为 315、433、868、315、433 MHz,UHF ASK/FSK 调制解调,高输出功率。Atmel 还为 5.8 GHz 载波的高速无线传输提供有功率放大器 ATR7040,以提高传输距离。常用的 Atmel 简易无线收发器是 ATR2406。

Cypress 的简易无线收发器分为两个系列:CyFi 低耗 RF 和 RF 收发器,2.4 GHz 载波,DSSS/GFSK 调制解调。CyFi 低耗 RF(Radio Frequence)系列以低功耗著称,针对嵌入式应用体系,主要芯片是 CYRF7936,125/250/1 Mbps 传输速率。RF 收发器 CYRF69103/6936 和 CYRFUSB6934/35/53,前者传输速率可达 1 Mbps,后者则为 62.5 kbps;前者及 CYRFUSB6934 传输距可达 10 m,CYRFUSB6935/53 则达 50 m;CYRF6953 含有 M8C 为核心的可编程片上系统 PSoC(Programmable System on Chip),加之 RF 收发器,称为 PRoC(Programmable Radio on Chip)。CYRF7936/69103/6936 的工作电压为 1.8~36 V,其余器件为 2.7~3.6 V。Cypress 无线器件,易于开发设计,在电脑周边配件和工业控制中应用很多。

另外,国民科技的 Zi2121、Accelsemi-Signia 的 SGNA6210 等 2.4 GHz 载波芯片,也以性价比高而广泛应用。

3. 常见简易无线通信模块

简易无线通信模块有两种类型:纯无线模块和组合无线模块。简易无线 IC 芯片和少量外围"阻容感"器件构成最简形式的纯无线模块,纯无线模块加上普通 8 位微控制器 MCU 构成组合无线模块,MCU 完成初始配置、接口转换及其他增加功能。组合无线模块,因为内含 MCU,只管用来进行数据收发即可,收发的数据就是需要的数据,又称为智能透明型无线模块;相应地,纯无线模块也称为非智能无线模块。当然,纯无线模块也不是处处都要系统干预,通常只要在启动时做好微码下载和配置就可以像组合无线模块一样正常无线通信了,而且形体小,成本低,因此广为应用。

简易无线通信 IC 厂商为推广其 IC 芯片推出了很多演示(Demo)版简易无线通信模块,一些第三方厂商也利用市场上性能优良的无线 IC 芯片,推出了不少简易无线通信模块,这些简易无线通信模块多为纯无线通信模块,而且采用了 PCB"板载天线"形式。为了进一步降低成本、缩小模块形体、提高价格优势,很多简易无线通信模块都采用了无线通信 IC 芯片直接 PCB 上封装的形式。图 12.4 给出了一部分常见"纯"简易无线通信模块的外部形态。图 12.4(a)是 Accelsemi-Signia 的无线通信模块 SGN6210 的 Demo 板,图 12.4(b)是成品板,图 12.4(c)是国民科技的 Zi2121 成品板;图 12.4(d)是 TI-Chipcon 的 CC2500 Demo 板;图 12.4(e)是飞拓公司采用 Nordic 的 nRF2401 设计的无线通信模块,是"板载天线"形式,图 12.4(f)是"外置天线"形式。

RFWorld 是知名的第三方简易无线通信模块,利用许多无线通信 IC 芯片制造了很多简易无线通信模块,有非智能型的纯无线模块,也有智能透明型的组合无线模块,涉及了 Axsem、Silicon-Integration、Nordic、TI-Chipcon、Atmel 等常见简易无线通信厂家的高性价比的无线 IC 应用,使用十分广泛。表 12.1 列出了常用的 RFWorld 无线模块及其类型。无线模块

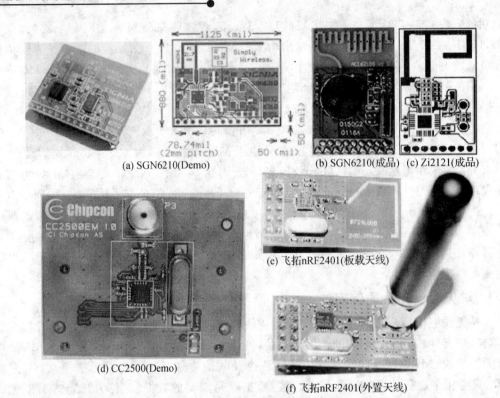

图 12.4 部分常见"纯"简易无线通信模块外部形态图

命名的,中间 4 位数字是无线通信 IC 芯片的名称,最后于一位数字表示载波频率,4 即 433 MHz,8 即 868 MHz,9 即 915 MHz,不带数字的为 2.4 GHz;字母 S_S 表示串口变换 SPI→UART,USB_S 表示 SPI→USB。

表 12.1 常用的 RFWorld 无线模块及其类型表

频 点	非智能型 FSK 传输模块			智能型 FSK 透明传输模块		
2.4 GHz	WM2500S	WM2500	WM2400	WM24TR_S_S	WM24USB_S	
	WM2406	WM2401S	WM2500TPA			
433 MHz	WM5402-4	WM5051-4		WM5402TR-4		
	WM4421-4	WM4320-4	WM4221-4	WM2198TR-4	WM2192T-4	WM2196R-4
868 MHz	WM5402-8	WM5051-8		WM5402-TR-8		
	WM4421-8	WM4320-8	WM4421-8	WM2198TR-8	WM2192T-8	WM2196R-8
915 MHz	WM5402-9	WM5051-9		WM5402TR-9		
	WM4421-9	WM4320-9	WM4421-9	WM2198TR-9	WM2192T-9	WM2196R-9

图 12.5 列出了典型的 RFWorld 简易无线通信模块的外部形态,上面两排为 2.4 GHz 载波模块,下面一排为 1 GHz 载波模块。为了形象说明各个模块的大小,右上边给出了 1 元人民币的图片,以便比较。图 12.5(a)~(c)为 CC2500 芯片为核心构成的 3 种非智能无线模块,从左到右,形体逐渐增大,发射能力也逐渐增强,传输距离依次为 70 m、120 m、180 m。从图上可以看出:F 形或 L 形 PCB"板载天线"比"折叠"形 PCB"板载天线"发射能力强,但"折叠"形 PCB 天线,形体小,功耗低,在短距离无线通信应用中,特别适合嵌入式应用体系的需要。为什么 Demo 版无线模块多采用 F 形或 L 形 PCB 天线而成品版多采用"折叠"形 PCB 天线?从此可以"斑窥一般"。第三个无线模块为进一步加大传输距离则增加了功率放大器 PA(Power Ampplifier) IC 芯片,表 12.2 列出了这 3 种模块的详细性能对比。图 12.5(d)、(e)为 2.4 GHz 智能型透明传输无线组合通信模块,采用了 8 位 MCU 实现微码准备、初始配置和接口转换,其中,图 12.5(d)的接口转换为 SPI←→UART,图 12.5(e)增加了 USB 接口器件从而

(a) WM2500S

(b) WM2500

(c) WM2500TPA

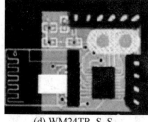
(d) WM24TR_S_S

(e) WM24USB_S

(f) WM5042

(h) WM5042TR

(i) WM2198TR/2I966R/2192T

(g) WM5051

图 12.5 RFWorld 公司的各类典型简易无线通信模块外部形态图

嵌入式网络通信开发应用

实现连续的接口转换 SPI←→UART←→USB。图 12.5(f)~(i)为 1 GHz 无线通信模块,其中,图 12.5(f)、(g)为非智能型无线通信模块,图 12.5(h)、(i)的两个模块为智能型透明传输无线组合通信模块,组合通信模块采用 8 位 MCU 实现微码准备、初始配置和接口转换:SPI←→UART。

表 12.2　3 种 RFWorld-WM2500 简易无线非智能通信模块的性能对比表

	WM2500S	WM2500	WM2500TPA
最大传输速率/bps		500K	
RF 输出功率/dBm	0	1	14
数字硬件接口		SPI	
最大功耗/mA	16	18	45
最大传输距离/m	70	120	180
PCB 天线形式	"折叠"形	F 形	L 形
主芯片封装形式	SMD		SDIP
形体大小/cm³	1.54 * 1.13 * 0.5	2.73 * 1.95 * 0.8	4.02 * 1.5 * 0.8

12.2.2　简易无线通信硬件体系设计

简易无线网络通信因其独到的"简易",相关的软/硬件通信体系开发设计也十分简便易行。实现简易无线通信,可以采用无线模块快速构成嵌入式硬件通信系统,也可以采用无线 IC 芯片直接进行低成本的开发设计。

1. 无线通信电路原理设计

简易无线通信模块提供了 SPI 数字接口及其中断 IRQ 等信号线。若采用无线通信模块,则只要将其连接到嵌入式应用系统的 SPI 总线,并用系统的具有中断特殊功能的 I/O 接口去监控其控制/状态信号即可迅速完成硬件通信体系设计。图 12.6 给出了采用 Accelsemi-Signia 的无线模块 SGN6210 构成的 USB Dongle 的电路原理图,用于无线鼠标的 PC(Personal Computer)侧信号接收。其中,MCU 采用的是远翔的低价位 8 位带 USB 引擎的 MCU,I²C 接口的 EEPROM 器件 AT24LC01A 用作非易失信息存储,MCU 内置有时钟振荡部件,可以省去其中的石英振荡电路。

以简易无线通信 IC 芯片为核心的无线部件通信电路,外围元器件少,电路设计简单灵活,而且无线 IC 芯片厂商都为其器件的推广制作了大量详细的硬/软件资料,十分有利于直接进行简易无线通信的电路开发设计。不少嵌入式简易无线通信应用体系开发采用了直接无线 IC 芯片的 PCB 一体板上设计的形式。

图 12.7 是 TI-Chipcon 的高性能器件 CC2500 构成的无线通信电路原理图,其中重要的环节是天线部分的电路,可采用"折叠"形 PCB"板载天线",也可采用外置天线;"板载天线"设计简单,外置天线则需要 LC(L122/C123)电路进行滤波和 Ballun 电路(C122/C132/L121/

嵌入式简易无线网络通信

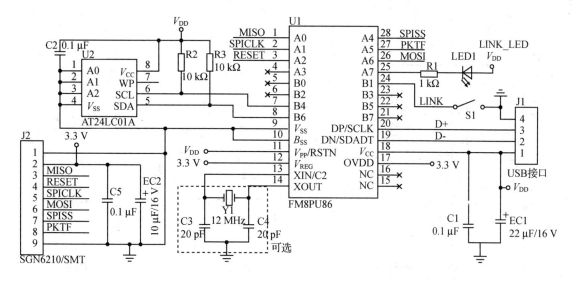

图 12.6 简易通信模块 SGN6210 构成的无线鼠标 PC 接收体系 USB Dougle 的电路原理图

L131)进行差分射频信号到单端射频信号之间的平衡与不平衡变换;可以使用 SmartRF Studio 软件实现 Ballon 电路的最佳性能配置;R171 是偏置电阻实现 RF 收发器的精确电流偏置, C51 是直流退耦电容,C124 与天线一起构成 LC 网络,负载电容 C81/C101 和石英晶体一起组成时钟振荡外部电路,C121/C131 是隔直电容;TI-Chipcon 为该电路推荐的外部元件参数值为:C51---100(1±10%)nF,C81---27(1±5%)pF,C101---27(1±5%)pF,C121---100(1±5%)pF,C122---1.0(1±0.25)pF,C123---1.8(1±0.25)pF,C124---1.5(1±0.25)pF,C131---100(1±5%)pF,C132---1.0(1±0.25)pF,L121---1.2(1±0.3)nH,L122---1.2(1±0.3)nH,L131---1.2(1±0.3)nH,R171---56(1±1%)kΩ,XTAL---26.0 MHz。

图 12.8 是 Cypress 的 CYUSB6935 及其 PSoC 单片机构成的无线通信电路原理图,图中详细绘制了天线部分和 SPI 数字接口部分的电路构成;CYUSB6935 天线部分的接收和发送是分开的单端信号接口,图中分别给出了相应的电路,其中的元件参数值是 Cypress 推荐的。

2. 无线通信 PCB 制板设计

简易无线通信体系的 PCB 制板设计,与 ZigBee、BlueTooth、WiFi 等短距离无线通信一样,需要注意合理布局、布线,充分利用电源层与地线层做好屏蔽和隔离,处理好电磁兼容和抑制,必要时对整个无线通信部件做完全的金属屏蔽。

采用无线模块的 PCB 制板设计相对简单些,只要对模块所占位置部分做好屏蔽和隔离即可。

直接采用无线 IC 芯片进行电路设计与 PCB 制板时,需要注意 PCB 板材的选择、布线层的厚度、布线的宽度与方向等方面的合理设计,必要时使用相关算法或模拟软件进行全面的评

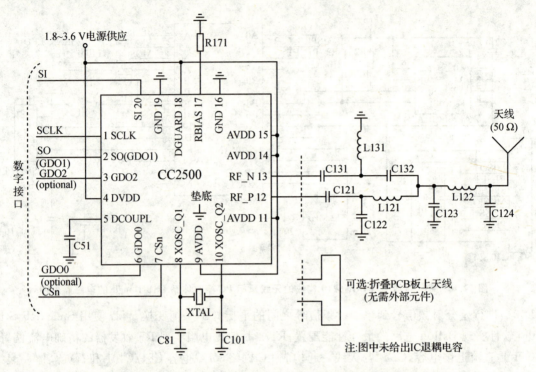

图 12.7 CC2500 芯片为核心的简易无线通信体系电路原理图

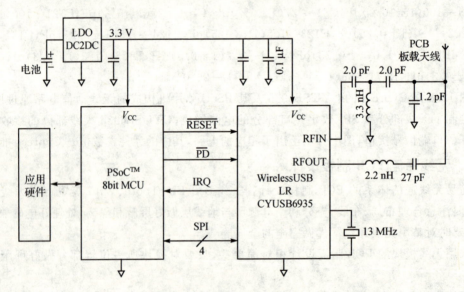

图 12.8 CYUSB6935 为核心的简易无线收发电路原理图

估和测试。天线及其引入部分的布线宽度与方向变换,尤其需要严格按照芯片厂商提供的规范和样例进行设计。

图12.9给出了3个简易无线通信模块的PCB制板设计,左图采用的无线IC芯片是Atmel的ATR2406,右上图采用的无线IC芯片是国民科技的Zi2121,右下图采用的无线IC芯片是Silicon-Integration的IA4320,更加详细的设计资料可以参阅相应厂商提供的文档。

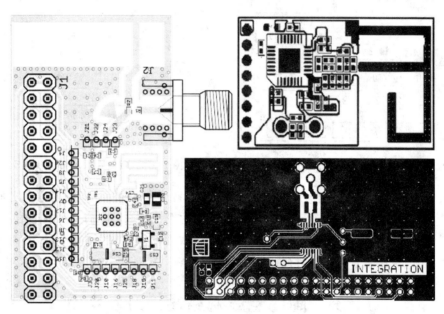

图12.9 简易无线通信体系设计的PCB制板示意图

12.2.3 简易无线通信软件体系设计

(1) 简易无线通信的基本软件流程

简易无线通信的基本软件流程如图12.10所示,包括初期配置和通信过程处理两个大部分。初期配置首先完成微码下载,其次是与通信相关的操作配置,包括载波的选择与跳变、工作模式的设置、简易协议栈的建立等;如果微码已经固化在无线IC芯片内,则可跳过"微码下载";如果使用组合无线模块,则可以全部跳过所有初期配置;纯无线模块与直接无线IC设计必须进行初期配置。通信过程处理包括通信过程中的数据收发与管理,其中,数据的收发通常采用查询式发送和中断式接收的方法,通信管理用以实现连接通断处理、载波调整、误码纠错、异常处理等操作。

(2) 简易无线通信的基本软件架构

简易无线通信的软件体系呈现层次架构:底层是硬件接口驱动程序,中间层是简易无线部件的驱动程序,顶层是功能性的应用程序,由下至上,逐层向上提供 API 函数,整个软件体系架构如图 12.11 所示。硬件接口驱动是连接简易无线通信部件的串行数字接口的驱动,通常是 SPI 总线接口,也可以是组合无线模块的 USB 或 UART 总线接口,SPI 等接口驱动直接与具体的嵌入式微处理器应用系统相关。简易无线部件的驱动使用硬件接口驱动层的 API 函数,完成无线数据的收发传输及其通信过程管理。

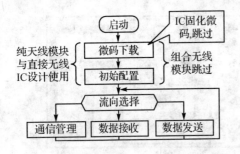

图 12.10　简易无线通信基本软件流程图

图 12.11　简易无线通信的基本软件架构

两级驱动程序的设计是开发应用的关键环节,简易无线部件的驱动更是重中之重,无线通信软件的开发设计实质就是无线通信部件驱动程序的设计与调试。简易无线通信半导体厂商或第三方的无线模块设计厂商通常会提供详尽的无线通信部件驱动程序,充分、合理、有效地使用这些宝贵资源,常常可以使看似深奥的射频软件设计事半功倍。

12.3　简易无线网络通信开发实例

下面列举几个项目开发实例,综合说明如何实现具体的嵌入式简易无线网络通信开发应用。各个例子中,将重点说明射频电路、初始配置、数据收发传输等关键性的实现环节。

12.3.1　MICRF005 射频接收电路设计实例

MICRF005 芯片是 Micrel 公司生产的一种高速无线 UHF 单芯片收发器接收器,采用"天线输入,数据输出"工作方式,所有 RF 和 IF 调谐均可在集成电路内自动完成,具有很高的可靠性和极低的功耗,适用于远距离低功率无线设备中单向无线连接,可广泛应用于无线游戏机控制、安全报警以及中等速率的数据解调等系统中。MICRF005 收发器的主要特点如下:

➤ 频带为 800～1 000 MHz;传输速率可达 115 kbps;
➤ 所有 IF 和解调后的数据滤波都可以在芯片内部完成,而不需要外加滤波装置或电感;
➤ 额定滤波带宽为 300 kHz;电源工作电流可低至 10 mA,频率为 868 MHz;
➤ 可用关断模式调节占空比(大于 1/10);具有极低的 RF 天线辐射;
➤ 内含的 CMOS 逻辑接口可用于标准集成电路;所需外围器件很少。

MICRF005 的典型应用电路如图 12.12 所示。该电路的一些具体设计方法如下：

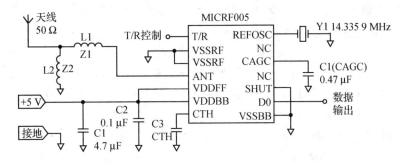

图 12.12 MICRF005 无线接收电路原理图

(1) 旁路电容的参数设计

为了使芯片工作时具有很好的抗干扰性能，需要滤除工作电源引脚上的高频和低频信号，设计时可在 VDDBB 引脚上接两个旁路电容，并将 VDDR 引脚和 VDDBB 引脚连接在一起。实际使用中可将 3 个去耦电容并联，然后再与一个 10 Ω 电阻串联，推荐电容值为 1 nF、10 nF 和 100 nF。

(2) 带通滤波选择

如果设备安装在周围噪声较大的环境里，则可将带通网络的设定端连接在 ANT 和 VSSRF 引脚之间，以提供有选择性的接收频带，同时也可添加过载保护。

(3) 自动增益控制(AGC)的配置

1) 基准振荡频率 f_T 的设计

与超外差式接收机相类似，MICRF005 内部 LO 的频率 f_{LO} 与引入的理想传送频率 f_{TX} 的差值一定等于 IF 中心频率。设计时，可以用下式来计算给定 f_{TX} 时的 f_{LO} 值：

$$f_{LO} = f_{TX} \pm 2.45(f_{TX}/915)$$

式中，f_{TX} 和 f_{LO} 的单位是 MHz。对于任何给定的 f_{TX} 值和 f_{LO} 值，可以分为"高侧混频"和"低侧混频"两组。一般来说，一侧对另一侧没有优先选择权，故可在其中任选其一。

可使用下式来计算基准振荡频率 f_T：

$$f_T = f_{LO}/64$$

式中，f_T 的单位是 MHz。在 MICRF005 芯片的 REFOSC 端上连接频率为 f_T 的石英晶体振荡器可完全保证 4 位十进制数的准确率。表 12.3 列出了 MICRF005 芯片工作时的一般发送频率。

表 12.3 无线芯片 MICRF005 的一般发送频率列表

发送频率(f_{TX})	基准振荡频率(f_T)
868.35 MHz	13.605 0 MHz
915 MHz	14.335 9 MHz
916.5 MHz	14.359 4 MHz

2)电容 C_{TH} 的选择

首先应选择连续时间的电平限幅数据。电容 C_{TH} 的值主要取决于系统状况,包括系统解码响应时间和数码结构。C_{TH} 引脚的源阻抗为:

$$R_{SC} = 30 \times 14.3559/f_T$$

这里,f_T 的单位是 MHz。假定连续限幅时间 τ 已被设定,那么电容值 C_{TH} 便可通过 $C_{TH} = \tau/R_{SC}$ 来进行计算。在实际设计时,选择标准值为 $\pm 20\% \times 7R$ 的陶瓷电阻即可。

3)连续模式下电容 C_{AGC} 的选择

选择合适的 C_{AGC} 能够使 AGC 控制电压的起伏最小。为了实现这一点,应使用较大的电容。实际使用证明:C_{AGC} 的值在 $0.47 \sim 47\ \mu F$ 之间比较合适。实际电容值可由 AGC 控制电压所需的时间决定,而 AGC 控制电压则由完全放电条件决定。这个设定时间一般可由等式 $\Delta t = 1.333 C_{AGC} - 0.44$ 给出,这里 C_{AGC} 的单位是 μF,而 Δt 的单位是 s。

4)占空比电容 C_{AGC} 的选择

一般来说,在集成电路启动之后,AGC 的控制电压在芯片关断期间应尽快再充满。因为在集成电路启动后,AGC 的推挽电流提升到额定电流的 45 倍只需几毫秒时间。为了使 C_{AGC} 控制电压的压降能够在几毫秒内再充满,则应仔细考虑 C_{AGC} 电容值和关断时间周期。压降的极性意味着 AGC 电压的升高或降低。既然 AGC 启动电流是关断电流的 1/10,那么,使 AGC 电压恢复最差的情况应是电压下行降落。电压下行降落后被再次充满可根据下式计算:

$$I/C_{AGC} = \Delta V/\Delta t$$

式中,I 为最初几毫秒的 AGC 启动电流,C_{AGC} 为 AGC 电容值,Δt 为压降恢复时间,ΔV 为电压降。

12.3.2 IA4220/4320 防丢-寻找器设计实例

防丢-寻找器采用简易无线通信部件设计,形体小巧妙,便于随身携带,用于行李、自行车、电动车、个人汽车等物件的看护和儿童、老人、病人等的监护,十分方便。有了防丢-寻找器外出候车时遇到找行李、家中寻找电视机遥控器、把小孩带到商场怕跑丢了等情况时,都不用烦恼了。需要寻找时它会为你引路,需要防"丢"时它会为你报警,这就是防丢-寻找器。

这里采用 Silicon-Integration 的 IA4220/4320 开发设计防丢-寻找器。IA4220/4320 器件发射功率低,接收灵敏度高,抗干扰能力强,工作频率稳定可靠,外围元件少,便于设计生产,满足无线电管制要求,无须使用许可证,是目前低功率无线数据传输的理想选择;而且功耗极低,特别适合于便携及手持产品的设计。IA4220 是无线发射芯片,IA4320 是无线接收芯片,IA4220 与 IA4320 构成无线收发对。用 IA4220/4320 设计防丢-寻找器,对比传统的产品方案,具有工作稳定、耗电少、调试、生产方便等优点。

IA4220/4320 器件的特征是高度集成,外围元件少,工作电压 $2.2 \sim 5.4\ V$,只需要一个 10 MHz 晶振,对其精度无特殊要求,通过集成的可编程的 Load CAP 来调整其误差。可编程快速设定的高精度锁相环 PLL 通过 SPI 接口和 MCU 连接就可以工作。IA4220/IA4320 工作在 315、433、868 或 915 MHz 频段,内部集成了可编程低电压检测(LBD),在电源电压低时可以通知 MCU,低功耗等待时是 0.3 μA。IA4220/IA4320 器件的其他特征包括:可编程的带宽(67 kHz～400 kHz),可编程发射功率,模拟和数据的 RSSI 输出,自动频率校正,16 位的 FIFO 数据缓冲等。

IA4220/4320 防丢-寻找器的软件流程如图 12.13 所示。

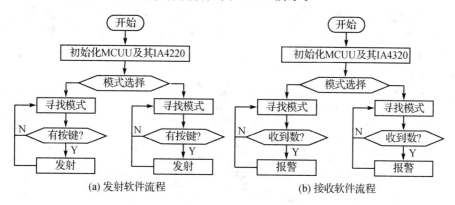

图 12.13 无线电子防丢-寻找器的软件流程图

对 IA4220 的发射软件流程说明如下:
- 上电时首先初始化,检查需要工作在什么模式下,根据模式调整发射功率(寻找模式功率大,距离远。防"丢"模式发射功率小距离短),IA4220 可以通过软件调整发射功率。
- 对码,要发射和接收同时按按键,对上之后回"bi"的一声报警。
- 为了省电用 IA4220 唤醒 MCU。IA4220 工作在定时唤醒模式只耗电 0.3 μA。IA4220 通过 NIRQ 脚定时唤醒 MCU。
- 发射数据格式:preamble(AAAA) + Head(2DD4) + Cid(1byte) + Sid + Did + Modecode(1byte) + addchksum + xorchksum。详细说明,可参阅 IA4220 数据手册。
- 对码时,CID(Customer ID)是根据 MCU 的 Timer 产生的随机码。Sid(Sender ID)、Did(Destination ID)是在 MCU 烧录时确定的。
- IA4220 内部有电压检测,当电压低时可以通过 NIRQ 脚通知 MCU。
- 防"丢"模式,每 1.5 s 发射一次数据。

对 IA4320 相关的接收软件流程说明如下:
- MCU 平时工作在低功耗模式,只有接收到数据或驱动蜂鸣器时才进入正常状态。
- IA4320 在低功耗模式工作时,耗电少于 0.3 μA。IA4320 只有检测到有用数据才会进入正常的接收状态,其耗电 14 mA,真正做到了耗电少。
- IA4320 内部有电压检测,当电压低时可以通过 NIRQ 脚,通知 MCU。

- 自动引导码(AAAA)和同步码(2DD4)检测,减少了 MCU 负荷,16 位接收 FIFO 数据缓冲。
- 防"丢"模式时,当 1.5 s 收不到数据就报警,当收到数据不报警。寻找模式时,收到数据报警。

12.3.3 RF24L01 模块的驱动程序设计实例

nRF24L01 是最具代表性的典型简易无线收发 IC 器件,下面以飞拓公司用该芯片为核心推出的 RF24L01 无线模块为例说明简易无线通信模块的驱动程序设计。模块外观及硬件接口图如图 12.14 所示。

图 12.14　nRF2401 无线模块及其硬件接口图

1. RF24L01 无线模块简介

图 12.14 给出了 RF24L01 无线模块的外形与硬件接口,其主要性能与应用要点描述如下:

- 2.4 GHz ISM 频段免许可证使用,125 个频道能够满足多点通信和跳频通信需要;
- 最高工作速率 2 Mbps,高效 GFSK 调制,抗干扰能力强,特别适合工业控制场合;
- 硬件 CRC 校检,点对多点通信控制,标准 5×2DIP 间距接口,便于嵌入式应用;
- 低功耗:1.9~3.6 V 工作,待机电流 22 μA;掉电模式电流 900 nA;
- 可以软件设置地址,只有收到本机地址才会输出数据(中断指示),可直接连接各种单片机,软件编程方便;内置专用稳压电路,允许使用各种电源包括 DC/DC 开关电源;
- 工作于增强 ShockBurst 模式时,具有自动包处理/自动包交换处理和可选的内置包应答机制,能够极大降低丢包率;
- 外置天线无阻挡传输距离 50~100 m,内置天线无阻挡传输距离 20~50 m。如需要传输更远距离,则可以选用带功放电路的 RF24L01PA 模块;

- 附带几大主流单片机（AVR/MSP430/51 等）的开发代码，只需代码移植就能轻松应用；同时配套基于主流单片机的无线开发系统，帮助更快实现无线应用；
- 硬件连接：与 51 系列单片机 P0 口连接时需要加 10 kΩ 的上拉电阻，其余口连接不需要；其他系列的单片机，如果是 5 V 的，须注意其 I/O 口输出电流大小；如果超过 10 mA，需要串联电阻分压，以免烧毁模块；如果是 3.3 V 的，则可以直接连接。

2. RF24L01 的工作模式

RF24L01 无线模块有 4 种工作模式：收发模式、配置模式、空闲模式和关机模式，工作模式由 PWR_UP 和 PRIM_RX 寄存器和 CE 引脚决定。收发模式又分 3 种方式：增强 ShockBurst、ShockBurst 收发和直接收发，器件配置字决定无线模块处于哪种方式。通常选择使无线模块工作在增强 ShockBurst 方式下。

增强 ShockBurst 收发方式具有的优良性能如下：

- 它使用片内的 FIFO 堆栈区，数据低速从微控制器送入，高速（1 Mbps）无线发射，这样可以尽量节能，因此使用低速的微控制器也能得到很高的射频数据发射速率。
- 与射频协议相关的所有高速信号处理都在片内进行，这种做法有 3 大好处：尽量节能；低的系统费用（低速微处理器也能进行高速射频发射）；数据在空中停留时间短，抗干扰性高。增强 ShockBurst 技术同时也减小了整个系统的平均工作电流。
- 在增强 ShockBurst 收发方式下，RF24L01 模块能够自动处理字头和 CRC 校验码：接收数据时自动移去字头和 CRC 校验码，发送数据时自动加上字头和 CRC 校验码；需要注意的是在发送模式下，置 CE 为高至少 10 μs 才能完成发送过程。

3. RF24L01 模块的配置

RF24L01 的所有配置工作都是通过 SPI 接口完成的，共有 30 字节的配置字。

推荐 RF24L01 工作于增强 ShockBurst 收发方式，这种工作模式下，系统的程序编制会更加简单，并且稳定性也会更高。下面是 RF24L01 配置为增强 ShockBurst 收发方式的器件配置方法。

ShockBurst 的配置字可以分为以下 4 个部分：

- 数据宽度：声明射频数据包中数据占用的位数，使 RF24L01 能够区分接收数据包中的数据和 CRC 校验码。
- 地址宽度：声明射频数据包中地址占用的位数，使 RF24L01 能够区分地址和数据。
- 地址：接收数据的地址，有通道 0 到通道 5 的地址。
- CRC：使 RF24L01 能够生成 CRC 校验码和解码。当使用 RF24L01 片内的 CRC 技术时，要确保在配置字（CONFIG 的 EN_CRC）中 CRC 校验被使能，并且发送和接收使用相同的协议。
- ShockBurst 的配置字使 RF24L01 能够处理射频协议，配置完成后，在 RF24L01 工的过程中,改变其最低一个字节中的内容就可以实现接收模式和发送模式之间切换。

4. RF24L01 的收发数据传输

(1) 增强 ShockBurst 方式下的数据发射流程

- 把接收机的地址和要发送的数据按时序送入 RF24L01;
- 配置 CONFIG 寄存器,使之进入发送模式;
- 微控制器把 CE 置高(至少 10 μs),激发 RF24L01 进行增强 ShockBurst 发射;
- RF24L01 的增强 ShockBurst 发射过程
  - ——给射频前端供电;
  - ——射频数据打包(加字头、CRC 校验码);
  - ——高速发射数据包;
  - ——发射完成,RF24L01 进入空闲状态。

(2) 增强 ShockBurst 方式下的数据接收流程

- 配置本机地址和要接收的数据包大小;
- 配置 CONFIG 寄存器,使之进入接收模式,把 CE 置高;
- 130 μs 后,RF24L01 进入监视状态,等待数据包的到来;
- 当接收到正确的数据包(正确的地址和 CRC 校验码),RF24L01 模块自动移去字头、地址和 CRC 校验位;
- RF24L01 通过把 STATUS 寄存器的 RX_DR 置位(STATUS 引起微控制器中断)通知微控制器;
- 微控制器把数据从 RF2401 读出;
- 所有数据读取完毕后,可以清除 STATUS 寄存器。

5. RF24L01 的驱动程序实现

这里以传统的 51 单片机为例构建简易无线通信体系,说明 RF24L01 模块的驱动程序设计。51 单片机没有 SPI 片内外设,用其 I/O 模拟 SPI 总线操作,如果选用具有 SPI 片内外设的单片机,可用其 SPI 操作函数代替这里的 SPI 模拟函数。RF24L01 无线模块的驱动程序,底层是 SPI 总线操作、寄存器读/写访问函数,进而是数据块缓冲读/写函数,上层是配置、数据包收发函数。对于其他非 51 单片机的微处理器体系,个别细节稍作变化即可完成程序的移植。整个驱动程序的框架代码如下:

```
//------------------------------------------------------------
sbit    MISO = P1^3;                         //控制引脚定义:nRF2401 模块接口
sbit    MOSI = P1^4;
sbit    SCK  = P1^5;
sbit    CE   = P1^6;
```

```c
sbit    CSN     = P3^7;
sbit    IRQ     = P1^2;
sbit    LED1    = P3^4;                    //LED 指示
sbit    LED2    = P3^5;
sbit    KEY1    = P3^0;                    //按键
sbit    KEY2    = P3^1;
#define READ_REG        0x00               //nRF2401 模块控制命令：读寄存器
#define WRITE_REG       0x20               //写寄存器
#define RD_RX_PLOAD     0x61               //定义 RX 负载
#define WR_TX_PLOAD     0xA0               //定义 TX 负载
#define FLUSH_TX        0xE1               //定义 TX 清空
#define FLUSH_RX        0xE2               //定义 TX 清空
#define REUSE_TX_PL     0xE3               //定义重新使用 TX 负载
#define NOP             0xFF               //空操作，可用于状态读取
#define CONFIG          0x00               //nRF2401 模块寄存器地址：配置
#define EN_AA           0x01               //自动响应使能
#define EN_RXADDR       0x02               //允许的 RX 地址
#define SETUP_AW        0x03               //建立地址宽度
#define SETUP_RETR      0x04               //启动自动重传
#define RF_CH           0x05               //RF 通道
#define RF_SETUP        0x06               //RF 建立
#define STATUS          0x07               //状态
#define OBSERVE_TX      0x08               //观察 TX
#define CD              0x09               //搬运检测
#define RX_ADDR_P0      0x0A               //RX 管道 0 地址
#define RX_ADDR_P1      0x0B               //RX 管道 1 地址
#define RX_ADDR_P2      0x0C               //RX 管道 2 地址
#define RX_ADDR_P3      0x0D               //RX 管道 3 地址
#define RX_ADDR_P4      0x0E               //RX 管道 4 地址
#define RX_ADDR_P5      0x0F               //RX 管道 5 地址
#define TX_ADDR         0x10               //TX 地址
#define RX_PW_P0        0x11               //RX 管道 0 负载宽度
#define RX_PW_P1        0x12               //RX 管道 1 负载宽度
#define RX_PW_P2        0x13               //RX 管道 2 负载宽度
#define RX_PW_P3        0x14               //RX 管道 3 负载宽度
#define RX_PW_P4        0x15               //RX 管道 4 负载宽度
#define RX_PW_P5        0x16               //RX 管道 5 负载宽度
#define FIFO_STATUS     0x17               //FIFO 状态
//------------------------------------------------------------------------
```

```
uchar SPI_RW(uchar byte)                    //向 nRF2401 写入一个字节,同时读出一个字节
{   uchar bit_ctr;
    for(bit_ctr = 0;bit_ctr<8;bit_ctr + + )  //8-bit 输出
    {   MOSI = (byte & 0x80);                //输出:MSB-->MOSI
        byte = (byte << 1);                  //移动下一位到 MSB
        SCK = 1;                             //SCK 时钟线操作
        byte |= MISO;                        //捕获 MISO 数据位
        SCK = 0;
    }
    return(byte);                            //返回读出的字节
}
//------------------------------------------------------------------------
uchar SPI_RW_Reg(BYTE reg, BYTE value)       //向寄存器 reg 写一个字节,同时返回状态字节
{   uchar status;
    CSN = 0;                                 //片选操作
    status = SPI_RW(reg);                    //选择寄存器
    SPI_RW(value);                           //向寄存器写入数据
    CSN = 1;
    return(status);                          //返回状态字节
}
//------------------------------------------------------------------------
uchar SPI_Read_Buf(BYTE reg, BYTE * pBuf, BYTE bytes)   //读出 bytes 字节数的数据
{   uchar status, byte_ctr;
    CSN = 0;                                 //片选操作
    status = SPI_RW(reg);                    //选择寄存器
    for(byte_ctr = 0;byte_ctr<bytes;byte_ctr + + )
        pBuf[byte_ctr] = SPI_RW(0);          //读数据
    CSN = 1;
    return(status);                          //返回状态字节
}
//------------------------------------------------------------------------
uchar SPI_Write_Buf(BYTE reg, BYTE * pBuf, BYTE bytes)  //写入 bytes 字节数的数据
{   uchar status, byte_ctr;
    CSN = 0;                                 //片选操作
    status = SPI_RW(reg);
    for(byte_ctr = 0;byte_ctr<bytes;byte_ctr + + )
        SPI_RW( * pBuf + + );                //写数据
    CSN = 1;
    return(status);
```

}
//--
unsigned char nRF24L01_RxPacket(unsigned char * rx_buf)   //数据包接收(返回1收到数据,
                                                            //否则没有)
{   unsigned char sta, revale = 0;
    SPI_RW_Reg(WRITE_REG + CONFIG, 0x0f);   /*设置RX模式:置PWR_UP位,允许
                                                    CRC(2B)/Prim:RX/RX_DR*/
    CE = 1;   //使CE为高以使能RX设备
    dalay130us();
    sta = SPI_Read(STATUS);   //读"状态"寄存器
    if(RX_DR)   //接收数据准备好(RX_DR)中断
    {   CE = 0;   //待机模式
        SPI_Read_Buf(RD_RX_PLOAD,rx_buf,TX_PLOAD_WIDTH);   //从 RX_FIFO 区读数据
        revale = 1;
    }
    SPI_RW_Reg(WRITE_REG + STATUS,sta);   //清除 RX_DR/TX_DS/MAX_RT
                                                  //中断标志

    return revale;
}
//--
void nRF24L01_TxPacket(unsigned char * tx_buf)   //发送数据包
{   CE = 0;
    SPI_Write_Buf(WR_TX_PLOAD, tx_buf, TX_PLOAD_WIDTH);//写数据
    SPI_RW_Reg(WRITE_REG + CONFIG, 0x0e);   /*置PWR_UP位,允许CRC(2B)
                                                    /Prim:TX/MAX_RT/RX_DR*/
    CE = 1;
    dalay10us();
    CE = 0;
}
//--
void nRF24L01_Config(void)   //配置无线模块
{   CE = 0;   //I/O初始化:无线模块选择
    CSN = 1;   //无线模块SPI接口操作禁止
    SCK = 0;   //无线模块SPI接口时钟线
    CE = 0;
    SPI_RW_Reg(WRITE_REG + CONFIG, 0x0f);   /*设置RX模式:置PWR_UP位,允许
                                                    CRC(2B)/Prim:RX/RX_DR*/
    SPI_RW_Reg(WRITE_REG + EN_AA, 0x01);
    SPI_RW_Reg(WRITE_REG + EN_RXADDR, 0x01);   //使能管道0
```
```

```
        SPI_RW_Reg(WRITE_REG + SETUP_AW, 0x02);                //指定地址宽度：5 字节
        SPI_RW_Reg(WRITE_REG + SETUP_RETR, 0x1a);              //重传时间：500us + 86us, 10 次
        SPI_RW_Reg(WRITE_REG + RF_CH, 0);
        SPI_RW_Reg(WRITE_REG + RF_SETUP, 0x07);                /* TX_PWR:0dBm,数据传输率：
                                                                  1Mbps, LNA:HCURR */
        SPI_RW_Reg(WRITE_REG + RX_PW_P0, RX_PLOAD_WIDTH);
        SPI_Write_Buf(WRITE_REG + TX_ADDR, TX_ADDRESS, TX_ADR_WIDTH);
        SPI_Write_Buf(WRITE_REG + RX_ADDR_P0, TX_ADDRESS, TX_ADR_WIDTH);
        CE = 1;
}
//--------------------------------------------------------------------------------
```

12.3.4　Zi2121-USB 无线鼠标对实现实例

这里列举了用国民科技的 Zi2121 简易无线通信模块开发设计无线鼠标对的过程：无线鼠标和 USB Dongle，无线鼠标采集运动与按键状态变化数据通过无线模块向空中发射出去；USB Dongle 通过无线模块接收鼠标的运动与按键状态变化数据，通过 USB 接口，以 HID 鼠标类，上传给 PC 机；无线鼠标和 USB Dongle 配对使用，实现有线鼠标的功能。无线鼠标一般采用低价位单片机，配合运动传感器芯片和无线通信模块，通过电池供电，完成原始数据的采集和发送。USB Dongle 一般采用具有 USB 引擎和接口的微处理器，配合无线通信模块，通过 USB 接口供电，完成数据的接收和 USB 形式的上传。

实现无线鼠标对有 3 个必须实现的关键环节：对码、跳频和数据的收发传输。对码由鼠标侧随机产生，包括设备通信地址和一组 2.4 GHz 附近的载波频率标识发给 USB Dongle；USB Dongle 由此确定与其通信的鼠标设备地址，并用收到的载波之一开始接收鼠标信息，在一定的时间间隔接收不到鼠标信息，则换用另一个载波频率，否则一直沿用这个载波频率；鼠标也用这些载波频率之一发送数据信息，如果接收不到回应，也换用另一个载波频率，这就是跳频，从而有效地避免某些载波频率上可能动态出现的干扰。跳频贯穿无线数据传输的始终。数据收发传输，单向进行，鼠标一侧发送，USB Dongle 一侧接收，应答握手由无线收发模块的硬件实现。

下面首先简要介绍一下 Zi2121 简易无线通信模块，进而详细说明无线鼠标对的软件设计。限于篇幅，仅以 USB Dongle 侧为例加以阐述，并且假定每次 PC 开机应用，首先"对码"，成功后转入正常的鼠标数据传输，以简化程序说明。

1. Zi2121 无线模块简介

国民科技将其 Zi2121 简易无线通信模块命名为 ZMT_D1000，图 12.4(c)给出了该模块的 PCB 版图，其 8 针的数字硬件接口信号分以下 4 组：电源(V_{CC}/GND)、SPI(SCK/MOSI/MISO/SCN)、中断提示(IRQ)和工作模式及其收发方式选择(CE)。

Zi2121 是一款工作于 ISM 免费频段的射频 RF 单芯片无线数据收发器,集成了频率综合器、功率放大器、调制和解调模块,还支持完整数字链路层的协议引擎。Zi2121 需要外围元器件少,信道速率高达 1 Mbps,支持 Host CPU 下载更新内部微码,实现链路层的灵活控制,其最大工作电流 20 mA,发射功率控制范围 $-30\sim3$ dBm,步长 2 dB 可控。

Zi2121 简易无线通信模块的主要性能如下:

➢ 2.4 GHz 全球开放 ISM 频段,最大 3 dbm 发射功率,免许可证使用;
➢ 支持 6 路通道的数据接收,2.5~3.6 V 低电压工作;
➢ 高速率:1 Mbps,空中传输时间短,天线传输中的碰撞极少;
➢ 多频点:125 频点(2 400~2 525)MHz,适合多点通信和跳频通信需要;
➢ 体积小型:内置 2.4 GHz 天线,体积小巧:17×30 mm(包括天线);
➢ 超低功耗:20 mA@Rx/Tx 模式、40 μA@掉电模式、100 μA 待机模式;
——快速的空中传输及启动时间,极大的降低了电流耗;
➢ 低的应用成本:集成有微码控制部件,能高效处理与 RF 协议相关信号处理,如自动重发丢失数据包和自动产生应答信号等,其 SPI 接口可以利用单片机的硬件 SPI 接口连接或用单片机 I/O 口进行模拟,内部有 FIFO 数据缓冲,可以与各种高低速微处理器接口,便于使用低本单片机;
➢ 超长发送包:1~128 字节可配置包长;便于开发设计:
——自动重发功能,自动检测和重发丢失的数据包,重发时间及重发次数可软件控制;
——自动应答功能,在收到有效数据后,模块自动发送应答信号,无须另行编程;
——载波检测,即固定频率检测,内置硬件 CRC 校检和点对多点通信地址控制;
——可同时设置六路接收通道地址,可有选择性的打开接收通道;
——内部微码通过 SPI 可动态下载更新;支持灵活的链路层处理;
——外部接口带有 IRQ 中断引脚,便于嵌入应用。
➢ 配套 ZMT_D1000-Quick-DEV 快速开发系统和开发小板,基于 8051 操作的源代码、原理图等详细资料,上手快。

2. Zi2121 的软件编程设计

Zi2121 无线模块具有 6 种工作模式:掉电模式、待机模式、微码下载模式、自动查询模式、数据接收模式和数据发送模式,由 PWR_UP、DataLoad、PRIM_RX 等寄存器控制位和数字接口引脚 CE 控制,进入某一种具体模式。数据收发有 3 种工作方式:SB、ESB 和 EXB,SB 方式为独立的发送与接收数据包模式,ESB 与 EXB 方式带有自动重发与自动应答功能,能够大大加速数据的交互速度,通常采用 ESB 或 EXB 方式进行无线通信。

ESB 和 EXB 模式可以使得双向的链路协议执行起来更容易有效。典型的双向链路为:发送方要求终端设备收到数据后有应答信号,以便发送方检测有无数据丢失。一旦数据丢失,则通过重新发送功能将丢失的数据回复。ESB 和 EXB 模式可以同时控制应答以及重发功能而不需要增加 MCU 的工作量。

在接收模式下,ZI2121 模块可以接收 6 路不同通道的数据,每一个通道使用不同的地址,但是共用相同的频道,也就是说 6 个不同的 ZI2121 模块设置为发送模式后可以与同一个设置为接收模式的 ZI2121 模块进行通信,而设置为接收模式的 ZI2121 模块可以对这 6 个发送的端进行识别。数据通道 0 是唯一的一个可以配置为 40 位地址的数据通道。1~5 数据通道都为 8 位自身地址和 32 位公用地址,所有的数据通道都可以设置为 ESB 或 EXB 模式。

ZI2121 模块在确认收到数据后记录地址,但不用此地址为目标地址发送应答信号。在发送端,数据通道 0 被用作接收应答信号,因此,数据通道 0 的结合搜索地址应与发送端地址一致以确保接收到正确的应答信号。

在 ESB 或 EXB 发送模式下,只要 MCU 有数据要发送,ZI2121 模块就会启动 SB 模式来发送数据,发送数据后 ZI2121 模块转到接收模式并等待终端的应答信号。如果没有收到应答信号,则 ZI2121 模块重发相同的数据包,直到收到应答信号或重发次数超过 SETUP_RETR 寄存器中设置的值为止;如果重发次数操作达到设定的值,则产生 MAX_RT 中断。只要收到确认信号,ZI2121 模块就认为最后一包数据发送成功(接收方已经收到数据),把 TX FIFO 中的数据清除并产生 TX_DS 中断(IRQ)引脚置高。

ESB/EXB 模式下,ZI2121 模块有如下特征:

- 应答模式下工作时,快速的空中传输以及启动时间能够极大的降低电流消耗。
- 低成本:ZI2121 集成了所有高速链路层操作,如重发丢失数据包和产生应答信号,无需单片机硬件上一定有 SPI 接口,SPI 接口也可以利用单片机通用的 I/O 口进行模拟。
- 空中传输时间很短,极大降低了无线传输中的碰撞现象。
- 链路层完全集成在芯片上,非常便于软件开发。

ESB/EXB 下的数据发送操作如下:

- 配置寄存器位 PRIM_RX 为低。
- 当 MCU 有数据要发送时,接收节点地址(TX_ADDR)和有效数据(TX_PLD)通过 SPI 接口写入 ZI2121 模块的数据长度以字节计数,从 MCU 写入 TX FIFO。当 CSN 信号为低时,数据被不断写入;发送端发送数据完毕后,将通道 0 设置为接收模式来接收应答信号,其接收地址(RX_ADDR_P0)与接收端的地址(TX_ADDR)相同。
- 设置 CE 为高,启动发射,CE 高电平维持的时间最小为 10 μs。
- ZI2121 以 SB 模式工作:射频部分上电→启动 32 MHz 时钟→数据打包→高速发送数据。
- 如果启动了自动应答模式(自动重发计数器不等于 0,ENAA_P0=1),则芯片立即进入结合搜索模式。如果在有效应答时间范围内接收到应答信号,则认为数据成功发送到接收端,此时状态寄存器 TX_DS 为置高,并把数据从 TX FIFO 中清除掉;如果在设定的范围内没有接收到应答信号,则重新发送数据;如果自动重发计数器(ARC_CNT)溢出（超出编程设定的值），则状态寄存器 MAX_RT 位置高，不清除 TX FIFO 的数据；当 MAX_RT 或 TS_DS 为高电平时，IRQ 引脚产生中断，IRQ 中断通过写状态寄存器来复位；如果重发次数在达到设定的最大重发次数时还没有收到应答信号，则在 MAX_RX 中断清除之前不会重发数据包，数据包丢失计数器（PLOS_CNT）在每次产生 MAX_RT 中断后加 1，也就是说，重发计数器 ARC_CNT 计算重发数据包次数，PLOS_CNT 计算在达到最大允许重发次数时仍没有发送成功的数据包个数。

➤ 如果 CE 置低，则系统进入待机模式；如果不设置 CE 为低，则系统发送 TX FIFO 寄存器中下一包数据。

ESB/EXB 下的数据接收操作如下：

➤ ESB 和 EXB 接收模式是通过设置寄存器中的 PRIM_RX 位为高来选择的，准备接收数据的通道必须使能 EN_RXADDR 寄存器，有效数据的宽度由 RX_PW_Px 寄存器设置；

➤ 接收模式由设置 CE 启动；

➤ 无线部分建立好后 ZI2121 模块开始检测空中的信息；

➤ 接收到有效的数据包后（地址匹配、CRC 检验正确），数据存储在 RX_FIFO 中，同时 RX_DR 位置高，并产生中断，状态寄存器中的 RX_P_NO 位显示数据是由哪个通道接收到的；

➤ 如果使能自动确认信号，则发送确认信号；

➤ MCU 将数据以合适的速率通过 SPI 接口读出；

➤ 芯片准备好进入发送模式、接收模式或掉电模式。

3. USB Dongle 的软件实现

这里使用 Atmel 公司的 AT91SAM3U-4E 作为核心微处理器。AT91SAM3U-4E 具有高性能的 Cortex-M3 内核，集成有 SPI 总线接口、高速 USB2.0 接口和精确的系统定时器 SysTick，可用于连接简易无线模块、实现 USB-HID 鼠标功能和精确的延时操作。无线传输规划采用中断式数据接收。定时器 SysTick 同时完成跳频操作。需要使用 4 个中断：SysTick 定时中断、USB 连接/去除的外部事件中断、无线接收的外部事件中断、USB 传输及其事务处理中断，优先级按照上述次序由高到低。

按照上述系统规划和无线鼠标的工作原理进行嵌入式软硬件应用体系设计，架构基本的软件体系，编写 SPI、USB 驱动程序。嵌入式软件体系的架构可以使用作者开发的"ARM 系列微处理器软件体系架构工具"之"Atmel-CortexM3 系列微处理器软件体系架构工具"完成，该软件工具的主要操作与整个系统的 RV-MDK 开发过程如图 12.15 所示。图 12.15 中，前景窗口是软件架构工具的操作，背景窗口是得到的针对 ARM-Keil 集成开发环境 RV-MDK 的整个软件项目代码框架，已经通过编译。

在得到的软件体系框架基础上调用 SPI 驱动，编写无线模块的驱动并实现 USB-HID 类，

嵌入式网络通信开发应用

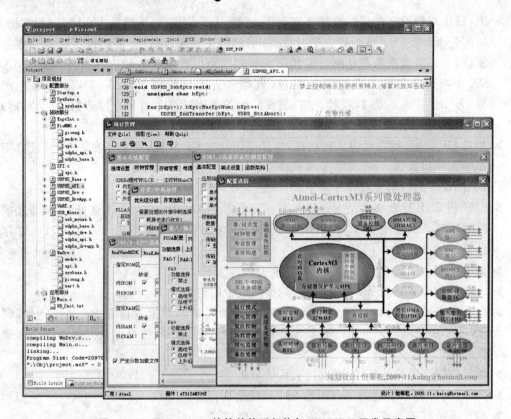

图 12.15　USB Dongle 的软件体系架构与 RV-MDK 开发示意图

就可以开发出功能完善的 USB Dongle 设备。下面仅就该项目中涉及无线通信的主要部分做具体说明。

(1) SPI 总线接口驱动简述

```
#define      SPI_BufSize            128                //数据缓冲区大小
extern unsigned char SPI_Buf[SPI_BufSize];             //SPI 收发数据缓冲
void SPI_vInit(void);                                  //SPI 控制器初始化
void SPI_Enable(void);                                 //使能 SPI 控制器
void SPI_Disable(void);                                //禁止 SPI 控制器
void SPI_DataSend(char, int);                          //通过数据缓冲，发送指定数量的数据
void SPI_DataRCV(char, int);                           //通过数据缓冲，接收指定数量的数据
void SPI_Process(void);                                //SPI 数据收发处理
```

(2) 无线模块的驱动实现

无线模块的驱动包括微码下载、初始配置、收发传输等，这里使用通道 1 进行对码，成功后转入通道 0 进行正常的鼠标数据接收。相关的主要程序代码如下：

//寄存器地址--
```
#define CONFIG          0x00        //配置
#define EN_AA           0x01        //自动应答使能
#define EN_RXADDR       0x02        //允许 RX 地址
#define SETUP_AW        0x03        //设置地址宽度
#define SETUP_RETR      0x04        //自动重发设置
#define RF_CH           0x05        //RF 通道
#define ARD             0x06        //自动重传延迟
#define STATUS          0x07        //状态
#define CLKMODE         0x08        //TX 观察
#define DAT_FORMAT      0x09        //传输检测
#define RX_ADDR_P0      0x0A        //RX 通道 0 地址
#define RX_ADDR_P1      0x0B        //RX 通道 1 地址
#define RX_ADDR_P2      0x0C        //RX 通道 2 地址
#define RX_ADDR_P3      0x0D        //RX 通道 3 地址
#define RX_ADDR_P4      0x0E        //RX 通道 4 地址
#define RX_ADDR_P5      0x0F        //RX 通道 5 地址
#define TX_ADDR         0x10        //TX 地址
#define RX_PW_P0        0x11        //RX 通道 0 负载宽度
#define RX_PW_P1        0x12        //RX 通道 1 负载宽度
#define RX_PW_P2        0x13        //RX 通道 2 负载宽度
#define RX_PW_P3        0x14        //RX 通道 3 负载宽度
#define RX_PW_P4        0x15        //RX 通道 4 负载宽度
#define RX_PW_P5        0x16        //RX 通道 5 负载宽度
#define FIFO_STATUS     0x17        //FIFO 状态
#define FIFOADDL        0x18
#define FIFOADDH        0x19
#define PCADDL          0x1A
#define PCADDH          0x1B
#define TXRXSE          0x1C
#define VREN            0x1D
#define ENGCTL          0x1E
#define RdRamDatlg      0x1F
#define DlpAfeLNADAC    0x20
#define DlpAfePApreampDAC 0x21
#define DlpAfeIOSC      0x22
```
//操作指令定义--
```
#define READ_REG        0x00
#define WRITE_REG       0x20
```

```
#define RD_RX_PLOAD        0x61
#define WR_TX_PLOAD        0xA0
#define FLUSH_TX           0xE1
#define FLUSH_RX           0xE2
#define R_RX_PL_WID        0x60
#define NOP                0xFF
#define RD_EXTDATA         0xF0
#define WR_EXTDATA         0xF1
//变量定义----------------------------------------------------------------------
unsigned char Broad_Addr[5] = {0xe7, 0xe7, 0xe7, 0x1e, 0xff};   //设备地址
unsigned char Part_Addr[5]  = {0xe7, 0xe7, 0x86, 0xe7, 0xe7};   //对码地址
unsigned char WMD_DataLengs = 0;                                //接收数据长度
unsigned char WMD_Data[SPI_BufSize];                            //接收数据缓存
unsigned char FrqucPt[5] = {100, 100, 100, 100, 100};           //跳频表
unsigned int  FrqucCts = 0;                                     //跳频计数器
unsigned char temp[4], Chg, FlagG = 0;
char Flag = 0, Frequence;
unsigned char MicroCode[] = { 0x00,..., 0x8B};                  //协议栈微码(厂家提供)
//-----------------------------------------------------------------------------
void WMD_McrCdDownLd(void)                                      //协议栈微码下载
{   unsigned short m, n, i, j;
    Delay(300);                                                 //延时(基本单位 800 μs)
    PIO_DataOutput(0, 16, 0);                                   //上电控制(32 MHz 晶体)
    SPI_Buf[0] = WRITE_REG + CLKMODE;
    SPI_Buf[1] = 0x02;
    SPI_DataSend(0, 2);
    PIO_DataOutput(0, 16, 1);
    Delay(300);
    PIO_DataOutput(0, 16, 0);                                   //进入微码下载模式
    SPI_Buf[0] = WRITE_REG + CLKMODE;
    SPI_Buf[1] = 0x03;
    SPI_DataSend(0, 2);
    PIO_DataOutput(0, 16, 1);
    m = sizeof(MicroCode);                                      //下载微码
    PIO_DataOutput(0, 16, 0);
    SPI_Buf[0] = WR_EXTDATA;
    SPI_Buf[1] = 0x00;                                          //外 RAM 地址:0x0100
    SPI_Buf[2] = 0x01;
    SPI_DataSend(0, 3);
```

```
    if(m>SPI_BufSize)                           //大量下载微码
    {   n = m / SPI_BufSize;
        for(i = 0;i<n;i++)                      //批量(SPI_BufSize)微码下载
        {   for(j = 0;j<SPI_BufSize;j++)
                SPI_Buf[j] = MicroCode[SPI_BufSize * i + j];
            SPI_DataSend(0, SPI_BufSize);
        }
        if(m>SPI_BufSize * n)                   //余量微码下载
        {   n = m - SPI_BufSize * n;
            for(j = 0;j<n;j++)
                SPI_Buf[j] = MicroCode[SPI_BufSize * n + j];
            SPI_DataSend(0, j);
        }
    }
    else if(m>0)                                //余量微码下载
    {   for(j = 0;j<m;j++)
            SPI_Buf[j] = MicroCode[j];
        SPI_DataSend(0, j);
    }
    PIO_DataOutput(0, 16, 1);
    PIO_DataOutput(0, 16, 0);                   //写引擎地址：0x0100
    SPI_Buf[0] = WRITE_REG + PCADDL;
    SPI_Buf[1] = 0x00;
    SPI_DataSend(0, 2);
    PIO_DataOutput(0, 16, 1);
    PIO_DataOutput(0, 16, 0);
    SPI_Buf[0] = WRITE_REG + PCADDH;
    SPI_Buf[1] = 0x01;
    SPI_DataSend(0, 2);
    PIO_DataOutput(0, 16, 1);
    PIO_DataOutput(0, 16, 0);                   //清除 TX FIFO
    SPI_Buf[0] = FLUSH_TX;
    SPI_DataSend(0, 1);
    PIO_DataOutput(0, 16, 1);
    PIO_DataOutput(0, 16, 0);                   //清除 RX FIFO
    SPI_Buf[0] = FLUSH_RX;
    SPI_DataSend(0, 1);
    PIO_DataOutput(0, 16, 1);
    PIO_DataOutput(0, 16, 0);                   //退出下载模式，处于上电状态
```

```c
    SPI_Buf[0] = WRITE_REG + CLKMODE;
    SPI_Buf[1] = 0x02;
    SPI_DataSend(0, 2);
    PIO_DataOutput(0, 16, 1);
    PIO_DataOutput(0, 16, 0);                   //清除状态标志
    SPI_Buf[0] = WRITE_REG + STATUS;
    SPI_Buf[1] = 0x70;
    SPI_DataSend(0, 2);
    PIO_DataOutput(0, 16, 1);
}
//------------------------------------------------------------------------
void WMD_vInit(char ChnNo, char Frequence)      //初始化配置
{   unsigned char i;
    WMD_McrCdDownLd0();                         //协议栈微码下载
    PIO_DataOutput(0, 16, 0);                   //管道使能：0, 1
    SPI_Buf[0] = WRITE_REG + EN_RXADDR;
    SPI_Buf[1] = 0x03;
    SPI_DataSend(0, 2);
    PIO_DataOutput(0, 16, 1);
    PIO_DataOutput(0, 16, 0);                   //自动重发：失败后 15 次，自动应答
    SPI_Buf[0] = WRITE_REG + SETUP_RETR;
    SPI_Buf[1] = 0x0F;
    SPI_DataSend(0, 2);
    PIO_DataOutput(0, 16, 1);
    PIO_DataOutput(0, 16, 0);                   //自动重发延时：(4 + 1) * 250us
    SPI_Buf[0] = WRITE_REG + ARD;
    SPI_Buf[1] = 0x04;
    SPI_DataSend(0, 2);
    PIO_DataOutput(0, 16, 1);
    PIO_DataOutput(0, 16, 0);                   //CRC 校验：2 字节
    SPI_Buf[0] = WRITE_REG + CONFIG;
    SPI_Buf[1] = 0x0C;
    SPI_DataSend(0, 2);
    PIO_DataOutput(0, 16, 1);
    PIO_DataOutput(0, 16, 0);                   //自动 Ack 响应使能：管道 0, 1
    SPI_Buf[0] = WRITE_REG + EN_AA;
    SPI_Buf[1] = 0x03;
    SPI_DataSend(0, 2);
    PIO_DataOutput(0, 16, 1);
```

```
    PIO_DataOutput(0,16,0);
    SPI_Buf[0] = WRITE_REG + RF_CH;                   //工作频率设置：24000 + 1 * 16 MHz
    SPI_Buf[1] = Frequence;
    SPI_DataSend(0,2);
    PIO_DataOutput(0,16,1);
    PIO_DataOutput(0,16,0);                           //设置通道0地址
    SPI_Buf[0] = WRITE_REG + SETUP_AW;                //设置地址宽度
    SPI_Buf[1] = 0x03;
    SPI_DataSend(0,2);
    PIO_DataOutput(0,16,1);
    PIO_DataOutput(0,16,0);                           //写通道0接收地址
    SPI_Buf[0] = WRITE_REG + RX_ADDR_P0 + 0;
    for(i = 0;i<5;i++) SPI_Buf[i + 1] = Broad_Addr[i];
    SPI_DataSend(0,6);
    PIO_DataOutput(0,16,1);
    PIO_DataOutput(0,16,0);                           //写通道1接收地址
    SPI_Buf[0] = WRITE_REG + RX_ADDR_P0 + 1;
    for(i = 0;i<5;i++) SPI_Buf[i + 1] = Part_Addr[i];
    SPI_DataSend(0,6);
    PIO_DataOutput(0,16,1);
    PIO_DataOutput(0,16,0);                           //写发送地址
    SPI_Buf[0] = WRITE_REG + TX_ADDR;
    if(ChnNo) for(i = 0;i<5;i++) SPI_Buf[i + 1] = Part_Addr[i];
    else      for(i = 0;i<5;i++) SPI_Buf[i + 1] = Broad_Addr[i];
    SPI_DataSend(0,6);
    PIO_DataOutput(0,16,1);
    PIO_DataOutput(0,16,0);                           //回到上电状态
    SPI_Buf[0] = WRITE_REG + CLKMODE;
    SPI_Buf[1] = 0x03;
    SPI_DataSend(0,2);
    PIO_DataOutput(0,16,1);
}
//------------------------------------------------------------------------------------------
//无线数据发送(查询方式)参数：Counts---发送数据长度;pData---指向待发数据指针
void WMD_SendData(unsigned char * pData, unsigned char Counts)
{   unsigned char i, j, n;
    PIO_DataOutput(0,19,0);                           //WMD_CE
    PIO_DataOutput(0,16,0);                           //设置数据格式：4次重传
    SPI_Buf[0] = WRITE_REG + SETUP_RETR;
```

```c
SPI_Buf[1] = 0x04;
SPI_DataSend(1, 2);
PIO_DataOutput(0, 16, 1);
PIO_DataOutput(0, 16, 0);              //重传延时 每级 250 $\mu s$,1 级 500 $\mu s$
SPI_Buf[0] = WRITE_REG + ARD;
SPI_Buf[1] = 0x01;
SPI_DataSend(1, 2);
PIO_DataOutput(0, 16, 1);
PIO_DataOutput(0, 16, 0);              //ESB 模式,1 级 FIFO
SPI_Buf[0] = WRITE_REG + DAT_FORMAT;
SPI_Buf[1] = 0x82;
SPI_DataSend(1, 2);
PIO_DataOutput(0, 16, 1);
PIO_DataOutput(0, 16, 0);              //使能 ACK 自动响应
SPI_Buf[0] = WRITE_REG + EN_AA;
SPI_Buf[1] = 0x03;
SPI_DataSend(1, 2);
PIO_DataOutput(0, 16, 1);
PIO_DataOutput(0, 16, 0);              //ACK 响应:读寄存器 READ_REG + TXRXSE
SPI_Buf[0] = READ_REG + TXRXSE;
SPI_DataSend(1, 1);
SPI_DataRCV(1, 1);
PIO_DataOutput(0, 16, 1);
PIO_DataOutput(0, 16, 0);              //需要 ACK
SPI_Buf[1] = SPI_Buf[0] | 0x02;
SPI_Buf[0] = WRITE_REG + TXRXSE;
SPI_DataSend(1, 2);
PIO_DataOutput(0, 16, 1);
PIO_DataOutput(0, 16, 0);              //读寄存器 READ_REG + TXRXSE
SPI_Buf[0] = READ_REG + TXRXSE;
SPI_DataSend(1, 1);
SPI_DataRCV(1, 1);
PIO_DataOutput(0, 16, 1);
PIO_DataOutput(0, 16, 0);              //不带数据 ACK
SPI_Buf[1] = SPI_Buf[0] & 0xFE;
SPI_Buf[0] = WRITE_REG + TXRXSE;
SPI_DataSend(1, 2);
PIO_DataOutput(0, 16, 1);
PIO_DataOutput(0, 16, 0);              //工作模式:读寄存器 READ_REG + TXRXSE
```

```c
SPI_Buf[0] = READ_REG + CONFIG;
SPI_DataSend(1, 1);
SPI_DataRCV(1, 1);
PIO_DataOutput(0, 16, 1);
PIO_DataOutput(0, 16, 0);                       //设置工作模式:发送
SPI_Buf[1] = SPI_Buf[0] & 0xFE;
SPI_Buf[0] = WRITE_REG + CONFIG;
SPI_DataSend(1, 2);
PIO_DataOutput(0, 16, 1);
PIO_DataOutput(0, 16, 0);                       //发送数据
SPI_Buf[0] = WR_TX_PLOAD;
SPI_DataSend(1, 1);
if(Counts>SPI_BufSize)                          //大量数据
{   n = Counts / SPI_BufSize;
    for(i=0;i<n;i++)                            //批量(SPI_BufSize)数据
    {   for(j=0;j<SPI_BufSize;j++)
            SPI_Buf[j] = pData[SPI_BufSize * i + j];
        SPI_DataSend(1, SPI_BufSize);
    }
    if(Counts>SPI_BufSize * n)                  //余量数据
    {   n = Counts - SPI_BufSize * n;
        for(j=0;j<n;j++)
            SPI_Buf[j] = pData[SPI_BufSize * n + j];
        SPI_DataSend(1, j);
    }
}
else if(Counts>0)                               //余量数据
{   for(j=0;j<Counts;j++)
        SPI_Buf[j] = pData[j];
    SPI_DataSend(1, j);
}
PIO_DataOutput(0, 16, 1);
PIO_DataOutput(0, 16, 0);                       //清除中断状态标志
SPI_Buf[0] = WRITE_REG + STATUS;
SPI_Buf[1] = 0x70;
SPI_DataSend(1, 2);
PIO_DataOutput(0, 16, 1);
PIO_DataOutput(0, 19, 1);                       //WMD_CE
Delay(20);
```

```c
        PIO_DataOutput(0, 19, 0);                          //WMD_CE
}
//--------------------------------------------------------------------------------------------------
void WMD_IntoRecvStatus(void)                              //进入数据接收状态
{   PIO_DataOutput(0, 19, 0);                              //WMD_CE
    PIO_DataOutput(0, 16, 0);                              //设置数据格式：4 次重传
    SPI_Buf[0] = WRITE_REG + SETUP_RETR;
    SPI_Buf[1] = 0x04;
    SPI_DataSend(0, 2);
    PIO_DataOutput(0, 16, 1);
    PIO_DataOutput(0, 16, 0);                              //重传延时  每级 250 μs,1 级 500 μs
    SPI_Buf[0] = WRITE_REG + ARD;
    SPI_Buf[1] = 0x01;
    SPI_DataSend(0, 2);
    PIO_DataOutput(0, 16, 1);
    PIO_DataOutput(0, 16, 0);                              //ESB 模式，1 级 FIFO
    SPI_Buf[0] = WRITE_REG + DAT_FORMAT;
    SPI_Buf[1] = 0x82;
    SPI_DataSend(0, 2);
    PIO_DataOutput(0, 16, 1);
    PIO_DataOutput(0, 16, 0);                              //使能 ACK 自动响应
    SPI_Buf[0] = WRITE_REG + EN_AA;
    SPI_Buf[1] = 0x03;
    SPI_DataSend(0, 2);
    PIO_DataOutput(0, 16, 1);
    PIO_DataOutput(0, 16, 0);                              //ACK 响应：读寄存器 READ_REG + TXRXSE
    SPI_Buf[0] = READ_REG + TXRXSE;
    SPI_DataSend(0, 1);
    SPI_DataRCV(0, 1);
    PIO_DataOutput(0, 16, 1);
    PIO_DataOutput(0, 16, 0);                              //需要 ACK
    SPI_Buf[1] = SPI_Buf[0] | 0x02;
    SPI_Buf[0] = WRITE_REG + TXRXSE;
    SPI_DataSend(0, 2);
    PIO_DataOutput(0, 16, 1);
    PIO_DataOutput(0, 16, 0);                              //读寄存器 READ_REG + TXRXSE
    SPI_Buf[0] = READ_REG + TXRXSE;
    SPI_DataSend(0, 1);
    SPI_DataRCV(0, 1);
```

```
        PIO_DataOutput(0, 16, 1);
        PIO_DataOutput(0, 16, 0);                   //不带数据ACK
        SPI_Buf[1] = SPI_Buf[0] & 0xFE;
        SPI_Buf[0] = WRITE_REG + TXRXSE;
        SPI_DataSend(0, 2);
        PIO_DataOutput(0, 16, 1);
        PIO_DataOutput(0, 16, 0);                   //工作模式：读寄存器 READ_REG + TXRXSE
        SPI_Buf[0] = READ_REG + CONFIG;
        SPI_DataSend(0, 1);
        SPI_DataRCV(0, 1);
        PIO_DataOutput(0, 16, 1);
        PIO_DataOutput(0, 16, 0);                   //设置工作模式：接收
        SPI_Buf[1] = SPI_Buf[0] | 0x01;
        SPI_Buf[0] = WRITE_REG + CONFIG;
        SPI_DataSend(0, 2);
        PIO_DataOutput(0, 16, 1);
        PIO_DataOutput(0, 16, 0);                   //清除中断状态标志
        SPI_Buf[0] = WRITE_REG + STATUS;
        SPI_Buf[1] = 0x70;
        SPI_DataSend(0, 2);
        PIO_DataOutput(0, 16, 1);
        PIO_DataOutput(0, 19, 1);                   //WMD_CE
}
//---------------------------------------------------------------------------------
void WMD_Process(void)                              //收发中断事务处理
{   int i;
    unsigned char status;
    PIO_DataOutput(0, 16, 0);                       //读状态寄存器
    SPI_Buf[0] = READ_REG + STATUS;
    SPI_DataSend(0, 1);
    SPI_DataRCV(0, 1);
    PIO_DataOutput(0, 16, 1);
    status = SPI_Buf[0];
    PIO_DataOutput(0, 19, 0);                       //接收状态 WMD_CE 设置
    if(status&0x40)                                 //收到数据
    {   PIO_DataOutput(0, 16, 0);                   //数据长度
        SPI_Buf[0] = R_RX_PL_WID;
        SPI_DataSend(0, 1);
        Delay(1);
```

```c
        SPI_DataRCV(0, 1);
        PIO_DataOutput(0, 16, 1);
        if(! WMD_DataLengs)
        {   WMD_DataLengs = SPI_Buf[0];
            PIO_DataOutput(0, 16, 0);                   //数据读取
            SPI_Buf[0] = RD_RX_PLOAD;
            SPI_DataSend(0, 1);
            Delay(1);
            SPI_DataRCV(0, WMD_DataLengs);
            PIO_DataOutput(0, 16, 1);
            for(i = 0;i<WMD_DataLengs;i + + ) WMD_Data[i] = SPI_Buf[i];
            if(((status>>1)&7) == 1)                    //对码
            {   for(i = 0;i<WMD_DataLengs;i + + )
                    if(SPI_Buf[i] == 0x3a) break;
                if(i!= WMD_DataLengs)
                {   Broad_Addr[3] = SPI_Buf[i + 1];
                    Broad_Addr[4] = SPI_Buf[i + 2];
                    FrqucPt[0] = SPI_Buf[i + 4];        //跳频表构造
                    FrqucPt[1] = SPI_Buf[i + 5];
                    FrqucPt[2] = SPI_Buf[i + 6];
                    FrqucPt[3] = SPI_Buf[i + 7];
                    FrqucPt[4] = SPI_Buf[i + 8];
                    Frequence = SPI_Buf[i + 4];
                    Flag = 1;
                        PIO_DataOutput(0, 16, 0);       //写发送地址,通道1-->通道0
                    SPI_Buf[0] = WRITE_REG + TX_ADDR;
                    for(i = 0;i<5;i + + ) SPI_Buf[i + 1] = Broad_Addr[i];
                    SPI_DataSend(0, 6);
                    PIO_DataOutput(0, 16, 1);
                    PIO_DataOutput(0, 16, 0);           //改写通道0接收地址
                    SPI_Buf[0] = WRITE_REG + RX_ADDR_P0 + 0;
                    for(i = 0;i<5;i + + ) SPI_Buf[i + 1] = Broad_Addr[i];
                    SPI_DataSend(0, 6);
                    PIO_DataOutput(0, 16, 1);
                    WMD_FrequencySet(FrqucPt[0]);       //第一跳频
                    FrqucCts = 0;
                    Chg = 0;
                    FlagG = 1;
                }
```

```c
            }
            else if(! (((status>>1)&7)))      //收到鼠标数据,通知停止跳频操作
                FrqucCts = 0;
        }
    }
    PIO_DataOutput(0, 16, 0);
    SPI_Buf[0] = WRITE_REG + STATUS;          //清除中断状态标志
    SPI_Buf[1] = 0x70;
    SPI_DataSend(0, 2);
    PIO_DataOutput(0, 16, 1);
    PIO_DataOutput(0, 19, 1);                 //接收状态 WMD_CE 设置
}
//----------------------------------------------------------------------
void WMD_FrequencySet(char FrqucNo)           //载波频率设置
{   PIO_DataOutput(0, 16, 0);
    SPI_Buf[0] = WRITE_REG + RF_CH;
    SPI_Buf[1] = FrqucNo;
    SPI_DataSend(0, 2);
    PIO_DataOutput(0, 16, 1);
    PIO_DataOutput(0, 20, 0);
    SPI_Buf[0] = WRITE_REG + RF_CH;
    SPI_Buf[1] = FrqucNo;
    SPI_DataSend(1, 2);
    PIO_DataOutput(0, 20, 1);
}
//----------------------------------------------------------------------
void WMD_Reset(void)                          //复位
{   PIO_DataOutput(0, 16, 0);
    SPI_Buf[0] = WRITE_REG + ENGCTL;
    SPI_Buf[1] = 1;
    SPI_DataSend(0, 2);
    SPI_DataRCV(0, 1);
    PIO_DataOutput(0, 16, 1);
}
//----------------------------------------------------------------------
```

(3) 精确延时与定时跳频

采用 SysTick 定时器实现精确延时,设计时间基准 800 μs,在其中断服务程序中递增计数变量,并进行间隔约 1 s 的无线模块载频变化,即跳频,相关程序代码如下:

```c
//------------------------------------------------------------------
unsigned int timestamp;
void Delay(unsigned int count)              //通过 SysTick 实现的迟延函数(时间单位:800 ms)
{   unsigned int st;
    st = timestamp;
    while (timestamp - st < count);
}
//------------------------------------------------------------------
void SysTick_Handler(void)                  //系统滴答定时异常处理
{   timestamp++;                            //精确延时计数
    //用户可以加入的事务处理代码
    if(FlagG)
    {   FrqucCts++;
        PcktTm++;
    }
    if(FrqucCts == 1250)                    //跳频(1 s--1 250,30 ms--25)
    {   Chg++;
        WMD_FrequencySet(FrqucPt[Chg]);
        temp[0] = 0xff;
        temp[1] = FrqucPt[Chg];
        temp[2] = FrqucCts;
        temp[3] = 0xff;
        FrqucCts = 0;
        if(Chg>4) Chg = 0;
    }
}
//------------------------------------------------------------------
```

(4) 系统级规划设计实现

系统级规划设计主要在"主程序"中实现,首先完成系统的初始创建、外设/接口的初始化、中断与任务调度的初始化,然后初始化无线通信模块,进入数据接收状态,在无限等待循环中,一旦收到鼠标数据,即按照 USB-HID 类鼠标格式,打包数据,通过 USB 接口,上传 PC 机。

主程序代码及其异常与中断的服务处理函数如下:

```c
//------------------------------------------------------------------
void Project_Init(void)         //项目体系初始化函数
{   //基本体系,片内外设/接口模块初始化
    System_vInit();                         //基本体系构建
    SysTick_vInit();                        //系统 Tick 定时器的初始化
    PIOA_vInit();                           //端口组 PIOA 的初始化
```

```c
    PIOB_vInit();                              //端口组 PIOB 的初始化
    SPI_vInit();                               //SPI 控制器的初始化
    USBDDrvApp_vInit();                        //USB 设备驱动实例初始化

    ExptInt_vInit();                           //系统异常与外部中断的初始化
}
//-------------------------------------------------------------------------------------------
int main(void)                                 //主程序函数
{   unsigned char i, tt[10];

    Project_Init();                            //项目体系初始化
    WMD_Reset();                               //无线模块:复位
    WMD_vInit0(1, 100);                        //初始化
    WMD_IntoRecvStatus();                      //进入接收状态
    USBD_Connect();                            //USB 连接操作

    while(1)
    {   if(WMD_DataLengs)                      //收到数据
        {   if(WMD_Data[0] == 0x01)            //USB-HID 鼠标上传
                HIDMouseDrv_ChgPts(WMD_Data[1], WMD_Data[2], WMD_Data[3],
                                   WMD_Data[4], WMD_Data[5], WMD_Data[6]);
            WMD_DataLengs = 0;
        }
    }
}
//-------------------------------------------------------------------------------------------
//通过提交主机的输入法报告刷新鼠标按键和移动(参数 bmBts--按键状态,dltX/Y/Z/Wg--运动数据)
unsigned char HIDMouseDrv_ChgPts(unsigned char bmBts, signed char dltX, signed char dltY,
                                 signed char dltZ, signed char dltWg, signed char other)
{   HIDDMouseDrvApp.InptRpt.bmBts = (bmBts /*& 0x07*/)|(1 << 3);//数据准备
    HIDDMouseDrvApp.InptRpt.bX = dltX;          //X 向位移
    HIDDMouseDrvApp.InptRpt.bY = dltY;          //Y 向位移
    HIDDMouseDrvApp.InptRpt.bZ = dltZ;          //Z 向滚动
    HIDDMouseDrvApp.InptRpt.bWg = dltWg;        //左右摆动
    HIDDMouseDrvApp.InptRpt.oth = other;
    return USBD_Write(1, &(HIDDMouseDrvApp.InptRpt), //通过 USB 端点 1 发送输入报告
                      6, 0, 0);                 //USB 接口操作函数
}
//-------------------------------------------------------------------------------------------
```

嵌入式网络通信开发应用

```
void PIOA_IRQHandler(void)                          //并行 IOA 中断处理
{
    PIOA_Process();
}
//--------------------------------------------------------------------------------
void UDPHS_IRQHandler(void)                         //USB2.0 中断处理
{
    UDPHS_Process();
}
//--------------------------------------------------------------------------------
void PIOA_Process(void)                             //端口组 PIOA 中断处理(外部事件中断)
{   unsigned int INT_Status;
    INT_Status = PIOA[19];
    if((INT_Status>>0)&1)                           //PIOA.0---USB 设备的连接与去除
    {   if (PIO_DataInput(0,0))
            USBD_Connect();
        else USBD_Disconnect();
    }
    if((INT_Status>>18)&1)                          //PIOA.18---无线通信模块中断输入
    {
        WMD_Process();
    }
}
//--------------------------------------------------------------------------------
```

参考文献

[1] 怯肇乾.嵌入式系统硬件体系设计[M].北京:航空航天大学出版社,2007.
[2] 怯肇乾.基于底层硬体的软件设计[M].北京:航空航天大学出版社,2008.
[3] 怯肇乾.嵌入式图形系统设计[M].北京:航空航天大学出版社,2009.
[4] 怯肇乾.Windows异步串行通信编程纵横[J].电脑与开发应用,2009,22(6):21-25.
[5] 杨彦.基于RS485和单片机的排队机控制系统设计[J].微计算机信息,2008,24(1):10-14.
[6] 怯肇乾.EPP逻辑接口 WinDriver底层驱动的可视化主备Can监控节点的设计[J].微型机与应用,2004,22(6):25-27.
[7] 陈东.基于ARM的CAN总线电缆沟道监测系统的设计[J].电子设计工程,2009,17(5):104-106.
[8] 曹宇.用51单片机控制RTL8019AS实现以太网通讯[J].电子技术应用,2003,29(1):23-26.
[9] 唐鸿华.基于S3C44B0X的仪表以太网接口设计[J].电子工程师,2008,34(3):18-22.
[10] 张懿慧.源码公开的TCP/IP协议栈在远程监测中的应用[J].单片机与嵌入式系统应用,2004,29(11):61-64.
[11] 李剑雄.基于ARM和DM9000的网卡接口设计与实现[J].微计算机信息,2008,24(14):56-60.
[12] 黄志武.基于双口RAM的LonWorks智能通信节点设计[J].单片机与嵌入式系统应用,2004,29(7):35-37.
[13] 肖冰.基于LonWorks技术的智能节点设计与开发[J].仪表仪器用户,2003,10(5):12-13.
[14] 祁明晰.LON总线的USB2.0接口卡的研制[J].单片机与嵌入式系统应用,2005,30(2):24-26.
[15] 卢世超.基于LonWorks现场总线的电能检测系统设计与实现[J].电子技术应用,2001,27(12):32-34.
[16] 王权平.ZigBee技术及其应用[J].现代电信科技,2004,31(1):33-37.
[17] 沈忠.基于ZigBee技术的无线传感器网络协议的设计[J].微计算机信息,2008,24(19):21-24.
[18] 黄智伟.基于MRF24J40的IEEE802.15.4无线收发电路设计[J].现代电子技术,2008,31(21):16-19.
[19] 徐正弟.基于ZigBee的语音通信技术[J].单片机与嵌入式系统应用,2007,32(3):77-79.
[20] 吕强.基于ZigBee技术的无线温湿度检测终端设计[J].科学技术与工程,2008,8(23):6231-6233.
[21] 怯肇乾.IrDA器件及其应用[J].单片机与嵌入式系统应用,2004,29(4):18-21.
[22] 郑金奎.IrDA红外通信器件在空调器检测线上的应用[J].国外电子元器件,2001,17(7):51-54.
[23] 怯肇乾.嵌入式系统中精确的卫星定位授时与同步[J].单片机与嵌入式系统应用,2005,30(11):23-27.
[24] 黄天健.基于GSM模块TC35T的无线远程监控[J].国外电子元器件,2004,10(10):31-34.
[25] 余琴.基于GPRS的SOCKET通信的应用研究[J].单片机与嵌入式系统应用,2005,30(11):12-15.
[26] 王琳.基于GPRS的无线图像数据传输[J].计算机工程,2008,34(13):232-233.
[27] 黄志军.GPRS无线通讯在无功补偿控制系统中的应用[J].电子产品世界,2005,12(1A):88-90.
[28] 刘永录.基于GSM/GPRS的无线数据采集系统[J].信息安全与通信保密,2005,26(11):11-14.
[29] 李志伟.基于GSM的车辆报警与控制系统的设计[J].微型电脑应用,2006,22(11):18-20.
[30] 杜土.内置TCP/IP协议的GPRS模块的应用[J].单片机与嵌入式系统应用,2006,31(11):22-24.
[31] 傅振.基于GPRS的嵌入式远程视频监控系统软件设计[J].机电工程,2006,23(11):56-58.
[32] 邹艳碧.蓝牙技术硬件实现模式分析[J].电子技术应用,2002,28(11):50-53.
[33] 刘兴.蓝牙芯片及其应用[J].电子技术应用,2001,27(7):26-29.

[34] 高智衡. BlueCoreTM01 蓝牙芯片的特性与应用[J]. 电子技术应用,2001,27(1):32-35.
[35] 邓荣华. 基于 BlueCore2Ext 蓝牙芯片的 USB 接口设计与实现[J]. 现代电子技术,2005,28(6):13-16.
[36] 杜辉. 基于蓝牙技术的分布式温室监控系统设计研究[J]. 自动化仪表,2006,26(3):19-21.
[37] 李伟. 基于蓝牙技术的嵌入式多生理参数监护仪[J]. 微计算机信息,2006,22(2):26-29.
[38] 张敬. WindowsCE 中实现蓝牙串口驱动程序[J]. 电子技术应用,2004,30(10):10-12.
[39] 刘宇. 基于蓝牙技术的无线显示屏系统设计[J]. 单片机与嵌入式系统应用,2010,36(1):21-23.
[40] 吴红举. 嵌入式 WiFi 技术研究与通信设计[J]. 单片机与嵌入式系统应用,2005,30(6):16-19.
[41] 徐亚卿. 嵌入式移动终端内置 WIFI 的低功耗设计[J]. 微计算机信息,2008,24(23):24-27.
[42] 唐智灵. 嵌入式终端 WiFi 网卡驱动程序的开发[J]. 桂林电子工学院学报,2005.25(3):25-28.
[43] 李洪英. MICRF005 无线收发器的原理和应用[J]. 国外电子元器件,2005.12(3):63-65
[44] 吴钊炯. 2.4 GHz 无线收发芯片 nRF24E1 的原理及应用[J]. 国外电子元器件,2004.11(9):35-38.